S. Vajna
J. Schlingensiepen

CIM Lexikon

Aus dem Programm Automatisierungstechnik

Fortschritte der Robotik

Herausgegeben von Prof. Dr.-Ing. Walter Ameling

Hermann Henrichfreise
Aktive Schwingungsdämpfung an einem elastischen Knickarmroboter

Winfried Rehr (Hrsg.)
Automatisierung mit Industrierobotern

Peter Rojek
Bahnführung eines Industrieroboters mit Multiprozessorsystem

Jürgen Olomski
Bahnplanung und Bahnführung von Industrierobotern

CIM Handbuch

Herausgegeben von U. Geitner

CIM Lexikon

von S. Vajna und J. Schlingensiepen

Fortschritte der CAD-Technik

Herausgegeben von Prof. Dr.-Ing. Rudolf Koller

Rechnerunterstützte Gestaltung und Darstellung dreidimensionaler technischer Gebilde mit beliebig geformten Oberflächen,
von H.-F. Peters

S. Vajna J. Schlingensiepen

CIM Lexikon

1676 Begriffe von A–Z
mit 86 Abbildungen

Unter Mitarbeit von Wolfgang Fischer
und Eberhard Rademeier

An dem Wörterbuch haben mitgearbeitet:

Dr. Ing. *Wolfgang Fischer,* Jahrgang 1945, studierte Mathematik an der Universität des Saarlandes. 1975 Promotion an der Technischen Hochschule Darmstadt. Nach Tätigkeiten in der CAD-Koordination und der Entwicklung des CAD-Systems RUPLAN seit 1988 Leiter der Technik im Produktbereich CAD (Entwicklung, Support und Anwendungsberatung von CAD/CAM Systemen im Umfeld der Elektrotechnik) bei der GEI in Frankfurt.

Dipl. Phys. *Eberhard Rademeier,* Jahrgang 1952, studierte Physik, Mathematik und Elektrotechnik an der Technischen Universität Berlin. Seit 1982 journalistische Tätigkeit bei verschiedenen Fachzeitschriften. Seit 1987 Chefredakteur des CAD-CAM REPORT (Nachrichtenmagazin für Computer-Graphik) in Heidelberg.

Vieweg ist ein Unternehmen der Verlagsgruppe Bertelsmann International.

ISBN-13: 978-3-528-04798-6 e-ISBN-13: 978-3-322-83578-9
DOI: 10.1007/978-3-322-83578-9

Geleitwort

Die erfolgreiche Anwendung der Techniken der Rechnerunterstützung aller Unternehmensbereiche in beliebigen Branchen (C-Techniken) ist Voraussetzung und Begleiterscheinung bei der Einführung und Realisierung von CIM, dem rechnerunterstützten integrierten Produktentstehungsprozeß. CIM mit all seinen Komponenten, wie zum Beispiel CAD/CAM, PPS, BDE, CAQ und Expertensysteme, ist heute bei vielen Unternehmen und Systemanbietern eine aktuelle Problemstellung, die nicht nur die Einführung neuer Techniken betrifft, sondern auch eine organisatorische Umwälzung in den Unternehmen sowie ein Ändern herkömmlicher Berufsbilder und damit eine veränderte Philosophie der Unternehmensführung zur Folge hat.

Das vorliegende *Wörterbuch der C-Technologien* entstand auf Anregung von Anwendern und Hochschullehrern aus dem oben beschriebenen Spannungsfeld, und es richtet sich gleichermaßen an Anwender und Führungskräfte in den Unternehmen wie an Professoren und Studenten von Universitäten und Fachhochschulen.

CIM und die C-Technologien entwickeln sich dank intensiver nationaler und internationaler Forschung stürmisch weiter. Dadurch entstehen viele Fachbegriffe neu, bekannte wechseln ihren Inhalt beziehungsweise müssen mit weiteren Inhalten versehen werden. Es bereitet vielen Anwendern von CIM und in der Ausbildung Stehenden Schwierigkeiten, die neuen Begriffe in den richtigen Zusammenhang einzuordnen. Hier möchte das *Wörterbuch der C-Technologien* eine nützliche Hilfestellung zur Standortbestimmung, Begriffsbereinigung und Weiterqualifizierung geben.

Karlsruhe, im Januar 1990

Prof. Dr.-Ing. H. Grabowski

Vorwort

Neben dem regen Interesse, das das *Wörterbuch der CAD/CAM-Technologie* seit seinem Erscheinen genießt, kamen bald Wünsche auf, das dort behandelte Themengebiet in zwei Richtungen zu verbreitern. Einerseits sollten die Belange und Eigenheiten der Rechnerunterstützung in Elektrotechnik und Elektronik (CAE, Computer-Aided Electronics) verstärkt berücksichtigt werden. Andererseits sollten diejenigen neuen Begriffe aufgenommen werden, die sich aus der stürmischen Entwicklung von CIM ergeben beziehungsweise im Verlauf dieser Entwicklung ihren Inhalt geändert oder mehrere parallele Inhalte bekommen haben (man denke nur an die vielen Abkürzungen aus dem CA-Bereich), um die aktuelle Problemstellung beschreiben zu können.

Als Ergebnis dieser Wünsche entstand das vorliegende *Wörterbuch der C-Technologien*. Bei seiner Entstehung konnte ich Fachkräfte mit einem reichen Erfahrungsschatz zur Mitarbeit gewinnen. Herr Dr.-Ing. Jürgen Schlingensiepen, mein Mitautor, erstellte zahlreiche Begriffe und umfangreiches Bildmaterial für wichtige Gebiete von CIM, insbesondere aus dem Planungs- und dem Fertigungsbereich. Für seine Mühen möchte ich ihm herzlich danken. Von Herrn Dr.-Ing. Wolfgang Fischer und Herrn Rademeier stammen wichtige Beiträge aus den Gebieten Elektrotechnik und Elektronik, wofür ich ihnen an dieser Stelle danken möchte. Mein Dank gilt auch Herrn Dr. rer. nat. Gerhard Kilthau für seine ideelle Unterstützung sowie allen Damen und Herren, die zum Gelingen des *Wörterbuches der C-Technologien* beigetragen haben.

Dem Dressler Verlag ist für die reibungslose und höchst erfreuliche Zusammenarbeit ebenso zu danken wie meiner Frau für ihre stete Unterstützung meiner Arbeit.

Weinheim, im Januar 1990

Prof. Dr.-Ing. S. Vájna

AA
Abkürzung für
1. → ***a****bsolute* ***A****dresse*, direkte Adresse,
2. **A**nfangs**a**dresse, Startadresse: Beginn eines Datenbereichs oder Programms im Speicher (→ *Arbeitsspeicher* oder peripherer → *Speicher*),
3. **A**rithmetic **A**varage, arithmetisches Mittel.

Abbildungsregister
Abbildungsregister sind Datenspeicher, die bei einer → *SPS* ein Zustandsabbild der Ein- und Ausgangsklemmen als Zwischenspeicher festhalten. Dieses Zustandsabbild bleibt über den ganzen → *Zyklus* der Steuerung konstant.

ABC-Analyse
Ein Verfahren der Materialwirtschaft zur Bewertung von Materialien oder Erzeugnissen, die hierbei in **A**-, **B**- oder **C**-Teile gegliedert werden.

A-Teile sind Produkte, die einen hohen Gewinn oder Deckungsbeitrag aufweisen oder aus der Sicht des Umsatzes von großer Bedeutung sind.

B-Teile sind Produkte, die bei Umsatz und Gewinn des Unternehmens weniger stark eine Rolle spielen.

C-Teile sind alle unwichtigen Produkte, die für das Unternehmen einen geringen Umsatz und Gewinnanteil aufweisen.

Abfrageimpuls
Die Übertragung von Daten zwischen den einzelnen Elementen der → Zentraleinheit, zwischen Zentraleinheit und → *Peripherie* sowie bei → *SPS* erfolgt nicht einzeln, sondern in → *Blöcken.*

Erst bei der vollständigen Bearbeitung aller Informationen eines Blocks kann der nächste Block eingelesen werden. Hierzu wird ein Abfrageimpuls verwendet.

Ein Abfrageimpuls bewirkt das Lesen und die Weitergabe von in einem oder mehreren Speicherelementen gespeicherten Informationen. Der Abfrageimpuls bestimmt meist auch den Zeitpunkt der logischen Verknüpfung (in nachgeordneten Verknüpfungsschaltungen, z. B UND-Gliedern des → *Rechenwerks*) der in mehreren Speicherelementen (z. B. Flipflops) gespeicherten Informationen und bewirkt in dieser Phase die Einstellung von Vorspeichern (z. B. mit der Aufladung eines Kondensators) der nachgeordneten Speicherstufe. Die Übernahme der in den Vorspeichern eingestellten Informationen erfolgt dann in der Schaltphase durch die → *Zykluszeit* des Taktgebers. Während der Takt periodisch an Vorspeichern liegt, wird ein Abfrageimpuls nur bei Bedarf an die den Speicherstufen nachgeschalteten Verknüpfungsstufen geleitet.

Ablaufanalyse
Die Ablaufanalyse ist die Untersuchung des räumlichen und zeitlichen Zusammenwirkens von Mensch und Betriebsmittel mit dem Arbeitsgegenstand.

Ablaufdiagramm
Zur Veranschaulichung organisatorischer Zu-

sammenhänge oder zur Darstellung des Verarbeitungsablaufes der Daten wird oft die Diagrammdarstellung gewählt. In der Datentechnik ist die Diagrammform nahezu unentbehrlich.

Das Ablaufdiagramm ermöglicht, sowohl die zeitliche Folge der einzelnen Arbeitsgänge als auch die gegenseitige Abhängigkeit verschiedener Arbeitsfolgen in übersichtlicher Weise zu Papier zu bringen. Es ist damit sowohl für die Planung, als auch für die spätere Veranschaulichung von ganzen, organisatorischen Abläufen, Programmkomplexen und einzelnen Programmen ein unentbehrliches Hilfsmittel.

Die wichtigsten Ablaufdiagramme in der Datenverarbeitung sind der → *Datenflußplan*, der Programmablaufplan und das Befehlsdiagramm.

Ablaufmodell

Das Ablaufmodell speichert die Gesetzmäßigkeiten des betrieblichen Ablaufs in einem Unternehmen. Pro Unternehmen gibt es nur ein Ablaufmodell.Die Elemente des Ablaufmodells sind Ereignisse, Vorgänge und deren Eigenschaften, Ablaufregeln, Kommunikationswege (offizielle und inoffizielle) und der organisatorische Aufbau des Unternehmens. Die Handhabung des Ablaufmodells erfolgt durch die Operatoren Einfügen, Verknüpfen und Weiterschalten. Eine geeignete Möglichkeit zur mathematischen Formulierung dieser Modelle bieten Petri-Netze.

Die Kenntnis des Ablaufmodells ist bei der Definition neuer Organisationsformen wie → *IZ* oder → *EIZ* erforderlich.

Ablauforganisation

Die Ablauforganisation befaßt sich mit der räumlichen und zeitlichen Folge des Zusammenwirkens von Menschen, Mitarbeitern und Arbeitsgegenständen bzw. Informationen bei der Erfüllung von Arbeitsaufgaben. Sie besteht aus der Planung und Steuerung von Arbeitsabläufen.

Ablaufplanung
Die Ablaufplanung beschreibt die zur Zielerreichung erforderlichen Aufgaben und deren Reihenfolge.

Ablaufsteuerung
Steuerungsverfahren, bei der die einzelnen Schritte in einer vorherbestimmten Reihenfolge verarbeitet werden, wobei der Übergang von einem zum nächsten Ablaufabschnitt von der Erfüllung bestimmter Bedingungen abhängig ist. Ein derartiges System kann zeitgesteuert sein, wobei die Bedingungen für den Übergang zum nächsten Ablaufabschnitt nur von der Zeit abhängig sind; es kann auch durch externe Ereignisse gesteuert sein, wobei die Bedingungen für den Übergang zum nächsten Ablaufabschnitt von externen Ereignissen abhängig sind.

Ablaufzeit
Die Zeit zwischen dem Starten eines Programms und dem Darstellen des Ergebnisses. Bei Eingabe von Kommandos spricht man von → *Antwortzeit.*

abort, to: Abbrechen, beenden.
Die Ausführung von Kommandos oder Programmen mit den dafür vorgesehenen Unterbrechungszeichen beenden.

Abschaltkreis
Eine vereinfachte Ausführung eines Regelkreises zur Steuerung von beliebigen elektrischen, pneumatischen und/oder hydraulischen Elementen, bei dem das Rückführsignal nur zum Ein- oder Ausschalten eines Vorganges benutzt wird, sobald ein vorgegebener Sollwert erreicht ist. Auch als Zwei-

punktregler oder On/Off control bezeichnet.

Absolute Adresse
Die tatsächliche → *Adresse* eines Speicherplatzes, wie er z.B. in einem Befehl des → *Rechenwerks* verwendet wird, ist die absolute oder Maschinenadresse, im Gegensatz zu symbolischer, relativer oder virtueller Adresse (→ *virtueller Speicher*). Ein mit absoluten Adressen versehenes Programm bezeichnet man als absolut adressiert oder direkt adressiert.

Absolutes Koordinatensystem
Alle Koordinaten werden im Werkstückmodell in Bezug auf ein raumfestes oder absolutes Koordinatensystem gespeichert, unabhängig davon, welches Koordinatensystem zur Eingabe der Daten verwendet wurde. Das absolute Koordinatensystem ist ein kartesisches System, d.h. X-, Y- und Z-Achse stehen aufeinander senkrecht.

Absolutes Meßsystem
Ein System zur Lagebestimmung in einer → *Werkzeugmaschine*, bei dem alle → *Weginformationen* auf einen gemeinsamen Nullpunkt bezogen sind (die Alternative ist das inkrementale System, → *Inkrement*). Jeder Punkt der Meßstrecke ist durch ein eindeutiges Signal gekennzeichnet. Verwendbare Meßsysteme: Codelineale, Inductosyn, codierte Drehgeber, Synchronmotoren, Resolver, Potentiometer.

Absolutmaß
Das Absolutmaß gibt bei der Bearbeitung mit → *Werkzeugmaschinen* einen bestimmten Punkt an, bezugnehmend auf den Nullpunkt des → *absoluten Koordinatensystems*.

Absolutwertprogrammierung
Es handelt sich hierbei um eine weitverbreitete Art der NC-Programmierung. Dabei muß

bei einer Änderung einer Werkzeugposition nicht das ganze Programm umgeschrieben werden, weil sich jede Position im Programm auf den Nullpunkt des → *absoluten Koordinatensystems* bezieht. Bei Stromunterbrechung in der Steuerung der → *Werkzeugmaschine* ist ein Wiedereintritt in das NC-Programm jederzeit problemlos möglich. Das Gegenstück zur Absolutwertprogrammierung ist die Programmierung mit → *Inkrementen*. Hierbei ist zwar eine schnellere Verarbeitung der NC-Daten möglich, aber für die Werkzeugmaschine bedeutet dies bei Stromunterbrechnung, daß man keinen Aufsatzpunkt findet und das NC-Programm neu von Anfang an gestartet werden muß.

Abwicklungssoftware
Um ein gebogenes Blechteil aus platten- oder bandförmigen Rohteilen (Blechtafeln bzw. Coils) herstellen zu können, ist die Abwicklung zu einem ebenen Teil erforderlich. Im CAD/CAM-System ermöglicht die Abwicklungssoftware, daß räumlich gekrümmte 3D-Bleche bzw. Biegeteile automatisch abgewickelt werden. Zur exakten Bestimmung der Abwicklung oder des Verformungsprofils werden dabei der Verlauf der neutralen Faser des Bleches und die späteren Bearbeitungsschritte Dehnen, Stauchen, Pressen und Ziehen berücksichtigt.

Abwicklungssymbol
Spezielles → *Symbol*, mit dem in der Elektrotechnik eine zusammenhängende Darstellung von ansonsten verteilt dargestellten → *Geräten* (meist Relais, Schütz) im → *Stromlaufplan* gegeben wird. Hieraus sind die Bestückung eines Relais' mit Öffner-, Schließer- und Wechslerkontakten, sowie deren Anschlußbezeichnungen zu ersehen.

AC
Abkürzung für **A**daptive **c**ontrol, → *adaptive*

Steuerung.

ACC
Abkürzung für **A**daptive **c**ontrol **c**onstraint, Grenzregelung bei der → *adaptiven Steuerung*. Mit ACC werden Vorschub und Drehzahl so verändert, daß die Bearbeitung mit maximal möglicher Schnittleistung oder Schnittkraft abläuft. Bei einer solchen Steuerung erfolgt die maschinelle Bearbeitung entlang der Grenzen im Zuführungs-/Geschwindigkeitsfeld der → *Werkzeugmaschine*. Bei den bisher eingesetzten adaptiven Steuerungen wird vorwiegend mit ACC gearbeitet.

Access: Zugang, Zugriff.
Zugriff auf Programme, Datenbestände, Datenträger oder Geräte

Access time → *Zugriffszeit.*

Accounting: Rechnung, Berechnung.
Die betriebswirtschaftliche Überwachung aktueller Vorgänge und deren Abrechnung auf Kostenträger, in diesem Zusammenhang die Abrechnung von Leistungen des CAD-Systems. Zur Aufteilung der Kosten auf Kostenträger kann ein feststehender Schlüssel (Umlageverfahren) oder eine Verteilung nach Inanspruchnahme von Leistungen verwendet werden. Heutige DV-Systeme bieten eine Reihe von Möglichkeiten, um eine möglichst gerechte Verteilung der Kosten vorzunehmen, indem Anschaltzeiten, Rechenzeiten, Speicherbelegung usw. im System laufend dokumentiert und entsprechend ausgewertet werden können.

Accuracy: Genauigkeit.
Genauigkeit der Zahlendarstellung, entweder im Zusammenhang mit einem Berechnungsergebnis oder bei der Zeichnungserstellung, wobei damit bei einer Maßzahl die

Anzahl der Dezimalstellen hinter dem Komma vorgegeben werden kann.

ACK
Abkürzung für **Ack**nowledge, positive Rückmeldung eines Steuerzeichens. Die Überwachung der Verbindung zwischen Leitrechner und → *SPS* ist für die reibungslose Datenzuteilung zu den einzelnen → *Werkzeugmaschinen* erforderlich. Da gerade in der rauhen Umgebung der Werkstatt Fehler bei der Datenübertragung auftreten können, wird zur Sicherheit eine zusätzliche Rückübertragungsmeldung vorgenommen. Bei → *DNC-Betrieb* von Werkzeugmaschine und Leitrechner ist ACK Standard.

ACO
Abkürzung für **A**daptive **c**ontrol **o**ptimization, Optimierregelung bei der → *adaptiven Steuerung*. Mit ACO wird durch Änderung von Vorschubs und Drehzahl auf eine für die Wirtschaftlichkeit der Bearbeitung charakteristische Größe optimiert, z.B. Standzeit des Werkzeugs. Diese Steuerungsart stützt sich auf die Verwendung eines optimierten Leistungsindexes, z.B. auf die Herstellungskosten für das Werkstück.

Active Model: Aktives Modell.
Das rechnerinterne → *Werkstückmodell*, an dem gerade gearbeitet wird.

ADA
Problemorientierte, hardwareunabhängige → *Programmiersprache* mit Blockstruktur für universellen Einsatz, nach Augusta ADA Byron (1816-1862), der »ersten Programmiererin der Welt« benannt. Grundsätzlicher Aufbau und → *Syntax* aus → *ALGOL*, mit zusätzlichen Merkmalen von → *PASCAL* und → *PL1*. ADA ist eine Programmiersprache, in denen Modelle vereinfacht durch ein Abbild beschrieben werden und die Wechselwir-

kung zur Unterstützung der Darstellungen von Funktionen und Eigenschaften hinzukommen. Anhand einer Simulation läßt sich das Modell mit speziellen Eigenschaften auf Realisierbarkeit untersuchen.

Adaptive Steuerung
Anpaßsteuerung, eine → *numerische Steuerung*, die eine automatische Anpassung der Schnittbedingungen (Vorschub und Drehzahl) an ein Optimum, wie z. B. maximale Spanleistung oder minimale Maschinenkosten, ermöglicht. Man unterscheidet die Grenzregelung (→ *ACC*) und die Optimierungsmethode (→ *ACO*).

Die adaptive Steuerung überwacht Prozeßvariable wie Schneidekräfte, Temperatur des Werkzeugs oder Drehmoment des Motors. Die Messung der Schnittparameter erfolgt kontinuierlich während der Bearbeitung. Bei Bedarf ändert der Steuerungsrechner die Befehle im NC-Programm. Die adaptive Steuerung kann zu einer adaptiven Regelung erweitert werden. Hierbei handelt es sich um eine Technik mit der Möglichkeit einer automatischen Anpassung von Schnittbedingungen.

Active Model: Aktives Modell.
Das rechnerinterne → *Werkstückmodell*, an dem gerade gearbeitet wird.

ADA
Problemorientierte, hardwareunabhängige → *Programmiersprache* mit Blockstruktur für universellen Einsatz, nach Augusta ADA Byron (1816-1862), der »ersten Programmiererin der Welt« benannt. Grundsätzlicher Aufbau und → *Syntax* aus → *ALGOL*, mit zusätzlichen Merkmalen von → *PASCAL* und → *PL1*. ADA ist eine Programmiersprache, in denen Modelle vereinfacht durch ein Abbild beschrieben werden und die Wechselwir-

kung zur Unterstützung der Darstellungen von Funktionen und Eigenschaften hinzukommen. Anhand einer Simulation läßt sich das Modell mit speziellen Eigenschaften auf Realisierbarkeit untersuchen.

Adaptive Steuerung
Anpaßsteuerung, eine → *numerische Steuerung*, die eine automatische Anpassung der Schnittbedingungen (Vorschub und Drehzahl) an ein Optimum, wie z. B. maximale Spanleistung oder minimale Maschinenkosten, ermöglicht. Man unterscheidet die Grenzregelung (→ *ACC*) und die Optimierungsmethode (→ *ACO*).

Die adaptive Steuerung überwacht Prozeßvariable wie Schneidekräfte, Temperatur des Werkzeugs oder Drehmoment des Motors. Die Messung der Schnittparameter erfolgt kontinuierlich während der Bearbeitung. Bei Bedarf ändert der Steuerungsrechner die Befehle im NC-Programm. Die adaptive Steuerung kann zu einer adaptiven Regelung erweitert werden. Hierbei handelt es sich um eine Technik mit der Möglichkeit einer automatischen Anpassung von Schnittbedingungen.

adjust, to: angleichen, anpassen.
Ausrichten von Ansichten auf dem Bildschirm oder bei der Zeichnungserstellung.

administrate, to: verwalten.

Administrative Datenverarbeitung
Datenverarbeitung im verwaltungstechnischen Bereich eines Unternehmens. Dazu gehören die Rechnerunterstützung in Betriebswirtschaft, Lohn- und Gehaltsbuchhaltung, Finanzbuchhaltung, Disposition und Kalkulation, Vertrieb usw.

Adresse
Kennzeichen für das Auffinden eines Datums

in einem Speicher. Mit Hilfe der Adressen können Daten in einen bestimmten Speicher auf einen bestimmten Platz geschrieben und von dort wieder geholt werden. Dies ist besonders erforderlich bei Speichern mit → *Direktzugriff.* Bei → *numerischen Steuerungen* ein Symbol, das auf die Bedeutung der unmittelbar darauffolgenden Information hinweist. Z. B. bedeutet X 1575 das Maß 15,75 mm in der X-Koordinate.

Adressen-Format
Auf der untersten Ebene enthalten → *NC-Programme* je eine → *Adresse* und einen Zahlenwert. Jede Adresse darf in einem Satz nur einmal erscheinen. Die Adresse legt fest, für welchen Speicher der nachfolgende Zahlenwert bestimmt wird, d. h. welche Funktionsgruppe von der → *SPS* angesprochen werden bzw. wie die Verteilung der im → *Lochstreifen* enthaltenen Informationen zu den verschiedenen Kommandos und Funktionen der → *Werkzeugmaschine* erfolgen soll.

Adressieren
Das Versehen von Daten, Befehlen oder Programmteilen (→ *Programm*) mit den Adressen der Speicherplätze, auf denen sie untergebracht werden sollen. Neben der absoluten oder direkten Adressierung (→ *absolute Adresse*), bei der die tatsächliche Adresse des betreffenden Speicherplatzes angegeben wird, gibt es die Adressierung mit symbolischen und mit relativen Adressen.

Adreßraum
Die maximale Größe des → *virtuellen Speichers*, der sich aus der → *Wortlänge* ergibt.

Adreßzähler
Programmzähler. Jede Anweisung eines Programms ist durch ihre Speicherplatznummer (→ *Adresse*) gekennzeichnet. Der Adreßzäh-

ler hat die Aufgabe, diese Adressen Schritt für Schritt anzuwählen. Er erhält seine Impulse von einem Taktgeber des → *Leitwerks*, z. B. einem Quarz.

AEC

Abkürzung für **A**rchitecture, **E**ngineering, **C**onstruction. Sammelbegriff für CAD-Software für die Bereiche Architektur, Bauingenieurwesen (Hoch- und Tiefbau), Energietechnik, Stahl- und Anlagenbau sowie Fabrik- und Büroplanung.

Die CAD-Software unterscheidet sich in den Grundfunktionen nicht von der CAD-Software für maschinenbauliche Anwendungen. Die Möglichkeiten zu ihrer Anwendung entsprechen der Arbeitstechnik der aufgeführten Bereiche (z. B. Isometrien, andere Bemaßungs- und Textfunktionen). Die Schwerpunkte liegen auf folgenden Eigenschaften:

— Möglichkeit zum Erstellen eines Planwerks bzw. Dokumentationssystems für einen Gebäudekomplex, angefangen von der Geländetopologie bis zum vollständigen »Innenleben«. Neben der hierauf abgestimmten Software ist zur Visualisierung eine leistungsfähige Hardware mit lokaler Bildverarbeitung erforderlich, um z. B. auf dem Bildschirm in einem geplanten Gebäude Rohrleitungen »verlegen« zu können.

— Bereitstellung sämtlicher Berechnungs- und Auslegungsverfahren (Festigkeit, Statik, Energienetze, Heizung, Klima, Lüftung usw.). Berücksichtigung von Verfahren für behördliche Nachweise (Störfall-Verordnung, Umweltkataster usw.).

— Möglichkeit zur Speicherung der Daten in einer Datenbank. Dies sollte aufgrund der Komplexität der Daten und der vielfältigen Abhängigkeiten untereinander eine → *relationale Datenbank* sein, die nicht vom Anbieter fest vorgegeben, sondern die vom Anwender entsprechend seiner Anforderungen selbst strukturiert werden sollte.

Ähnlichkeitsbildung
Die Ähnlichkeitsbildung in einem Unternehmen ist das Zusammenfassen formähnlicher Bauteile zu Teilefamilien (Ähnlichkeit in der Endform der Teile) und zu Fertigungsfamilien (Ähnlichkeit von Einzelheiten in der Form der Teile und damit von Abschnitten des Fertigungsablaufs). Die Ähnlichkeitsbildung, insbesondere in Verbindung mit der → *Gruppentechnologie*, führt zu einer Steigerung der Wirtschaftlichkeit der Fertigung.

Änderungskonstruktion → *Anpassungskonstruktion.*

Äquidistante
Eine Linie bzw. Fläche, die im gleichen Abstand in der Richtung der geometrischen Normalen zu einer Bezugskurve bzw. Bezugsfläche verläuft. Äquidistante Linien werden bei der Konturbearbeitung von Bauteilen mit einem Werkzeug, z. B. Fräser oder Drahterodierer, als Mittelpunktslinie des Werkzeuges benötigt. Die Berechnung der Äquidistante erfolgt im CAD/CAM-System oder/und im NC-Prozessor.

AGV
Abkürzung für **a**utomatic **g**uided **v**ehicles, automatisch gelenkte Flurförderfahrzeuge, Bestandteile eines → *AMH-Systems.*

AI
Abkürzung für **A**rtificial **I**ntelligence, → *Künstliche Intelligenz,* → *Expertensystem.*

Airline: Luftlinie.
Die bei der Schaltplaneingabe zwischen Bauteilanschlüssen definierten Verbindungen werden nach der → *Bauteilplazierung* als

Verbindungslinien (Airlines) zwischen den einzelnen Pins eines Bauteils dargestellt. Airlines deuten auf noch zu verlegende Leiterbahnen hin und bilden damit eine grafische Layouthilfe. Wird eine bereits (interaktiv oder automatisch) erzeugte Leiterbahn im Platinenlayout gelöscht, so erscheint i. d. R. wieder die entsprechende Luftlinie.

Aktor
Sammelbegriff für Wandler, die elektrische Signale in mechanische Bewegung umsetzen. Dazu gehören alle Antriebsaggregate wie z. B. Elektromotoren, Hydraulikantriebe und Turbinen. Sie fallen alle unter den Sammelbegriff Aktoren. Das Gegenstück ist der → *Sensor.*

Akustikkoppler
Ein Gerät zur Umwandlung von elektrischen Signalen in akustische Signale (und umgekehrt). Wird eingesetzt bei der Übertragung von Daten über Telefonleitungen (→ *Modem*).

ALGOL
Abkürzung für Algorithmic Language (algorithmische Sprache), eine höhere, problemorientierte Programmiersprache zur Formulierung mathematischer und naturwissenschaftlicher Problemstellungen.

algorithmierbar
In einem → *Algorithmus* faßbar. Eine Tätigkeit ist dann algorithmierbar, wenn zu ihrer Durchführung immer wiederkehrende Arbeitsschritte in immer der gleichen Reihenfolge notwendig sind, so daß ein schematischer Ablauf dieser Tätigkeit festgelegt werden kann.

Algorithmus
Gesamtheit der Regeln, Vorschriften und Arbeitsschritte, durch deren schematische

Befolgung eine Aufgabe gelöst werden kann. Programme eines CAD-Systems oder anderer DV-Anlagen sind damit auf DV-Systemen ablauffähige Algorithmen. Programmieren gliedert sich demzufolge in zwei Schritte:

1. Entwickeln einer geeigneten Lösung für die Aufgabenstellung in Form von Algorithmen.
2. Formulieren der Algorithmen in einer vom DV-System bearbeitbaren Programmiersprache.

Der Treppenstufeneffekt tritt bei leicht geneigten Linien besonders deutlich hervor (oben). Im Bild unten ist der visuelle Vorteil der Glättung erkennbar.

Aliasing

Die Erscheinung, daß auf Bildschirmen und Zeichenmaschinen, die nach dem → *Rasterverfahren* (→ *Rasterbildschirm*, → *elektrostatischer Plotter*) arbeiten, nicht horizontal oder vertikal verlaufende Kurven (schräge Linien, Freihandlinien und Kreisbögen) aufgrund der begrenzten → *Auflösung* stufig dargestellt werden (»Treppenstufen-Effekt«). Eine mögliche Abhilfe besteht darin, die Leuchtstärke der einzelnen Bildpunkte (Pixel) der dargestellten Kurve an Anfang und Ende einer Stufe etwas zurückzunehmen, so daß der Eindruck einer geglätteten Kurve entsteht (Pearl-Verfahren).

align, to → *adjust.*

alphanumerisch

Eine Darstellungsart, die die Buchstaben des Alphabets (alpha), Ziffern (numerisch) und Sonderzeichen enthält.
Gegensatz: → *Grafisch.*

AMH

Abkürzung für **A**utomated **M**aterials **H**andling (Automatisierte Handhabung des Materialflusses). AMH-Systeme sind ein Bestandteil des rechnerintegrierten Produktentstehungsprozesses (→ *CIM*). Es handelt sich um rechnerunterstützte Systeme für automatische Bewegung, Handhabung und Lagerung zur Realisierung des Materialflusses (Holen, Sortieren, am Speicherplatz ablegen, Transportieren), bestehend z. B. aus automatisierten Flurförder- und Hebesystemen wie fahrerlose Transportsysteme, Leitrechner und Steuersoftware. Sie werden in flexiblen Fertigungssystemen (→ *FFS*), Hochregallagern und als Fördermittel zwischen den einzelnen Stufen der Fertigung eingesetzt.

Auch wenn durch die Rechnerführung der einzelnen AMH-Komponenten ein Rationalisierungseffekt entsteht, so ist es zur Ausschöpfung des gesamten Rationalisierungspotentials erforderlich, bereits im Vorfeld der Einführung von AMH-Systemen den Materialfluß durch strategische und organisatorische Maßnahmen zu minimieren.

Dazu gehört z. B. die Anwendung der → *Gruppentechnologie*, um an Teilefamilien orientierte FFS zu bilden und so den Materialfluß zwischen den FFS auf ein Mindestmaß zu reduzieren.

Ampelsteuerung
Die Ampelsteuerung dient in der Fertigung zum zyklischen Ablauf eines → *SPS-Programms*. Dazu werden die vier Phasen der Ampelsteuerung (Phase 1 = rot, Phase 2 = rot und gelb, Phase 3 = grün und Phase 4 = nur gelb) zweimal hintereinander in einem Schieberegister angeordnet. Durch die zyklische Rotation des Schieberegisters wird jeweils die nächste Ampelphase gültig.

AMT
Abkürzung für **A**dvanced **M**anufacturing **T**echnology, fortschrittliche Fertigungstechnologie. Ein in englischer und amerikanischer Literatur gebräuchlicher Begriff für die Anwendung und Verknüpfung von → *CA-Techniken*, → *flexiblen Fertigungssystemen* und → *Handhabungsgeräten* in der Fertigung.

analoges Prinzip
Darstellung eines Ablaufs, eines Gegenstands oder von Daten durch eine entsprechende physikalische Vorgehensweise oder kontinuierlich variable Größen, die den gleichen Gesetzmäßigkeiten unterliegen wie das Vorbild. So ist eine Zeichnung die analoge Darstellung des Bauteils.

Analogrechner
Rechner zur Verarbeitung von Daten, die nach dem → *analogen Prinzip* dargestellt werden. Als Größen dienen z. B. Spannungen, Ströme und Widerstände. Im Analogrechner werden alle mathematischen Funktionen (Addition, Subtraktion, Multiplikation, Integration usw.) durch elektrische Systeme bekannten Verhaltens nachgebildet. Zur Programmierung eines Analogrechners werden die einzelnen Systeme entsprechend miteinander auf einem Steckbrett verbunden. Eingangsgrößen werden bei konstanten Werten durch Potentiometer, sonst durch Funktionsgeber (z. B. Sinusgenerator) vorgegeben.

Der Analogrechner hat eine hohe Rechengeschwindigkeit, da alle Operationen parallel bearbeitet werden (und nicht seriell wie beim → *Digitalrechner*). Die mit ihm erreichbare Genauigkeit (Anzahl der Dezimalstellen) ist abhängig von der vorhandenen Meßgenauigkeit. Sie ist damit im Gegensatz zum Digitalrechner beschränkt. Das Einsatzfeld des Analogrechners ist überall dort, wo entweder Eingangsgrößen in analoger Form vorliegen oder Ergebnisse in analoger Form benötigt werden. Dies trifft z. B. bei der Verarbeitung von Meßwerten zu. Aus diesem Grund werden Analogrechner in Regelsystemen und zur Prozeßsteuerung eingesetzt.

Analytische Auflösung → *Stückliste.*

Anforderungsliste
Bei der Erzeugniskonzipierung wird zunächst

die Aufgabenstellung geklärt. Dazu wird eine Anforderungsliste erstellt, die Festforderungen, Mindestforderungen, Wünsche, zulässige Herstellkosten und Termine für den weiteren Ablauf enthält. Mit der Bezeichnung Anforderungsliste soll der Unterschied zu dem von den Kunden vorgegebenen Pflichtenheft deutlich gemacht werden.

Angle: Winkel.

angular Dimension → *Winkelbemaßung.*

Animation
Erzeugung von Bildfolgen zur Darstellung von Abläufen oder Vorgängen.

Anlagekennzeichen
Teil des elektrischen → *Betriebsmittelkennzeichens* nach DIN 40719. Das Anlagekennzeichen beschreibt den Teil der Gesamtanlage, in die das Betriebsmittel eingesetzt wird. Das Anlagekennzeichen wird mit » = « eingeleitet. Im CAD-System wird das Anlagekennzeichen als → *Textknoten* an den → *Symbolen* berücksichtigt.

annotate, to: anmerken, kommentieren.
Herauslösen eines mit einer Geometrie verbundenen Text- oder Datensatzes aus dem Werkstückmodell und Eintragen in eine separate → *Datei,* wobei Format und Anordnung beim Eintragen vorgegeben sind (im maschinenbaulichen Bereich: Herausholen der Teilestammdaten aus einer Zusammenstellung und Eintragen dieser Daten in einem vorgegebenen Format in eine Stückliste, beim Entwurf von Leiterplatten: Zusammenführen der Leiterplatine mit den dazugehörenden Komponenten).

Annotation → *annotate.*

Anpassungskonstruktion
Anpassen einer Ausgangslösung (Produkt

oder Baugruppe) an neue Erfordernisse unter Beachtung einer beliebigen Zahl von Randbedingungen (z. B. Einbaumaße). Bei einer Anpassungskonstruktion ändert sich die Funktion der Ausgangslösung nicht. Der Einsatz der CAD-Technologie für diese Konstruktionsart ist fast so wirtschaftlich wie bei einer Varianten- oder einer Prinzipkonstruktion. Dazu müssen allerdings eine genügend große Anzahl von Bauteilen als mögliche Ausgangslösungen im digitalen Archiv gespeichert sein. Eine rechnerunterstützte Durchführung von Anpassungskonstruktionen ist erst nach einer Anlaufzeit der CAD-Anwendungen möglich. Während dieser Zeit wird das Archiv durch Neu-, Varianten- und Prinzipkonstruktionen mit Bauteilen gefüllt. Die Wirtschaftlichkeit steigt mit dem Einsatz der Gruppentechnologie und Suchsystemen zur leichteren Wiederfindung vorhandener Bauteile.

Anpassungssteuerung
Elektrische Hilfs- und Steuereinrichtung zur Kopplung von → *NC*- oder → *CNC*-Steuerungen verschiedener Fabrikate an eine NC-Werkzeugmaschine. Hierbei sind folgende Aufgaben zu erfüllen:

— Decodierung,
— Speicherung und Verstärkung der ausgegebenen Signale,
— Ausgabe an die Stellorgane,
— miteinander oder gegeneinander gesendete Signale verknüpfen bzw. verriegeln,
— Quittierung, Rückmeldung von der NC-Maschine über ausgeführte Befehle.

Anschlußbezeichnung
In der Elektrotechnik verwendeter Text zur Bezeichnung der Anschlüsse von Geräten. Diese Texte sind gerätespezifisch. Im CAD-System werden sie normalerweise als → *Textknoten* zu den Gerätesymbolen verwen-

det. Je nach Funktionalität des CAD-Systems ist eine automatische Betextung der Anschlußbezeichnung aus der Definition des Gerätes in der → *Gerätebibliothek* möglich, sobald der konkrete → *Gerätetyp* festgelegt ist.

Anschlußliste: → *Verbindungsliste*

Anschlußpunkt
Ausgezeichnete Punkte an → *Symbolen*, an denen eine elektrische Verbindung ansetzen darf (Elektro-CAD). Diese Punkte werden bei Definition der → *Symbollogik* festgelegt.

ANSI
Abkürzung für **A**merican **N**ational **S**tandardization **I**nstitute, das amerikanische Institut für Normung (vergleichbar mit DIN).

Ansicht
In diesem Zusammenhang die Abbildung eines Bauteils auf einen ebenen Informationsträger (z. B. Zeichnung, Bildschirm). Das CAD-System kann jede gewünschte Ansicht eines Bauteils erzeugen, wobei dies als Zentral- oder als Parallelprojektion erfolgen kann.

Es lassen sich beliebig viele Ansichten erzeugen, von denen im CAD-System nur die Abbildungsvorschriften gespeichert werden. Obwohl das Bauteil in jeder Ansicht von einem anderen Betrachtungsstandort dargestellt wird, bleibt die geometrische Lage des Bauteils relativ zum globalen Koordinatensystem gleich. Ansichten können definiert werden durch die Vorgabe einer Ebene, die parallel zu der gewünschten Ansicht

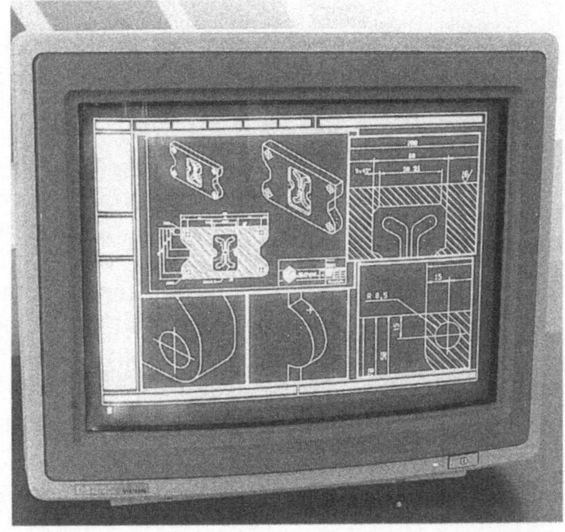

Ansichten mit unterschiedlichen Darstellungsmaßstäben auf dem CAD-Bildschirm. Nicht alle Ebenen sind in jeder Ansicht sichtbar.

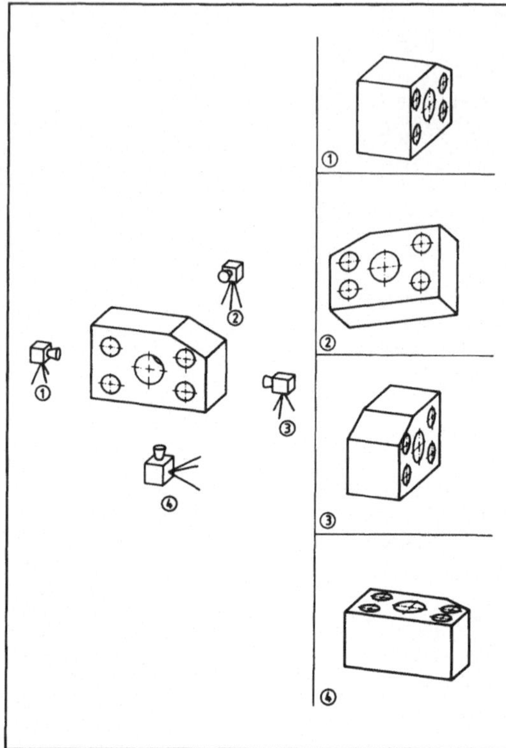

Die Veränderung des Betrachterstandortes führt zu unterschiedlichen Ansichten eines im Modellraum fixierten Bauteils.

liegt, durch den Abstand und die Lage des Projektionsursprungs relativ zum Bauteil bei einer Zentralprojektion oder durch die Angabe der Richtung, aus der eine Parallelprojektion erfolgen soll. Rechnerintern erfolgt die Abbildung des räumlichen → *Werkstückmodells* auf eine ebene Fläche. Elemente, die nicht in der Fläche liegen, werden entsprechend ihres Winkels zur Fläche verkürzt. Zur Berechnung der Abbildung werden → *Transformationsmatrizen (Fall 2)* verwendet, die selbst aus der Vorgabe der Blickrichtung bestimmt werden.

Ansichten werden entweder unter einem Namen oder einer Nummer gespeichert. Die Wahl von Art und Anzahl de Ansichten ist abhängig von der Gestalt des Bauteils und von der Tätigkeit des Anwenders am CAD-System (Modellierung des Bauteiles, d.h. Neubeschreibung und Änderung oder Zeichnungserstellung). Profilförmige und völlig rotationssysmmetrische Bauteile lassen sich in einer Ansicht eindeutig beschreiben. Komplexer geformte Bauteile benötigen neben einer Grundansicht mindestens noch eine perspektivische Ansicht, um die Lage der Geometrieelemente zueinander eindeutig festlegen zu können. Weitere Ansichten (z. B. Seitenrisse) lassen sich bei Bedarf hinzufügen.

Die Zahl der definierbaren Ansichten ist bei den meisten CAD-Systemen nicht begrenzt, die Zahl der während der interaktiven Modellierung von Bauteilen gleichzeitig auf dem

Bildschirm darstellbaren Ansichten liegt meist zwischen 6 und 16. Sie ist nichtbegrenzt beim Anordnen von Ansichten zu Erstellen einer technischen Zeichnung.

Anti-Aliasing → *Aliasing*.
Methode zur optischen Minimierung des Treppenstufen-Effektes auf dem Darstellungs-Bildschirm. Die Leuchtintensität einzelner Bildpunkte wird am Anfang und Ende einer Stufe etwas zurückgenommen.

Antrieb
Die Antriebe in einer → *Werkzeugmaschine* bewirken in erster Linie die Bewegung von Werkzeug oder Werkstück während der Bearbeitung, aber auch das Rotieren des Werkzeugs oder Werkstücks und das Verändern von Maschinenzuständen (z. B. Werkzeugwechsel).

Antwortzeit
Die Zeit zwischen der Eingabe eines Kommandos und der Darstellung des Ergebnisses am Bildschirm. Bei einfachen Kommandos (z. B. Erzeugen einer Linie) sollte die Antwortzeit unter 1 sec. liegen, bei komplexen (z. B. Erzeugen einer äquidistanten Fläche) unter 10 sec. Können diese Grenzwerte nicht eingehalten werden, so sollte der Benutzer innerhalb regelmäßiger Zeitabstände über den Arbeitsfortschritt informiert werden. Die Antwortzeit ist ein Maßstab für die Leistungsfähigkeit eines CAD-Systems.

Anweisung
Aufforderung für eine bestimmte Tätigkeit in einer höheren Programmiersprache (z. B. FORTRAN).

Anweisungsliste
Im Gegensatz zu Systemprogrammen bei der → *SPS-Programmierung* werden die anwenderspezifischen Funktionen in einer An-

wendungsliste in Form von → *Anweisungen* aufgelistet. Hierzu gehört die vollständige Speicheradresse, die SPS-Operation, die Operanten-Kennzahl und die Operanten-Parameter. Die Programmierung in Form der Anweisungsliste fällt leicht, wenn der Programmierer bereits Vorkenntnisse in der Anwendung von → *Programmiersprachen* hat. Ein wesentlicher Vorteil dieser mnemotechnischen Sprache (→ *Mnemotechnik*) ist, daß sie der Leistungsfähigkeit von SPS keine Grenzen setzt. Die Anweisungsliste ist eine der verbreitesten SPS- Programmiersprachen, sie ist in DIN 19 239 definiert.

Anwendungsebene → *OSI-Netzwerkmodell.*

Anwendungsprogramm
Ein Rechenprogramm zur Lösung eines vom Benutzer aufgestellten Algorithmus eines bestimmten Aufgabengebiets..

Anwendungs-Programmiersprache
Eine für den Benutzer zur Formulierung eigener Programme am CAD-System vorhandene höhere Programmiersprache, mit der die CAD-Software an die Anforderungen des Einsatzbereichs angepaßt werden kann. Solche Sprachen haben die gleichen Steuersowie Ein- und Ausgabeanweisungen wie die allgemeinen höheren Programmiersprachen (Sprünge, Schleifen, Unterprogrammaufrufe usw). Die Anweisungen zum Erzeugen und Ändern der Elemente des Werkstückmodells des CAD-Systems sind entweder den Kommandos der → *Eingabesprache* entlehnt oder besitzen eine einfache und übersichtliche Syntax.

Oft ist der Leistungsumfang der Anwendungs-Programmiersprache geringer als der der Eingabesprache, da nicht alle Elemente erzeugt werden können oder nicht alle Möglichkeiten zum Erzeugen der Elemente angeboten werden. Die → *Ablaufzeit* von in dieser Sprache erstellten Programmen ist abhängig davon, ob Programme beim Ablauf → *interpretiert* oder kompiliert (→ *Kompilierer*) werden. Der Aufwand zum Erlernen einer Anwendungs-Programmiersprache ist oft geringer als der zum Erlernen einer allgemeinen höheren Programmiersprache (z. B. FORTRAN, PASCAL).

Anwendungssoftware
Die Gesamtheit aller Software, die zum Betreiben einer Anwendung benötigt wird, z. B. CAD/CAM-Software. Die Anwendungssoftware setzt auf die Hardware und das → *Betriebssystem* auf, dessen Funktionen (→ *Dienstprogramme*) dabei benutzt werden.

APL
Abkürzung für **A** **P**rogramming **L**anguage

Schnittstellen zur Erweiterung der Leistungsfähigkeit eines CAD-Systems. Die wichtigste davon ist die Anwendungsprogrammiersprache.

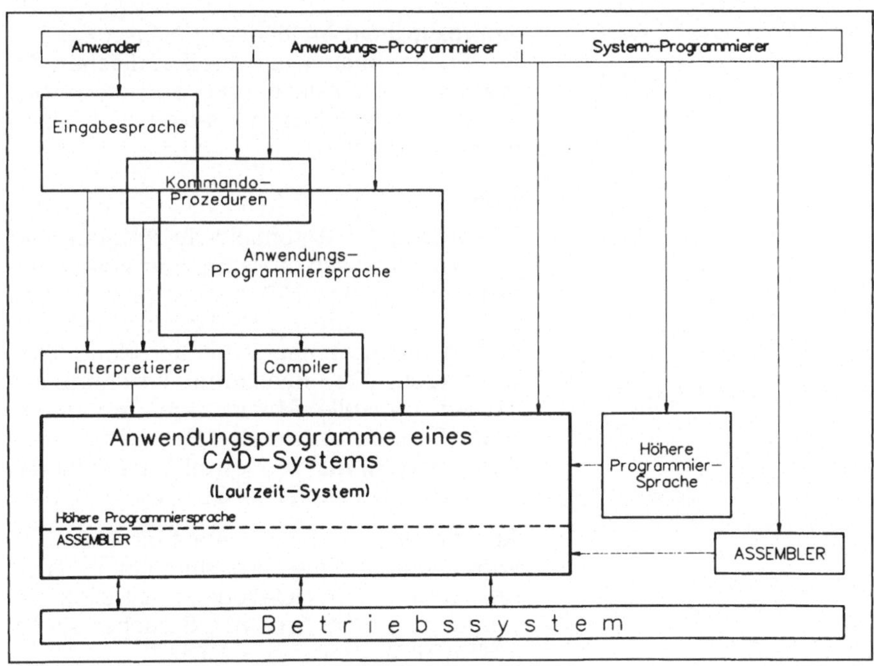

(Eine Programmiersprache). Es handelt sich um eine höhere, problemorientierte Programmiersprache zur Formulierung mathematisch-naturwissenschaftlicher Probleme, die im Gegensatz zu allen anderen vergleichbaren Programmiersprachen ausschließlich Namen und Operatoren anstelle von Schlüsselwörtern verwendet. Aufgrund des speziellen Zeichenvorrats mit einer großen Anzahl von Operatoren und Sonderzeichen und einer eigenen → *Syntax* ist APL schwer zu erlernen, gestattet aber die Formulierung eines Problems mittels in der Mathematik gebräuchlichen Formelschreibweisen. Für die Programmierung mit APL ist eine spezielle Tastatur erforderlich.

Application: Anwendung.

Application Layer → *OSI-Netzwerkmodell.*

Approximation: Annäherung, Näherung.
Bei Freihandlinien und Freiformflächen Algorithmen zur Annäherung der interpolierten Kurve bzw. Fläche an den exakten analytischen Verlauf.

APT
Abkürzung für **A**utomatically **P**rogrammed **T**ools (automatisch programmierte Werkzeuge). APT ist eine NC-Programmiersprache zur Beschreibung von Werkzeug-Verfahrwegen, technologischen Daten und Kontrollanweisungen. Zur leichteren Beschreibung werden sinnvolle Abkürzungen amerikanischer Begriffe verwendet. Es entsteht eine Ausgabedatei mit den jeweiligen Schnittdaten (Cutter Location File, CL-File).

Aus dieser Datei kann ein auf die jeweilige Werkzeugmaschine abgestimmter → *Postprozessor* einen NC-Steuerlochstreifen erzeugen. Gebräuchliche APT-Sprachen sind z. B. SIEAPT, TCAPT und → *EXAPT.*

Arbeitsfenster
Dasjenige → *Fenster* (window), in dem Identifikationen beim interaktiven Betrieb am CAD/CAM-System erfolgen, muß bei solchen Systemen vereinbart werden, die eine Eingabe in beliebigen Fenstern nicht zulassen.

Arbeitsgangdaten
Für jeden Arbeitsgang müssen folgende Daten ermittelt werden:

1. Betriebsmittel (z. B. Maschinen),
2. Betriebshilfsmittel (z. B. Vorrichtungen, Werkzeuge),
3. Vorgabezeiten und
4. Arbeitsgangbeschreibungen (Arbeitsgangtexte).

Arbeitsgangtexte
Hiermit werden die Arbeitsgänge in knapper Form beschrieben. Die erklärenden Textangaben machen einzelne Arbeitsschritte transparenter und erleichtern damit den Mitarbeitern in der Fertigung und Montage das Lesen der → *Arbeitspläne*.

Arbeits-Koordinatensystem
Das Koordinatensystem, in dem der Benutzer gerade arbeitet. Alle Koordinateneingaben erfolgen in Bezug auf dieses Koordinatensystem. Am Anfang einer Arbeitssitzung am CAD-System liegt der Ursprungspunkt des Arbeits-Koordinatensystems deckungsgleich mit dem Ursprungspunkt des → *absoluten Koordinatensystems*. Ist das Arbeits-Koordinatensystem ein kartesisches Koordinatensystem, dann sind auch die jeweiligen Koordinaten-

Zusammenhang zwischen absolutem (oder globalem) Koordinatensystem und Arbeits-Koordinatensystem

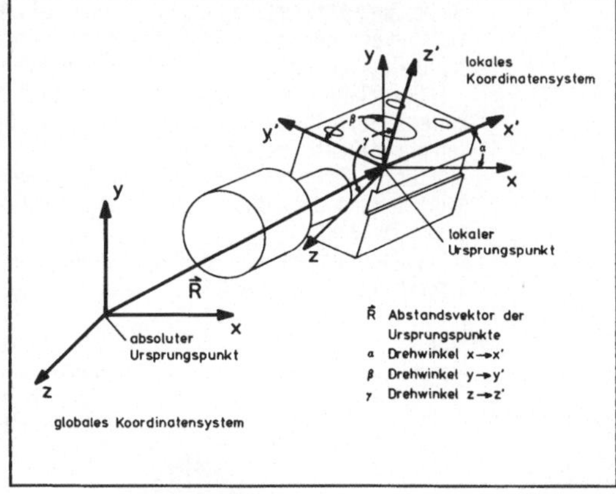

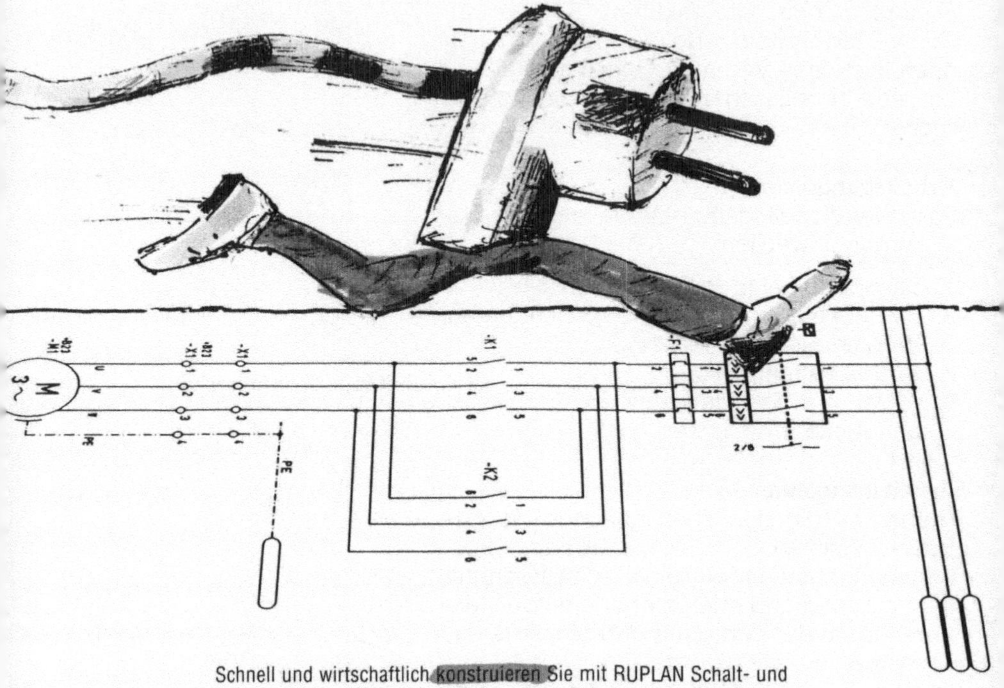

Achsen zueinander kollinear. Eine Umrechnung in das absolute Koordinatensystem erfolgt nicht. Bei nichtkartesischen Koordinatensystemen (→ *Koordinatensystem*) ist immer eine Umrechnung erforderlich.

Das Arbeits-Koordinatensystem kann an beliebige Stellen verschoben und in jede gewünschte Winkellage gebracht werden. Ist das Arbeits-Koordinatensystem nicht mehr deckungsgleich mit dem absoluten Koordinatensystem, dann werden alle Koordinaten-Eingaben im CAD-System in Werte des absoluten Koordinatensystems über → *Transformationsmatrizen* umgerechnet. Dies erfolgt bei einem kartesischen System anhand des Vektors zwischen den Ursprungspunkten vom absoluten zum Arbeits-Koordinatensystem sowie über die Winkel zwischen den Koordinaten-Achsen, bei nichtkartesischen Systemen über Winkelfunktionen.

Arbeitsmaschinensteuerung
Im engeren Sinn bedeutet der Begriff das Steuern von → *Werkzeugmaschinen* mit numerischen Daten (numerische Werkzeugmaschinensteuerung, numerische Werkzeugsteuerung). Der Begriff ist identisch mit numerischer Steuerung.

Arbeitsorganisation
Die Arbeitsorganisation umfaßt die systematische Gliederung und Gestaltung des Arbeitsablaufs nach aufgabenmäßigen, inhaltlichen und zeitlichen Gesichtspunkten.

Arbeitsplan
Der Arbeitsplan enthält alle auftragsneutralen Angaben, die zur Fertigung und Prüfung eines Bauteils erforderlich sind. Im Arbeitsplan ist die Vorgangsfolge (d.h. die Arbeitsvorgänge und ihre Fertigungsreihenfolge) eines Bauteils, einer Baugruppe oder eines Erzeugnisses beschrieben. Dabei werden

die Teilenummer, das verwendete Material sowie für jeden Arbeitsvorgang der Arbeitsplatz, die Betriebsmittel, die Vorgabezeiten für Rüst-, Stück- und Übergangszeiten und, falls erforderlich, auch die Lohngruppe angegeben.

Die in einem Arbeitsplan enthaltenen Daten lassen sich in arbeitsgangabhängige und arbeitsgangunabhängige Daten unterteilen. Letztere heißen auch Kopfdaten, diese unterteilen sich wieder in auftragsunabhängige und auftragsabhängige Daten.

Darüber hinaus enthält ein Arbeitsplan oft zusätzliche Hinweise für die Lohnabrechnung, die Kalkulation, die Belegerstellung und die Disposition.

Der Arbeitsplan benötigt als Eingabe die → *Stückliste* und den Verwendungsnachweis der Bauteile. Es gibt Arbeitspläne für die Einzelfertigung und die Serienfertigung. Auf der Basis des vollständigen Arbeitsplans kann die Fertigung mit → *PPS*-Systemen geplant und geregelt werden.

Arbeitsplanerstellung
Die Arbeitsplanerstellung beinhaltet das Erfassen von:

1. Kopfdaten,
2. Arbeitsgängen,
3. Vorgabezeiten für die Arbeitsgänge,
4. Maschinen,
5. Betriebsmittel und
6. Arbeitsanweisungen

Arbeitspläne können anhand der aktuellen Bauteildaten nach dem Varianten- oder nach dem Generierungsprinzip erzeugt werden. Beim Variantenprinzip wird aus einem bereits existierenden Plan eine neue Variante abgeleitet, ähnlich einer → *Prinzipkonstruktion*. Dies ist immer dann möglich, wenn im Vorfeld eine → *Ähnlichkeitsbildung* möglich war. Beim Generierungsprinzip wird ein neuer Arbeitsplan aus bereits vorhandenen wie folgt aufgebaut:

1. Aus dem Gesamtbestand der Bauteile werden ähnliche Bauteile oder Teillösungen gesucht.
2. Aus den Arbeitsplänen der gefundenen Bauteile wird jeweils derjenige Teil extrahiert, der ähnlich dem gewünschten Plan ist bzw. der einen Teilschritt des gewünschten Plans darstellt.
3. Die einzelnen Teilpläne werden zu dem neuen Arbeitsplan zusammengesetzt.

Die Generierung kann auch rechnerunterstützt erfolgen. Typisches Anwendungsbeispiel sind Dreharbeiten, wobei für die einzelnen standardmäßig vorkommenden Drehoperationen Funktionselemente gespeichert sind, die bei der Arbeitsplanerstellung aneinander gefügt werden.

Arbeitsplanung

Die Arbeitsplanung umfaßt alle einmalig auftretenden Planungsmaßnahmen, allerdings ohne Bezug auf einen aktuellen Auftrag. Sie enthält die fertigungs- und ablaufgerechte Gestaltung der Arbeitsgegenstände (Bauteile) und Betriebsmittel, die Festlegung von Arbeitsverfahren, -methoden und -bedingungen und der Bearbeitungsreihenfolge sowie die Angaben über die zur Ausführung erforderlichen Menschen und Betriebsmittel, Die Arbeitsplanung ist der letzte Schritt in der Phase der Produktdefinition. Kommt es zu einem Auftrag, werden die Ergebnisse der Arbeitsplanung als Eingangsgrößen für die → *Arbeitsvorbereitung*

Ablauf der Arbeitsplanung: schematische Darstellung der auftretenden Planungsmaßnahmen.

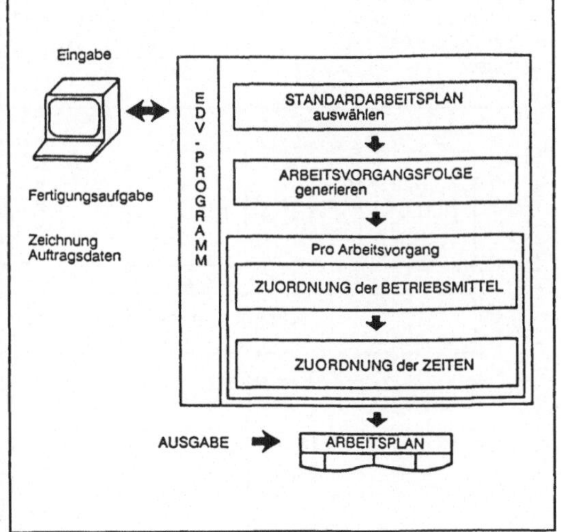

verwendet.

Arbeitsplatzrechner
Ein Rechnersystem mit Speicher- und Ein- und Ausgabeperipherie, das in einen Arbeitsplatz eingebaut ist und nur diesem zur Verfügung steht (Workstation). Vorteil: Der Benutzer ist autark, er muß sich die Rechnerleistung mit keinem anderen Benutzer teilen. Bei dezentralisierten Anwendungen werden Arbeitsplatzrechner zu einem → *Netzwerk* zusammengeschaltet, damit sie auf eine gemeinsame → *Datenbank* zugreifen können.

Die Leistungsfähigkeit der Arbeitsplatzrechner ist bei deutlich gesunkenen Preisen in den letzten Jahren durch den Einsatz schneller → *Mikroprozessoren*, die z. T. mit einem anders strukturierten internen Befehlssatz arbeiten (→ *RISC-Technologie*), sowie durch eine weitere Erhöhung der spezifischen Speicherkapazität erheblich verbessert worden, so daß heute Großrechnerleistung am Arbeitsplatz zur Verfügung steht. Typische Prozessorleistungen liegen zwischen 1 und 8 mips, Speicherkapazitäten betragen bis zu 600 MB. Aufgrund dieser Entwicklungen dominieren (i. d. R. vernetzte) Arbeitsplatzrechner in der technischen Datenverarbeitung

Vernetzte Arbeitsplatzrechner für dezentrale CAD-Anwendungen, die auf eine gemeinsame Datenbank über den Peripherie-Server zugreifen

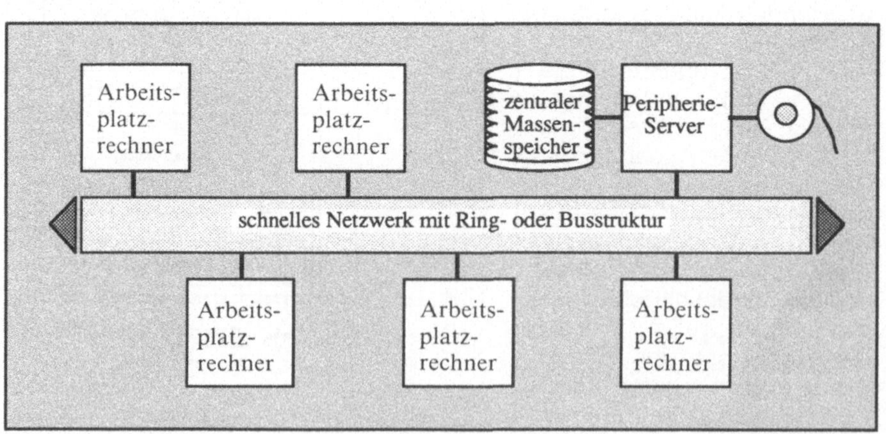

und dringen immer stärker in den Bereich der → *administrativen Datenverarbeitung* (Büro-Automation) ein.

Arbeitsspeicher

In die Zentraleinheit eingebauter Speicher hoher Schreib- und Lesegeschwindigkeit im Nanosekunden-Bereich, in dem die Daten für das Rechenwerk zwischengespeichert werden. Der Arbeitsspeicher wird vom Betriebssystem entsprechend der Zahl der ablaufenden Programme in sich laufend verändernde Bereiche (Arbeitsbereiche) eingeteilt. Reicht der Platz im Bereich nicht mehr aus, werden die Daten auf → *virtuelle Speicher* ausgelagert, deren → *Zugriffszeit* deutlich höher liegt (Millisekunden-Bereich). Damit daher → *Antwortzeiten* kurz bleiben und da die Preise für Speicher weiter fallen, sollte bei CAD/CAM-Systemen immer der größtmögliche Arbeitsspeicher eingebaut werden.

Arbeitstechnik

Die Arbeitstechnik beschreibt die Art und bedarfsgerechte Anwendung der an einem CAD-System vorhandenen → *Beschreibungsverfahren* zum Erzeugen und Ändern von Elementen des Werkstückmodells. Die Arbeitstechnik ist in Regeln faßbar, analog wie die Regeln des Technischen Zeichnens am Reißbrett. Wesentlicher Inhalt der Arbeitstechnik am CAD-System ist eine methodische Vorgehensweise bei der Bearbeitung von Problemen.

Solange die CAD-Software Entwurfsarbeiten nicht unterstützen kann, muß eine Entwurfsskizze vorliegen, die als Basis für weitere Lösungsalternativen verwendet werden kann. Die Bearbeitungsreihenfolge muß in groben Zügen festgelegt sein, damit die Beschreibungsverfahren bestmöglich eingesetzt werden können. Die Menge der Vorbereitung muß für eine zwei- bis vierstündige

Arbeitssitzung (bestehend aus Erzeugen, Ändern und Prüfen) ausreichen.

Die Vorgehensweisen beim Erzeugen und Ändern eines Bauteils am CAD-System unterscheiden sich von denen, die der Konstrukteur vom Reißbrett kennt. Schon für die rechnerunterstützte Zeichnungserstellung existieren leistungsfähigere Beschreibungsverfahren als am Reißbrett, auch solche, für die es keine Entsprechung gibt, z. B. → *Symmetrie-Operationen*, Organisationshilfsmittel (→ *Ebenentechnik*), Symbolkataloge usw. Dies führt zu einer anderen Bearbeitungsreihenfolge, es kommt zu einem effizienteren Arbeiten.

Völlig neue Vorgehensweisen kommen bei der räumlichen Bearbeitung hinzu. Der Anwender modelliert das Bauteil in seiner dreidimensionalen Gestalt, ohne den Umweg über Schnitte und Risse gehen zu müssen. Dazu stehen ihm im CAD-System Kataloge mit ebenen und räumlichen Geometrieelementen sowie die dazugehörenden Beschreibungs- und Berechnungsverfahren zur Verfügung. Von diesem Modell können beliebig

Die Rolle der Arbeitstechnik bei der Beschreibung von Bauteilen am CAD-System.

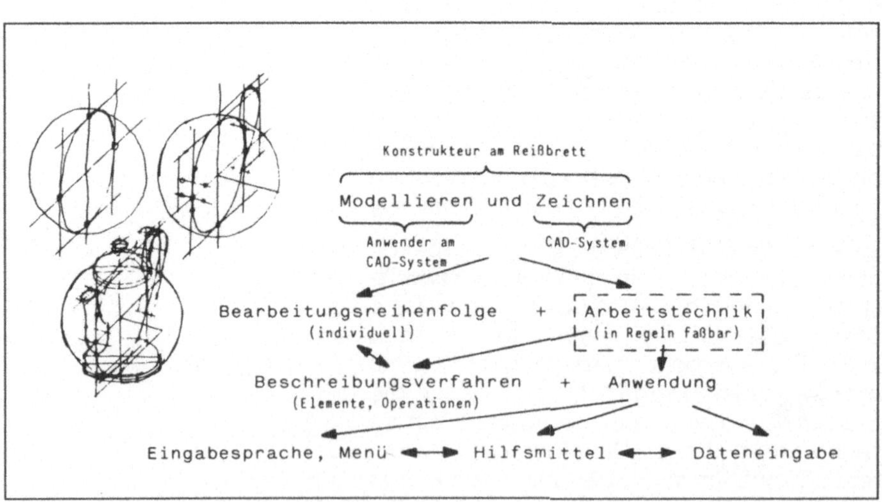

viele Lösungsalternativen geprüft werden. Erst danach werden die Fertigungs-Unterlagen aus dem Modell abgeleitet: Zeichnungssatz, Stückliste, Arbeitsplan, Steuerlochstreifen. Dies erfolgt mit weitgehender Unterstützung durch das CAD-System.

Die Anwendung einer auf die Leistungsfähigkeiten des CAD-Systems abgestimmten Arbeitstechnik gibt dem Konstrukteur mehr Freiraum für kreative Tätigkeiten, es erfolgt eine Entlastung von Routinetätigkeiten und der damit verbundenen Fehlerhäufigkeit.

Arbeitsvorbereitung
Eine Arbeitsvorbereitung kann nur dann erfolgen, wenn für das zu erstellende Bauteil eine → *Arbeitsplanung* durchgeführt wurde. Sie umfaßt die Gesamtheit aller Maßnahmen einschließlich der zeitgerechten Bereitstellung aller erforderlichen Unterlagen für Arbeitsgegenstand (Bauteil), Menschen und Betriebsmittel mit dem Ziel, durch Planung, Steuerung und Kontrolle für die Fertigung von Erzeugnissen und die Gestaltung von Abläufen jeder Art ein Optimum aus Aufwand und Arbeitsgegenstand zu erreichen.
Die Arbeitsvorbereitung ist als Bestandteil der Fertigung den Fertigungsprozessen vorgelagert, dabei aber immer abhängig vom aktuellen Auftrag. Besonders bei Unternehmen, die unterschiedliche Produkte fertigen, ist die Arbeitsvorbereitung so komplex, daß sie als Bestandteil von Systemen zur Produktionsplanung und -steuerung (→ *PPS-Systeme*) durchgeführt werden muß.

Arc: Kreis, → *Kreisbogen*.

Architektur
Aufbau, Struktur und Zusammenwirken von DV-Geräten (Hardware-Architektur) oder von Programmen und Daten (Software-Architektur). Das System ist durch Komponen-

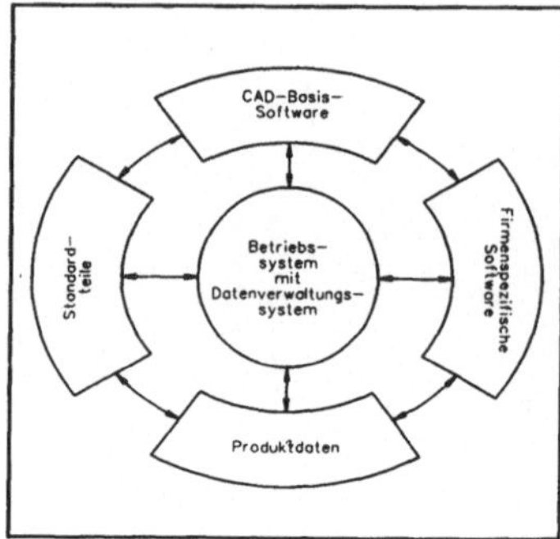

Inhalt des Archivs an einem CAD-System.

ten erweiterbar, die einzelnen Komponenten sind modular, können miteinander kommunizieren, lassen sich integrieren.

Archiv

Gesamtheit der an einem EDV-System auf Datenträgern vorhandenen Programme und Datenbestände. Am CAD-System sind dies Betriebssystem, CAD-Basissoftware, firmenspezifische CAD-Software und Bauteildaten. Zu den Bauteildaten gehört eine Standardausstattung an internen und externen Normteilen, Kataloge mit häufig verwendeten Symbolen (z. B. Zeichnungsformulare) sowie die aktuell bearbeiteten Produkte und Bauteile.

Als Datenträger, auf die das EDV-System direkt oder mittelbar ohne Umformung der Daten zugreifen kann, stehen Magnetplatten in → *Magnetplattengeräten* und Magnetbänder, die mit → *Magnetbandgeräten* beschrieben und gelesen werden, zur Verfügung. Andere Datenträger sind z. B. Mikrofilm und Lochkarte. Daten auf diesen Datenträgern müssen über spezielle Geräte (Mikrofilm: → *Scanner*, Lochkarten: Lochkartenleser) erst in maschinenlesbare Daten umgeformt werden.

Archivierung

Vorgehensweise zur Speicherung von Programmen und Daten im Archiv (Sicherung).

Programme und Daten werden mit einer identifizierenden Nummer oder mit einem eindeutigen Namen gespeichert. Bei archivierten Produkten ist es sinnvoll, alle zu diesem Produkt gehörenden Daten mit der gleichen Nummer oder dem gleichen Namen zu versehen und die unterschiedlichen Datenbestände nur über eine Datei-Kennung (Extension) zu unterscheiden. Solche Daten sind:

— Geometriedaten (das räumliche Modell des Bauteils),

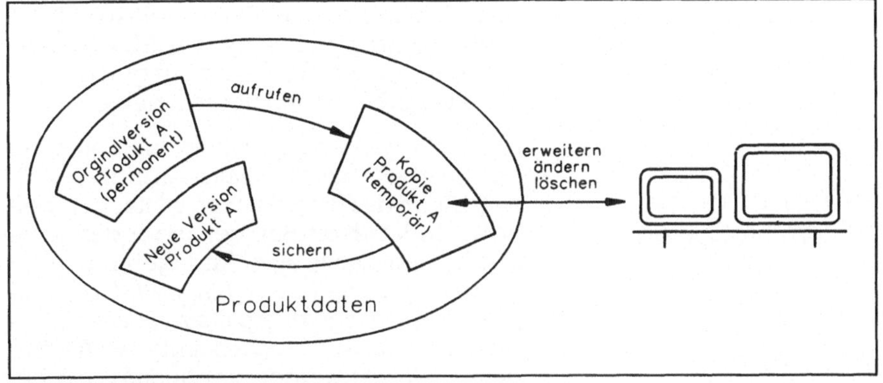

Vorgehensweise bei der Bearbeitung einmal im Archiv gespeicherter Daten.

— daraus abgeleitete Bilddaten für den schnellen Aufbau der Darstellung am CAD-Bildschirm,
— Teilestammdaten an Einzelteilen und Baugruppen, um bei einer Zusammenstellung oder Baugruppe Stücklisten ableiten zu können (→ *annotate*),
— Arbeitsplandaten,
— Daten zur Ansteuerung einer Werkzeugmaschine.
— Daten für die Qualitätssicherung.

Je nach Aktualität der Daten erfolgt die Speicherung auf verschiedenen Datenträgern.

— Programme und Daten, die laufend benötigt werden oder deren Bearbeitung noch nicht abgeschlossen ist, werden auf Datenträgern im → *Direktzugriff* gespeichert.
— Programme und Daten, deren Nutzung oder Bearbeitung abgeschlossen ist, werden auf Datenträgern mit → *seriellem Zugriff* gespeichert.

Beim Beginn der Bearbeitung eines neuen Bauteils oder Programms erzeugt der Anwender einen neuen Datenbestand im Archiv. Danach bearbeitet er immer nur eine temporäre Kopie des gesicherten Datenbestands. Bei Bedarf kann er diese Kopie (mit allen Änderungen gegenüber der vorherigen Version) in das Archiv einspeichern, wobei, je nach verwendetem EDV-System, entweder eine neue Version angelegt oder der alte Datenbestand überschrieben wird.

Der Umfang der zu speichernden Daten bei der Bearbeitung von Bauteilen richtet sich danach, ob das Produkt noch weiter bearbeitet wird oder ob die Bearbeitung abgeschlossen ist und damit eine Auslagerung auf → *externe Speicher* (z. B. → *Magnetband*) erfolgen kann. Um Speicherplatz zu sparen, müssen redundante Datenbestände (→ *Redundanz*) gelöscht werden. Redundant sind bei der Bauteilbeschreibung alle Daten, die sich über mathematische Vorschriften aus anderen Daten ableiten lassen.

Redundanzen können weitgehend vermieden werden, wenn alle erzeugten Produkte in zwei Formen gespeichert werden. Als Geometriedaten und als Bilddaten (→ *Bilddatei*). In den Geometriedaten ist das Produkt mit den Elementen des zur Verfügung stehenden *Werkstückmodells* beschrieben. Zusätzlich sind Informationen enthalten, die die Abbildung dieses Modells in einer Ansicht auf den grafischen Bildschirm oder technischen Zeichnung ermöglichen. Diese Informationen sind:

— Abbildungsvorschriften (→ *Transformationsmatrizen*),
— Verweise, wo und zwischen welchen Geometrieelementen Maße eingefügt wurden.
— Lage und Art einer zu schraffierenden Fläche sowie der Ansicht, in der die Schraffur sichtbar ist.
— Art und Lage von → *Symbolen* sowie Angabe der Ansicht, in der sie erscheinen.
— Lage und Art von Texten sowie Angabe der Ansicht, in der die Texte enthalten sind.
— Zuordnung, welche Ansichten zu einer Zeichnung zusammengefaßt sind und wie

die Ansichten in welchem Maßstab auf dieser Zeichnung angeordnet sind.

Es ist möglich, den Datenbestand ohne Informationsverlust zu verringern, indem die Bilddaten nicht mit abgespeichert werden. Die dadurch mögliche Einsparung an Speicherplatz beträgt je nach Anwendungsfall bis zu 60%. Man nimmt dafür in Kauf, daß beim Aufruf des Bauteils aus dem Archiv die Bilddaten neu erzeugt werden müssen. Der dafür erforderliche Zeitaufwand liegt im Minutenbereich.

Das Sichern von neuen Versionen eines Datenbestandes auf Platte oder Band bildet kritische Momente bei der Arbeit mit dem Archiv. Tritt beim Sicherungsvorgang ein Fehler im Betriebssystem oder in einem der EDV-Geräte auf, können Datenverluste auftreten, die einzelne Datenbestände oder ganze Datenbereiche betreffen können. Im Gegensatz zu der (möglichst redundanzfreien) Speicherung von Produkten, ist bei der Speicherung des Archivs daher auf größtmögliche Sicherheit zu achten, die nur über mehrfache Redundanz auf mehreren Datenträgern zu erreichen ist.

Um Verluste zu vermeiden, ist folgende Vorgehensweise empfehlenswert:

— Das CAD-System erstellt laufend automatisch eine gesicherte Version auf den Speichern im Direktzugriff. Der Zeitabstand zwischen zwei Sicherungen ist abhängig davon, ob der Anwender interaktiv oder mit einem Variantenprogramm arbeitet. Bei der interaktiven Konstruktion sollte der Zeitabstand eine halbe Stunde, sonst 15 Minuten betragen. Tritt eine Störung am System auf, so beträgt der Datenverlust maximal die in diesem Zeitabstand geleistete Arbeit, da in der Regel gesicherte Daten auf der Platte nicht zerstört werden. Bei Bedarf kann der Anwender

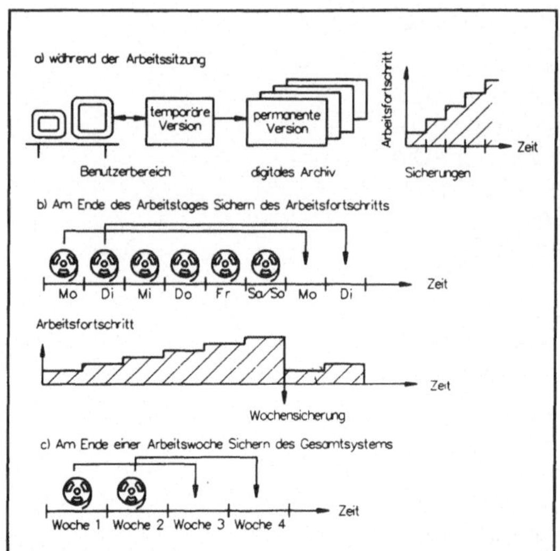

Vorgehensweise zur Archivierung am CAD-System.

auch noch öfter sichern. Entsprechend des Arbeitsfortschrittes entstehen laufend neue Versionen der Produktdaten.

— Am Ende jedes Arbeitstages werden bis auf die letzten beiden alle Versionen aus Platzgründen gelöscht. Danach wird derjenige Datenbestand auf Magnetbänder gesichert, der im Laufe des Tages neu erzeugt worden ist. Dafür steht pro Woche ein kompletter Satz Magnetbänder zur Verfügung, so daß im Extremfall der Arbeitsfortschritt einer ganzen Woche auf Magnetbändern gesichert ist.
— Einmal in der Woche wird der gesamte Datenbestand gesichert, also nicht nur die neu erzeugten Produktdaten, sondern auch die gesamte Software des CAD-Systems.

Programme und abgeschlossene Aufträge werden separat und doppelt gesichert. Diese Sicherung erfolgt einmal im Datenformat des CAD/CAM-Systems. So ist sichergestellt, daß diese Daten bei Bedarf schnell wieder zurück in das System geladen werden können.

Archivinhalte werden, diese Prognose ist zulässig, wesentlich länger existieren als die CAD/CAM-Systeme, mit denen sie erstellt wurden. Deswegen erfolgt die zweite Sicherung entweder in einem systemspezifischen neutralen Datenformat, mit dem das Konvertieren der Daten bei jedem Release-Wechsel vermieden werden kann, oder in einem genormten Datenformat, mit dem sich Daten zwischen CAD/CAM-Systemen unterschiedlicher Hersteller jetzt und in Zukunft austauschen lassen.

— Bei Produktdaten sind dies z. B. → *IGES*, → *VDAFS*, → *VDAIS*, in Zukunft → *STEP* oder → *Protokolldateien* (Session Files).
— Programme in einer höherem → *Programmiersprache* werden als → *Quellprogramm* gesichert, genauso wie Programme in einer → *Anwendungs-Programmiersprache* des CAD-Systems. Solche Programme können aber auch in → *VDAPS* erstellt werden, so daß die Übertragbarkeit zwischen CAD/CAM-Systemen unterschiedlicher Hersteller gewährleistet ist. Solange das nicht der Fall ist, müssen solche Programme auf dem neuen System komplett neu erstellt werden. Um dies ohne Schwierigkeiten durchführen zu können, ist zu jedem Programm eine ausführliche Dokumentation zu erstellen.
— Dateien (Wertetabellen) werden, je nach EDV-System, im → *ASCII*- oder → *EBCDIC*-Format gesichert.

Damit ist sichergestellt, das bei Wechsel des CAD-Systems ein Großteil der Datenbestände auf dem neuen System weiter benutzt werden kann.

Archivorganisation
Die Organisation des Archivs am CAD-System wird durch das Einrichten von Datenbereichen für die einzelnen Benutzer und durch Vergabe von Zugriffsmöglichkeiten auf diese Datenbestände vom → *System-Manager* aufgebaut, der als einziger Zugriff auf alle Datenbereiche behält.

Das Betriebssystem wird nur vom System-Manager und von der mit der Erweiterung der CAD-Basissoftware beauftragten CAD-Gruppe genutzt. Es kann nicht geändert, sondern nur durch eigene → *Kommandofolgen* (z. B. für die Datensicherung) erweitert werden.

Die CAD-Basissoftware steht allen Benutzern

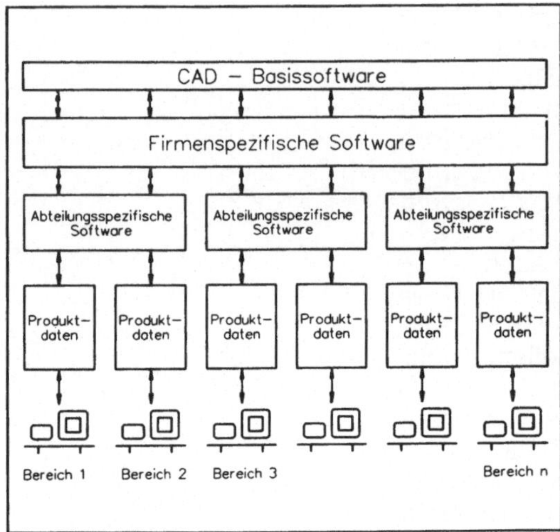

Strukturierung der Softwaremoduln im Hinblick auf Datensicherheit

zur Verfügung. Da sie vom Hersteller oft in einer nicht editierbaren Form geliefert wird, kann der Benutzer daran keine Änderungen vornehmen. Für die Erweiterung stehen Kommandofolgen, → *Anwendungs-Programmiersprachen* und → *höhere Programmiersprachen* zur Verfügung. Die CAD-Basissoftware kann vom Anwender benutzt, aber nicht gelöscht oder für andere Anwender gesperrt werden.

Die firmenspezifische Software ist mit solchen Zugriffssicherungen belegt, daß sie nur von der für die Betreuung des CAD-Systems zuständigen Stelle (in der Regel System-Manager oder CAD-Gruppe) erweitert und geändert werden kann.

Die Standardausstattung (→ *Archiv*) wird auf Wunsch der CAD-Benutzer von der betreuenden Stelle erweitert bzw. verändert. Der Anwender selbst sollte keine Änderungen vornehmen können, damit sichergestellt bleibt, daß alle Benutzer auf identische und aktuelle Standarddaten zugreifen. Unkontrollierte Datenbestände können nicht aufgebaut werden.

Der Anwender kann seine am CAD-System erstellten Produktdaten beliebig nutzen, erweitern, ändern oder löschen. Er trägt allein die Verantwortung für Umfang und Inhalt seiner Daten (Produktverantwortung). Die betreuende Stelle verwaltet lediglich die Daten und führt die Datensicherung durch (→ *Archivierung*).

Jede Abteilung, in der Bildschirm-Arbeitsplätze (entweder mit Anschluß an einen Zentralrechner oder dezentrale Plätze mit eigenem Rechner) aufgestellt sind, besitzt einen eigenen Datenbereich, auf den nur sie und der System-Manager zugreifen können. Die abteilungsspezifische Zusatzsoftware ist permanent in diesem Bereich vorhanden, sie kann benutzt, nicht aber verändert oder gelöscht werden. Bei Beginn einer Arbeitssitzung wird die Zugriffsberechtigung des Benutzers überprüft. Maßgebend ist, ob ein bestimmter Benutzername in Verbindung mit einem Kennwort an einem bestimmten Gerät eingegeben wurde. Erst dann kann sich ein Anwender in das CAD-System zuschalten. Die Ebene des Betriebssystems wird durch ein Einschaltprogramm übersprungen. Nachdem der Zugriff auf die CAD-Basissoftware eingerichtet wurde, kann die Arbeitssitzung beginnen.

Alle neu in das Archiv eingespeicherten Produkte erhalten automatisch die gleichen Zugriffssicherungen wie der Datenbereich, in dem der Benutzer arbeitet, so daß sichergestellt ist, daß nur derjenige, der die Daten aufgebaut hat, auch an diesen Daten ändern kann.

Diese Zugriffssicherungen sind besonders bei einem Netzwerk aus mehreren CAD-Systemen oder dezentralen Arbeitsplatzrechnern (Workstation) notwendig, wo alle Anwender auf das gleiche Archiv zugreifen. In diesem Fall wird ein übergreifendes Datenverwaltungs- oder ein Datenbanksystem eingesetzt. Man spricht von einer »logischen Datenbank«, wenn der CAD-Anwender den Datenbestand aller CAD-Systeme im Netzwerk zwar als Einheit sieht und nutzt, das Archiv aber aus Platz- und Sicherheitsgründen physikalisch auf mehrere CAD-Rechner im Netz verteilt ist.

Area: Fläche, Feld.

Arithmetic processing unit, APU
Rechenwerk in der → *Zentraleinheit.*

Array-Prozessor
Aus mehreren → *Zentraleinheiten* aufgebauter → *Prozessor*, der durch Parallelbearbeitung von Aufgaben eine höhere Leistung erreicht. Besonders geeignet für Vektor- und Matrixoperationen.

Arrow, Arrowhead: Maßpfeil auf der Maßlinie.

ARS
Abkürzung für **A**ntecedent **R**easoning **S**ystem, eine interpretierende Programmiersprache bei → *Expertensystemen*, mit der neue Regeln aus der Interpretation bereits vorhandener Regeln abgeleitet werden können (→ *Inferenzmechanismus*). Tatsachen über den zu analysierenden Gegenstand werden als Behauptungen in einer assoziativen Datenbank dargestellt. Die Sprache, die meistens eingesetzt wird, verwendet zur Darstellung allgemeiner Prinzipien Implikationsregeln wie das Kirchhoff'sche oder das Ohm'sche Gesetz und Merkmale von Gerätetypen.

Artikelstammdatei
Bei → *PPS*-Systemen werden sämtliche Lagerbestände artikelspezifisch in einer Artikelstammdatei verwaltet. Diese Datei speichert für jeden Artikel einen Artikelstammsatz, der alle Daten zu einem Artikel enthält.

Artnummer
Teil des elektrischen → *Betriebsmittelkennzeichens* nach DIN 40719. Dieser Teil beschreibt die interne Numerierung und Klassifikation des Betriebsmittels. Er wird eingeleitet durch » - «, gefolgt von einem die Gerätart kennzeichnenden Buchstaben sowie einer Zählnummer. Im CAD-System wird die Art-, Zählnummer als → *Textknoten* an den → *Symbolen* berücksichtigt.

AS
Abkürzung für → ***A**utomatisierungs**s**ystem*.

ASCII
Abkürzung für **A**merican **S**tandard **C**ode for **I**nformation **I**nterchange (Amerikanische Standarddarstellung für den Austausch von Informationen). Ein in den Vereinigten Staaten von Amerika genormte binäre Darstellung von → *alphanumerischen* Zeichen in einem 7-bit-Code mit einem festgelegten Satz von Schriftzeichen, Sonderzeichen und Ziffern. Das 8. bit wird als Prüfbit für Datensicherung und -übertragung verwendet.

ASCII und → *EBCDIC* sind die am weitest verbreiteten Arten zur Datendarstellung. Das ASCII-Format ist als DIN 66003 genormt.

ASIC
Abkürzung für **a**pplication **s**pecific **i**ntegrated **c**ircuit, anwendungsspezifischer integrierter Schaltkreis. Es handelt sich hierbei um Mikroprozessoren, die aus einer Menge von Grundbausteinen den Kundenwünschen entsprechend (im Sinne einer Maßkonfektion) zusammengefügt werden.

Assembler
1. Eine Programmiersprache, mit der in → *Maschinenbefehlen* eines Rechners programmiert werden kann. Damit nicht direkt mit binären Zahlen programmiert werden muß, besteht die Sprache aus mnemotechnischen Ausdrücken und Variablen entsprechend der ausführbaren Tätigkeiten. Im Gegensatz zu höheren Programmiersprachen (z. B. FORTRAN, PASCAL) entspricht jede Anweisung in einer Assembler-Sprache genau einem binären Manschinenbefehl.
2. Ein → *Kompilierer*, der Anweisungen dieser Programmiersprache in binäre Maschinenbefehle übersetzt. Da jede Anweisung einem Maschinenbefehl entspricht, übersetzt der Assembler-Kompilierer im Verhältnis 1:1 in Maschinenbefehle.

Mit Assemblern ist eine ablauf- und speicherplatzoptimale Programmierung möglich. Aufgrund der dazu erforderlichen rechnerspezifischen Kenntnissen ist beim CAD/CAM-Einsatz eine Programmierung in Assembler nur in Ausnahmefällen wirtschaftlich vertretbar.

Assembly: Zusammenbau.
Die Gesamtheit der in dem → *Werkstückmodell* eines Bauteils eingefügten Untermodelle oder Baugruppen. Solange das Bauteil im Archiv gespeichert ist, sind im Werkstückmodell nur die Verweise auf die (im gleichen Archiv, aber an anderer Stelle gespeicherten) Werkstückmodelle der Untermodelle und Baugruppen enthalten. Erst bei der Bearbeitung des Bauteils werden alle Werkstückmodelle zusammengeladen. Dazu ist es erforderlich, daß sich Untermodelle und Baugruppen im Archiv im Direktzugriff (insbesondere bei Norm- und Zusatzteilen) bzw. im gleichen Archiv wie das Bauteil befinden.

assign, to: hinzufügen, zuweisen.

associative Dimension: Zugeordnete, → *assoziative Bemaßung*.

Assoziative Bemaßung
An Geometrieelemente gekoppelte → *Bemaßung*. Bei Änderung der Geometrie (z. B. Verschieben einer Kante, Trimmen einer Linie) werden bei einer zugeordneten Bemaßung Maßlinien und Maßhilfslinien verlängert bzw. verkürzt und die Maßzahl dem Verschiebe- oder Trimmvektor entsprechend numerisch verändert. Vorteil: Muß bei einer Anpassung eines Bauteils nur die Geometrie geändert werden, so ist eine Kontrolle der Maße auf numerische Exaktheit nach der Änderung nicht erforderlich. Die zugeordnete Bemaßung ist Voraussetzung für die automatische Generierung von Maßvarianten (→

Parametrik-Modul).

Assoziative Datenstruktur
Eine Datenstruktur, in der die Datenelemente untereinander über Zeiger so verbunden sind, daß bei der Änderung eines Datums sich alle damit verbundenen Daten entsprechend mitändern. So bewirkt z. B. die Lageänderung einer Bauteilkante eine Änderung des Maßbilds und umgekehrt.

Assoziative Schraffur
Eine → *Schraffur*, die sich bei einer Änderung ihrer Berandungselemente (Lageänderung durch → *Symmetrieoperationen* oder → *Trimmen*) automatisch mit ändert.

Bei einer Änderung der Anzahl der Berandungselemente und ihrer → *Topologie* muß in jedem Fall eine neue Schraffur erzeugt werden.

asynchrone Arbeitsweise
Bei der asynchronen Arbeitsweise wird der Zeitablauf einer Tätigkeit von den gerade durchgeführten Operationen selbst bestimmt. Nach Beendigung der Operation wird ein Signal an eine Steuereinheit gegeben, damit die nächste Operation durchgeführt werden kann. Liegt z. B. eine asynchrone Datenübertragung vor, so werden die Daten gesendet, sobald sie zur Verfügung stehen. Gegensatz: → *synchrone Arbeitsweise*.

attach, to: anbinden, zuordnen.
Logische Ankopplung von Geräten an andere Geräte, z. B. ein Magnetbandgerät der → *Zentraleinheit* zuordnen, um eine Datensicherung durchzuführen.

Attribut
Eigenschaft, Merkmal, Attribut von Elementen des Werkstückmodells. Hierzu gehören insbesonders Texte und Daten, die das Ele-

ment näher beschreiben und deswegen dem Element direkt zugeordnet sind (z. B. Teilestammdaten an Baugruppen, Farbkennung an Geometrieelemente).

Aufbauorganisation
Diese Organisation regelt die Aufteilung der Aufgaben eines Unternehmens, einer Behörde oder anderer soziotechnischer Systeme auf verschiedene organisatorische Einheiten und die Zusammenarbeit dieser Einheiten.

Auflösung
Der kleinste Abstand zwischen zwei Elementen (→ *Pixel*, Bildpunkt), der auf einem Bildschirm oder auf anderen Ausgabegeräten (z. B. → *Rasterplotter*) noch dargestellt werden kann, bzw. das kleinste durch ein → *Meßsystem* erfaßbare → *Inkrement* zur Unterscheidung zweier diskreter Positionen.

Bei Bildschirmen ist die Auflösung ist gleichzeitig ein Maß für die Darstellungsgenauigkeit. Diese ergibt sich aus der Gesamtzahl der Bildpunkte dividiert durch die Länge der Bildschirmdiagonale.

Gängige Werte bei Raster-Bildschirmen mit einer Diagonale von 19 Zoll (48 cm) sind 1.280 Bildpunkte in der Horizontalen und 1.024 in der Vertikalen, bei Bildschirmen mit einer Diagonale zwischen 12 und 15 Zoll (31 und 38 cm) 640 mal 410 Elemente. Gängige Werte bei Speicher-Bildschirmen mit einer Diagonale von 19 bis 22 Zoll sind 4.096 mal 3.072 Bildpunkte.

Aufsetzpunkt → *Fixpunkt*.

Auftrag
Ein Auftrag im Sinne der Betriebsorganisation ist eine schriftliche oder mündliche Aufforderung einer Instanz eines Betriebes an eine andere Instanz desselben Unternehmens zur Ausführung einer Arbeit. Zur Kenn-

zeichnung eines Auftrages gehören im allgemeinen:

1. die Art des Auftrages und der auszuführenden Arbeitsaufgabe,
2. die geforderte Menge,
3. die Zeitangaben und
4. die Gütevorschriften

Auftragsüberwachung
Sie hat die Aufgabe, die Zustandsänderungen der Werkstatt- und Bestellaufträge in Rechnersystemen, z. B. im Fertigungsleitrechner zu überwachen und zu verwalten.

Auftragsveranlassung
Sie hat die Aufgabe, ein bestimmtes Fertigungsprogramm gegenüber dem Plan kurzfristig durchzusetzen, z. B. wenn ein wichtiger Kunde ungeplant eine Stückzahlerhöhung verlangt. Gegebenenfalls müssen die Planvorgaben für dieses Programm infolge von Störungen oder anderen als geplanten Randbedingungen angepaßt werden.

Aufwärtskompatibilität → *Kompatibilität.*

Ausbildung → *CAD/CAM-Ausbildung*, → *CIM-Ausbildung.*

Ausfallsichere Systeme
Absolute Voraussetzung für eine rechnergestützte Produktionsautomatisierung ist ein Sicherungssystem, welches ausfallsicher über Notstromversorgung unverlierbares Speichern wichtiger Daten zum automatischem Systemanlauf nach Störungen ermöglicht. Störungen in der → *SPS* von Produktionseinrichtungen können Menschenleben gefährden. Aufgrund der funktionalen Anforderungen haben sich ausfallsichere Systeme in den Fertigungsbereichen durchgesetzt.

Die heute noch vorherrschende Hardware-Lösung mit zwei parallel arbeitenden Rechnern, die sich permanent gegenseitig überprüfen, wird zunehmend durch Software-Lösungen gleicher Leistungsfähigkeit verdrängt.

Ausfallzeit

1. Der Zeitraum, in dem eine Software oder ein Gerät nicht funktionsfähig ist (entweder aufgrund aufgetretener Fehler oder Wartungs- und Erweiterungsarbeiten).
2. Der Zeitraum, in denen ein Betriebsmittel während seiner theoretisch möglichen Einsatzzeit infolge von technischen Störungen oder infolge von Maßnahmen, die seiner Erhaltung dienen, außer Einsatz ist.

Ausgabegerät

Datenverarbeitungsanlagen können ihre Arbeitsergebnisse außer in alphanumerischer (über → *Drucker*) auch in grafischer Form ausgeben. Dies ist mit → *Sichtgeräten*, → *Hardcopy-Geräten* und → *Zeichenmaschinen* möglich. Während ein Sichtgerät in der Regel für das vorübergehende Sichtbarmachen verwendet wird und auch nur über ein verhältnismäßig grobes Raster, d. h. geringe → *Auflösung* verfügt, gestatten Zeichenmaschinen das Herstellen von verhältnismäßig genauen und differenzierten Zeichnungen.

Auskunftssystem

Unter Auskunftssystem versteht man Programme, die dazu dienen, Daten (vergangenheits- und zukunftsbezogene), die einmal erfaßt wurden, in gewünschter Form aufzubereiten.

Auslagern

Ablage einer oder mehrerer Zeichnungen in ein Zeichnungsarchiv (meist Magnetband). In der Regel stehen diese Zeichnungen dann aktuell nicht mehr zur Bearbeitung zur Verfügung.

Ausloggen → *Logout.*

Auswertung
Erzeugung von Listen, Tabellen oder Plänen aus abgespeicherten CAD-Daten. In der Regel ändern Auswertungen die CAD-Grunddaten nicht, sie verwenden diese nur. Beispiele: → *Stücklisten*, → *Klemmenpläne*.

Automat
Eine Einrichtung, die auf ein bestimmtes Signal hin einen Vorgang oder eine Folge von Vorgängen selbsttätig und ohne weitere Eingriffe ausführt. In diesem Sinne sind auch Rechnersysteme mit ihren Programmen Automaten.

Automated Materials Handling
Automatisierte Handhabung des Materialflusses. Solche Systeme sind ein Bestandteil des rechnerintegrierten Produktentstehungsprozesses (→ *CIM*). Es handelt sich um rechnerunterstützte Systeme für automatische Bewegung, Handhabung und Lagerung zur Realisierung des Materialflusses (Holen, Sortieren, am Speicherplatz ablegen, Transportieren), bestehend z. B. aus automatisierten Flurförder- und Hebesystemen wie fahrerlose Transportsysteme, Leitrechner und Steuersoftware. Sie werden in flexiblen Fertigungssystemen (→ *FFS*), Hochregallagern und als Fördermittel zwischen den einzelnen Stufen der Fertigung eingesetzt.

Auch wenn durch die Rechnerführung der einzelnen AMH-Komponenten ein Rationalisierungseffekt entsteht, so ist es zur Ausschöpfung des gesamten Rationalisierungspotentials erforderlich, bereits im Vorfeld der Einführung von AMH-Systemen den Materialfluß durch strategische und organisatorische Maßnahmen zu minimieren. Dazu gehört z. B. die Anwendung der → *Gruppentechnologie*, um an Teilefamilien orientierte

CAT'90
6. INTERNATIONALE
FACHMESSE UND
ANWENDERKONGRESS
6th INTERNATIONAL
EXHIBITION AND USER
CONFERENCE
COMPUTER AIDED TECHNOLOGIES
MESSE STUTTGART 29.5.–1.6.1990

FFS zu bilden und so den Materialfluß zwischen den FFS auf ein Mindestmaß zu reduzieren.

Automatische Fertigung
Die automatische Fertigung ist im überwiegenden Maß ein rein technisches Verfahren, wobei der Einfluß des Menschen sich je nach dem Grad der Mechanisierung auf das Einrichten (Rüsten), Beschicken und Entleeren, Instandhalten und Überwachen beschränkt.

Dieses Ablaufprinzip beginnt bei Einzelautomaten wie Drehautomat, Verpackungsautomat, Abfüllautomat. Werden mehrere solcher Einzelautomaten durch selbsttätige Fördereinrichtungen miteinander gekoppelt, so spricht man von Verbundautomaten, z. B. Pressenstraßen in der Karosserieherstellung.

Automatisierung
Die selbstständige Durchführung geeigneter Tätigkeiten des Produktentstehungsprozesses mit Hilfe selbsttätiger Steuerungen und Regeleinrichtungen, so daß der Mensch weder ständig, noch in einem erzwungenen Rhythmus tätig zu werden braucht. Bei der Automatisierung spielt die Möglichkeit zur Rechnerunterstützung eine sehr wichtige Rolle, da sie meist die Voraussetzung für eine Automatisierungsmaßnahme ist.

Automatisierungsgerät
Allgemeiner Begriff für eine speicherprogrammierbare Steuerung (→ *SPS*), wenn ausgedrückt werden soll, daß die Leistungsfähigkeit der Steuerung über das reine Steuern hinausgeht und z. B. auch Regeln, Vergleichen und automatisches Korrigieren erledigt werden können. Hier verschiebt sich die Grenze zwischen SPS und Industrie-PC, der als → *Automatisierungssystem* die Steuerung einer → *Werkzeugmaschine* durch eine zusätzliche Platine mit erledigen kann.

Automatisierungssystem
Man spricht von einem Automatisierungssystem, wenn die Steuerung eines Produktionssystems immer mehr Aufgaben wahrnimmt (Regelvorgänge, Positionierung, Meßwertverarbeitung, Visualisierung des Arbeitszustandes in Text und Bild sowie Kommunikation zum Leitrechner). Dabei kommen, je nach Anwendungsfall unterschiedliche Rechnertypen zum Einsatz, vom handelsüblichen Mikrocomputer bis zum dedizierten Rechner an der Werkzeugmaschine.

Aufgaben des Automatisierungssystems an einem Produktionssystemen sind neben der selbstätigen Steuerung:

a. Durchführung logistischer Operationen,
b. Zeiten erfassen,
c. Melden, Überwachen, Schützen,
d. Zählen, Messen, Auswerten, Speichern der Ergebnisse,
e. Berechnen,
f. Registrieren und Protokollieren,
g. Optimieren und Regeln des Prozesses
h. Führen, Leiten, Koordinieren,
i. Die dispositive und statistische Auswertung des Produktionssystems.

Autoplacer
Routine zur automatischen → *Bauteil-Plazierung* auf einer Platine.

Autoplacement
Methode des automatischen Plazierens von Bauelementen auf eine Leiterplatte. Vorstufe der → *Leiterplatten-Entflechtung*.

Autorouter
Mit einem Autorouter lassen sich die (logischen) Verbindungen eines Schaltplanes automatisch in (physikalische) Leiterbahnen umwandeln. Man unterscheidet grob zwischen → *Channel-*, → *Line-Search-*, → *Maze-Running-* und → *Pattern-Routern*.

Autorouting
Automatisches Erzeugen der Verbindungen zwischen den Anschlüssen der Bauelemente auf einer Leiterplatte oder in einem integrierten Schaltkreis entsprechend des Schalt- und des Verbindungsplans im Layout (→ *Leiterplatten-Entflechtung*).

AV
Abkürzung für → ***A**rbeits**v**orbereitung*.

Availability: Verfügbarkeit.
Die Anforderungen des Benutzers an die Verfügbarkeit eines Systems, Geräts oder einer Software sind unterschiedlich. Bei einem CAD-System sollte die Verfügbarkeit der Zentraleinheit über 95 %, die der Bildschirme und der übrigen Ein- und Ausgabegeräte (Plotter, Drucker usw.) zwischen 80 % und 90 % liegen.

AWL
Abkürzung für → ***A**n**w**eisungs**l**iste*.

B

B-Rep
Abkürzung für → *Boundary Representation.*

B-Spline → *Freihandlinie.*

B-Spline-Fläche
Eine Näherungsfläche, deren definierende Kurven aus B-Splines, d. h. → *Freihandlinien* bestehen. Die Näherungsfläche ist identisch mit der → *Bezier-Fläche*, wenn die Ordnung der die B-Splines beschreibenden Polynome der Anzahl der Stützpunkte der Fläche entspricht.

Back - Annotation
Übertragung von Änderungen im Leiterplattenlayout in den Schaltplan. Diese Aktualisierung sollte möglichst automatisch erfolgen.

Backbone
Ein → *Breitband* in einem unternehmensweiten → *Netzwerk* (Busnetz, → *Bus*), das als Sammelschiene für alle Teilnetze verwendet wird und auf dem mehrere Anwendungen parallel ablaufen müssen.

Back slash
Ein rückwärts geneigter Schrägstrich, » \ «.

Background job
Hintergrundprogramm. → *Hintergrund-Betrieb.*

Background processing → *Hintergrund-Betrieb.*

Backup, backup file: Sicherungskopie. Periodisch oder nach Fertigstellung eines größeren Arbeitsschrittes durchgeführte Sicherungskopie von Daten und Programmen auf einen externen Datenträger (→ *Archivierung*).

Bahnraster
Ein im System fest vorgegebener oder wählbarer minimaler Abstand oder auch Winkel, in denen Leiterbahnen interaktiv oder automatisch verlegt werden können. Das Einschalten des Bahnrasters bewirkt im Layout, daß für die Winkel zwischen Leiterbahnen beispielsweise nur 45-Grad erlaubt sind.

Bahnsteuerung
Bewegungsablauf einer → *Werkzeugmaschine* auf einer vorgegebenen Bahn, die als dichte Punktfolge abgespeichert ist. Es besteht ein ständiger mathematischer Funktionszusammenhang zwischen allen beteiligten Achsen der Werkzeugmaschine und der abzufahrenden Bahn.

Balkencode
Verschlüsselung von Ziffern mit unterschiedlich breiten schwarzen Strichen und weißen Zwischenräumen. Der Balkencode dient zur einfachen maschinellen Verarbeitung von Belegen in unterschiedlichen Einsatzgebieten in Fertigung, Industrie und Handel.

Bananentechnik
Ein Verfahren, bei dem der Anbieter sein EDV-System beim Anwender reifen läßt, d. h. mit Hilfe (und meist auch auf Kosten) des

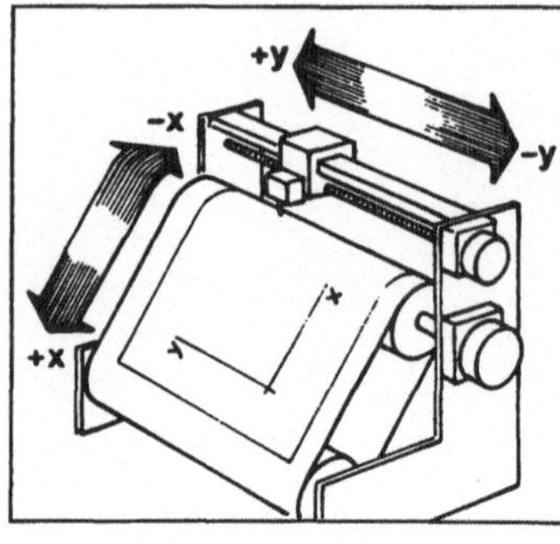

Funktionsweise eines Bandplotters.

Kunden zu Ende entwickelt (scherzhaft für unausgereifte Systeme).

Bandplotter
Ein → *Trommelplotter*, bei dem entweder:

1. das Zeichenmedium als Einzelblatt auf einem umlaufenden Band befestigt wird, oder
2. das Zeichenmedium beim Beginn einer neuen Ausgabe automatisch von einer Vorratsrolle geholt wird. Sobald eine Zeichnung fertig bearbeitet ist, wird das Zeichenmedium auf einer geeigneten Vorrichtung aufgewickelt. So entsteht ein »Band« mit Zeichnungen, das vom Benutzer in einzelne Blätter zerteilt werden muß.

Bandplotter benötigen die geringste Stellfläche aller elektromechanischen Zeichenmaschinen. Plotter nach Fall 2 werden eingesetzt, wenn überlange Zeichenformate benötigt werden (z. B. Schaltbilder, Leiterplatten-Entwurf) oder eine größere Menge Zeichnungen ohne Bedienungspersonal erstellt werden soll (z. B. Übernacht-Betrieb). Hier ist allerdings zu prüfen, ob der Einsatz eines → *Rasterplotters* nicht wirtschaftlich günstiger ist, da bei dieser Zeichenmaschine die Erstellungszeit pro Zeichnung um den Faktor 8 bis 10 kürzer ist als bei einem Bandplotter.

Barcode → *Balkencode.*

Base: Basis, Grundlage.

Base band → *Basisband.*

Baseline dimension → *Bezugskantenbemaßung.*

BASIC
Abkürzung für **B**eginners **A**ll **S**ymbolic **I**nstruction **C**ode (Symbolischer Befehlssatz für Anfänger), einfache problemorientierte Pro-

grammiersprache, die überwiegend auf Mikrorechnern (home computer, personal computer) Verwendung findet. In den meisten Fällen wird ein Programm in BASIC nicht übersetzt (→ *Kompilierer*), sondern entschlüsselt (→ *Interpretierer*), was bei umfangreichen Programmen zu langen → *Ablaufzeiten* führt.

Basisband
Ein Koaxialkabel als physikalischer Träger eines → *Netzwerks*, auf dem nur eine Anwendung (Protokoll, z. B. → *Ethernet*, → *OSI-Netzwerkmodell*) ablaufen kann. Die Übertragungsgeschwindigkeit kann, je nach Verfahren (z. B. → *CSMA/CD*, → *Token-Verfahren*), größer als 100 Mbit/s werden. Eine vereinfachte Ausführung des Basisbands ist das Carrier-Band, dessen Geschwindigkeit je nach Anwendungsfall auf 5 bzw. 10 Mbit/s begrenzt ist.

Basis-Spline → *Freihandlinie.*

Batch-Betrieb → *Stapelbetrieb.*

Batch mode → *Stapelbetrieb.*

Batch processing → *Stapelbetrieb.*

Baud
Maßeinheit für die Datenübertragung. Ein Baud entspricht einem übertragenen Signal pro Sekunde (z. B. bit/sec.).

Baukastenstückliste → *Stückliste.*

Bauklotzmodell → *Volumenmodell.*

Baum
Die Menge aller Pins, → *Vias* und → *Segmente* einer Leiterplatte, die auf gleichem Potential liegen.

Baumstruktur
Eine hierarchische Datenstruktur. Jedes Element der Struktur (bis auf das auf der obersten Hierarchieebene) gehört genau zu einem in der nächsthöheren Hierarchieebene angeordneten Element. Zu jedem Element können beliebig viele Elemente auf der darunterliegenden Hierarchieebene gehören. Querverbindungen zwischen Elementen auf der gleichen Hierarchieebene sind nicht möglich.

Bauteil - Plazierung
Meist interaktiver Vorgang, bei dem das Layoutsystem zu plazierende Bauteile und deren mögliche Gehäuseformen anbietet. Der Layouter wählt die gewünschte Gehäuseform und plaziert das Bauteil. Automatismen beschränken sich in dieser Anwendung meist auf sogenannte Matrix-Placer, mit deren Hilfe beispielsweise Speicherbänke automatisch plaziert werden können. Matrix-Placer ordnen die Bauelemente in x- und y-Richtung in konstanten, wählbaren Abständen an. Vollautomatische Plazierungsroutinen finden sich relativ selten, weil für eine sinnvolle automatische Plazierung eine parallel ablaufende Vorentflechtung notwendig wäre.

Bauteilsymbol
Bauteilsymbole enthalten die mechanischen Abmessungen eines physikalischen Bauteils, Informationen über Anzahl der Pins, Rastermaße und zugehörige Lötaugengrößen und -formen. Bauteilsymbole werden mit Hilfe von → *Symboleditoren* erzeugt und in → *Symbolbibliotheken* zusammengefaßt.

BDE
Abkürzung für → *Betriebsdatenerfassung*.

Bearbeitungsgeometrie
Die für ein Bearbeitungsverfahren wichtigen

Geometrieelemente sind zu einer Gruppe zusammengefaßt. Da ein Werkstück bis zur endgültigen Gestalt in der Regel mehrere Bearbeitungsstufen durchläuft, können für ein- und dasselbe Werkstück mehrere unterschiedliche Bearbeitungsgeometrien existieren.

Bearbeitungsstation

1. → *Bildschirm-Arbeitsplatz* oder → *Arbeitsplatzrechner.*
2. Alle Einrichtungen, die als Betriebsmittel den Produktionsfortschritt am Produkt im Sinne der Aufgaben des Produktionssystems bewirken. Dies sind unter anderem → *Werkzeugmaschinen*, Werkzeuge, Vorrichtungen sowie Meß- und Prüfeinrichtungen.

Bearbeitungszeit

Die Summe der Zeiten, die man für die Herstellung eines Teils an einem Bearbeitungssystem oder/und Montagesystem benötigt, nennt man Bearbeitungszeit. Bei einer CNC-Fertigung lassen sich diese Zeiten exakt im voraus bestimmen.

Die einzelnen Bearbeitungszeiten spielen bei der Festlegung der einzelnen Arbeitsprozesse eine große Rolle. Somit ist es möglich, auch die nachfolgenden Bearbeitungen und Prüfabläufe zeitlich genau abzustimmen und damit eine rationelle Nutzung dieser Einrichtungen zu erzielen.

Bearbeitungszentrum

Oberbegriff für eine → *Flexible Fertigungszelle*, eine → *Flexible Fertigungsinsel*, ein → *Flexibles Fertigungssystem* oder eine Transferstraße.

Bearbeitungszyklus

Bei jeder → *Werkzeugmaschine* gibt es bestimmte Abläufe in der Bearbeitung, die in gleicher Form immer wiederkehren. Bei diesen geometrischen Ablaufprogrammen ändern sich lediglich wenige Parameter. Derartige Abläufe sind in der → *SPS* fest gespeichert und über eine → *G-Funktion* aufrufbar. Nach Eingabe der erforderlichen Parameter-Daten läuft der Bearbeitungszyklus automatisch ab.

Beispiele für Bearbeitungszyklen sind:

G00: modular wirkende Funktion für die Interpolationsart,
G04: Bestimmung der Verweilzeit in Verbindung mit einer → *F-Funktion*,
G17: Wahl einer Bearbeitungsebenene
G40: Werkzeugkorrektur,
G53: Nullpunktverschiebung,
G80: Arbeitszyklus,
G90: Maßangaben,
G94: Vorschubfestlegung.

Bedarfsermittlungs-Stückliste → *Stückliste*.

Befehl
Eine für das → *Betriebssystem* verwendete Aufforderung, die aus einer zusammengesetzten Kombination von Sprachworten besteht, mit deren Eingabe eine bestimmte Tätigkeit gestartet werden kann.

Befehlsdiagramm → *Datenflußplan*.

Befehlsmakro → *Kommandofolge*.

Behind Tape Reader
Die Grundkonzeption des → *DNC*-Betriebes für die Steuerung von → *Werkzeugmaschinen* wurde zu einer Zeit entwickelt, in der ausschließlich numerische Steuerungen ohne eigenen inneren Datenspeicher zur Verfügung standen. Verfahrwegdaten wurden per → *Lochstreifen* vom Rechner auf die Steuerung übertragen und dort über einen Lochstreifenleser eingelesen. Dabei kam es oft zu

Störungen, da Lochstreifen und Lochstreifenleser nicht immer der rauhen Umgebung in der Werkstatt gerecht wurden. Um nun ohne Verwendung von Lochstreifen arbeiten zu können, ist es notwendig, an der Steuerung einen Eingangskanal für die direkte Übertragung von NC-Daten über ein → *Netzwerk* zu schaffen.

Da erst neuere Steuerungen über einen solchen Dateneingang verfügen, wurden NC-Daten vorher über die vorhandene Schnittstelle zum Lochstreifenleser unter Umgehung des Lochstreifens direkt vom → *Leitrechner* in die Steuerung eingespeist. Der Rechner simuliert dabei das Verhalten des Lochstreifenlesers, so daß die Steuerung nicht unterscheiden kann, von welcher Quelle sie ihre Informationen bezieht. Man spricht dann von einer Behind Tape Reader (BTR) - Lösung. Diese Ausführung hat den Vorteil, daß es jederzeit möglich ist, durch einfaches Umschalten des Eingangskanals vom Rechner auf den nach wie vor vorhandenen Lochstreifenleser zur konventionellen Betriebsart überzugehen. Die numerische Steuerung bleibt also autonom arbeitsfähig.

Das BTR-System ist neben der DNC-Schnittstelle eine der beiden Kommunikationsverbindungen zwischen dem vorgeschalteten Leitrechner und der Werkzeugmaschine.

Belastungsorientierte Freigabe

Ziel der belastungsorientierten Freigabe von Aufträgen in einer Fertigung ist die Verkürzung der Durchlaufzeit sowie eine Senkung der Umlaufbestände. Es handelt sich um ein Verfahren, das den Zufluß von Aufträgen in die Fertigung mit den beiden Parameter Belastungsschranke und Terminschranke regelt. Das Analogiemodell besteht aus zwei miteinander verbundenen Trichtern. In den oberen Trichter werden die aus dem → *PPS-System* kommenden Kundenaufträge, Vorratsaufträge und internen Aufträge eingespeist, die so den verfügbaren Auftragsbestand bilden. Der untere Trichter enthält die freigegebenen Aufträge. Die Zahl der abgefertigten Aufträge pro Zeit ist abhängig von der Kapazität der Fertigung. Dabei werden gerade so viele Aufträge freigegeben, daß weder die Belastungsschranke noch die Terminschranke in der Produktion überschritten werden.

Die Anwendung dieser Strategie erfolgt mit folgenden Randbedingungen:

1. Die Auftragsfreigabe ist so spät wie möglich,
2. für nicht freigegebene Aufträge existiert eine gewisse Planungsfreiheit,
3. das Rückmeldewesen (→ Betriebsdatenerfassung) ist von beträchtlicher Bedeutung.

Beleg
Ein Beleg ist ein Datenträger, der neben evtl. vorhandenen Soll-Daten auch Ist-Daten enthält und der zur Verrechnung oder zum Beweis abgelaufener Vorgänge im Unternehmen und zwischen Unternehmen dient.

Belegungszeit
Die Belegungszeit ist die Vorgabezeit für die Belegung des Betriebsmittels durch einen Auftrag.

Belt Plotter → *Bandplotter.*

Bemaßung
Maße gehören zu der Gruppe der → *Zeichenelemente*, die zur besseren und eindeutigen Veranschaulichung des geometrischen Sachverhalts verwendet werden.

Ein Maß wird erzeugt, indem die zu bemaßenden Kanten identifiziert werden und die Lage der Maßzahl angegeben wird. Das Erscheinungsbild des Maßes kann durch eine Vielzahl von Parametern auf die jeweiligen Bedürfnisse eingestellt werden.

Ein Maß besteht aus der Maßzahl (mit oder ohne Toleranzangaben), der Maßlinie parallel zur Maßrichtung, den Begrenzungselementen (Maßpfeile, Kreise, Schrägstriche oder Bögen) und den Maßhilfslinien, die senkrecht auf der Maßlinie stehen und die die Verbindung von Maßlinie und Bezugskante bilden.

Folgende Maßformen können erstellt werden: → *Längenbemaßung* (linear dimension), → *Durchmesserbemaßung* (diameter dimension) und → *Radienbemaßung* (radial dimension).

Benchmark
Leistungstest für Hard- und Software. Ein Benchmark sollte immer auf das spätere Einsatzgebiet des Systems abgestimmt sein und unter typischen Belastungen ablaufen. Hard- und Software-Ausstattung sollten weitgehend mit dem später anzuschaffenden System identisch sein, um vergleichbare

Beispiele, wie Maße erzeugt werden können.

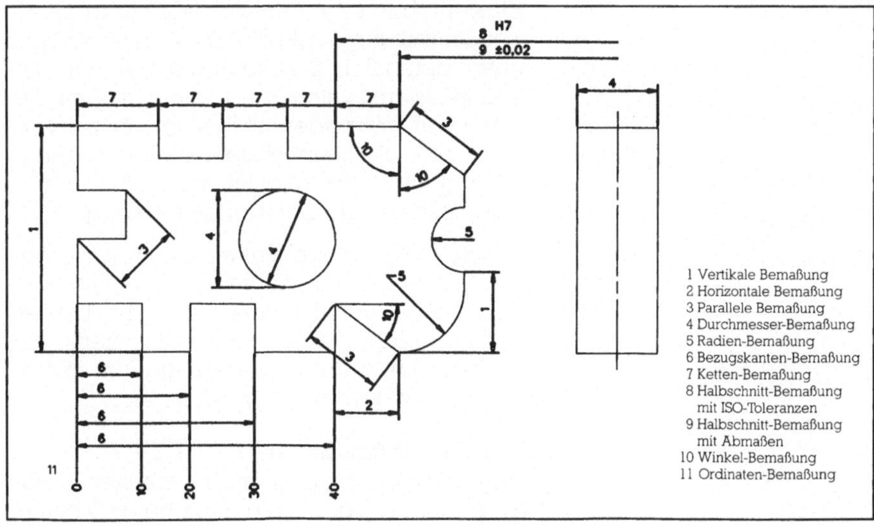

Werte zu erhalten. Der Benchmark wird in Anwesenheit des Interessenten durchgeführt. Inhalte eines Benchmarks für ein CAD-System sind z. B.

— Abprüfen von für den Interessenten wesentlichen Eigenschaften des Systems.
— Interaktive Konstruktion eines durchschnittlich schwierigen Bauteils,
— Interaktive Konstruktion des komplexesten Bauteils oder synthetischen Bauteils, in dem alle im Unternehmen auftretenden Schwierigkeiten enthalten sind,
— Ablauf eines Variantenprogramms mit externem Dateizugriff. Dabei muß der Interessent vorgeben, auf welcher Sprachschnittstelle das Programm realisiert werden soll (→ *Kommando-Folge*, → *Anwendungs-Programmiersprache* oder → *Parametrik-Modul* bzw. eine höhere Programmiersprache) und wie der Ablauf des Programms auszusehen hat.
— Extrahieren von nichtgrafischen Daten (z. B. Teilestammdaten) aus der Geometrie und Weitergabe an andere DV-Systeme.

Bei CAD-Systemen mit mehreren Arbeitsplätzen ohne eigene Rechnerleistung an einer Zentraleinheit werden diese Tests sowohl unter optimalen Bedingungen (nur ein Arbeitsplatz am System) und unter Last (mindestens vier Anwender am System, die zeitversetzt die gleichen Aufgaben bearbeiten) durchgeführt. Bei Arbeitsplatzrechnern entfällt diese Art der Belastungsmessung.

Durch diese Vorgehensweise ist sichergestellt, daß beim Benchmark einerseits die Fähigkeiten des Systems und nicht die des Vorführenden gemessen, andererseits ein genauer Eindruck vom Verhalten im späteren Einsatz gewonnen werden kann.

Benutzerkonfigurierbar
Vom Benutzer einstellbar. Die meisten CAD-Systeme verfügen über Parameter-Dateien,

in denen der Anwender mehr oder weniger Möglichkeiten zur firmenspezifischen Anpassung des CAD-Systems hat. Beispiele für Konfigurationsmöglichkeiten: Listenform der → *Stückliste*, Art und Weise der → *Querverweise* für angeschlossene Plotter.

Benutzeroberfläche
Art und Weise der Kommunikation zwischen Anwender und CAD-System. Die Benutzeroberfläche ist neben der funktionellen Leistungsfähigkeit mit das entscheidende Kriterium für den Erfolg eines CAD-Systems. Die Benutzeroberfläche eines CAD-Systems muß auf den Anwendungszweck und die Zielgruppe der Anwender angepaßt sein. Daher läßt sich kein allgemein gültiges Rezept angeben. Elemente der Benutzeroberfläche heutiger CAD-Systeme sind (z. T. alternativ) geführter Dialog, Kommando-Sprache, Funktionstastatur, diverse Menütechniken, Window-Technik

Berandung
Eine i. d. R. im Umlaufsinn geordnete Liste von Berandungselementen, die eine Fläche oder ein Volumen umschließen. Im CAD/CAM-Bereich sind Berandungselemente bei Flächen ebene und räumliche Kantenelemente wie Linien, Kreisbögen, Freihandkurven (Splines), Kegelschnitte (Ellipsen, Parabeln, Hyperbeln), bei Volumina beliebige Flächenelemente. Beim Layout von Leiterplatten wird die Außenkontur der Leiterplatte (die bei flexiblen Leiterplatten eine beliebige Form annehmen kann) auch als Berandung bezeichnet.

Beschleunigungsfaktor
Eine dimensionslose Kennzahl, die für die Berechnung der Wirtschaftlichkeit des Einsatzes der CAD-Technologie benötigt wird. Der Faktor beschreibt die Steigerung der Produktivität durch den Einsatz der CAD-

Technologie. Er enthält die Zeitvorteile der rechnerunterstützten Erstellung gegenüber der herkömmlichen Vorgehensweise bei der Lösung der gleichen Problemstellung. Zum Berechnen des Faktors wird das Verhältnis zwischen herkömmlicher und rechnerunterstützter Bearbeitungszeit gebildet.

Beschreibungshistorie → *Protokolldatei.*

Beschreibungsverfahren
Die Gesamtheit aller am CAD-System vorhandenen Möglichkeiten zum Erzeugen, Ändern, Löschen und Verwalten von Elementen. Dazu gehören:

— Erzeugen beliebiger Geometrien,
— Erzeugen nichtgeometrischer Elemente (z. B. Teilestammdaten an Baugruppen),
— Erzeugen von Zeichnungselementen (Bemaßung, Text, Schraffur),
— Aufbau von Symbolkatalogen (z. B. Zeichnungsformulare), Signalgrößen an Strompfaden,
— Editieren (Manipulieren) vorhandener Elemente,
— Löschen von Elementen,
— Organisationshilfsmittel (→ Ebenentechnik, Gruppenbildung, Farbeinsatz),
— Simulation von Vorgängen,
— Berechnungsverfahren bzw. Schnittstellen zu externen Berechnungsprogrammen (z. B. FEM),

Zur Handhabung der Beschreibungsverfahren muß eine leistungsfähige Benutzerschnittstelle (entweder als → *Eingabesprache* oder in Form der → *Menütechnik*, Fall 2) vorhanden sein.

Bestelliste
Spezielle Form der → *Stückliste*. Die Bestelliste ist hersteller- und geräteorientiert, um einen Bestellvorgang zu erleichtern.

Bestückungsplan
Grafische Ausgabe einer fertigt bestückten Platine. Der Bestückungsplan kann als Kontrollplot oder in Form einer Siebdruckmaske zum späteren Bedrucken der fertigen Platine ausgegeben werden.

Betriebsdatenerfassung
Ein Instrument zur Erfassung von Daten der Fertigung und der weiteren Betriebsbereiche, in erster Linie Bewegungsdaten und zugehörige Ordnungsbegriffe. Die Daten kann man mit folgender Frage charakterisieren: Welcher Mitarbeiter, welche Maschine und welches Geld ist wann verfügbar?

Bei der Betriebsdatenerfassung (BDE) werden die einzelnen Bearbeitungszeiten, Stückzahlen, Produktions-, Maschinen-, Entnahme-, Takt-, Wiege- oder andere Daten im laufenden Betrieb erfaßt. Dazu dienen Erfassungsplätze (Bildschirmarbeitsplätze, mit Ausweis-, Schriften- und → *Barcodeleser* und/oder speziellen Zählern) und Meßstellen, z. B. → *Sensoren*, an Maschinen und Geräten (Maschinendatenerfassung). Die erfaßten Daten werden entweder vor Ort in einem Betriebsdaten-Verarbeitungssystem oder von einem übergeordneten Rechner ausgewertet, an den Arbeitsplatz zurückgemeldet und zur Weiterverarbeitung in Abrechnungsverfahren, → *PPS-Systemen* oder eigener Anwendersoftware an andere Rechner übertragen.

Die Betriebsdatenerfassung von Maschinen (BDM) liefert Aussagen über den Zustand der Maschine, Wartung, Defekt, Rüstzeit, Werkzeugbruch, aber auch über fehlendes Material etc. Fertigungsschritte und Stückzahlen werden erfaßt.

Die Personaldatenerfassung (PDE) wird bei flexibler Arbeitszeit und Gleitzeit zur Lohnabrechnung, bei Akkord für die Ermittlung des Leistungsumfangs und des Prämienlohns eingesetzt. Im Zuge der Einführung von → *CIM* und zum exakten Nachweis der → *Wirtschaftlichkeit* sollte die Betriebsdatenerfassung auch auf die produktdefinierenden Bereiche ausgedehnt werden.

Betriebsmittel
Eine zusammenfassende Bezeichnung für alle Arbeitsmittel, die zur Fertigung eines Bauteils benötigt werden, z. B. Werkzeuge, Werkzeugmaschinen und Vorrichtungen.

In elektrischen Anlagen eingebaute Funktionseinheiten, meist → *Geräte*. Betriebsmittel sind auch z. B. Kabel, Klemmen.

Betriebsmittelkennzeichen
Bezeichnung eines elektrischen → *Betriebsmittels* in einer Anlage, die der eindeutigen Identifizierung dient. Der formale Aufbau des Betriebsmittelkennzeichens wird durch DIN 40719 Teil 2 geregelt. Normalerweise werden zur Bezeichnung → *Anlagekennzeichen*, → *Ortskennzeichen* und → *Art-, Zählnummer* verwendet.

Betriebsmittelplanung
Sie umfaßt die Bereitstellung von Werkzeugmaschinen sowie die Konstruktion von Vorrichtungen. Grundlage dafür sind die Zeichnungen und → *Stücklisten* aus Konstruktion und Arbeitsvorbereitung.

Betriebsorganisation
Die Betriebsorganisation schafft den Ordnungsrahmen für einen ganzheitlichen und zielgerichteten Ablauf der Prozesse in einem Unternehmen, einer Behörde oder einem anderen soziotechnischem System. Sie umfaßt Analyse, Planung, Gestaltung, Steuerung und Kontrolle sämtlicher betrieblicher Teilsysteme. Ziel der Betriebsorganisation ist ein menschengerechtes und wirtschaftliches Betriebsgeschehen.

Betriebssoftware → *Betriebssystem.*

Betriebssystem
Die Gesamtheit aller Steuer- und → *Dienstprogramme* zum Betreiben und Überwachen einer EDV-Anlage. Das Betriebssystem schafft die Voraussetzung zur Nutzung der Hardware durch Anwendungssoftware. Dabei regeln die Steuerprogramme den Ablauf von Dienst- und Anwenderprogrammen sowie das Zusammenwirken der einzelnen Komponenten eines Rechnersystems.

Handelt es sich um ein virtuelles Betriebssystem (das trifft heute für die meisten Betriebssysteme zu), so ist der maximal adressierbare → *Arbeitsspeicher* nicht mehr von seiner physikalischen Größe, sondern von der → *Wortlänge* des Rechners abhängig (→ *virtueller Speicher).*

Gerade bei älteren Rechnern und bei Personal-Computern, deren Wortbreite 16 bit oder weniger beträgt, finden sich noch solche Betriebssysteme, bei denen der Programmierer bei Programmen, die nicht auf einmal in den Arbeitsspeicher geladen werden können, die Segmentierung solcher Programme selbst vornehmen muß (→ *Overlay-Betrieb).*

Das Betriebssystem ist üblicherweise hardwarespezifisch. Erst in neuerer Zeit wird versucht, Betriebssysteme hardwareunabhängig zu entwickeln. Die am weitesten verbreitete Entwicklung ist das → *UNIX-Betriebssystem.*

Bezier-Fläche
Eine doppelt gekrümmte Näherungsfläche, die durch eine Vorgabe von matrixförmig angeordneten Stützpunkten erzeugt wird. Diese Stützpunkte werden in der jeweiligen Parameterrichtung u bzw. v zu → *Bezier-Splines* zusammengefaßt. Es müssen so viele Stützpunkte vorhanden sein, daß sich minde-

stens zwei Bezier-Splines pro Parameterrichtung als Flächenberandung bilden lassen. Die Fläche »hängt« an der Punktematrix, da die Stützpunkte nicht auf der Fläche liegen.

Bezier-Spline
Bei der Bezier-Kurve (eine → *Freihandlinie*, benannt nach Pierre Bezier) wird die Darstellung eines Polygonenzugs durch eine glatte (d. h. differenzierbare) Kurve n-ten Grades aus n+1 Stützpunkten approximiert, wobei die einzelnen Punkte des Polygonenzugs bis auf Anfangs- und Endpunkt nicht auf der Kurve liegen. Die erste bzw. letzte Polygonenseite bilden Anfangs- bzw. Endtangente der Kurve. Wird einer der Stützpunkte des Polygons verschoben, so wird die Form der Kurve damit beeinflußt. Das Verschieben eines Punktes wirkt sich immer auf die gesamte Kurve aus.

Bezugskanten-Bemaßung
Bei dieser Bemaßungsart werden alle Maße auf eine Bezugskante bezogen. Zum Erzeugen einer Bezugskantenbemaßung wird zuerst die Bezugskante identifiziert, danach alle zu bemaßenden Kanten. Eine bestimmte Reihenfolge braucht hierbei nicht eingehalten zu werden. Schließlich muß noch die Lage des Maßbilds relativ zur Geometrie angegeben werden. Das CAD-System sortiert die Maße automatisch nach aufsteigenden Werten und schreibt sie entsprechend übereinander.

Bezugspunkt
Jede numerisch gesteuerte → *Werkzeugmaschine* hat verschiedene Nullpunkte, die durch Bezugs- oder Referenzpunkte definiert werden. Sie sind einfach anzufahren, nach ihnen ist die Werkstückbemaßung auszulegen. Man unterscheidet zwischen dem Maschinennullpunkt und dem Maschinenreferenzpunkt.

Der Maschinennullpunkt liegt im Ursprung des Maschinenkoordinatensystems und ist unveränderlich fest. Dieser Nullpunkt wird nach dem Einschalten der Maschine automatisch rasch angefahren. Es ist hierbei vorteilhaft, wenn die Steuerung diese Position in jeder Achse automatisch anfahren kann.

Der Maschinenreferenzpunkt wird dann notwendig, wenn z. B. eine Achse nicht angefahren werden kann, bei sehr langen Maschinen zum Ausgleich von Längenverzerrungen oder bei solchen Portalfräsmaschinen, bei denen der Spindelstock nicht bis zur Tischoberfläche gefahren werden kann. Die Begriffe Nullpunkt und Referenzpunkt werden in der Praxis nicht immer exakt unterschieden.

Z. B. wird bei Maschinen, die zum Werkzeugwechsel oder zum Palettenwechsel einen festgelegten Punkt anfahren müssen, dieser ebenfalls als Referenzpunkt bezeichnet.

Bezugssystem → *Bezugspunkt.*

Bilddatei
Die Bilddatei enthält die zweidimensionalen rechnerinternen Abbildungen des → *Werkstückmodells* in einzelne → *Ansichten* sowie die bildliche Darstellung von Maßen, Schraffuren, Texten und Symbolen in diesen Ansichten in der Reihenfolge ihrer Erzeugung am CAD/CAM-System. Alle Ansichtselemente werden in ebenen Bildschirm-Koordinaten beschrieben. Bei der Identifikation von Elementen (→ *Identifizieren*) wird bei den meisten CAD/CAM-Systemen zuerst die Bilddatei durchsucht, von da das Element im Werkstückmodell referenziert und auf dem Bildschirm als »erkannt« gekennzeichnet.

Für einen schnelleren Bildaufbau beim Aufrufen des Bauteils aus dem → *Archiv* kann die Bilddatei zusammen mit dem Werkstückmodell des Bauteils gespeichert werden.

Bilddateien werden immer bei solchen grafischen Bildschirmen eingesetzt, bei denen die Abbildung des Werkstückmodells auf Bildschirm-Koordinaten nicht vollständig durch einen Hardware-Generator, sondern ganz oder teilweise über die Software in der → *Zentraleinheit* erfolgen muß.

Aber auch bei Bildschirmen, die diese lokale Leistungsfähigkeit aufweisen, ist eine Bilddatei erforderlich: Sie enthält Anzahl, Namen und → *Transformationsmatrizen* der Ansichten sowie die Lage der momentan sichtbaren Ansichten auf dem Bildschirm.

Bildpuffer → *Pufferspeicher.*

Bildpunkt
Kleinste darstellbare Einheit (Pixel) auf einem Ausgabegerät, das nach dem → *Rasterverfahren* arbeitet, z. B. Rasterbildschirme, elektrostatische Plotter (Auflösung).

Bildschirm-Arbeitsplatz
Ein Arbeitsplatz mit Bildschirmen. Zur Ausübung der rechnerunterstützten Konstruktio-

Aufbau eines Bildschirm-Arbeitsplatzes für den CAD-Einsatz.

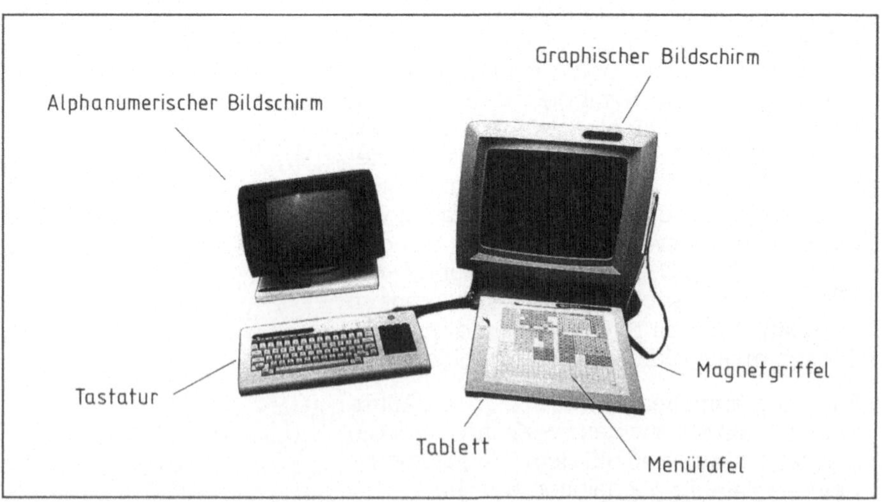

nen enthält der Arbeitsplatz einen grafischen Bildschirm zur Darstellung der Konstruktion und einen alphanumerischen Bildschirm zum Protokollieren von Benutzereingaben und Systemmeldungen (bzw. einen einzigen Bildschirm, der beide Eigenschaften aufweist) sowie geeignete Eingabegeräte wie → *Tastatur*, → *Tablett* mit → *Magnetgriffel* oder → *Maus*, eine → *Funktionstastatur*. Die Geräte sollten zu einem → *ergonomischen Arbeitsplatz* zusammengestellt sein.

Bildschirm-Koordinatensystem
Dasjenige Koordinatensystem, auf das die Darstellungen auf dem Bildschirm in der → *Bilddatei* referenziert werden. Das Bildschirm-Koordinatensystem ist ortsfest, der Koordinatenursprung ist die linke untere Ecke des Bildschirms, die x-Achse entspricht der Bildschirm-Unterkante.

Bildwiederholrate
Die Häufigkeit des Aufzeichnens einer Abbildung auf den Bildschirm. In der Regel erfolgt dies mit der jeweiligen Netzfrequenz (50 oder 60 Mal pro Sekunde). Je höher die Bildwiederholrate, desto ruhiger und flimmerfreier die Darstellung. Darum wird bei neueren Bildschirmen eine noch höhere Wiederholrate (z. Zt. bis zu 80 Mal pro Sekunde) eingesetzt.

Bill of materials (BOM) → *Stückliste*.

Binärdarstellung → *Binärsystem*.

Binärsystem
Zweiwertige Informationsdarstellung, ein System, das zur Darstellung von Zahlen, Logiken oder Codes nur zwei Zeichen verwendet, z. B. »An« und »Aus«, 0 und 1 , O und L. Das einfachste Binärsystem ist der Schalter. Das wichtigste binäre Zahlensystem ist das → *Dualzahlensystem* und seine Ableitungen

(Oktal- und Hexadezimalzahlensysteme), und die am meisten verwendete binäre Logik die → *Boole'schen Verknüpfungen*. Binärsysteme sind auch die einfachsten Systeme zum Codieren von Begriffen, da sie sich auf die mindest erforderliche Anzahl unterscheidbarer Zeichen (nämlich zwei) beschränken.

Binder
Ein → *Dienstprogramm* zum Zusammenfügen übersetzter (kompilierter) Programme oder Programmoduln zu einem ablauffähigen Programm, da die meisten Übersetzer (Compiler, → *Kompilierer*) aus dem → *Quellprogramm* mehrere übersetzte Moduln erzeugen. Das ablauffähige Programm wird schließlich in die Systemumgebung eingebunden.

BIS
Abkürzung für Business Information System → *administrative Datenverarbeitung*.

bit
Abkürzung für »binary digit«. Das bit ist die kleinste binäre Einheit oder Speichereinheit in der EDV. Sie kann die Werte 0 und 1 bzw. AUS und AN annehmen. Da andere Zustände bei einer elektronischen Schaltung nicht möglich sind, arbeiten → *Digitalrechner* mit → *Binärsystemen* oder Ableitungen davon.

Bit map → *Pufferspeicher*.

Bit map memory → *Pufferspeicher (Fall 2)*.

Bit map graphic
Eine Technologie, mit der die einzelnen Bildpunkte im → *Pufferspeicher* individuell vom Anwender angesprochen werden können, um damit Grafiken darzustellen.

Bit-Maske → *Pufferspeicher*.

Bit-Slice-Technik
Vorgehensweise bei der Erstellung elektronischer Schaltungen, bei der komplexe Schaltungen mit beliebiger → *Wortbreite* der Daten aus fertigen Teilschaltungen (slice = »Scheibe«) mit 1 bzw. 4 bit Verarbeitungsbreite aufgebaut werden.

Blank
Leerstelle, Leerzeile (Hauptwort), leer, blank (Eigenschaft).

blanked element
Ein vom Anwender am CAD-Bildschirm unsichtbar gemachtes (ausgeblendetes) Element, das zwar in den Modelldaten gespeichert, aber nicht dargestellt wird.

Blendenteller
Teil eines → *Fotoplotters* zur Steuerung von Linienbreite und -kontur.

Block
Adressierbare Speichereinheit im → *Arbeitsspeicher*, in peripheren → *Speichern* oder auf einem Datenträger (Magnetplatte oder Magnetband) mit einer festen Größe (üblicherweise 256 oder 512 → *Byte*). Die Adresse des Blocks besteht aus den Nummern der zugehörigen Spuren und Sektorenauf dem Datenträger. Ein Block ist auch eine Folge von Daten, die beim Schreiben oder Lesen von einem Datenträger zu einem anderen übertragen wird.

Die in eine → *SPS* übertragenen Blöcke werden seriell Schritt für Schritt abgearbeitet, sie stellen eine Zusammenfassung der Instruktionen von einzelnen Arbeitsschritten dar. Bei der Übertragung werden einzelne Blöcke zu Sätzen zusammengefaßt. Die einzelnen Sätze sind durch das Zeichen »Satzende« voneinander getrennt. Die Informationen vom → *Lochstreifen* bzw. → *Behind Tape Reader* werden Satz für Satz eingelesen. Beim Zeichen »Satzende« stoppt der Leser, bis von der SPS das Signal zum Einlesen des nächsten Satzes gegeben wird. Die Sätze werden in einem Zwischenspeicher so lange gespeichert, bis alle nacheinander abgearbeitet sind.

Blockfertigung
Eine auf der Grundlage der Arbeiten zur »Wissenschaftlichen Betriebsführung« von Frederick W. Taylor und Frank B. Gilbreth um die Jahrhundertwende entwickelte Fertigungsform, die durch eine funktionale Trennung der Arbeit in planende und ausführende Tätigkeit gekennzeichnet ist (z. B. Arbeitsvorbereitung vor der eigentlichen Produktion, aber auch Qualitätsentstehung vor der Qualitätskontrolle, wobei Rückkopplungen bei Fehlern nur schwer möglich sind).

Die Arbeitsschritte werden durch Bewegungsstudien und Zeitaufnahmen in kleinstmögliche Einheiten gegliedert. Es wird versucht, möglichst viele Schritte von Maschinen, die von Spezialisten bedient werden und die auf einen hohen Ausstoß pro Zeit und Kapitaleinsatz optimiert sind, ausführen zu lassen.

Mehrere Arbeitsschritte werden zu einem Block (Produktionseinheit) zusammengefaßt, der vollständig abgearbeitet wird, bevor der nächste in Angriff genommen werden kann. Zwischen den einzelnen Blöcken sind Pufferlager erforderlich, wodurch es zu einer hohen Kapitalbindung in Roh- und Halbfertigteilen kommt. Jede der Produktionseinheiten benötigt eine eigene Fertigungssteuerung (→ *PPS*), die alle von einem übergreifenden System koordiniert werden müssen.

Die Blockfertigung ist wegen der damit verbundenen Investitionen nur dann wirtschaftlich, wenn in großen Serien gefertigt wird. Mit der Tendenz zu immer kleineren Losgrößen und der von großen Kunden geforderten Lieferbereitschaft → *just in time* werden andere Fertigungsformen, z. B. → *IZ*, entwickelt.

Blockzykluszeit

Die Zeit zur Übertragung eines Blocks und der Rückmeldung, daß die Übertragung beendet wurde und der nächste Block bearbeitet werden kann. Beim Einsatz von → *SPS* mit dem dazugehörigen Programmspeicher werden zu Sätzen zusammengefaßte Blöcke pro Einzelanweisung direkt von der SPS übertragen. Ein Programm mit 1.024 Anweisungen wird mit modernen SPS in einer Blockzykluszeit von wenigen Millisekunden abgearbeitet.

Bei dem Vergleich von Blockzykluszeiten unterschiedlicher Steuerungen ist es wichtig, auch die Satzlänge mit zu berücksichtigen. Sie ist nicht genormt und kann daher aus unterschiedlich vielen Anweisungen bestehen. Unter den technischen Daten einer SPS wird deshalb meist eine typische durchschnittliche Blockzykluszeit angegeben, die in den Gerätehandbüchern mit genauen Bearbeitungszeiten für jede Befehlsform aufgeführt sind.

Bei → *CNCs* mit → *Programmspeicher* ist die Übertragungszeit zwar wesentlich kürzer, doch stößt man hier an eine Grenze bei vielen parallel verlaufenden Achsbewegungen der Werkzeugmaschine. Die Blockzykluszeiten betragen hier je nach Steuerung und Achsenanzahl 10 bis 300 ms.

Bohrplan

Der Bohrplan enthält alle Informationen, die für das Bohren einer Platine benötigt werden. Dazu gehören Angaben über die Lage der Bohrungen, ihren Durchmesser und den Bohrweg. Zusätzlich kann bei der Erstellung des Bohrplanes eine Bohrwegoptimierung durchgeführt und der Bohrweg als Kontrollplot ausgegeben werden. Der fertige Bohrplan wird als Lochstreifen meist im Sieb & Meyer-Format ausgegeben und dient zur direkten Ansteuerung der NC-Bohrmaschine.

BOM

Abkürzung für Bill Of Materials, → *Stückliste*. Oft wird damit auch das gesamte Stücklistenwesen bezeichnet.

Bonden

Bei Halbleiter-Bauelementen das Herstellen elektrischer Verbindungen durch dünne Drähte, um Verbindungen zu realisieren, die beim → *Autorouting* nicht erstellt werden konnten. Solche Verbindungen finden sich üblicherweise auf der Hauptplatine (backplane) eines Rechners.

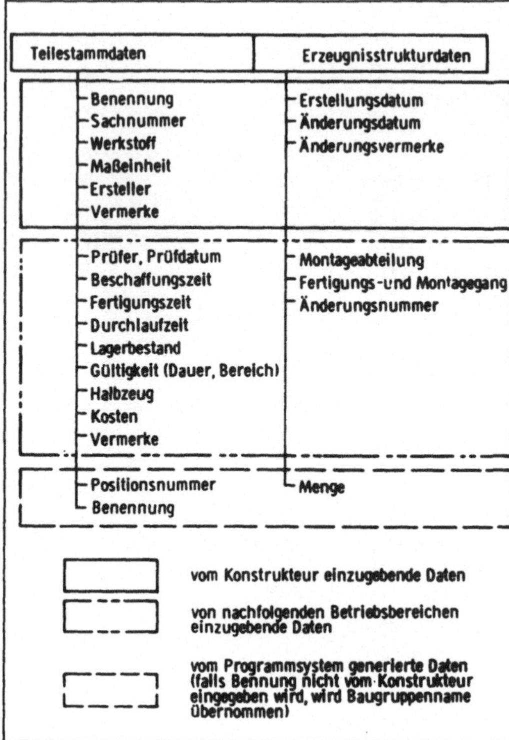

Mögliche Informationen einer Stückliste

Boole'sche Verknüpfungen

Verknüpfungen, die auf der Algebra des englischen Mathematikers George Boole (1815 - 1864) aufbauen. Dabei handelt es sich um Operationen aus der Mengenlehre: Vereinigen mehrerer Mengen, Subtrahieren von Mengen, Bilden des Durchschnitts mehrerer Mengen usw. Beim Erzeugen von Volumen- und Körpermodellen (→ *Werkstückmodell*) wird mit Boole'schen Verküpfungen gearbeitet: So entsteht z. B. eine Welle aus der Vereinigung mehrerer Zylinder und Kegel, eine Bohrung in einem Quader aus der Subtraktion eines Zylinders von diesem Quader, ein Freistich aus der Subtraktion eines Torusses von einem Zylinder. Die Durchschnitts-Bildung wird z. B. zur Kollisionskontrolle bei der Simulation von Fertigungs- und Montagevorgängen verwendet. Die überprüften Bauteile kollidieren nicht, wenn ihre Durchschnittsmenge leer ist.

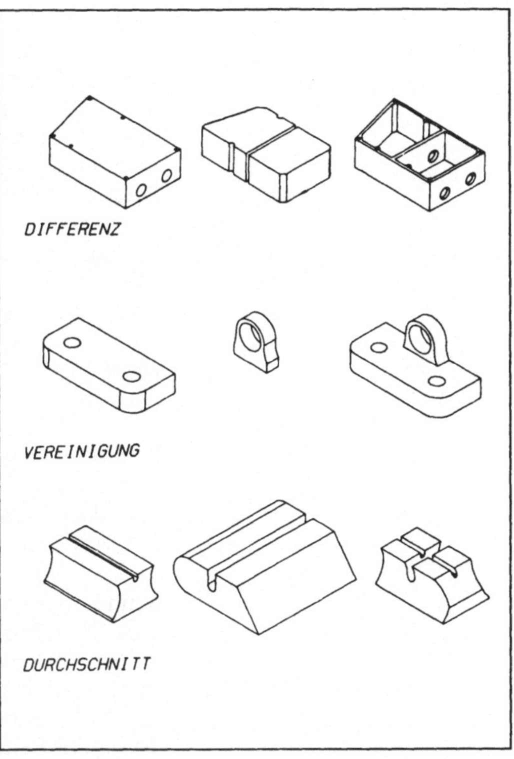

Beispiele Boole'scher Verknüpfungen

Boot, Bootstrap, Boot-Prozeß
Vorgang, bei dem das Betriebssytem nach Einschalten des EDV-Systems in die → *Zentraleinheit* geladen wird. Während dieses Vorgangs kann kein Benutzer mit dem EDV-System arbeiten.

Boot Node
Ein Rechner als Mittelpunkt in einem lokalen → *Netzwerk*, von dem die übrigen Rechner in diesem Netzwerk sich beim Einschalten (Einloggen) sowohl das → *Betriebssystem* als auch die jeweilige Anwendungssoftware in den Arbeitsbereich (→ *virtueller Speicher*) herunterladen. Danach arbeiten die übrigen Rechner mit einer Kopie der Software völlig autark, so daß eine Beeinträchtigung der Rechner im Netzwerk nicht erfolgt. Beim Ausschalten wird die Kopie der Software gelöscht. Zu speichernde Daten werden auf dem Boot Node abgelegt.

Voraussetzungen sind, daß das Netzwerk eine hohe Daten-Übertragungsgeschwindigkeit aufweist (im Bereich Megabit/s) und daß von mehreren Rechnern auf die gleichen physikalischen Datenträger zugegriffen werden kann (Cluster-Konzept).

Vorteile dieser Konfiguration: Das System-Management (Systempflege, Datensicherung, Bereitstellung von → *Dienstprogrammen*) wird einfacher, da die Software nur auf einem Rechner vorhanden ist, auch wenn sie an mehreren Systemen gleichzeitig genutzt werden kann. Die einzelnen Rechner in diesem Netz benötigen deutlich weniger Speicher-Peripherie. Nachteile: Beim Ausschalten oder beim Ausfall des Boot Nodes bricht das Netz zusammen.

Bottom - Up - Design
»Klassische« Methode des Schaltungsentwurfs, bei der Systeme von der Gatter- oder Bauteilebene ausgehend aufgebaut werden. Gegensatz Top-Down- oder → *hierarchisches Design.*

Boundary → *Berandung.*

Boundary item
Berandungselement. → *Berandung.*

Boundary Representation
Eine Beschreibungs- und Darstellungsmethode für räumliche Objekte beliebiger Form. Jedes räumliche Objekt wird durch seine einhüllenden Flächen beschrieben. Jede dieser Flächen wird durch Schnittkurven mit der Nachbarfläche begrenzt. Jede Kurve hat bestimmte Scheitel- bzw. Eckpunkte (Vertices). Es können nur Punkte, Kanten und Flächen selektiert werden. Die Topologie eines mit diesem Verfahren erzeugten Objekts besteht daher von unten aufbauend aus:

— Vertex,
— Kante,
— Pfad (path, eine geordnete Liste oder Folge von Kanten) bzw. Schleife (loop, wenn die Folge aus Kanten geschlossen ist und zur Berandung einer Fläche verwendet wird),
— Fläche (als Einzelfläche),
— Oberfläche (als eine geschlossene, ein Volumen einhüllende Fläche) und
— Objekt mit der jeweils daran verknüpften

Geometrie.

Die Kombinationen von Körpern ergibt neue Körper, die wieder aus Punkten, Kanten und Flächen bestehen. Diese Art der Objektbeschreibung ist besonders einfach handzuhaben von Anwendern, die bereits Erfahrung mit Draht- oder → *Kantenmodellen* haben: Räumliche Kanten bilden die Stütz- und Berandungselemente für die Flächen des auf dem Kantenmodell aufbauenden → *Flächenmodells*, die im → *Volumenmodell* wiederum zu einem räumlichen Objekt zusammengefaßt werden können.

Eine Hauptanwendung dieses Modellierverfahrens ist im Karosseriebau. Eine andere Möglichkeit zur Beschreibung von Körpern ist das → *CSG-Verfahren*.

bpi
Abkürzung für bit per inch, Anzahl der bits pro Zoll. Das bpi ist ein Maß für die Schreibdichte bei → *Magnetbandspeichern*, die heute bei 800, 1.600 oder 6.250 bpi liegt. Noch höhere Werte werden bei solchen Aufzeichnungsverfahren erzielt, die Video-Bänder als Medium verwenden.

Break
Abbruch, Unterbrechung (z. B. eines Programms).

Breitband
Ein Koaxialkabel als physikalischer Träger eines → *Netzwerks*, identisch mit dem beim Kabelfernsehen eingesetzten Kabel. Durch Frequenzmodulation können mehrere Anwendungen (verschiedene Protokolle, z. B. → *Ethernet*, → *MAP*, → *OSI-Netzwerkmodell*, aber auch Text, Video-Signale usw.) parallel auf dem Breitband ablaufen. Deswegen wird bei einem unternehmensweiten Netzwerk, auf dem viele verschiedene Anwendungen der technischen und administrativen Berei-

che laufen müssen, ein Breitband als Rückgrat (»Backbone«) des Netzes eingesetzt. Die Übertragungsgeschwindigkeit des Breitbands liegt unter 100 Mbit/s.

Broadband → *Breitband.*

B-Spline → *Freihandlinie.*

BTR
Abkürzung für → *Behind Tape Reader,* simulierter Lochstreifenleser in einer Steuerung für Werkzeugmaschinen.

Buffer → *Pufferspeicher.*

Bug
Eigentlich Englisch für »Wanze«. In der EDV ein Begriff für Programmfehler. Programmsysteme zur Fehlersuche in Anwendungsprogrammen heißen entsprechend »Debugger«, Entwanzer.

Bus
Die elektrische Verbindung (an beiden Enden begrenzte Sammelschiene) zwischen den einzelnen Komponenten der → *Zentraleinheit* zur Informationsübertragung zwischen den Komponenten. In einer Zentraleinheit können mehrere Busse vorhanden sein: Zwischen den Prozessoren, zu den Ein- und Ausgabegeräten (I/O-Bus) und zu den Speichereinheiten. Üblicherweise verarbeiten Bus und Komponenten Datenworte mit der gleichen → *Wortlänge.* Der Bus weist entsprechend viele parallele Leitungen auf. Pro Vorgang wird ein komplettes Wort (meist ergänzt um Sicherungsbits, → *Parität*) parallel übertragen. Die Übertragungsgeschwindigkeit liegt in der Nähe der → *Zykluszeit.* Es gibt auch Rechner (vor allem auf der Basis Mikroprozessor), bei denen der Bus nur die halbe Wortlänge in einem Vorgang über-

tragen kann. In diesem Fall ist die externe Rechengenauigkeit geringer als die intern im Mikroprozessor vorhandene.

Bussysteme werden zunehmend als Träger von → *Netzwerken* eingesetzt.

Byte
Eine Festlegung: 8 bit bilden ein Byte, unabhängig von der im Rechner verwendeten Wortlänge. Die Kapazität von Speichermedien wird deswegen immer in Byte angegeben.

C

C
Eine höhere Programmiersprache, die bevorzugt für die strukturierte Programmierung geeignet ist und die heute für das Erstellen von Programmsystemen, bevorzugt für Mikrocomputer, verwendet wird. Ein Hauptmerkmal von C ist die gute Verarbeitbarkeit von Zeigern (Pointern), die zur Definition von Datenstrukturen verwendet werden, und die kurzen Programme. Für C existieren auf vielen Rechnersystemen → *Kompilierer*, die effiziente Programme auf Maschinenebene erzeugen, so daß in C geschriebene Programme portabel sind. Außerdem eignet sich C zum Erstellen von → *Betriebssystemen*, so wurde z. B. → *UNIX* von einem seiner Entwickler, Dennis Ritchie, 1973 vollständig von → *Assembler* in C umgeschrieben.

CA-Technik
Oberbegriff für alle erdenklichen Vorgehensweisen im Produktentstehungsprozeß, für die Systeme der Rechnerunterstützung eingesetzt werden können. Im Gegensatz zu → *CIM* werden hierbei die einzelnen Systeme (Insellösungen) betont, nicht ihre mögliche Integration zu einem Gesamtsystem.

CAA
Abkürzung für
1. **C**omputer-**A**ided **A**dministration. Rech-

nerunterstützte Verwaltung. Hierzu gehören Erfassungssysteme, Archivierungssysteme für Dokumente,→ *Textsysteme* und → *Desktop Publishing.*

2. **C**omputer-**A**ided **A**nimation. Rechnerunterstützung bei der Erstellung von bewegten Bildern zur Simulation der Bewegungsvorgänge von projektierten Bauteilen.
3. **C**omputer-**A**ided **A**ssembling. Rechnerunterstützung bei der Montage von Baugruppen und Produkten. Damit ist der Einsatz von Rechnersystemen sowohl bei der Montageplanung als auch bei der Montagesteuerung gemeint.
4. **C**omputer-**A**ided **A**rchitecture. Rechnerunterstützung in Architektur und Bauwesen.
5. **C**omputer-**A**ided **A**utomation. Rechnerunterstützte Automatisierungstechnik für die Fertigung.

CAC

Abkürzung für

1. **C**omputer-**A**ided **C**alculation. Darunter werden alle Berechnungs- und Simulationsprogramme verstanden, die z. B. für das Auslegen der Konstruktionen wichtig sind (z. B. → *FEM*) oder eine ganze verfahrenstechnische Anlage in der Entstehungsphase schon simulieren können.
2. **C**omputer-**A**ided **C**ommunication, Rechnerunterstützung für alle Aufgaben der Verbindung von Verwaltungsfunktionen über mehrere → *Netzwerke*, insbesondere bei der Vermittlung zwischen den Einzelnetzen.

Cache-Speicher

Kleiner, aber sehr schneller Pufferspeicher zwischen dem → *Arbeitsspeicher* und den restlichen Teilen der → *Zentraleinheit* (CPU) zum Verkürzen der Zugriffzeiten auf den

Arbeitsspeicher. Dem Cache-Speicher liegt die Erfahrung zugrunde, daß eine Folge von Lese- oder Schreibbefehlen im Arbeitsspeicher häufig einander benachbarte Speicherbereiche betreffen. Es ist daher sinnvoll, nicht nur die aktuell benötigten Speicherbereiche, sondern auch die Nachbarbereiche oder ganze Abschnitte des Arbeitsspeichers in einem separaten Speicher, dem Cache-Speicher, abzubilden und zur weiteren Bearbeitung bereitzustellen. Der Cache-Speicher ist zwar wesentlich kleiner als der Arbeitsspeicher, er hat aber eine kürzere Zugriffszeit. Die Trefferquote, d. h. die Wahrscheinlichkeit, daß gerade benötigte Speicherbereiche im Cache-Speicher sind, liegt bei Rechnern mit → *RISC-Technologie* bei etwa 99 %.

CAD

Abkürzung für

1. **C**omputer-**A**ided **D**esign. Rechnerunterstützte Konstruktion und Erstellung von Fertigungsunterlagen. Dieser Begriff wird für alle Tätigkeiten verwendet, die im weitesten Sinne konstruktiver Natur sind. CAD in dieser Bedeutung ist der historisch erste Begriff für eine Rechnerunterstützung in Konstruktion und Entwicklung. Er wurde 1957 von D. T. Ross am MIT (Massachusetts Institute of Technology in Boston, USA) geprägt.
2. **C**omputer-**A**ided **D**rafting. Rechnerunterstützte Zeichnungserstellung (als eine Tätigkeit innerhalb des Computer-Aided Design). Wird in Verbindung mit Zeichnungssystemen auf Personalcomputern (PC) verwendet.
   Durch die gleichlautende Abkürzung entstehen oft falsche Eindrücke über die Leistungsfähigkeit eines angesprochenen »CAD«-Systems.

   In diesem Wörterbuch wird CAD immer in der Bedeutung nach Fall 1 verwendet.

CAD-Ausbildung → *Ausbildung*.

CAD/CAM
Bezeichnung für eine Vorgehensweise, bei der ein System Tätigkeiten in Konstruktion und Arbeitsvorbereitung durch einen → *CAD*-Teil und einen → *CAM*-Teil unterstützt. Die Teile sind so eng miteinander verbunden, daß für den Anwender das System als eine Einheit erscheint. Ein CAD/CAM-System liegt vor, wenn:

— während der rechnerunterstützten Produktentstehung ein einziges Werkstückmodell des Bauteils aufgebaut wird, das sukzessive während der Bearbeitung wächst und nicht als Kopie von Abteilung zu Abteilung weitergereicht wird,
— es sich um eine einzige Anwendungssoftware handelt, die alle benötigten Funktionen aus dem CAD- und CAM-Teil enthält,
— Schnittstellen zur Prozeßplanung (→ *CAP*, Fall 1, → *PPS*) vorliegen, z. B. indem Stücklistendaten aus dem Werkstückmodell extrahiert oder Arbeitsplandaten weitergegeben werden können und
— die Mitarbeiter an gleichartigen Arbeitsplätzen arbeiten.

CAD/CAM-Ausbildung
Das Ziel jeder Ausbildung am CAD/CAM-System ist es, daß der zukünftige Anwender das System als leistungsfähiges Hilfsmittel zum Lösen seiner Alltagsaufgaben einsetzt. Das Benutzen des CAD/CAM-Systems muß genauso selbstverständlich erfolgen wie das Arbeiten am Reißbrett. Die Nutzung des CAD/CAM-Systems darf keiner Elite von Anwendern vorbehalten sein, sondern es müssen mittelfristig alle Mitarbeiter aus Konstruktion und Arbeitsvorbereitung mit CAD/CAM-Systemen arbeiten können.

Eine Altersbeschränkung ist nicht sinnvoll, da gerade der ältere Mitarbeiter in der Lage

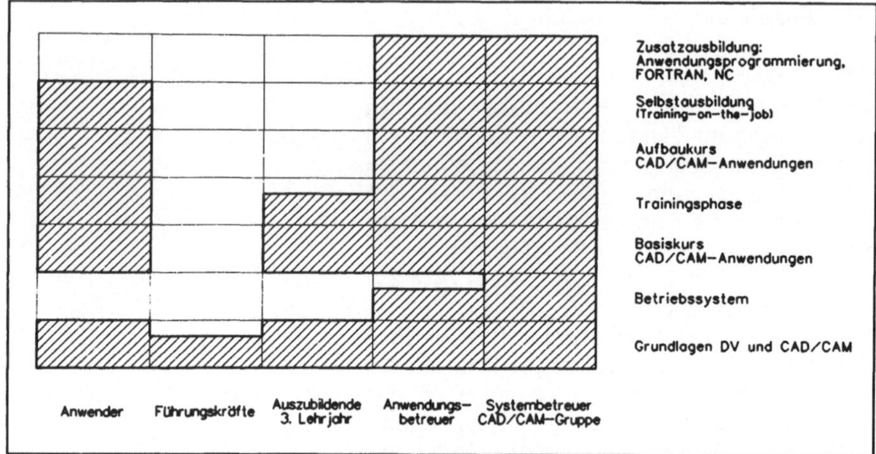

Zuordnung der auszubildenden Mitarbeiter an die Ausbildungseinheiten.

ist, seine Erfahrungen und Kenntnisse mit den Fähigkeiten des CAD-Systems zu verbinden, so daß er schnell zu einem für ihn selbst befriedigenden und für das Unternehmen wirtschaftlichen Einsatz des CAD-Systems kommt.

Eine sorgfältige Ausbildung der Anwender bedingt auch eine Freistellung vom Tagesgeschäft, damit der Mitarbeiter konzentriert und ungestört die Fähigkeiten des CAD-Systems erlernen und anwenden kann. Eine Ausbildung neben dem Tagesgeschäft führt in den seltensten Fällen zum Erfolg und überdies zu einer schlechten Akzeptanz der CAD-Anwendungen!

Es werden fünf Personengruppen in der CAD-Technologie ausgebildet:

— CAD-Anwender (Konstrukteure, Technische Zeichner, Arbeitsvorbereiter, NC-Programmierer) aus dem späteren Einsatzbereich,
— Anwendungsbetreuer aus dem späteren Einsatzbereich, die »vor Ort« einen Großteil der anfallenden Probleme klären sollen,
— Auszubildende für den Beruf des Techni-

schen Zeichners im dritten Lehrjahr,
- Führungskräfte, damit sie CAD-Anwender besser beurteilen können, und
- Mitarbeiter der CAD-Gruppe, die die Einsatzvorbereitung durchführt und den CAD-Systembetrieb sicherstellt.

Bei kleinen Unternehmen können einige der Personengruppen zusammenfallen, z. B. Anwendungsbetreuer mit der CAD/CAM-Gruppe, bzw. die Einführung des CAD/CAM-Systems wird von einem einzelnen Mitarbeiter vorgenommen.

Der nachfolgende Ausbildungsplan bezieht sich auf die Leistungsklasse der → *integrierten CAD/CAM-Systeme*. Für Systeme geringerer Leistungsfähigkeit sind die Ausbildungsschritte entsprechend zu kürzen.

Die Ausbildung erfolgt in mehreren Schritten. Damit ist sichergestellt, daß der Anwender in keiner Phase der Ausbildung überfordert wird.

- *Grundlagen der allgemeinen und grafischen Datenverarbeitung*: Darstellung der technischen Realisierung von CAD/CAM-Systemen, grundlegende Systemkonzepte (Werkstückmodell, Schnittstellen), Grundlagen der Arbeitstechnik. Dauer: 1 bis 2 Wochen.
- *Betriebssystem*: Fähigkeiten des Betriebssystems zum Einrichten von Datenbeständen, Zugriffsrechte, Datensicherung, Datenverwaltung. Dauer: 2 Tage.
- *Basiskurs CAD-Anwendungen*: Einsatz der CAD-Software für das rechnerunterstützte Zeichnen. Dabei überführt der Anwender bekannte Vorgehensweisen vom Reißbrett auf das CAD-System. Dauer: 1 Woche. Bei schwachen Mitarbeitern ist es sinnvoll, nach 1 - 2 Tagen Theorievermittlung eine Trainingseinheit von 3 - 5 Tagen einzuschalten.
- *Aufbaukurs CAD-Anwendungen*: Ver-

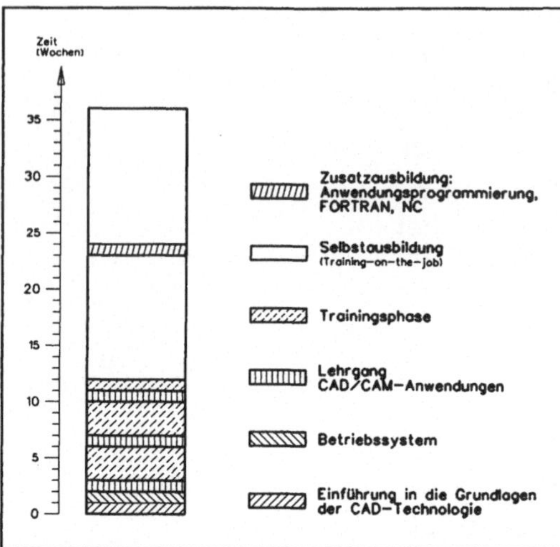

Beispiel eines Ausbildungsplans für CAD/CAM-Anwender.

mittlung CAD-typischer Fähigkeiten ohne Entsprechung am Reißbrett, z. B. → *Symmetrie-Operationen*, Texterstellung, gleichzeitiges Arbeiten mit mehreren Koordinatensystemen, in mehreren Ansichten usw. Verarbeitung räumlicher Geometrien, zunächst anhand der vom Reißbrett her bekannten Elemente, dann Flächen, Volumina, Körper mit entsprechenden Operationen (z. B. → *Boole'sche Verknüpfungen*, → *Trimmen*). Dauer: 2 Wochen. Auch hier kann ein häufiges Einschalten von Trainingseinheiten sinnvoll sein.

— *CAD-Arbeitstechnik*: Vorstellen der neuen → *Arbeitstechnik* anhand firmenspezifischer Beispiele, z. B. auf die jeweilige Bauteilform abgestimmte Kommandoeingaben zum Erzeugen und Ändern, Organisationshilfsmittel (z. B. → *Ebenentechnik*, → *Gruppen*), Anwendung nichtgrafischer Elemente in Verbindung mit der Bauteilgeometrie, Simulationen von Belastungen und Montage. Dieser Teil der Ausbildung ist den jeweiligen Trainingseinheiten vorgeschaltet. Dauer insgesamt 1 Woche.

— *Grundkurs CAM-Anwendungen*: Weiterverwendung des im CAD-Prozeß erzeugten Werkstückmodells, Definitionen von Werkzeugen, Spannmitteln und weiterer Randbedingungen des verwendeten Maschinenparks, Erstellung und Änderung von Verfahrwegen für einfache Bauteile und Verfahren, Erzeugen von Standardformaten zur Eingabe in die Steuerung der Werkzeugmaschine (z. B. → *APT*, → *CLData*). Dauer: 1 Woche.

— *Aufbaukurs CAM-Anwendungen*: Erweiterung der Lerninhalte auf komplexe Bauteile und Verfahren, → *DNC*, neue Fertigungsphilosophien und ihre Auswirkungen auf die Verfahrwegbearbeitung. Dauer: 1 Woche.

— *Training:* Anhand einfacher, aber immer komplexer werdender Beispiele erfolgt eine Vertiefung des bisher Erlernten. Am Ende des Trainings soll ein Grundstock an Systemfähigkeiten so beherrscht werden, daß ein Nachschlagen in Dokumentations-Unterlagen überflüssig wird. Trainingseinheiten werden nach folgenden Kursen eingefügt: Grundkurs und Aufbaukurs CAD-Anwendungen, Grundkurs und Aufbaukurs CAM-Anwendungen. Dauer insgesamt 6 bis 8 Wochen.
— *Selbstausbildung (training on the job):* Bearbeitung nicht vordringlicher Aufgaben aus dem Tagesgeschäft. Vertiefen der Anwendung der Arbeitstechnik. Dauer: 3 bis 6 Monate. Während dieser Zeit wird bereits ein Deckungsbeitrag erwirtschaftet. Am Ende der Selbstausbildung wird das CAD-System beherrscht.
— *Anwendungsprogrammierung:* Grundlagen der Programmierung, Nutzung der verfügbaren CAD/CAM-Routinen, Einbinden externer Programmsysteme in das CAD/CAM-System, Techniken zur ablauf- und speicherplatzoptimierten Programmierung. Dauer 1 Woche. Dieser Kurs ist nur für erfahrene CAD/CAM-Anwender geeignet.
— *System-Management:* Konzeption und Aufbau von Hardware und Software des CAD/CAM-Systems, Installation der Systeme sowie Grundzüge der Wartung von Hardware und Software, Verbesserung der Leistungsfähigkeit, Netzwerke und Datenbanken, Datentausch mit anderen Systemen, Archivierung. Dauer: 1 Woche.

In regelmäßigen Abständen werden neu hinzugekommene Fähigkeiten der Software in Weiterbildungskursen vermittelt.

CAD/CAM-Technologie
Dieser Begriff beschreibt die Anwendung und Auswirkung von CA-Systemen und CA-Arbeitstechniken in Konstruktion und Fertigung.

CADD
Abkürzung für **C**omputer-**A**ided **D**esign and **D**rafting. Dieser selten verwendete Begriff soll die Unklarheiten, die sich aus der Doppeldeutigkeit der Abkürzung → *CAD* ergeben, vermeiden helfen.

CAD*I
Abkürzung für **CAD**-**I**nterfaces, Schnittstellen für CAD-Systeme, eine von europäischen Forschungsfördervorhaben ESPRIT unter der Nummer 322 gefördertes Projekt, an dem maßgebliche europäische Unternehmen und Hochschulinstitute unter Federführung des Kernforschungszentrums Karlsruhe beteiligt sind und das den europäischen Beitrag für nationale und internationale Standardisierungsbemühungen auf diesem Gebiet leistet. Forschungsgebiete sind:

- Schnittstellen zur Übertragung von → *Kantenmodellen*, → *Flächenmodellen* und → *Körpermodellen*,
- Schnittstellen zwischen CAD-Datenbanken,
- → *Netzwerke*,
- Schnittstellen für → *Modellierer* der zweiten Generation und
- Schnittstellen zu → *FEM*- und Testauswertesystemen.

Die hierbei entwickelten Prozessoren werden bereits bei den beteiligten Institutionen getestet. Die grundlegenden Arbeiten und die Testergebnisse gehen in die Definition von → *STEP* ein bzw. dienen dazu, existierende Definitionen abzurunden. Darüberhinaus wird auf Gebieten entwickelt, die in STEP momentan nicht behandelt werden, z. B. Ma kros und parametrisierte Modelle.

CAD/NC-Kopplungsmodul
Mit diesem Modul werden die Geometriedaten eines Bauteils aus dem → *Werkstückmodell* des CAD-Systems in ein NC-Programmiersystem überspielt. An diesem System werden die Geometriedaten fertigungsmäßig ergänzt und in einer Nachbearbeitung (→ *Postprozessor*) das NC-Programm aus dem Kopplungsmodul erzeugt.

Sinn und Zweck der CAD/NC-Kopplung ist es, die Daten in die Produktion besser und schneller zu bekommen und sie billiger zu erzeugen. Schneller bedeutet hier vor allen Dingen die Senkung der → *Durchlaufzeit*, da die geometrischen Daten für die Programmierung nicht noch einmal neu aufbereitet werden müssen. Besser bedeutet höhere → *Genauigkeit*, weniger Fehler, zuverlässiger. Da man auf gespeicherte Daten zurückgreift, entfallen Übertragungsfehler, Programmierfehler, Schreibfehler, und der Kontrollaufwand für das NC-Programm wird erheblich verringert. Billiger durch geringere Ausschußquoten, Personaleinsparung, aber auch die Zeitvorteile durch den Wegfall des Testens des NC-Programmes sind hier zu berücksichtigen.

CAE
Abkürzung für:

1. **C**omputer-**A**ided **E**lectronics. Der Begriff beschreibt die Anwendung der Rechnerunterstützung bei der Auslegung und Konstruktion elektronischer Bauteile.
2. **C**omputer-**A**ided **E**ngineering. Rechnerunterstützte Ingenieursrbeit. Wurde als Oberbegriff für die Gesamtheit aller möglichen rechnerunterstützten Tätigkeiten in Forschung (CAR), Entwicklung und Konstruktion (CAD) von dem Rechnerhersteller Control Data Corp. geprägt. Diese

Auslegung wurde von REFA um die Funktionen Fertigungsorganisation (CAP) und Qualitätssicherung (CAQ) erweitert.

CAI

Abkürzung für:

1. **C**omputer-**A**ssisted **I**ndustry, Rechnerunterstützung des Industrie-Unternehmens. Von der Firma Siemens 1985 geprägter Oberbegriff für alle Komponenten einer Rechnerunterstützung (technisch: CIM und administrativ: CAO oder CIO) in allen Funktionsbereichen eines Unternehmen.
2. **C**omputer-**A**ided **I**nstruction, rechnerunterstützte Lernprogramme, in der Regel zur Einarbeitung in Hardware- und Softwaresysteme. Das Lernprogramm besteht aus einer Reihe von einzelnen Lernschritten, die aus Informationsblöcken mit Fragen, Darstellungen, Übungen und Tests bestehen. Der Lernende bestimmt bei eigenem Lerntempo interaktiv mit dem Lernsystem den Lernfortschritt. Dies kann, je nach der gewählten Strukturierung des Systems, linear oder komplex verzweigt erfolgen. Durch ein mitlaufendes Statistikprogramm wird der Lernerfolg statistisch nachprüfbar erfaßt und kann daher objektiv ausgewertet werden.

   Zur Entwicklung der Lernprogramme stehen spezielle Autorensysteme zur Verfügung, mit denen eine zweckgerichtete Lehrstoffgestaltung, Fragetechnik und Antwortanalyse durchgeführt werden kann. In Zukunft werden hierzu optische Speichermedien eingesetzt werden, die über die heutigen Möglichkeiten der Text- und Bilddarstellung hinaus auch die Einbindung bewegter Darstellungen und einen wahlfreien Zugriff (vgl. → *Direktzugriff*) auf den Stoff gestatten.

CAIR

Abkürzung für **C**omputer-**A**ided **I**nspection

and **R**eporting, Rechnerunterstützung bei der Instandhaltung von Betriebsmitteln.

CAL
Abkürzung für **C**omputer-**A**ided **L**earning, rechnerunterstützte Lernsysteme, → *CAI*, Fall 2.

Calcomp-Format
Eine von dem amerikanischen Plotter-Hersteller CalComp Corp. definierte → *Schnittstelle* zur Ausgabe von Technischen Zeichnungen auf → *Zeichenmaschinen*, die nach dem → *Vektor-Verfahren* arbeiten. Mit dieser Schnittstelle wird ein logisches (Art und Reihenfolge der Daten) und ein physikalisches Format (V24) festgelegt. Das CalComp-Format ist neben dem HPGL-Format ein Quasi-Standard bei der Ansteuerung von Zeichenmaschinen.

Call: Aufruf, Anruf
Bei EDV-Systemen der Aufruf eines Unterprogramms oder einer Funktion.

CAM
Abkürzung für **C**omputer-**A**ided **M**anufacturing, Rechnerunterstützte Fertigung. Gemeint ist die Rechnerunterstützung des eigentlichen Fertigungsvorgangs. CAM beginnt heute bei der rechnerunterstützten Erstellung von NC-Verfahrwegen. Die Weiterentwicklung zielt darauf ab, Rechnerunterstützung für alle Steuervorgänge innerhalb von Fertigung und Montage bereitzustellen.

cancel, to: widerrufen, rückgängig machen. Die letzte Eingabe am System annullieren, abbrechen, streichen, so daß das zuletzt eingegebene Kommando und seine Auswirkungen (z. B. Löschen eines Datenbestands) rückgängig gemacht wird.

CAO
Abkürzung für **C**omputer-**A**ided **O**ffice, rech-

nerunterstützte Verwaltung. Zu CAO gehören folgende Systeme und Techniken: Bürokommunikation, Bildschirmtext, Textverarbeitung und Arbeiten mit Geschäftsgrafik.

CAP
Abkürzung für:
1. **C**omputer-**A**ided **P**lanning. Rechnerunterstützte → *Arbeitsplanung.*
   Im Gegensatz zu → *PPS-Systemen*, die mit aktuellen Auftragsdaten arbeiten, wird bei CAP ein Prozeß unabhängig von einem speziellen Auftrag, Terminen und Belegungsplänen der Werkzeugmaschinen durchgeplant, um die für die Fertigung eines Bauteils notwendigen Arbeitsschritte sowie ihren Zeit- und Maschinenbedarf zu ermitteln.
2. **C**omputer-**A**ssisted **P**roduction, rechnerunterstützte Herstellung, Produktion. Inhaltlich gleich mit → *CAM.*
3. **C**omputer-**A**ided **P**rogramming, computerunterstütztes Programmieren. Inhaltlich vergleichbar mit → *CASE.*
4. **C**omputer-**A**ided **P**ublishing. Zusätzlich zu den Eigenschaften des → *Desktop Publishing* kommt die Möglichkeit zur Verteilung von Nachrichten (Texte und Grafiken) über ein Netzwerk.

CAPP
Abkürzung für **C**omputer-**A**ided **P**rocess **P**lanning. Dieser Begriff, der den Begriff der Planung im Vorfeld besonders betont, wird in den USA häufig anstelle von → *CAP* verwendet, hat aber den gleichen Begriffsinhalt.

CAPPP
Abkürzung für **C**omputer-**A**ided **P**rocess and **P**roduction **P**lanning, rechnerunterstützte Prozeß- und Produktionsplanung insbesondere bei der rechnerunterstützten Anlagenplanung. Dieser Begriff wird wie CAPP in den

USA häufig anstelle von → *CAP* verwendet, hat aber den gleichen Begriffsinhalt.

CAQ

Abkürzung für **C**omputer-**A**ided **Q**uality-Control, Rechnerunterstützte Qualitätskontrolle bzw. -sicherung. Der Begriff beschreibt alle mit Hilfe von Rechnersystemen durchgeführten Prüfvorgänge auf Qualität und Funktionserfüllung eines Bauteils vor, während und nach dem Produktentstehungsprozeß sowie alle für deren Planung erforderlichen Maßnahmen. In der Vorgangskette → *CAD/CAM* ist eine wichtige Anwendung der rechnerunterstützte Vergleich zwischen Solldaten aus dem → *Werkstückmodell* im CAD-System mit den Istdaten des Bauteils oder Werkzeugs, die über eine Meßmaschine abgetastet werden. Für die Zukunft wird der Schnittstelle zwischen optischer 3D- Meßtechnik und → *CAD/CAM-Anwendungen* eine große Bedeutung zugemessen.

Bei → *CIM* verändert sich die Funktion mit der Qualitätskontrolle am Schluß einer Vorgangskette zu einer permanenten Funktion, die alle Schritte des Produktentstehungsprozesses begleitet, um an jeder Stelle die gewünschte Qualität sicherzustellen.

CAR

Abkürzung für:

1. **C**omputer-**A**ided **R**eporting. Rechnerunterstütztes Erstellen von Zustandsberichten (Statusprotokolle). Dies geschieht in automatisierter Form ohne Eingriff des Mitarbeiters, meist zeitgesteuert, z. B. Meldung über das Erreichen einer bestimmten Stückzahl an einer Werkzeugmaschine.
2. **C**omputer-**A**ided **R**epair. Rechnerunterstützte Werkserhaltung, Inganghaltung und Instandhaltung.
3. **C**omputer-**A**ided **R**esearch. Rechnerun-

terstütztes Forschen.

4. **C**omputer-**A**ided **R**obotics. Rechnerunterstützung beim Einsatz von → *Robotern*.

Carriage Return: Wagenrücklauf.
Zeichen für den Schluß einer Eingabe (z. B. bei einem Kommando). Bei einigen CAD-Systemen werden dafür auf der Ebene der Kommandosprache andere Zeichen (z. B. C/C für command complete) verwendet.

Carrier-Band
Eine vereinfachte Auführung eines → *Basisbandes*.

Cartridge
Magnetbandkassette, meist mit einer höheren Speicherkapazität als Magnetbänder im industriekompatiblen Format (Bandlänge bis 2.400 Fuß, Beschriftung mit 9 Spuren, Schreibdichte 1.600 oder 6.250 → *bpi*), deren Kapazität bei etwa 50 MByte liegt. Die Speicherkapazität von Magnetbandkassetten liegt, je nach Aufzeichnungsverfahren (Schreibart und Schreibdichte ähnlich wie bei Videobändern), bei bis zu 2,5 GByte. Magnetbandkassetten sind interessante Alternativen zur Speicherung des → *Archivs*, da sie eine hohe Speicherkapazität bei geringem Platzbedarf und akzeptablen Kosten bieten. Nachteilig ist einerseits, daß es kein genormtes Format für solche Kassetten gibt, so daß man immer herstellerspezifisch arbeitet, und andererseits der natürliche Alterungsprozeß von magnetischen Medien, der eine Neubeschriftung alle drei bis fünf Jahre erforderlich macht.

CAS
Abkürzung für **C**omputer-**A**ided **S**imulation.

1. Im Bereich der Produktdefinition die rechnerunterstützte Simulation von Einbau, Montage, Verhalten unter Belastung usw.

eines Bauteils.

2. Im Bereich der strategischen Planung eines Unternehmens kann man mit rechnerunterstützten Simulationsmodellen die Auswirkungen mittel- und langfristiger Strategien auf das Produktionsplanungsprogramm ermitteln und Wege aufzeigen, unter welchem Einsatz von Produktionsmitteln der Unternehmenserfolg gesichert werden kann. Siehe auch → *PPS*.

CASE

Abkürzung für **C**omputer-**A**ided **S**oftware **E**ngineering, rechnerunterstützte Entwicklung von Anwendungssoftware. Eine Unterscheidung der Anwendungssoftware in administrative und technische Software erfolgt bei der Bearbeitung mit CASE nicht mehr. CASE ist ein Sammelbegriff für den Einsatz von speziellen, meist interaktiven und zum Teil auch grafischen Entwurfswerkzeugen für den gesamten Zyklus der Software-Entwicklung, der folgende Phasen umfaßt:

— Vorplanung mit Überprüfung der Durchführbarkeit einer Entwicklung und Festlegen des Kostenrahmens.
— Spezifikation mit Analyse der Anforderungen und Erstellen des Pflichtenhefts.
— Grob- und Feinentwurf der Software-Struktur.
— Umsetzung des Entwurfs in Programmcode.
— Integration der Module zu einer Gesamtlösung, Test und ausreichende Dokumentation dieser Lösung.
— Installation der Software mit eventueller Anpassung an das Zielsystem.
— Wartung, Pflege und laufende Anpassung der Software während der Lebensdauer.

Begleitend dazu unterstützt eine gute CASE-Software neben den einzelnen Phasen der Softwareentwicklung auch das dazu erforderliche Projektmanagement sowie Projektverwaltung und Kostenkalkulation.

CAT

Abkürzung für:

1. **C**omputer-**A**ided **T**esting. Rechnerunterstützte Durchführung von Tests. Sammelbegriff für den Einsatz des Rechners als Hilfsmittel zur Produktionsverbesserung durch die Automatisierung in Entwicklung, Produktion, Testen am Modell und am Produkt. Es ist wichtig, daß Entwicklung, Prüfung und Produktion mit der gleichen → *Datenbasis* arbeiten, um Informationsrückmeldungen direkt zu erfassen und zu verarbeiten, um so höhere Produktqualität, ständige Verbesserung der Entwicklungsmethoden und Verkürzung der Entwicklungszeiten zu erzielen. Speziell im Elektronik-Bereich ist eine (in der Regel durch Rechnersysteme durchgeführte) Funktionsprüfung gemeint, die bei der Entwicklung von Leiterplatten erfolgt, bevor ein Bauteil in die Produktion geht.
2. **C**omputer-**A**ided **T**ranslation, rechnerunterstützte Übersetzung. Einsatz des Rechners zum Aufbau einer Terminologie-Datenbank zur Unterstützung, Vereinfachung und Präzisierung bei Übersetzungsarbeiten.

CCITT

Abkürzung für Comité Consultatif International Télégraphique et Téléphonique, ein internationaler Ausschuß für den Telegrafen- und Fernsprechdienst, der sich mit der Standardisierung Datenübertragung beschäftigt und der Mitglieder aus derzeit mehr als 150 Staaten besitzt. Seine Empfehlungen wirken international wie Normen.

CD-RAM

Abkürzung für **C**ompact **D**isc - **R**andom **A**ccess **M**emory. Dieser Datenträger funktioniert genauso wie eine → *CD-ROM*, die Daten können aber beliebig auf die Compact Disc geschrieben und dort wieder gelöscht werden. Bei der Herstellung der Platte sind alle Speicherzellen magnetisch in eine Richtung (entsprechend einem Bitwert = 0) ausgerichtet. Die magnetische Ausrichtung einer Speicherzelle kann nur durch Hitzeeinwirkung geändert werden. Die Platte läuft in einem Magnetfeld, dessen Richtung entgegengesetzt der Richtung einer unbeschriebenen Speicherzelle ist. Zum Beschreiben wird ein Infrarot-Laser hoher Energie verwendet, der die zur Richtungsänderung benötigte Wärme punktuell aufbringt. Die Speicherzelle richtet sich entsprechend des Magnetfeldes aus und hat nun den Bitwert 1. Beim Lesevorgang wird der gleiche Laser, allerdings mit deutlich geringerer Energiedichte, eingesetzt. Je nachdem, welche magnetische Ausrichtung die Speicherzelle hat, wird das Laserlicht unterschiedlich polarisiert reflektiert. Daraus läßt sich der Informationsinhalt gewinnen. Zum Löschen der Platte wird die Richtung des Magnetfeldes, in dem die Platte läuft, in Richtung Bitwert 0 umgedreht. Der Laser heizt jede Speicherzelle einzeln auf, so daß die Richtungsänderung erfolgen kann. Mit dieser Technik lassen sich Compact Discs genauso wie Magnetplatten im → *Direktzugriff* (→ *RAM*) einsetzen.

CD-ROM

Abkürzung für **C**ompact **D**isc - **R**ead **O**nly **M**emory. Bezeichnung für die Verwendung der bekannten Compact Discs in Rechnersystemen als Datenspeicher. Die Speicherkapazität pro Disc liegt z. Zt bei 2 GByte, es können etwa 250.000 Seiten normaler Text gespeichert werden, etwa das Zehnfache der Kapazität von → *Magnetplatten*. Die Informationen werden in einer Spur in Form von eingebrannten Löchern (pit) abgelegt. Der Übergang von einem pit zur unveränderten Oberfläche (land) wird als logische "1" interpretiert. In Bereichen ohne Übergang wird der logische Wert "0" erkannt. Um Interpretationsfehler auszuschließen, werden Informationen in einem 14-bit-code abgelegt.

Die Spurenbreite auf der CD-ROM beträgt etwa 0,6 Mikrometer, der Abstand zwischen zwei Spuren 0,1 Mikrometer. Anders als bei Magnetplatten, bei denen die Daten in konzentrisch angeordneten Spuren geschrieben werden, hat die CD-ROM, wie eine Schallplatte, eine spiralförmige Rille. Zum Vergleich: Eine Langspielplatte hat etwa 800 bis 900, eine CD-ROM etwa 20.000 Windungen. Die Speicherdichte liegt bei 1 Mio. → *bit* pro Quadratmillimeter. Im Vergleich zu einer → *Diskette*, die mit 96 Spuren pro Zoll (tpi) beschrieben wird, liegt die Dichte hier bei 16.000 tpi.

Vorteile der optischer Speichermedien sind, daß sie sich nicht abnutzen und relativ unempfindlich sind, daß die darauf gespeicherten Informationen nicht von elektromagnetischen Feldern beeinflußt werden können und daß keine Alterungserscheinungen wie bei magnetischen Datenträgern auftreten (Man geht heute von einer Mindestlebensdauer von 30 Jahren aus). Ein regelmäßiges Reinigen und Neubeschriften wie bei Magnetbändern entfällt völlig. Nachteilig ist, daß Compact Discs mit den üblichen optischen Aufzeichnungsverfahren nur einmal beschrieben werden können. Die einmal gespeicherten Informationen lassen sich aber beliebig oft wieder lesen (→ *ROM*). Compact Discs eignen sich damit bevorzugt für die Langzeitarchivierung von Daten und Bildern.

Es stehen mittlerweile solche Aufzeichnungsverfahren zur Verfügung, mit denen Informationen beliebig oft auf eine Compact Disc geschrieben und wieder gelöscht werden können (→ *CD-RAM*).

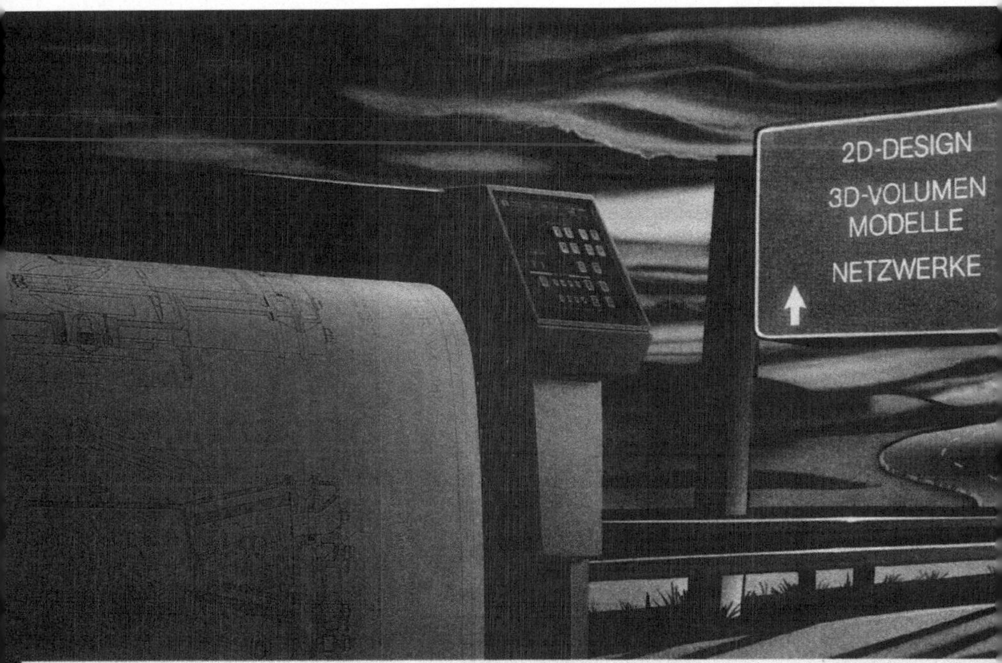

CEFE
Die CEFE (CAD/CAM-Entwicklungsgesellschaft) ist eine Vereinigung aus Industrieunternehmen und Hochschulinstituten, die sich zum Ziel gesetzt hat, die CAD/CAM-Aktivitäten der Mitglieder zu koordinieren, sowie den Erfahrungsaustausch und den Austausch von Programmentwicklungen zwischen den Mitgliedern zu fördern. Die Mitgliedschaft in der CEFE bietet eine ausgezeichnete Möglichkeit zur Weiterqualifikation der Mitarbeiter.

Die CEFE arbeitet federführend an der Problematik des Datentausches zwischen unterschiedlichen CAD/CAM-Systemen unter Nutzung von standardisierten Schnittstellen.

Center: Mittelpunkt, Zentrum

Centerline: Mittellinie.

Chaining: Verkettung
Die Verkettung ist eine → *Identifizierungshilfe*, mit der fortlaufend aneinander angeschlossene Kurvenelemente (auch geschlossene Kurvenzüge) durch Identifikation des ersten Elements und Vorgabe der Laufrichtung der Identifikation erkannt werden können. Das CAD-System prüft bei jedem Element, ob ein weiteres Element vorhanden ist, dessen Anfangspunkt mit dem Endpunkt des aktuell betrachteten Elements identisch ist.

Die Verkettung funktioniert nur beim Kantenmodell und dabei nur bei Kurvenelementen (Linie, Kreisbogen, Freihandlinie), jedoch nicht bei Verzweigungen dieser Elemente.

Chamfer → *Fase*, Abschrägung.

Channel -Router
Schnelles Routing-Verfahren, das auf der Aufteilung der zur Verfügung stehenden Fläche in horizontale und vertikale Kanäle bestimmter Kapazität beruht. Channel-Router

Chip mit um das Bauteil angeordneten Anschlußpunkten (Bild: Siemens).

werden bevorzugt bei der Verdrahtung regelmäßiger Strukturen, beispielsweise von in Reihen und Spalten angeordneten ICs oder beim Entwurf von Anwendungs-spezifischen Schaltkreisen (ASIC) eingesetzt.

Character
Schriftzeichen (Buchstabe, Ziffer, Sonderzeichen).

Character generator → *Zeichengenerator.*

Character string: Zeichenfolge.

Character set: Zeichenvorrat.

Chip
Halbleiterbauteil, das integrierte Schaltkreise enthält.

CIB
Abkürzung für **C**omputer **I**ntegrated **B**usiness.

1. Informationstechnische Integration der Aufgaben verschiedener Unternehmen über Fernnetze (→ *WAN*). Die Verbindung soll über die Funktionen Einkauf/ Versand, Fertigungsplanung und Erzeugnisplanung der Entwicklung zwischen den Unternehmen erfolgen.
2. Ein Begriff, der die Rechnerunterstützung des gesamten Unternehmens zum Inhalt hat (ähnlich wie → *CAI*).
   CIB soll dabei den integrierten Rechnereinsatz für die gesamte Leistungserstellung und Auftragsabwicklung eines Unternehmens umfassen. Die Verwendung des Begriffs setzt voraus, daß → *CIM* sich nur auf den Produktentstehungsprozeß ohne administrative Komponente bezieht und die administrative Seite durch → *CIO* abgedeckt wird, so daß eine Gleichung CIB = CIM + CIO aufgestellt werden kann.

Die zur Zeit in der Literatur für CIB verwendeten Definitionen betonen ausschließlich den Rechnereinsatz für alle Funktionen im Unternehmen, ohne auf die notwendigen Änderungen von Aufbau- und Ablauforganisation im Sinne einer ganzheitlichen Betrachtung des Produktentstehungsprozesse einzugehen. Aus diesem Grund wird in diesem Wörterbuch die ganzheitliche Sicht auf den Produktentstehungsprozeß im Unternehmen, die ebenfalls die administrativen Komponenten berücksichtigt, weiterhin als »CIM« bezeichnet.

CIAM
Abkürzung für **C**omputerized **I**ntegrated **A**utomated **M**anufacturing, rechnerintegrierter und automatisierter Produktentstehungsprozeß. Der Grundgedanke dieses Begriffs, der von der Firma MBB im Zuge der Bearbeitung des Airbus-Projekts geprägt wurde, ist identisch mit → *CIM*. Die Betonung liegt hier aber auf der Fertigungsseite, die durch die Rechnerintegration zu einer höheren Flexibilität und durch die Automation zu einer höheren Produktivität gelangt.

CIE
Abkürzung für:

1. **C**omputer-**I**ntegrated **E**lectronis, integrierte rechnerunterstützte Erstellung elektronischer Bauteile. Dieser Begriff enthält nicht nur die Tätigkeiten, die unter→ *CAE*, Fall 1, erfaßt werden, sondern auch die Rechnerunterstützung der Schritte, die zur Produktion der Bauteile erforderlich sind. Der Leitgedanke in CIE läßt sich mit dem von → *CIM* vergleichen, wobei unterstellt wird, daß CIM nur für den Bereich Maschinenbau anwendbar sei.

2. **C**omputer-**I**ntegrated **E**nterprise, rechnerintegriertes Unternehmen. Ein im Amerikanischen verwendeter Begriff, dessen Bedeutung identisch mit → *CIB* ist.

CIM

Abkürzung für **C**omputer-**I**ntegrated **M**anufacturing. Die Übersetzung, die dem englischen Sprachinhalt am nächsten kommt, lautet »Rechnerintegrierter Produktentstehungsprozeß«. Damit wird betont, daß nicht nur die Fertigung, sondern auch die der Fertigung vorgelagerten Bereiche, eigentlich das gesamte Unternehmen von CIM berührt werden. Der Begriff CIM wurde 1981 (allerdings nicht mit dem nachfolgenden Inhalt) zuerst von dem Beratungsunternehmen Arthur D. Little geprägt.

Ziel einer Realisierung von CIM ist es, Abläufe, Daten, Informationen und Hilfsmittel in einem Unternehmen beliebiger Branche eindeutig, einfach und damit sicher zu gestalten. Das ist sicherlich nicht allein mit der Bereitstellung von immer leistungsfähigeren Rechnersystemen oder durch eine technologisch immer höherwertigere Fertigung möglich. Vielmehr liegt die Betonung auf der Integration, die über veränderte Organisationsstrukturen, andere Qualifikation der Mitarbeiter, unternehmensweiten Kommunikation zwischen den Rechnersystemen und dem Schaffen eines unternehmensweit einheitlichen Datenbestands realisiert werden muß. Letzteres erfordert eine von allen Systemen genutzte gemeinsame → *Datenbank*.

In die unternehmensweite Datenbank (corporate database) werden sukzessive alle Daten eingetragen, die während des Produktentstehungsprozesses erzeugt werden und die zur vollständigen technischen und administrativen Beschreibung eines Produktes notwendig sind. Durch die Eigenschaften einer Datenbank ist sichergestellt, daß Daten ohne → *Redundanz* eingetragen werden. Aus heutiger Sicht kann dazu nur eine relationale Datenbank verwendet werden.

Zur Rechnerunterstützung der einzelnen Be-

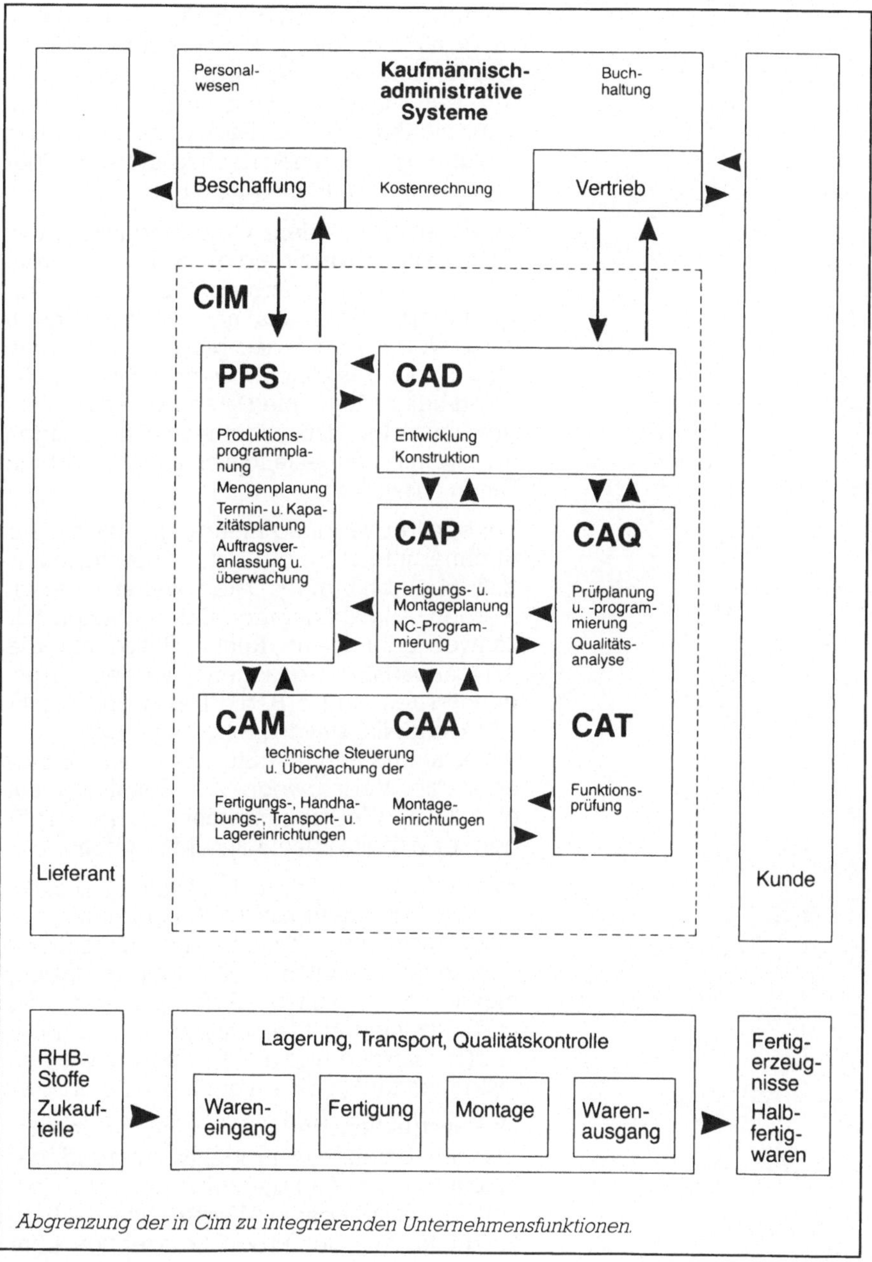

Abgrenzung der in Cim zu integrierenden Unternehmensfunktionen.

reiche (z. B. Konstruktion, Arbeitsvorbereitung und Fertigung) können unterschiedliche Rechnersysteme eingesetzt werden, sofern der Zugriff auf die gemeinsame Datenbank sichergestellt ist. Dazu ist es notwendig, die unterschiedlichen Rechnersysteme über ein Netzwerk miteinander zu verbinden.

Es widerspricht dem Grundgedanken von CIM, wenn darunter lediglich die Weitergabe von Datenbeständen von einem Programmsystem in das nächste verstanden wird, wobei sich jedes dieser Programme eine Kopie des Datenbestandes erzeugt. So entstehen redundante Daten, und es ist nicht gewährleistet, daß eventuelle Änderungen an einem Datenbestand sich auf alle übrigen Daten auswirken.

Bei der Verwendung mehrerer Systeme zur Rechnerunterstützung ist sicherzustellen, daß nur abhängige Daten weitergegeben werden. Aus abhängigen Daten können nur schwer oder keine Rückschlüsse auf die Ausgangsdaten gezogen werden. Ausgangsdaten sind z. B. die Daten des Werkstückmodells, davon abhängige Daten die Teilestammdaten (zur Stücklistenerstellung) oder die Verfahrwege zur Erstellung auf einer CNC-Werkzeugmaschine. Damit ist folgender Arbeitsablauf mit CIM denkbar:

Am Anfang des Produktentstehungsprozesses steht die methodische Aufbereitung der Problemstellung, Planung und Konzeption des neuen Produkts. Dies erfolgt in Zusammenarbeit zwischen Auftragsbearbeitung und Entwicklung. Die charakteristischen Daten (technische und administrative) werden festgelegt und in die Datenbank eingetragen.

Im Konstruktionsbereich werden die geometrischen Daten des Produkts aufgrund der charakteristischen Daten erzeugt und detailliert. Es entsteht das → *Werkstückmodell* des Produkts. Aus der Produktkonzeption kön-

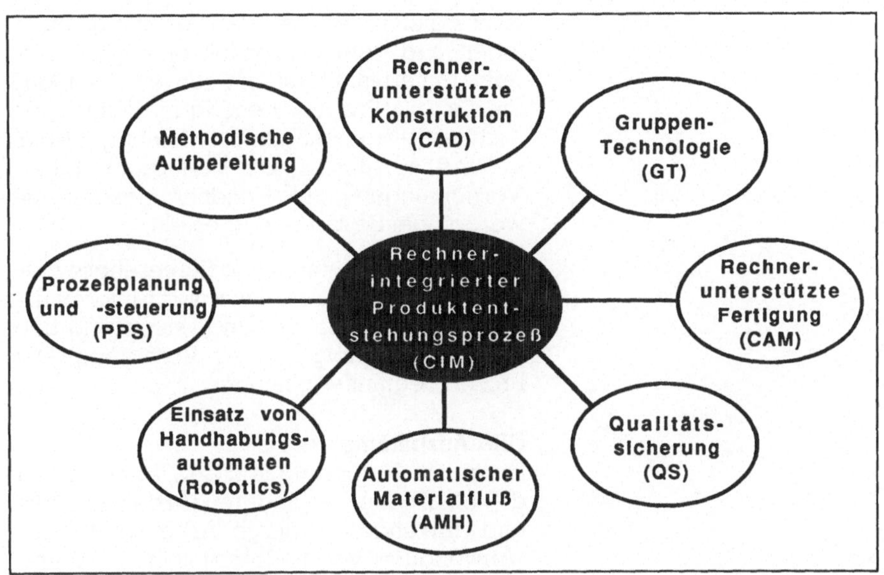

Darstellung der einzelnen Komponenten von CIM und ihr Zusammenwirken.

nen mit Hilfe der → *Gruppentechnologie* bereits vorhandene identische oder ähnliche Bauteile gefunden bzw. Teilefamilien gebildet werden, die bei Eignung anstelle des Neuprodukts weiterbearbeitet werden.

In Konstruktion oder Arbeitsvorbereitung werden Basisdaten für die weitere Bearbeitung aus dem Werkstückmodell erzeugt. Dies sind z. B. Teilestammdaten für das Stücklistenwesen, Qualitätsdaten für die Qualitätssicherung und geometrische Verfahrwege und Rohteilkonturen für die rechnerunterstützte Bearbeitung auf CNC-Maschinen (inklusive Lager- und Materialverwaltung, Handhabungssysteme, Steuerungssysteme usw.). Diese Daten lassen keine Rückschlüsse auf die sie definierende Geometrie zu. Wird die Notwendigkeit zur Änderung erkannt, muß diese in den vorgelagerten Bereichen erfolgen, die Zugriff auf das Werkstückmodell des Produkts haben.

In der Qualitätssicherung erfolgt ein Soll-

Ist-Vergleich zwischen den Fertigungsunterlagen und dem tatsächlich erzeugten Produkt. Materialflußsysteme sorgen dafür, daß die für das Produkt benötigten Materialien rechtzeitig am richtigen Ort in richtiger Menge und Ausführung zur Verfügung stehen. Vorrichtungen und Handhabungssysteme werden bei Bedarf bereitgestellt.

Produktionsplanungs- und Steuerungssysteme (PPS) stellen die notwendigen Informationen zur Fertigungsplanung, -steuerung und zur Terminverfolgung zur Verfügung. Der Prozeß beginnt von neuem.

CIM-Ausbildung
Durch die Einführung von CIM kommt es für die Mitarbeiter zu anderen Arbeitsinhalten und -umfängen, anderen Arbeitsmethoden (Anwendung von rechnergestützten Werkzeugen usw.) und zu neuen Kommunikationsbeziehungen innerhalb der Organisationen des Unternehmens (fachlich, zeitlich, kompetenzbezogen). Hieran muß sich die Qualifikation der Mitarbeiter ausrichten, die den Takt vorgibt, wie schnell und wie effektiv CIM in das Unternehmen eingeführt werden kann.

Die Mitarbeiter haben bereits bestimmte Qualifikationen aufzuweisen. Diese Qualifikation ist in der Regel funktionsbezogen, d. h. der Mitarbeiter hat tiefgehende Kenntnisse auf einem begrenzten Fachgebiet (Spezialist). Die CIM-Ausbildung wird so gestaltet, daß der der Mitarbeiter für alle Tätigkeiten innerhalb einer Organisationseinheit (→ *EIZ*, → *IZ*) eingesetzt werden kann (Generalist).

Das nach wie vor im Unternehmen benötigte Fachwissen wird zunächst durch eine kleine Gruppe von Spezialisten bereitgestellt. Da es sich hierbei um repetitives Wissen handelt, ist längerfristig die Bereitstellung des Wissens auf → *Expertensystemen* denkbar. Grundsätzlich gilt:

— Der Mitarbeiter muß lernen, ein Problem ganzheitlich zu sehen und methodisch zu lösen. Er muß begreifen, daß seine eigene Tätigkeit nicht losgelöst vom gesamten Produktentstehungsprozeß durchgeführt werden kann.
— Der Mitarbeiter muß willens und in der Lage sein, die bei seinen Tätigkeiten im Gegensatz zu früher gestiegene Verantwortung zu übernehmen. In einer EIZ z. B. muß jeder Mitarbeiter an seinem ihm zugeteilten Bauteil selbständig arbeiten, ohne ständig fremde Hilfe hinzuzuholen.
— Der Mitarbeiter benötigt zur Anwendung der rechnerunterstützten Werkzeuge ein solides EDV-Grundwissen.

Die Ausbildung der Mitarbeiter erfolgt in zwei Schritten.

— Im ersten Schritt erfolgt die Einführung in die unternehmensspezifische CIM-Philosophie. Dazu gehören:
  * Darstellung der Problemstellung für das Unternehmen,
  * Grundlagen von CIM und die Beschreibung der eigenen CIM-Definition,
  * Aufzeigen der Zusammenhänge zwischen Informationstechnik und Arbeitswelt einerseits, Informationstechnik und Produktivität andererseits,
  * eine Übersicht über CIM-Komponenten und ihren Weg zu einem Gesamtsystem,
  * Aufbau eines Unternehmens der Zukunft und die dazu benötigten Organisationsformen, verknüpft mit den innerbetrieblichen Informations- und Datenflüssen,
  * Fragen der Betriebsdatenerfassung und Steuerung des Unternehmens,
  * Investitionsstrategien mit Erfassung von Kosten und Nutzen, Bestimmung der Wirtschaftlichkeit,
  * Realisierungsstrategien des Unterneh-

mens (→ *CIM-Einführung*).

— Im zweiten Schritt erfolgt die Ausbildung in der jeweiligen CIM-Komponente. Diese Schulung läuft prinzipiell genauso ab wie die → *CAD/CAM-Ausbildung*. Zusätzlich wird bei jeder Komponente ihr Zusammenwirken mit den anderen Komponenten in CIM dargestellt.

Die Mitarbeiterebenen werden unterschiedlich geschult. Mitglieder der obersten Führungsebene werden im wesentlichen nach Schritt 1, meist schon während der Definitionsphase von CIM ausgebildet. Mittlere Führungskräfte bekommen nach einer verkürzten Darstellung von Schritt 1 bereichsspezifische Kenntnisse sowie eine Übersicht über die in ihrem Bereich notwendigen Komponenten vermittelt. Sachbearbeiter erhalten eine Ausbildung im wesentlichen nach Schritt 2.

CIM-Einführung

CIM ist kein System, das fertig gekauft werden kann, sondern eine Philosophie, die jedes Unternehmen für sich selbst definieren und einführen muß. Aus diesem Grund ist es nicht möglich, auf 'einen Schlag' CIM zu realisieren. Das Unternehmen muß sich dazu ein ganzheitliches Konzept erarbeiten, das neben einer Strategie zur Qualifikation der Mitarbeiter die Fragen des Technologieeinsatzes sowie die Verarbeitung von Informations- und Materialflüssen zum Inhalt hat. Folgende Hinweise gelten für alle Unternehmen gleichermaßen:

1. Das Unternehmen muß entscheiden, an welcher Stelle mit der Einführung begonnen werden soll. Diese Stelle sollte primär planerische Funktionen haben, um einen möglichst großen Bereich des Produktenstehungsprozesses beeinflussen zu können. Dazu bieten sich die Bereiche der Produktdefinition, d. h. die der Fertigung

vorgelagerten Bereiche, aus zwei Gründen an. Zum einen werden hier alle relevanten Daten eines Produkts festgelegt. Die Qualität des Produkts, sein Preis/Leistungs-Verhältnis und die Effizienz seiner Fertigung haben hier ihren Ursprung. Zum anderen existieren für diese Bereiche bereits sehr weit entwickelte Systeme der Rechnerunterstützung (CAE-, CAD-, CAM-, CAP- und PPS-Systeme), deren Einsatz heute wirtschaftlich möglich ist.

Mit der Realisierung von CIM kann in der Produktentwicklung und -konstruktion begonnen werden. Eine andere Möglichkeit ist der Beginn in der Fertigungsplanung und Arbeitsvorbereitung mit → *PPS-Systemen*, so daß eine frühzeitige Einbindung der Fertigungsaktivitäten erfolgt. Diese Strategie, bei der das PPS-System den Kern von CIM darstellt, wird insbesonders von betriebswirtschaftlich ausgerichteten Stellen (z. B. Institut für Wirtschaftsinformatik an der Universität des Saarlandes, Prof. Scheer) verfolgt.

2. Es ist zu prüfen, ob das Qualifikationsprofil der Mitarbeiter ausreichend ist. Mit Qualifikationsmaßnahmen ist so rechtzeitig zu beginnen, daß die Mitarbeiter zum Einführungszeitpunkt einer neuen Vorgehensweise bereits in der Lage sind, mit dieser zu arbeiten.

3. Alle Verfahren und Methoden im Einsatzbereich müssen überprüft und standardisiert werden, redundante Verfahren sind zu vermeiden. Informationsflüsse sind zu begradigen sowie Kompetenzen im Zuge von organisatorischen Änderungen (z. B. → *EIZ*) neu zu formulieren.

4. CIM wird aus vielen Einzelmoduln zusammenwachsen. Damit dies reibungslos geschehen kann, ist darauf zu achten, daß:

— Abläufe im Unternehmen harmonisiert werden,

— überall gleiche Organisationsformen vorliegen,

- die Qualifikation der Mitarbeiter frühzeitig erfolgt,
- möglichst gleichartige Hardware-Konfigurationen mit hausintern standardisierten Komponenten und ein einheitliches → *Betriebssystem* zum Einsatz kommen, damit eine Austauschbarkeit der Rechnersysteme im Unternehmen möglich wird,
- alle Systeme der Rechnerunterstützung ihre Daten in einer einheitlichen → *Datenbank* ablegen und über ein → *Netzwerk* miteinander kommunizieren können und für den Benutzer mit einer einheitlichen → *Benutzeroberfläche* arbeiten.

CIM-Strategie → *CIM-Einführung.*

CIO
Abkürzung für **C**omputer **I**ntegrated **O**ffice, Rechnerintegation im administrativen Bereich in Verwaltung und Produktion. Hierzu gehört auch das Gebiet der rechnerintegrierten Bürokommunikation.

CIP
Abkürzung für **C**omputer-**I**ntegrated **P**rocessing, rechnerintegrierte Prozeßdurchführung. Mit CIP können eine verfahrenstechnische Anlage, eine Transferstraße, ein komplexe Produktionssystem oder die ganze Produktion simuliert und in der Produktion sehr schnell Störungszustände, Anfahrzustände, Rohstoffschwankungen und -änderungen, Anlagenverhalten, Parameteränderungen bei Teillast usw. bestimmt werden. Diese Funktionsmerkmale werden fortlaufend überwacht. Vom zugehörigen Rechner werden hieraus automatisch notwendige Regelungsvorgänge eingeleitet, um die Produktion wieder in einen stabilen Zustand zu überführen.

Circle → *Kreis.*

Circular array → *kreisförmige Anordnung von Elementen.*

Circumference: Kreisumfang.

CISC-Technologie
Abkürzung für **c**omplex **i**nstruction **s**et **c**omputing, Rechnern mit vollständigem Instruktionssatz. Damit wird ein Rechner bezeichnet, bei dem alle die für den Betrieb des Rechners notwendigen Instruktionen als in ROM gespeicherter Microcode vorliegen. Diese Bauart ist nach wie vor gängig, für bestimmte Anwendungen (technische, wissenschaftliche) können auch Rechner mit reduziertem Instruktionssatz zum Einsatz kommen (→ *RISC-Technologie*).

Class: Klasse → *Ebenentechnik.*

CL-Data
Abkürzung für **C**utter **L**ocation **D**ata, Schnittverlaufsdaten. Ein in DIN 66215 genormtes Format zur Darstellung von Verfahrwegen und technologischen Daten für die rechnerunterstützte Fertigung über CNC-Werkzeugmaschinen. Der CL-Data enthält Fertigungsanweisungen und den Verlauf der Mittellinie des Schneidwerkzeugs. Diese Datei läßt sich nicht direkt in die Steuerung einer Werkzeugmaschine einlesen, sondern muß mit einem → *Postprozessor* in die jeweiligen Steuerbefehle umgeformt werden.

CL-File
Eine Datei, die Schnittverlaufsdaten (→ *CL-Data*) enthält.

Clipping: Abschneiden.
Wegblenden des beim Vergrößern eines Bildes auf dem Bildschirm über den Rand des Bildbereichs (entweder der gesamte Bildschirm oder eine Ansicht in einem Fenster auf dem Bildschirm) hinausragenden Bild-

teils. Sollen Bereiche in Tiefenrichtung unsichtbar werden, spricht man von → *Z-Clipping*. Im Gegensatz zu der Clipping-Funktion, die vom Benutzer nicht abgeschaltet werden kann, kann das Z-Clipping bei Bedarf zu- und abgeschaltet werden.

Clock: Takt(-geber), Uhr.

Clockwise
Im Uhrzeigersinn, mathematisch negativ.

Cluster
Ein Netzwerk-Konzept, bei dem sich mehrere Rechner die gleichen physikalischen Datenträger im → *Direktzugriff* teilen. Die Datenträger sind nicht mehr einem einzelnen Rechner zugeordnet, jedes Mitglied im Cluster kann wahlfrei auf die Datenträger zugreifen.

Voraussetzung für die Realisierung sind einerseits → *Netzwerke* mit hohen Datenübertragungs-Geschwindigkeiten, andererseits separate Steuereinheiten für die Datenträger, die die Zugriffe nach den Verfahren des → *Multitasking* regeln können.

Vorteile eines Clusters sind zunächst die deutliche Reduzierung des redundanten Datenbestands, da insbesondere System- und Anwendungssoftware nur einmal in einem Cluster vorhanden sind. Besonders empfindliche Daten (z. B. Aufzeichnungen aus einer kontinuierlichen Prozeßüberwachung) können laufend »gespiegelt«, d. h. aus Sicherheitsgründen redundant auf Datenträger geschrieben werden.

Clusteranalyse
Ein Verfahren der → *Gruppentechnologie*, das zur Optimierung der Herstellungsreihenfolge von Bauteilen, zum Auffinden der für diese Herstellung benötigten Fertigungszellen und der für jede Zelle am besten geeignete Maschinenkonfiguration dient.

Dazu werden die Anweisungen aus den Arbeitsplänen der Bauteile sowie die zur Verfügung stehenden Bearbeitungsmaschinen in einer Matrix angeordnet. In den Zeilen stehen die Maschinen entsprechend ihrer Nummer, in den Spalten die zu bearbeitenden Teile. Wenn ein Bauteil auf einer Maschine bearbeitet werden muß, wird in die Matrix ein »+« (oder eine »1«) eingetragen. Sonst bleibt das Feld leer (bzw. es erfolgt der Eintrag einer »0«).

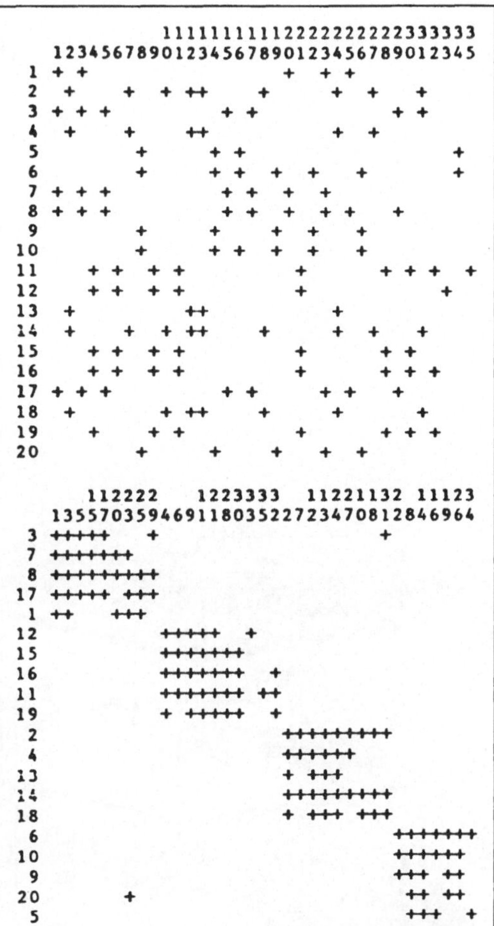

Oben: typische Matrix bei einer traditionellen Werkstattvertigung. Unten: Matrix nach Umorganisation für die Zellenfertigung.

Eine gezielte Gruppierung der Bauteile (Spalten) in Teilefamilien und eine Anordnung der Bearbeitungsmaschinen (Zeilen) in Fertigungszellen führt zu einer anderen Form der Matrix. Aufgabe der Clusteranalyse ist es, die Matrix so umzugruppieren, daß alle »+« (bzw. »1«) entlang der Hauptdiagonale in Untermatrizen (Clustern) liegen.
Diese Untermatrizen repräsentieren

- — für die Bauteile: Die optimale Teilefamilie für eine Fertigungszelle,
- — für die Bearbeitungsmaschinen: Die optimale Ausstattung der jeweiligen Fertigungszelle sowie
- — für die Bearbeitungsreihenfolge: Die kürzeste Bearbeitungsreihenfolge für die Bauteile aus der Reihenfolge der Zeilen (Maschinen).

CMM
Abkürzung für **C**oordinate **M**easure **M**achine,

Leonardo
CIM-Bausteine
Stück für Stück
System in der Fertigung
Von der Konstruktion bis zur Fertigung erhalten Sie von HAHN & KOLB verfahrens- und produktübergreifende Systeme aus einer Hand, einschließlich Beratung, Schulung, Systemeinführung und Service.
Nutzen Sie die Vorteile der HAHN & KOLB Systemtechnik. Je eher Sie das tun, um so größer wird Ihr Wettbewerbsvorsprung.
Software CIM-Bausteine
Zentrale Daten-bank (SQL)
Betriebssystem UNIX
TITUS CAD-2 D
TITUS CAD-3 D
FEMOULD CAE
(LAN-SERVER)
LAN IEEE 802.3 (ETHERNET)
PROMIS CAE-E
Kommunikation mit anderen Netzwerken
Konstruktion
EP-PPS
MECANIC CAM-3 D
CAMAND 3 D FF
MECANIC CAM-2 D
Arbeitsvorbereitung
Weitere CNC-Maschinen
ORBIT
DNC
FDL (FACTORY DATA LINK)
Voreinstellen Messen
Fertigung

Koordinaten-Meßmaschine. Solche Geräte werden beim → *Digitalisieren* räumlicher Vorlagen (z. B. das Tonmodell eines neuen Fahrzeugs) und bei der → *Qualitätskontrolle* verwendet. Ihre Arbeitsweise ist einer → *Werkzeugmaschine* mit CNC-Steuerung sehr ähnlich, da in beiden Fällen Verfahrwegprogramme bereitgestellt werden müssen, wobei bei der Meßmaschine die anzufahrenden Meßpunkte und die Art der Meßwerterfassung im Programm angegeben werden.

CNC

Abkürzung für **C**omputerized **N**umerical **C**ontrol. Eine numerische Steuerung an einer Werkzeugmaschine mit einem frei programmierbaren Rechner, mit dem im Dialog die Steuerungsanweisungen programmiert und ausgeführt werden können. Die Steuerung hat folgende Funktionen:

— Bildschirmanzeigen mit unterschiedlicher Zeichengröße,
— ein- oder mehrfarbige Grafikbildschirme,
— → *Zyklen* und Verarbeitungsprogramme für Meßtaster,
— integrierte → *SPS*,
— automatische Vorschubreduzierung an Ecken,
— Maßstabfehler- und Temperaturfehler-Kompensation,
— variable Platzcodierung der Werkzeuge,
— Verwaltung von → *Schwesterwerkzeugen*,
— automatisches Logbuch.

CNC-integrierte Maschinendiagnose

Solche CNC-Fabrikate neuester Entwicklung bieten die Möglichkeit, den grafischen Bildschirm als programmierbaren Kathodenstrahl-Speicheroszillografen zu verwenden.

Viele zusätzliche Informationen können so auf dem grafischen Bildschirm dargestellt werden. Diese Möglichkeit erleichtert und beschleunigt dem Maschinenhersteller die Inbetriebnahme und den Test, dem Anwender die Bedienung, Wartung, Fehlerdiagnose und den Programmtest.

CNC-Werkzeugmaschine
Eine Werkzeugmaschine mit einer CNC-Steuerung. Eine CNC-Drehmaschine besitzt mindestens 2 steuerbare Achsen. Bei einer CNC-Fräsmaschine kommen mindestens 3 steuerbare Achsen zum Einsatz. Sehr komplexe Arbeiten werden auf CNC-Bearbeitungszentren mit 5 und mehr steuerbaren Achsen durchgeführt.

COBOL
Abkürzung für **C**ommon **B**usiness **O**riented **L**anguage (allgemeine betriebswirtschaftlich orientierte Sprache). Eine höhere problemorientierte Programmiersprache für betriebswirtschaftliche, kommerzielle und administrative Aufgabenstellungen.

Codierungsmethoden
NC-Systeme und Produktionssysteme arbeiten mit unterschiedlichen Codier-Methoden zur automatischen Bereitstellung eines bestimmten Werkzeuges. Frühzeitig müssen diese Informationen vom DNC-Rechner ausgewertet werden, um das erforderliche Werkzeug ohne Maschinenstillstandszeit zur Verfügung zu stellen. Zum Codieren der im Magazin befindlichen Werkzeuge unterscheidet man die → *Platzcodierung*, die → *Werkzeugcodierung* und die → *variable Platzcodierung*.

Coldstart
Anlaufen eines EDV-Systems nach einem längeren Stillstand.

COM
Abkürzung für **C**omputer **O**utput on **M**icrofilm. Direkte Ausgabe der grafischen

Informationen auf einem Mikrofilm. Dafür werden → *Mikrofilm-Plotter* eingesetzt, die die Informationen z. B. mit Laserstrahlen auf den Film schreiben. Die Qualität ist wesentlich höher als bei der Verfilmung einer Zeichenvorlage durch Auflicht-Photographie, so daß Kopien eines so erzeugten Mikrofilms Originalqualität bekommen.

Command: Kommando, Eingabebefehl.

Command Interpreter
Ein → *Entschlüssler*, der ein Kommando der Eingabesprache nach Überprüfung von → *Syntax*, → *Semantik* und zugelassener Kombination in Aufrufe von Programmsystemen zur Abarbeitung des mit dem Kommando formulierten Problems umsetzt.

Common
Ein Bereich im → *Arbeitsspeicher* eines Rechners oder einer Steuerung, die entweder allen Anwendern zur Übergabe von Daten zwischen einzelnen Programmen zur Verfügung steht oder als Schutzzone für besonders kritische Daten dient. Im Common-Bereich ist ein unbeabsichtigtes Löschen nicht möglich.

Compact Disc → *CD-ROM*.

COMPACT II
Eine NC-Programmiersprache zur Beschreibung von Werkzeug-Verfahrwegen, technologischen Daten und Kontrollanweisungen. Das Einsatzgebiet ist identisch mit dem der Sprache → *APT*.

Compiler → *Kompilierer*.

Composite Curve
Aus mehreren Kurvenelementen zusammengesetzter Konturenzug.

Computer-Graphic-System
Computer-Graphic-Systeme sind Softwarepakete, in der Elemente des Systems nicht mit → *Kommandos*, sondern über Unterprogrammaufrufe erzeugt werden müssen. Der Anwender muß diese in einer höheren Programmiersprache (z. B. FORTRAN) zu einem ablauffähigen Programm zusammenfügen. Der Vorteil ist eine sehr weitgehende Möglichkeit zum Anpassen des Systems an die Bedürfnisse des Unternehmens. Das wird aber mit dem Nachteil einer langen und damit teueren Einsatzvorbereitung erkauft.

Configuration: Anordnung, Zusammenstellung, → *Konfiguration.*

Conic → *Kegelschnitt.*

Connect node
Anschlußknoten, Kontaktknoten. Hierbei handelt es sich um Elemente, die entweder in der Elektrotechnik als Anschlußpunkt für Signalleitungen und Texte oder, in der CAD-Software allgemein, als Anhängepunkt für nichtgrafische Informationen verwendet werden.

Console
Konsole, Bedienungs- und Überwachungseinheit eines Rechnersystems

Constructive solid geometry
Eine Darstellungs- und Beschreibungsart für räumliche Objekte, die in zwei Stufen abläuft. Auf der ersten Stufe werden Basisvolumenelemente aus Flächen gebildet (z. B. Kugel aus der Kugelfläche, Zylinder aus Zylinderfläche und zwei Deckflächen, Quader aus sechs Ebenen). Diese Basisvolumenelemente werden auf der zweiten Stufe mit → *Boole'schen Operationen* miteinander verknüpft und bilden so das räumliche Objekt. Das CSG-Verfahren gehört zu den generativen Model-

lierungsmethoden.

Control character: Steuerzeichen.
Ein Sonderzeichen (z. B. »ESC«, Escape-Funktion, ASCII-Nr. 27), dem in Verbindung mit anderen Zeichen eine bestimmte Bedeutung zukommt, i. d. R. das Ausüben von Steuer- und Kontrollfunktionen. So bewirkt z. B. die Zeichenfolge ESC CS104 bei einem Drucker das Umschalten vom amerikanischen auf den deutschen Zeichensatz mit Umlauten.

Controller: Steuereinheit.
Ein Gerät oder ein Programm zur Geräte- oder Programmsteuerung.

Coons patches
Beschreibung einer Fläche im Raum mit Hilfe von Flächenstücken (patches). Die Flächenstücke werden über eine Punktemenge erzeugt, die sich im Raum mit zwei Freiheitsgraden bewegen können. Die einzelnen Flächenstücke werden über Bindefunktionen zur Gesamtfläche vereinigt. Die Begrenzungskurven der Flächenpunkte sind Polynome dritter Ordnung. Die mathematischen Grundlagen wurden von S. Coons am Massachussets Institut for Technology (MIT) entwickelt.

Corporate Database
Unternehmensweite, einheitliche, heute üblicherweise nach dem → *relationalen Modell* aufgebaute → *Datenbank*, in die alle Daten während der Entstehung eines Produktes, unabhängig davon, aus welchem Bereich sie stammen, eingetragen werden. Die Notwendigkeit der Einführung einer einheitlichen Datenbank stellt sich bei der Realisierung von → *CIM* im Unternehmen.

Counterclockwise
Entgegen dem Uhrzeigersinn, mathematisch positiv.

Conversion
Umsetzung, Überführung von einem Format in ein anderes.

CPC/CPL
Abkürzung für **C**ustomer **P**rogrammable **C**ycles bzw. **C**ustomer **P**rogramming **L**anguage, vom Anwender programmierbare → *Zyklen* bzw. Anwendungssprache. Sie ist eine in modernen und leistungsfähigen Steuerungen vorgesehene Möglichkeit, mit Hilfe einer Hochsprache (→ *BASIC* oder → *PASCAL* oder einer Mischung aus diesen) kundenspezifische Unterprogramme und Zyklen für die → *SPS* zu erstellen. Diese dienen dann z. B. zur vereinfachten Programmierung an der Maschine oder zum Aufbau grafischer Darstellungen auf dem Bildschirm, für Überwachungs- und Protokollierungsaufgaben an der Werkzeugmaschine oder an den Produktionssystemen. Die SPS-Anwendung wird so der Programmierung eines Prozeßrechners immer ähnlicher.

CPU
Abkürzung für **C**entral **P**rocessing **U**nit. → *Zentraleinheit* eines Rechners, bestehend aus → *Rechenwerk*, → *Leitwerk*, → *Registern* und dem → *Arbeitsspeicher*.

CPU - Zeit
Die Zeit, die eine → *CPU* benötigt, um ein Programm abzuarbeiten. Diese Zeit kann für Abrechnungszwecke bei solchen Rechnersystemen, die von mehreren Anwendern genutzt werden, erfaßt werden.

Crosshair → *Fadenkreuz*.

Crosshatch, cross-hatch → *Schraffur*.

Cross reference: Querverweis.

CRP
Abkürzung für **C**apacity **r**equirement **p**lan-

ning, → *Kapazitätsbedarfsplanung.*

CRT
Abkürzung für **C**athode **R**ay **T**ube. Kathodenstrahlröhre. Im Englischen auch Bezeichnung für einen Bildschirm.

CSG
Abkürzung für → ***C**onstructive **S**olid **G**eometry.*

CSMA/CD-Verfahren
Abkürzung für **C**arrier **S**ense **M**ultiple **A**ccess with **C**ollision **D**etection, ein Steuerverfahren bzw. Medienzugangsprotokoll für Netze mit Busstruktur (→ *Bus,* → *Netzwerk,* → *Ethernet*). Dabei kann nur gesendet werden, wenn das Netz frei ist (Carrier Sense) Alle Nachrichten im Bus gehen grundsätzlich an alle Netzwerk-Teilnehmer (Multiple Access). Jeder Teilnehmer im Netz muß selbst feststellen, welche Nachricht an ihn adressiert ist. Aus diesem Grund werden den einzelnen Teilnehmern eindeutige Namen beim Aufbau des Netzes zugewiesen.

Ein Teilnehmer, der Daten an einen Empfänger senden will, muß zunächst prüfen, ob ein anderer Teilnehmer das Netz bereits mit einer Sendung belegt hat. Ist das nicht der Fall, kann die Sendung sofort beginnen. Während der Datenübertragung müssen andere sendewillige Stationen warten. Zur Prüfung auf Fehlerfreiheit und Vollständigkeit empfängt jeder sendende Teilnehmer aus dem Bus nochmals seine eigenen Daten und vergleicht diese mit dem Original. Wird dabei ein Unterschied festgestellt, hat parallel ein anderer Teilnehmer gesendet, so daß sich auf dem Bus eine Kollision mit der anderen Sendung ereignet hat (Collision Detection). In diesem Fall wird die Datenübertragung abgebrochen und zu einem späteren Zeitpunkt wiederholt. Diese Funktionen werden

von zwischen Netz und Teilnehmern geschalteten Geräten, den Transceivern durchgeführt.

Im → *OSI-Netzwerkmodell* entspricht das Protokoll der Ebene 2.

Cursor: Zeiger, Fadenkreuz.
Ein Markierer auf einem → *Sichtgerät*, der zur interaktiven Operation über den Bildschirm bewegt wird. Die Steuerung dieses Zeigers kann über → *Rändelschrauben*, → *Steuerknüppel*, → *Rollkugel* und → *Maus* direkt erfolgen. Ein → *Tablett* wird benötigt bei → *Magnetgriffeln*, Magnetstiften und → *Fadenkreuzlupen*. Der → *Lichtgriffel* verschiebt den Zeiger durch direkten Kontakt auf der Bildröhre.

Cursor - Raster
vom Benutzer definierbare Schrittweite der Cursorsprünge, ganzzahliges Vielfaches des → *Punktrasters*.

CUU
Abkürzung für **c**omputer**u**nterstützter **U**nterricht. → *CAI*, Fall 2.

Cycle time → *Zykluszeit*.

D

D/A - Umsetzer
Abkürzung für → *Digital-Analog-Umsetzer.*

Dash, dashed
Als Hauptwort: Bindestrich. Als Eigenschaftswort: die gestrichelte Darstellung von Kurven auf dem Bildschirm.

Data: Daten.

Data access method
Datenzugriffsmethode. → *Direktzugriff,* → *serieller Zugriff.*

Databank, data bank → *Datenbank.*

Database, data base → *Datenbasis.*

Database management system
Verwaltungssystem einer → *Datenbank,* insbesondere für solche Datenbanken, die physikalisch auf mehrere Rechnersysteme in einem → *Netzwerk* verteilt sind.

Database packing → *pack, to.*

Data corruption
Verlust durch Zerstörung von Daten oder Datenträgern. Ein Datenverlust kann insbesondere bei der Alterung von magnetischen Speichermedien auftreten. Die Alterung äu-

ßert sich in einer kontinuierlichen Entmagnetisierung des Datenträgers. Sobald diese eine kritische Grenze erreicht, sind die Daten nicht mehr lesbar. Dem kann nur durch regelmäßiges Neumagnetisieren des Mediums entgegengewirkt werden. Betroffen sind im wesentlichen Disketten und Magnetbänder, die zur Langzeitarchivierung dienen. Es ist erforderlich, die Daten durch Umkopieren der Datenträger in regelmäßigen Abständen zu sichern. Das Problem wird erst durch den industriellen Einsatz von → *CD-ROMs* entschärft werden.

Data definition language → *Datendefinitionssprache.*

Data dictionary
Ein zu einer → *Datenbank* gehöriges Verzeichnis über Formate, Struktur und Verwendung der Daten in der Datenbank.

Data input: Dateneingabe.

Data Link Layer → *OSI-Netzwerkmodell.*

Data manipulation language → *Datenmanipulationssprache.*

Data query language → *Datenabfragesprache.*

Datei
Eine Menge von Daten, die für einen bestimmten Zweck zusammengefaßt sind und die mit einem identifizierenden Namen aus der → *Datenbasis* aufgerufen werden können. In einem EDV-System werden alle Arten von anfallenden Informationen (auch Programme) in Dateien abgelegt.

Datenabfragesprache
Mit dieser Sprache können Informationen aus einer Datenbank abgerufen werden. Unterschiedliche Fragestellungen lassen sich for-

mulieren, wobei, insbesondere bei relationalen Datenbanken, → *Boole'sche* Operationen verwendet werden können. Dabei kann nicht nur nach den Elementen der Datenbank, sondern auch nach den Zusammenhängen untereinander gefragt werden.

Datenaustauschformat
Ein (meist in einer Norm) definiertes Datenformat zur Übertragung von Daten zwischen unterschiedlichen EDV-Systemen, insbesondere CAD-Systemen. Zielsetzung ist eine Datenübertragung unter Berücksichtigung möglichst hoher Funktionalität. Siehe auch → *Schnittstelle*.

Datenbank
Eine Datenbank ist die redundanzfreie (→ *Redundanz*) Zusammenfassung von Dateien, so daß einmal gespeicherte Daten gepflegt, aktualisiert und im → *Direktzugriff* wieder gewonnen werden können. Im Gegensatz zu einer → *Datenbasis* existieren bei einer Datenbank eine Reihe von Zugriffsmechanismen, mit denen sich auch solche Daten gewinnen lassen, die nicht explizit in die Datenbank eingegeben wurden.

Datenbasis
Die Gesamtheit aller im EDV-System gespeicherten Daten, auf die innerhalb des Systems zugegriffen werden kann. Art und Weise des Zugriffs ist bei diesem Begriff nicht näher definiert.

Datenbasissoftware
Anteil an der Gesamtsoftware eines CAD-Systems, der sich mit der Datenbasis des CAD-Systems befaßt. Hierunter fallen Abspeicherung, Verkettung, Suchen, Kopieren etc. von CAD-Daten.

Datendefinitionssprache
Eine Sprache zur Beschreibung der Struktur

einer Datenbank. Mit der Sprache können die Elemente einer Datenstruktur und ihre Beziehungen untereinander (Assoziationen, Relationen) festgelegt und in Datensätzen (Records) gespeichert werden.

Datenfeld
Ein Datenfeld besteht aus einem oder mehreren Zeichen (→ *Byte*) bzw. → *Datensätzen.* Es wird beschrieben durch:

— die Datenfeld-Bezeichnung — Name des Datenfeldes,
— den Datentyp — numerisch oder alphanumerisch,
— die Datenfeld-Dimension — Länge des Datenfeldes in Zeichen oder Byte
— den Inhalt — die aktuellen Angaben, die im Datenfeld gespeichert sind.

Datenflußplan
Bei der Darstellung organisatorischer Abläufe, insbesondere der Abläufe von → *Programmen,* bedient man sich häufig der Diagrammform. Die wichtigsten Darstellungsarten sind der Datenflußplan mit einer Darstellung der zeitlichen Folge der Einzelprogramme, der Programmablaufplan, der den Ablauf innerhalb eines Programmes in allen seinen Verzweigungen darstellt — meist ohne auf die Befehlsfolgen selbst einzugehen — und das Befehlsdiagramm, das gewissermaßen ein Programm in Diagrammform darstellt.

Datenhierarchie
1) Die logische Datenhierarchie beschreibt die Hierarchie der datenorganisatorischen Ebenen ohne Berücksichtigung der physischen Erfordernisse; Belege, Listen und DV-Anlagen also werden nicht in die Beschreibung mit aufgenommen.
2) Die physische Datenhierarchie beschreibt die Hierarchie der datenorganisatorischen Ebenen mit Berücksichtigung

der physischen Erfordernisse; dabei werden Belege, Listen und Einflüsse der DV-Anlagen in der Beschreibung einer konkreten Datenorganisation beachtet.

Datenmanipulationssprache
Eine Sprache eines Datenbanksystems, mit dessen Funktionen Datensätze (Elemente, Relationen) aus der Datenbank bearbeitet oder zur weiteren Bearbeitung bereitgestellt werden können. Die Funktionen umfassen das Holen (Get), Einfügen (Insert), Ändern (Modify) und Löschen (Delete) von Daten.

Datenlogger
Ein Datenlogger dient zum Erfassen und Verarbeiten analog oder digital erfaßter Meßwerte. Er wird zur Überwachung von Fertigungsprozessen oder Anlagen eingesetzt. Die an den zu überwachenden Meßstellen erfaßten Werte werden in regelmäßigem Turnus (in Bruchteilen von Sekunden je Stelle) abgefragt. Dadurch können von einem einzigen Datenlogger sehr viele Meßstellen überwacht werden.

Datensatz
Ein Datensatz besteht aus einer Folge von Zeichen (Byte), die je nach ihrer Bedeutung in → *Datenfeldern* zusammengefaßt sind.

Datenschnittstelle: → *Schnittstelle*, → *Datenaustauschformat*

Datenschutz
Im Bundesdatenschutzgesetz (BDSG) wird der Datenschutz definiert als Schutz von personenbezogenen Daten vor Mißbrauch bei ihrer Speicherung, Übermittlung, Veränderung und Löschung. Analog gilt es in einem Unternehmen dafür zu sorgen, daß die vorhandenen Daten Mitbewerbern nicht zugänglich gemacht werden. Neben den Möglichkeiten der Datenverschlüsselung ist dies

im wesentlichen durch organisatorische Maßnahmen zu erreichen, z. B.

— Einrichten von → *Paßworten*, die mit einem bestimmten Endgerät verbunden sind und eine Arbeit nur an diesem Gerät zulassen,
— Durchführung einer klaren → *Archivorganisation*,
— Weitergabe von im Hause kontrollierten Daten nur über standardisierte → *Schnittstellen* und nicht im Datenformat des CAD/CAM-Systems an Dritte.
— Nutzung von dedizierten Datenträgern wie Disketten oder Magnetbändern,
— Vermeiden von → *Netzwerken*, die über die Grenzen des Unternehmens hinausgehen (keine → *WAN*). Wenn dies trotzdem erforderlich sein sollte, darf einem externen Teilnehmer weder der Zugriff auf alle Knoten des Netzwerks noch der Zugriff auf kritische Daten (z. B. Produktdaten) ermöglicht werden.

Datensegment
Ein Datensegment ist ein von einem → *Programm* adressierbares Datenelement. Es wird aus mehreren logisch zusammengehörigen Datenfeldern gebildet, z. B. hat ein Namenssegment als Inhalt: Personalnummer, Name, Vorname.

Datensicherung → *Archivierung.*

Datenstation
Endstelle (Terminal) zum Datenempfang von und/oder Datenübertragung zu einem EDV-System. An einer Datenstation werden die vom EDV-System gesendeten Informationen in sichtbare Darstellungen umgesetzt. Datenstationen, die nur empfangen können, sind z. B. → *Drucker*, → *Lochstreifenstanzer*, passive → *Sichtgeräte*, → *Zeichenmaschinen*. Datenstationen, die nur senden können, sind z. B. → *Tastaturen* (keyboards), → *Digitalisierer* und

→ *Lochstreifenleser.* Datenstationen, die empfangen und senden können, sind z. B. die interaktiven Bildschirm-Arbeitsplätze an einem CAD-System und Programmierbildschirme.

Man spricht von einer »intelligenten« Datenstation, wenn das Gerät für besondere Aufgaben lokal programmiert werden kann, z. B. für die → *Vektor-Raster-Konvertierung* und die Bildhandhabung (lokales → *Zooming,* → *Paging,* das Schattieren von Darstellungen und das Ausblenden von verdeckten Kanten).

Datenstruktur
Eine nach vorgegebenen Regeln strukturierte Anordnung von Daten, z. B. die Daten des → *Werkstückmodells* eines Bauteils. Eine hierbei mögliche Strukturierung entsteht, indem eine Liste, in der alle im Bauteil enthaltenen Elemente nur mit ihrem internen Namen eingetragen sind, als Inhaltsverzeichnis für das Werkstückmodell des Bauteils verwendet wird. Aus dieser Liste kann auf die eigentlichen Daten der einzelnen Elemente über Zeiger zugegriffen werden.

Datenträger
Das physikalische Medium, auf dem Daten gespeichert werden können, z. B. Magnetplatten, Magnetbänder, Lochkarten, Mikrofilm.

Datenübertragung
Übertragung von Daten durch elektrische Signale zwischen zwei Geräten als Sender und Empfänger.

Datenverarbeitung
Bei dieser klassischen Art des EDV-Einsatzes werden vorhersehbare und genau planbare Abläufe bis ins Detail exakt programmiert. Das dazu erforderliche Wissen ist in den programmierten → *Algorithmen* und → *Dateien* enthalten. Die Lösungsstrategie ist fest

implementiert und kann nur durch Neuprogrammierung geändert werden.

Datex
Unter dem Namen Datex betreibt die Deutsche Bundespost ein besonderes Wählnetz für Datenfernübertragung. Das Datex-L-Netz ist ein leitungsvermittelndes Netz. Es entspricht einer → *Standleitung*. Beim Datex-P-Netz werden die zur Übertragung stehenden Daten komprimiert zu Paketen zusammengepackt, um sie kostengünstiger auf beliebigen Leitungswegen übertragen zu können. Es arbeitet digital nach dem Telegrafieprinzip mit einer Geschwindigkeit von 200 → *Baud*. Die Teilnehmeranschlüsse sind als Vierdrahtanschlüsse ausgeführt, deshalb ist ein Vollduplexbetrieb (Datenübertragung in beide Richtungen) möglich.

DBMS
Abkürzung für **D**ata **B**ase **M**anagement **S**ystem. Ein Verwaltungssystem für eine → *Datenbank*.

DDL
Abkürzung für **D**ata **D**efinition **L**anguage → *Datendefinitionssprache*.

DDP
Abkürzung für **D**istributed **D**ata **P**rocessing, → *dezentrale Datenverarbeitung*.

debug, to
Eigentlich »entwanzen«. In der EDV der Begriff zur Fehlersuche und -beseitigung in einem Programm.

Decluttering
Um die Überhäufung einer Darstellung auf einem CAD/CAM-Bildschirm und damit Unübersichtlichkeit zu vermeiden, können bei komplexen Darstellungen Details ausgeblendet und z. B. Bauteile nur mit den Umriß-

kanten dargestellt werden. Diese Ausblendung von Details kann in Abhängigkeit vom Darstellungsmaßstab geschehen. Bei Vergrößerung der Abbildung werden diese Details automatisch wieder eingeblendet.

Dedicated computer
Zweckbestimmter Rechner, der für spezielle Aufgaben in bestimmten Umgebungen und Bereichen eines Unternehmens eingesetzt wird.

Default: Grundeinstellung, Standardwert.
Wenn von einem System geforderte Werte nicht eingegeben werden (default) oder eventuell ausfallen, gilt die standardmäßige Grundeinstellung.

delete, to: Löschen, Entfernen.
Entfernen eines Elements aus dem → *Werkstückmodell.* Nach diesem Löschen steht das Element nicht mehr zur Verfügung.

Deltasicherung
Teil- bzw. Zuwachssicherung von Programmen oder Dateien, wobei nur die seit der letzten Sicherung geänderten Informationen abgesichert werden (→ *Archivierung*).

Depth
Tiefe, üblicherweise die → *Z-Tiefe.*

Depth Cueing
Bei der Darstellung von Volumina oder Körpern auf dem Bildschirm kann hierbei die Reduzierung der Intensität in der Darstellung »weiter hinten« liegender Teile dem Betrachter zusätzliche räumliche Informationen liefern.

Design-Rule-Check
(DRC) Automatische Überprüfung eines Leiterplatten-, Hybrid- oder IC-Layouts auf eine mögliche Verletzung der Entwurfsregeln wie

Unterschreitung der Mindestabstände oder Kurzschlüsse.

Desktop Publishing
Der Begriff beschreibt die Möglichkeiten heutiger Textsysteme, am Arbeitsplatz des Sachbearbeiters (und nicht in einer dafür spezialisierten Abteilung) neben der reinen Textverarbeitung auch die grafische Gestaltung des Textes mit verschiedenen Schriftarten und -formen durchzuführen. Hinzu kommt das beliebige Erstellen von Grafiken sowie ihr Einfügen in einen am Textsystem erzeugten Text. Solche Grafiken können z. B. Zeichnungen aus einem CAD/CAM-System sein, die mit dem passenden Text zu einer Montageanleitung zusammengeführt werden. Zum Durchführen des Desktop Publishing wird als Hardware ein leistungsfähiger PC mit einem grafikfähigen Bildschirm sowie ein Laserdrucker mit einer → *Auflösung* von etwa 300 Punkten/Zoll in x- und y-Richtung benötigt. Die Software muß zusätzlich zur Textverarbeitung auch die o. a. grafischen Möglichkeiten aufweisen. Dazu gehören z. B. das Einfließen von Texten in vorgegebene Felder und leistungsfähige Werkzeuge zum Layout einer Seite.

detach, to: losmachen.
Auflösen einer Zuordnung, z. B. Abkoppeln des Magnetbandgeräts von der Zentraleinheit nach Abschluß der Datensicherung.

Deviation
Abweichung des Istwertes vom Sollwert einer Regelgröße, bei NC-Maschinen z. B. die Abweichung der Istbahn von der programmierten Sollbahn, auch als dynamische Bahnabweichung bezeichnet. Diese wirkt sich auf die Konturgenauigkeit des Werkstückes aus.

Device: Gerät.
Oft ist ein Peripheriegerät gemeint, das an der → *Zentraleinheit* angeschlossen ist.

Dezentrale Datenverarbeitung
Verarbeiten der Daten am Ort ihres Entstehens. In der Praxis das Verteilen der Aufgaben von einem einzigen zentralen Rechnersystem auf mehrere Systeme, um z. B. Ausfallsicherheit zu erhöhen, → *Antwortzeiten* zu senken oder um eine bessere, weil aufgabenbezogene Auslastung zu erzielen. Steht das Rechnersystem einem einzigen Benutzer zur Verfügung, so spricht man von einem → *Arbeitsplatzrechner.*

Eine solche Art der Datenverarbeitung kann nur dann sinnvoll funktionieren, wenn die einzelnen Systeme über → *Netzwerke* miteinander verbunden sind und ihre Daten in eine gemeinsame → *Datenbank* eintragen.

Die dezentrale Datenverarbeitung ist besonders im technischen Bereich eines Unternehmens anzutreffen.

Dhrystones
Ein Maß für die Leistungsfähigkeit der → *Zentraleinheit,* ähnlich wie → *mips,* das besonders für solche Rechner geeignet ist, die nach dem → *RISC-Prinzip* arbeiten.

Dialog
Austausch von Informationen zwischen Benutzer und einem EDV-System. Es handelt sich um einen geführten Dialog, wenn dem Benutzer für die Eingabe nur → *Menüs* zur Verfügung stehen. Der Dialog ist frei, wenn der Benutzer über eine Kommandosprache Arbeitsrichtung und -tempo selbst vorgibt.

Diameter: Durchmesser.

Diameter dimension → *Durchmesserbemaßung.*

Dienstprogramm
Ein Programm innerhalb des → *Betriebssystems* zur Realisierung einer beliebigen

Tätigkeit. Die Nutzung dieses Programms steht allen Anwendern offen.

Digital-Analog-Umsetzer
Geräte, die eine Umsetzung von einer digitalen in eine analoge Informationsdarstellung oder umgekehrt bewirken, heißen Digital-Analog-Umsetzer bzw. Analog-Digital-Umsetzer. Sie werden vor allem bei Fernmessungsanlagen, Fernsteuerungsanlagen, Prozeßregelungsanlagen und Steuerungen von → *Werkzeugmaschinen* (→ *SPS*) verwendet.

Digitales Prinzip
Darstellung von Größen durch einzelne, nicht mehr weiter unterteilbare Einheiten, z. B. von Zahlen durch die Finger der Hand.

Digitalisieren
1. Überführen analoger Daten in eine rechnerinterne digitale Darstellung im → *Werkstückmodell* des CAD/CAM-Systems. Für ebene Daten (z. B. auf Zeichnun-

Digitalisieren eines Gebäudeplans. Zum besseren Digitalisieren der Koordinaten wird die Digitalisierfläche von hinten beleuchtet (Leuchttisch). (Bild: Kontron)

Betriebsarten von Digitalisiergeräten

Punkt:

Beim Betätigen einer Taste am Abtastcursor oder beim Antippen des Stiftes wird jeweils nur ein Koordinatenpaar ausgegeben.

Anwendung:
- Menüfeldtechnik
- Digitalisieren markanter Punkte von geometrisch eindeutigen Formen.

Eingabestrom:

Die Übertragung von Daten erfolgt ständig.

Anwendung:
- Steuerung des Cursors an graphischen Bildschirmen,
- Digitalisierung von unregelmäßigen geometrischen Formen.

Gesteuerter Eingabestrom:

1) Solange der Anwender eine Taste am Cursor oder den Stift betätigt, erfolgt eine Ausgabe von Koordinaten.

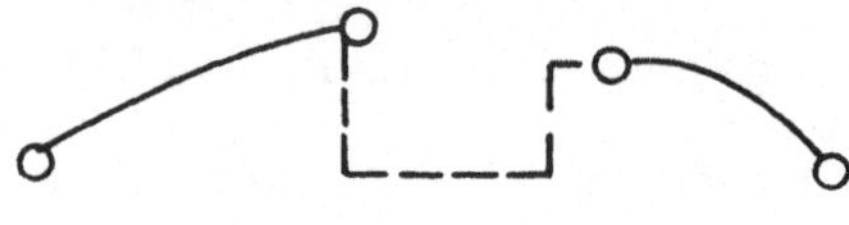

2) Der Digitalisierer überträgt jedesmal ein Koordinatenpaar an den Rechner, wenn er von diesem ein spezielles Zeichen (Trigger) empfängt.

Inkremental:

Bei dieser Art der Digitalisierung wird nur dann ein Koordinatenpaar an den Rechner übertragen, wenn der neue x- oder y-Wert gegenüber dem alten Wert eine bestimmte Größe überschreitet. Das Weginkrement läßt sich frei bestimmen.

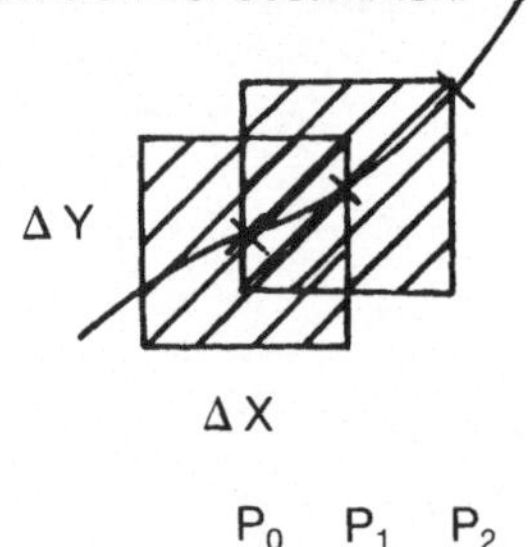

gen) stehen → *Digitalisierer*, für räumliche Daten (z.B. in der Automobilindustrie das Tonmodell eines neuen Fahrzeugs) Koordinaten-Meßmaschinen zur Verfügung.

2. Indirekte Eingabe von Koordinaten am CAD/CAM-Arbeitsplatz. Dazu wird das Fadenkreuz an die gewünschte Stelle

positioniert. Das CAD-System berechnet aus der Position die aktuellen Koordinaten und erzeugt einen Punkt an dieser Stelle.

Digitalisierer
Ein Gerät zum Digitalisieren. Digitalisierer werden überwiegend in der Elektrotechnik zur Eingabe von Schaltplänen eingesetzt. Zur Eingabe maßstäblicher Zeichnungen bei maschinenbaulichen Anwendungen sind sie weniger geeignet, da

— nur ebene Elemente übernommen und räumliche Zusamnmenhänge verschiedener Ansichten eines Bauteils nicht berücksichtigt werden,
— nur maßstäbliche Zeichnungen digitalisiert werden können und
— auf absolute Verzugfreiheit des Zeichenmediums geachtet werden muß, da sonst die im CAD-System erzeugte Geometrie nicht mehr maßhaltig ist.

Auch das → *Tablett* ist ein kleiner Digitalisierer, bei dem allerdings die o. a. Einschränkungen nicht anwendbar sind, da dieses Gerät primär als Eingabehilfsmittel für das Fadenkreuz (→ *Cursor*) benötigt wird.

Digitalrechner
Rechner zur Verarbeitung von Daten, die nach dem → *digitalen Prinzip* dargestellt werden. Zum Aufbau eines Digitalrechners siehe → *Zentraleinheit*. Da der Digitalrechner der am weitesten verbreitete Rechnertyp ist, ist mit dem Begriff »Rechner« in der Regel ein Digitalrechner gemeint.

digitize, to → *Digitalisieren*.

Digitizer → *Digitalisierer*.

Dig-Punkt
Ein durch Digitalisieren erzeugter Punkt, der für das Erstellen anderer Geometrieelemen-

te benötigt wird (z. B. Eckpunkte eines Linienzuges).

Dimension → *Bemaßung.*

Dimension label: Maßzahl.

Dimension line: Maßlinie.

Direct access → *Direktzugriff.*

Directory: Verzeichnis.
Hier verwendet als ein Begriff für einen übergeordneten Datenbereich oder Katalog, in den einzelne Dateien eingespeichert werden können. Directories dienen zur leichteren Handhabung umfangreicher Datenbestände, indem sie die Zuordnung dieser Bestände an einzelne Benutzer ermöglichen.

Direktzugriff
Beim Direktzugriff ist der Zugriff auf einen gespeicherten Datenbestand unabhängig von der Reihenfolge der Aufzeichnung des Datenbestandes.

Zu den Speichern mit Direktzugriff gehören → *Arbeitsspeicher* und → *Magnetplattenspeicher.*

Disk: Magnetplatte.

Disk drive → *Magnetplattenspeicher.*

Diskette
Eine flexible Magnetplatte, die, je nach Hersteller des Rechnersystems, in unterschiedlichen Größen von 3,5; 5,25 und 8 Zoll (nur noch selten) bei einer Speicherkapazität von 180 kB (8"), 360 kB und 1,2 MB (5,25") respektive 720 kB und 1,44 MB (3,5") vorliegt. Die Diskette ist zum Schutz der Oberflächen immer mit einer flexiblen oder starren Umhüllung umgeben.

Diskettenlaufwerk
Ein → *Magnetplattenspeicher*, in dem statt starrer Platten flexible Disketten zur Datenspeicherung verwendet werden. Diskettenlaufwerke finden sich überwiegend bei Personalcomputern und Arbeitsplatzrechnern, bei denen Disketten anstelle von Magnetbändern überwiegend zur Datenspeicherung verwendet werden.

Display
Bildschirm, Darstellung auf dem Bildschirm.

Display file → *Bilddatei*.
Auch eine Bezeichnung für die Gesamtheit aller Daten im → *Pufferspeicher* des Bildschirms.

Display menu
Ein auf dem Bildschirm dargestelltes Menü.

Distributed Processing
→ *Dezentrale Datenverarbeitung*, → *Rechnerverbund*.

DLZ
Abkürzung für → ***D**urchl**a**uf**z**eit*.

DMA
Abkürzung für **D**irect **M**emory **A**ccess (direkter Speicherzugriff). → *Direktzugriff*.

DML
Abkürzung für **D**ata **M**anipulation **L**anguage, → *Datenmanipulationssprache*.

DMS
Abkürzung für → ***D**atabase **M**anagement **S**ystem*.

DNC
Abkürzung für Direct Numerical Control (direkte numerische Steuerung). CNC-fähige Werkzeugmaschinen werden direkt von

einem Leitrechner, ohne Verwendung von Übertragungsmedien (Magnetband, Lochstreifen), gesteuert. An den Leitrechner können mehrere → *Werkzeugmaschinen* angeschlossen werden. Steuerprogramme und -daten (z. B. NC-Verfahrwege) werden im Leitrechner gespeichert und verwaltet. Der DNC-Betrieb benötigt Rechner, die im → *Realzeitbetrieb* arbeiten, d. h. die Werkzeugmaschine wird direkt (online) von einem Leitrechner gesteuert.

DNC-Netz
Ein → *Netzwerk*, über das die NC-Programme vom DNC-Rechner bzw. vom DNC-Terminal ausgehend abgerufen und auf die → *Werkzeugmaschine* übertragen werden.

DNC-Schnittstelle
Eine → *Schnittstelle*, über die ein Rechner, auf dem ein NC-Programmiersystem läuft, und eine oder mehrere → *Werkzeugmaschinen*, die über Datenleitungen mit dem Rechner verbunden sind, miteinander Daten tauschen können. Darüberhinaus sind noch folgende Möglichkeiten vorhanden:

1. Fernsteuerung der Werkzeugmaschine zum Anfahren von Nullpunkten und → *Bezugspunkten* oder zum automatischen Hochfahren und Leerfahren,
2. Datenübertragung während der Bearbeitungszeit (Hauptzeit),
3. Ein- und Auslesen von Korrekturwerten, Werkzeugdaten, Nullpunktverschiebungen,
4. Automatische Diagnose,
5. Fernumschaltung der Betriebsart,
6. Anschlußmöglichkeit für Programmiersysteme,
7. automatisches Nachladen von Programmen, die länger sind als der Teileprogrammspeicher der lokalen Steuerung aufnehmen kann,

8. hohe Übertragungsraten,
9. Werkzeugdatenverwaltung.

DNC-System
Ein Rechnersystem zur Steuerung von → *Werkeugmaschinen*, bei dem der Rechner im → *Realzeitbetrieb* arbeitet. Die hierauf vorhandene Software muß mit bereits existierenden Programmiersystem direkt verbunden werden und vorhandenen NC-Programme über Netzwerkanschlüsse übernehmen und verwalten können.

Das DNC-System muß softwareseitig so ausgestattet sein, daß NC-Teileprogramme im Lochstreifenformat geändert werden können, wobei dies noch keine maschinelle Programmierfunktion darstellt. Das DNC-System kann NC-Teileprogramme unter entsprechenden Sicherheitsbedingungen ganz oder teilweise löschen und die verbleibenden Programme zur Minimierung von Speicherplatz dicht packen. Das DNC-System kann bei Bedarf Listen mit folgendem Inhalt erstellen und ausdrucken:

1. alle im Speicher vorhandenen Programmnummern,
2. alle freigegebenen Programme mit Maschinenzuordnungen,
3. alle gesperrten Programme,
4. alle für die nächste Schicht/Woche eingeplanten Programme,
5. Datum des letzten Aufrufes jedes Programmmes mit dem Namen des Maschinenbedieners,
6. Häufigkeit der Aufrufe eines Programms pro Jahr,
7. in den letzten Monaten nicht aufgerufene und verwendete Programme,
8. Programmlaufzeiten,
9. Werkzeuglisten für ein Teileprogramm,
10. Bedienerhinweise für ein Teileprogramm.

Dot: Punkt (als Zeichen, nicht als Geometrie).

Dragging
Ein oder mehrere auf dem Bildschirm dargestellte Elemente werden der Bewegung des Fadenkreuzes nachgeführt und an der gewünschten neuen Position abgesetzt (dynamisches Verschieben). Mit einer solchen Option können z. B. Simulationen von Montagevorgängen durchgeführt werden.

Drahtmodell → *Kantenmodell.*

DRAM
Abkürzung für **D**ynamic **R**andom **A**ccess **M**emory, ein Speicher im → *Direktzugriff.* Als Speichermedien werden dafür Halbleiterbausteine und nicht mehr magnetische Medien eingesetzt.

Drawing: Zeichnung.

DRC
Abkürzung für Design Rule Check, Überprüfung des Leiterplattenentwurfs. Ein Programm, das den Entwurf und die geplante Bestückung einer Leiterplatte auf die Einhaltung vorher definierter Regeln (Verbindungen und Minimalabstände zwischen den einzelnen Komponenten, Lage der Verbindungen auf der Leiterplatte, usw.) überprüft.

Drehen → *Symmetrie-Operationen.*

Drehfläche → *Profilverfahren.*

Drill: Bohrwerk.

Driver → *Gerätetreiber.*

Drucker
Der Drucker ist, wie eine → *Zeichenmaschine,* ein Ausgabegerät, mit dem alphanumerische und grafische Daten auf unterschiedliche Trägermedien (Papier, Folien) ausgegeben werden können. Drucker können nach dem

Arbeitsprinzip unterteilt werden. Hinsichtlich der Bildung des Druckzeichens unterscheidet man Typendrucker und Matrixdrucker.

1. Bei Typendruckern ist der Zeichenvorrat durch den Typenvorrat (Typenhebel, Kugelkopf, Typenrad, Druckkette, Druckwalze) begrenzt. Die Genauigkeit der Darstellung ist hoch, Typendrucker arbeiten in »Briefqualität« (letter quality).
2. Bei Matrixdruckern ist der Zeichenvorrat unbegrenzt, er wird durch eine geeignete Steuersoftware festgelegt. Jedes Zeichen wird aus einzelnen Punkten zusammengesetzt, die matrixförmig angeordnet sind. Die Druckqualität ist abhängig von der Zahl der verwendbaren Punkte. Matrixdrucker können auch grafische Darstellungen ausgeben, dann arbeiten sie genauso wie → *Rasterplotter.*

   Nach dem Druckverfahren lassen sich mechanische und nichtmechanische Drucker unterscheiden.
3. Zu den mechanischen Druckern zählen alle unter Fall 1 aufgeführten Geräte sowie solche Matrixdrucker, bei denen die Punkte durch Nadeln erzeugt werden, die

Die verschiedenen Druckverfahren

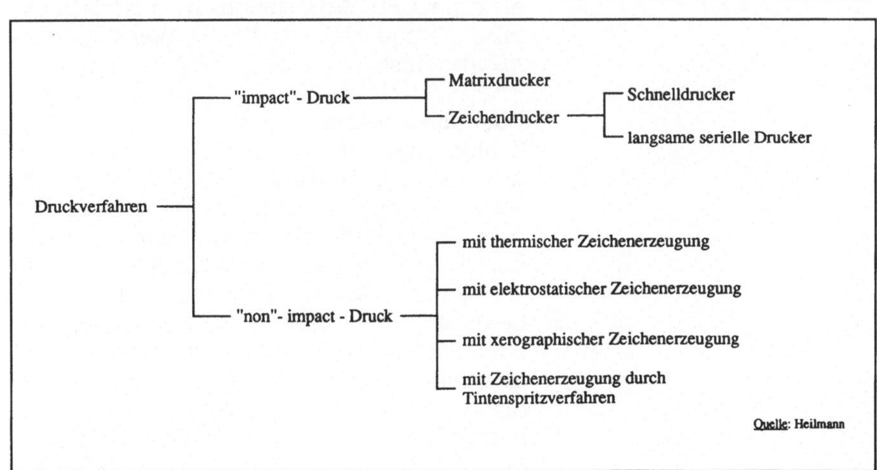

entweder ein Farbband gegen Papier drücken oder auf thermischem Weg (erhitzte Nadeln mit hitzeempfindlichen Papier) Zeichen erzeugen. Zu diesen Matrixdruckern zählen alle im PC-Bereich eingesetzten Drucker.

4. Nichtmechanische Drucker sind Tintenstrahldrucker (→ *Tintenstrahlplotter*) und → *Laserdrucker.* Bei beiden handelt es sich um Matrixdrucker, sie unterscheiden sich lediglich in der Art der Zeichenerzeugung und der Druckgeschwindigkeit.

Drum plotter → *Trommelplotter.*

DTP
Abkürzung für → **D**esk**t**op **P**ublishing.

Dual - screen
Benutzungsoberfläche von CAD-Systemen mit zwei Bildschirmen, in der Regel einem hochauflösenden graphischen Bildschirm und einem alphanumerischen Bildschirm. Auf letzterem wird der Dialog geführt, werden Listen und Tabellen angezeigt und Fehler gemeldet, während der graphische Bildschirm ausschließlich für die Zeichnung genutzt wird. Bei Workstations wird diese Technik zunehmend durch die → *Window-Technik* abgelöst.

Dualzahlensystem
Zahlensystem mit der Basis 2. So lautet z. B. die Dezimalzahl (Basis 10) 17 als Dualzahl 10001. Jedes Rechnersystem arbeitet mit dem Dualzahlensystem oder daraus ableitbaren Zahlensystemen wie Oktalsystem (Basis 8) oder Hexadezimalsystem (Basis 16). Die Gesamtheit dieser, auf Potenzen der Zahl 2 zurückführbaren Zahlensysteme wird auch als binäres Zahlensystem bezeichnet, weil für die Zahlendarstellung solche Bauelemente ausreichen, die genau zwei definierte Zustände (1 oder 0, An oder Aus, L oder O)

einnehmen können. Das Dualzahlensystem wurde bereits 1679 von dem Universalgenie Gottfried Wilhelm Leibniz zum Betrieb von Rechenmaschinen vorgeschlagen.

Dummy, Dummy-Parameter
Pseudoparameter. Ein solcher Parameter wird bei Testläufen eines Programms benutzt, um dem Betriebssystem mitzuteilen, daß das Programm zwar ausgeführt, jedoch Ein- und Ausgaben von Daten nicht erfolgen sollen.

So kann der logische Ablauf eines Programms geprüft werden, ohne daß fehlerhafte Daten entstehen können.

Dump, dump file: Speicherauszug.
Der Speicherauszug enthält die Belegung der Speicherzellen und die Adressen der einzelnen Datenbestände auf den Datenträgern. Er wird sowohl zur Eingrenzung von Fehlern auf den Datenträgern als auch zur Wiederherstellung des aktuellen Zustands nach einem Systemzusammenbruch (z. B. nach Stromausfall) verwendet.

Duplex-System
Darunter sind Rechnersysteme zu verstehen, bei denen in einer Zentrale zwei Rechner hoher Leistungsklasse installiert sind, von denen jeder durch Umschaltung der Peripherie jeweils die Aufgaben des anderen Rechners übernehmen kann, um so einen störungsfreien und ausfallsicheren Betrieb zu gewährleisten.

Durchlaufterminierung
Bei der Durchlaufterminierung werden Zwischentermine je Arbeitsvorgang für den aktuellen Auftragsbestand, der im Rahmen der Mengenplanung bezüglich Terminen und Losgrößen ermittelt wurde, bestimmt, ohne die dafür zur Verfügung stehenden Fertigungskapazitäten zu berücksichtigen.

Durchlaufzeit

1. Die Durchlaufzeit nach REFA ist die Soll-Zeit für die Erfüllung einer Aufgabe in einem oder mehreren bestimmten Arbeitssystemen, in produzierenden Betrieben die Zeit vom Auftragseingang bis zur Verrechnung eines Produktes. Sie umfaßt alle für Herstellung, Lieferung und Verrechnung von Erzeugnisses benötigten Zeiten einschließlich der Materialbeschaffung und der jeweils vorgelagerten Zeiten für die Auftragsbearbeitung. Bestandteil der Durchlaufzeit sind daher auch die durchschnittlichen Liegezeiten der Bestände in Lagern. Die Durchlaufzeit ist im wesentlichen in vier Zeitabschnitte aufgeteilt:
   - Produktionsvorlaufzeit
   - Materialliegezeit
   - Produktionsdurchlaufzeit
   - Produktionsnachlaufzeit.
2. Die → *Ablaufzeit* eines Programms.

Durchmesserbemaßung

Eine Durchmesserbemaßung wird erzeugt, indem der zu bemaßende Kreis identifiziert und die Lage der Maßzahl angegeben wird. Bei einigen Systemen kann das Durchmessermaß tangential herausgeführt werden.

EBCDIC
Abkürzung für **E**xtended **B**inary **C**oded **D**ecimal **I**nterchange **C**ode, erweiterte binär verschlüsselte Dezimaldarstellung zum Datenaustausch eine Darstellungsart von → *alphanumerischen Zeichen*, die überwiegend im Bereich der Großrechnertechnik zur Speicherung und Übertragung von Daten und Programmen verwendet wird.

Ebene
1. Eingabeebene in Verbindung mit einem der Koordinatensysteme (→ *Konstruktionsebene*).
2. Geoemtrische Ebene, ebene Fläche. Die Ebene kann entweder durch die Eingabe oder Identifikation von drei nicht kolinearen (nicht entlang einer Gerade liegenden) → *Punkten*, zwei nicht identischen Geraden (→ *Linie*), einem → *Kreis*, Kreisbogen oder → *Kegelschnitt* erzeugt werden. Mathematisch wird dadurch eine unendliche Ebene erzeugt. Bei Bedarf kann eine Berandungskurve vorgegeben werden, deren Elemente entweder alle in der Ebene liegen oder auf die Ebene projiziert werden.

Ebenentechnik
Vorgehensweise zum Sortieren von Elementen nach organisatorischen Gesichtspunkten.

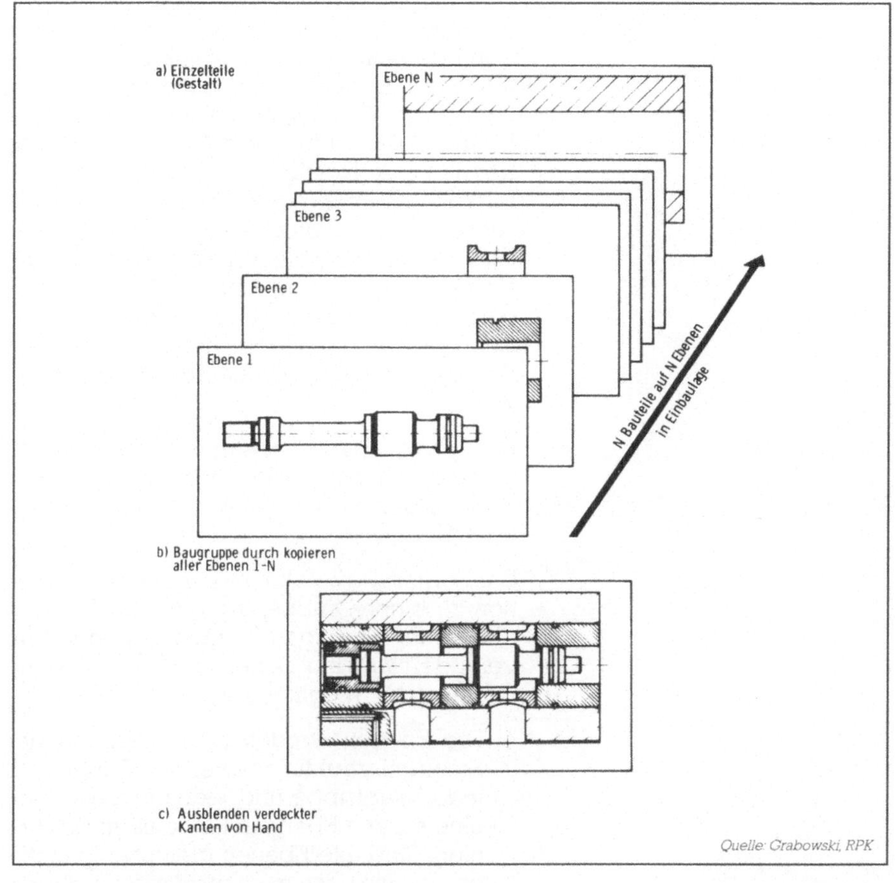

Erstellung einer Zusammenstellungszeichnung mit Hilfe der Ebenentechnik.

Dazu werden logische Ebenen verwendet. Jedes Element wird beim Erzeugen im Werkstückmodell auf eine vorher vom Benutzer festgelegten Ebene eingetragen, indem ihm rechnerintern die Bezeichnung der Ebene zugewiesen wird.

Man kann sich eine logische Ebene am ehesten als eine durchsichtige Folie ohne Dicke vorstellen, auf die ein Element »gezeichnet« wird. Der Vergleich hinkt insofern, als das nicht nur für ebene, sondern auch für räumliche Elemente zutrifft.

Ein Element kann immer nur auf einer einzigen Ebene liegen. Die Anzahl der Elemente auf einer Ebene ist unbegrenzt. Auf dem Bildschirm können entweder eine einzige Ebene, eine Gruppe von Ebenen oder alle Ebenen gleichzeitig sichtbar sein. Die Sichtbarkeit der Ebenen (und damit auch der ihr zugeordneten Elemente) kann von Ansicht zu Ansicht verschieden sein. Obwohl das Element nur auf einer einzigen Ebene liegen darf, kann es während der Bearbeitung die Ebene wechseln, indem der Benutzer dem Element eine neue Ebenen-Bezeichnung zuweist.

Ebenen werden über Nummern oder Namen angesprochen. Für diese Ebenen existieren auch folgende Benennungen: Layer, Level oder Class.

Die Sortierung erfolgt, indem mehrere Ebenen zu einer Gruppe zusammengefaßt und die darauf liegenden Elemente gemeinsam verändert werden. Dabei sind verschiedene Sortierungen möglich, z. B.:

— Die Ebenen werden zum Abbilden der Erzeugnisstruktur verwendet. Dabei wird jede Baugruppe und jedes Einzelteil auf eine eigene Ebene in Einbaulage positioniert. Sind alle Ebenen gleichzeitig sichtbar, so wird das gesamte Produkt dargestellt. Einzelteile und Baugruppen werden dargestellt, indem nur bestimmte Gruppen von Ebenen sichtbar sind.
— Die Ebenen werden zur zeichnungsorientierten Sortierung verwendet. Dabei werden alle Elemente, die mit der gleichen Strichstärke oder Farbe gezeichnet werden sollen, auf die jeweils gleiche Ebene eingetragen.
— Die Ebenen werden zur Darstellung der Bearbeitungsreihenfolge bei der Werkzeugerstellung verwendet. Eine Ebene enthält die Rohteilkontur, die nächsten das

Spanmittel, die Zustellwege des Werkzeugs, die Verfahrwege und schließlich die Fertigkontur.

Echtzeitbetrieb → *Realzeitbetrieb.*

Eckenverrundung
Eine Eckenverrundung ist, mathematisch gesehen, ein Kreisbogen, der unter vorgegebenem Radius tangential an zwei zueinander nicht parallelen Geraden, zwei Kreisbögen oder Mischformen aus beiden konstruiert wird. Er wird erzeugt, indem der Radius gewählt wird und die mit der Eckenverrundung zu verbindenden Kurvenelemente identifiziert werden.

Eckenverzögerung
Die Eckenverzögerung verhindert beim Taschenfräsen Werkzeugüberlastung, Werkzeugbruch oder Werkzeugbeschädigung. Bei der Auffräsung von Taschen entsteht an jeder Ecke eine Überlastung des Fräsers. Um dies zu vermeiden, müßte an jeder Ecke der Vorschub durch das NC-Programm reduziert werden, was zu erhöhtem Programmieraufwand, zu umfangreichen Verfahrwegdaten und bei solchen → *Werkzeugmaschinen,* die nicht im → *DNC-Betrieb* an einen Leitrechner angeschlossen sind, zu längeren → *Lochstreifen* führen würde. Mit der automatischen Eckenverzögerung wird in einem einzigen NC-Satz eine modal wirkende → *3G-Funktion* ab einem programmierbaren Abstand von dem Fräsenbahnendpunkt der Vorschub stetig auf einen programmierbaren Prozentsatz reduziert.

EDIF
Abkürzung für **E**lectronic **D**ata **I**nterchange **F**ormat, Format zum Austausch von Daten in der Elektronik zwischen unterschiedlichen CAE-Systemen (→ *CAE,* Fall 1). Seit März 1988 ANSI-Norm 548. In EDIF werden Standardfor-

mate für Netzlisten, Schaltbilder und IC-Layouts definiert. Die Funktionsweise ist im Prinzip ähnlich wie die von → *IGES*, auch wenn das Einsatzgebiet nicht die mechanische Konstruktion ist. Die Schnittstelle ist unabhängig von der im CAE-System verwendeten Design-Technologie.

EDIF-Daten werden in Gruppen, den Zellen, zuammengefaßt. Eine solche Zelle kann z. B ein komplettes elektronisches Produkt oder ein Standard-Bauelement repräsentieren. Die Zellen sind in logische Kategorien, den Views, eingeteilt (nicht zu verwechseln mit den Ansichten auf einem Bildschirm). In EDIF Version 2.0 sind folgende Views definiert worden:

— Netzliste (Liste der Bauelemente und die Verbindung zwischen diesen),
— Schaltbild (grafische Beschreibung eines logischen Schaltungsentwurfs),
— Logik-Modell (in diesem Modell werden die logischen Zusammenhänge der einzelnen Bauelemente, das Zeitverhalten und die Funktion der Schaltung simuliert),
— Symbol (enthält das symbolische IC-Layout),
— Masken-Layout (enthält die physikalische Struktur einer IC-Maske),
— Leiterplatten-Layout (enthält die Beschreibung der physikalischen Struktur einer festen oder flexiblen Leiterplatte),
— Dokument (Informationen in Form von Texten),
— Grafik (Darstellungen als Kombination von Strichzeichnungen und Texten) und
— Stranger (Fremde), die als Platzhalter für anwenderspezifische Erweiterungen von EDIF-Views vorgesehen sind.

Eine EDIF-Datei kann eine beliebige Anzahl solcher Views in beliebiger Reihenfolge enthalten. Einsatzgebiete sind z. Zt. die Simulation (Datenübertragung von einem Entwicklungssystem zu einem Simulationssystem), Layout (Beschreibung der physikalischen Implementierung eines Logik-Entwurfs) und Migration (Datentausch zwischen zwei Systemen ähnlichen Einsatzgebiets und ähnlicher Arbeitsweise).

Editieren
1. Das Erstellen und Ändern eines → *Programms* oder von Daten. Dazu stehen auf der Ebene des → *Betriebssystems* Programme (Editoren) zur Verfügung, die das Anlegen neuer und das Überschreiben vorhandener Dateien zulassen. Gleichzeitig werden vielfältige Hilfen zum Erstellen und Ändern der Programme angeboten. Bei einigen CAD-Systemen können die Editoren auch aus der CAD-Software aufgerufen werden, z. B. um grafische Texte zu ändern.

2. Das Ändern einmal erzeugter Elemente im CAD-System, z. B. die Anwendung von → *Symmetrieoperationen* zur Lageänderung von Elementen. In diesem Zusammenhang ist Editieren identisch mit Manipulieren.

Editor → *Editieren* (Fall 1).

EEPROM
Abkürzung für **E**lectrically **E**rasable → *PROM*, elektrisch löschbarer Festwertspeicher.
a) Löschen: elektrisch;
b) Programmieren: elektrisch;
c) Speicherinhalt bei Stromabschaltung: nicht flüchtig.

EFTA
Abkürzung für **E**arliest **F**inishing **T**ime with **A**lternatives considered, frühest mögliche Bearbeitungszeit unter Berücksichtigung von Alternativen. EFTA ist eine Entscheidungsregel, um eine passende → *Werkzeugmaschine*, das einzelne Schneidewerkzeug und Transportgerät zu wählen. Ziel ist die

Minimierung der → *Durchlaufzeit* der herzustellenden Teile. Besonders wird darauf Wert gelegt, bei den Schneidewerkzeugen und Transportgeräten eine hohe Werkzeugmaschinenbelegung zu erreichen und zusätzlich die Beschickung der Maschine auszubalancieren.

Das Gegenteil zur EFTA-Regel ist die → *SOTA*-Regel. Die Kombination aus → *ESTA*- und SOTA-Regel entspricht der EFTA-Regel.

Ein-Ausgabe-System
Das Ein-Ausgabe-System ist ein Programm zur Unterstützung der Ein- und Ausgabefunktionen anderer Programme. Es gehört zu den wesentlichen Bestandteilen eines → *Betriebssystems*. Ein Ein-Ausgabe-System ermöglicht es dem Programmierer, ohne Rücksicht auf physikalische Einschränkungen, allein nach den logischen Erfordernissen, in seinem Programm eine Ein- oder Ausgabe (sogenannte logische Ebene der Programmierung von Ein-Ausgabe- Aufrufen) durchzuführen. Ein Beispiel hierfür sind das Beschriften und Lesen von Magnetbändern, da auf diesen meist mehrere logische Einheiten von Daten (Sätze, → *Set*) zu physikalischen Einheiten (→ *Blöcke*) zusammengefaßt werden.

Einfahrtoleranz → *Genauigkeit*.

Eingabesprache
Diejenige problemorientierte Sprache, in der der Benutzer die → *Kommandos* für das EDV-System formuliert, ohne Kenntnisse einer höheren → *Programmiersprache* zu besitzen. Die Eingabesprache gehört zu den wesentlichen Bestandteilen des → *Betriebssystems* bzw. der → *Anwendungssoftware*. Am CAD-System sind dies Sprachen zur Durchführung der rechnerunterstützten Konstruktion. Falls die Eingabesprache aus Elementen besteht, die vom Benutzer zu Kommandos zusam-

mengefügt werden können, prüft das System, ob das Kommando aus den vorgegebenen Elementen besteht und ob sie in der richtigen Reihenfolge eingegeben wurden. Nach erfolgreicher Prüfung wird die Abarbeitung ausgelöst.

Einlagern
Reaktivieren von Zeichnungen, die sich schon auf einem → *Archivierungsmedium* befunden haben. Die eingelagerten Zeichnungen können wieder wie neuerstellte weiterbearbeitet werden.

Einloggen → *Log in.*

Einsatzvorbereitung
Neben der → *Ausbildung* der CAD-Anwender ist die Projektierung und Implementation betriebsspezifischer Software, d. h. die Anpassung der Leistungsfähigkeit des CAD-Systems an betriebliche Gegebenheiten, ausschlaggebend für den wirtschaftlichen Einsatz des Systems. Es gibt kein CAD-System, das genau die für ein Unternehmen benötigte Leistungsfähigkeit aufweist.

Art und Umfang der neu zu erstellenden Software ergeben sich zunächst aus der Differenz zwischen dem geforderten Leistungsumfang aus der Anforderungsliste (i. d. R. ein auf betriebliche Gegebenheiten abgestimmter Kriterienkatalog) und der tatsächlichen Leistungsfähigkeit des ausgewählten CAD-Systems. hinzu kommen problemspezifische Variantenteile (Geometrie- und Zeichnungsvarianten), katalogisierte Bauteile sowie Verfahrensrichtlinien, die alle im Verlauf der einer CAD-Einführung vorangegangenen methodischen Untersuchung des Konstruktionsprozesses standardisiert wurden.

Bei einer Programmierung sollte nur auf den Schnittstellen gearbeitet werden, die der Hersteller des CAD-Systems für die Zukunft ausdrücklich garantiert, damit einmal erstellte Software auch bei weiteren Software-Versionen lauffähig bleibt. An Schnittstellen stehen üblicherweise → *Kommandofolgen*, → *Anwendungsprogrammiersprachen* und höhere problemorientierte → *Programmiersprachen* zur Verfügung.

Vor dem Einsatz eines CAD-Systems muß die Leistungsfähigkeit der Basissoftware mindestens um folgende Zusatzsoftware erweitert werden:

— Menükarten (→ *Menütechnik*) zur vereinfachten und ablauforientierten Eingabe von Kommandos und Daten.
— → *Kommandofolgen* für immer wiederkehrende Abläufe (z. B. Kommandos für die Zeichnungserstellung, Datensicherung).
— Berechnungsprogramme bzw. Einbindung vorhandener Programme, mit oder ohne der Möglichkeit zur grafischen Ein- und Ausgabe der Programmdaten.
— Tabellen (z. B. mit Werkstoffkennwerten).
— Füllen des → *Archivs* mit häufig verwendeten und aktuell benötigten Bauteilen.
— Teilekataloge, die heute schon z. T. vom Zulieferer übernommen werden können. Teilekataloge enthalten Norm-, Werknorm- und Zukaufteile sowie standardisierte Baugruppen.
— → *Symbole* für Zeichnungserstellung (Oberflächenzeichen, Schweißsymbole, Form- und Lagetoleranzen, ISO-Toleranzen usw.) sowie für bestimmte Anwendungsgebiete wie z. B. Erstellung von Fließbildern, Stromlaufplänen und Schaltungsentwürfen.
— Zeichnungsformulare mit Schriftkopf.
— »Klebefolien« mit Firmenzeichen, Hinweistexten, Schaltbildern, Einbauregeln usw.

Festgelegt werden müssen folgende Abläufe und Daten:

— → *Archivierungsorganisation* und Regeln für den Zugriff auf archivierte Bauteile und Teilekataloge.
— Standardwerte (Anordnung von Ansichten, Schriftarten und größen, Darstellungsarten für Bemaßung, Texte, Schraffur, Dateiformate für Stücklisten, Arbeitspläne und NC-Steuerlochstreifen usw.).
— Schnittstellen zu anderen Rechnersystemen.

Einzelfertigung
Fertigung aufgrund eines Kundenauftrages. Ein in die Fertigung gegebener Auftrag über ein Stück eines bestimmten Erzeugnisses. Gegensatz ist die → *Serienfertigung*. Für den Begriff »Einzelfertigung« ist es belanglos, ob dieses Erzeugnis nach einer gewissen Zeit wieder gefertigt wird. Merkmale:

— Große Anzahl der Erzeugnisse,
— geringe Wiederholhäufigkeit,
— komplexe bis sehr komplexe Teile,
— → *Arbeitspläne* und → *Stücklisten* sind oft erst sehr spät vorhanden.

EIZ
Abkürzung für **E**ngineering **I**dle **Z**ero Workplace, verteilzeitfreie Arbeitseinheit im produktdefinierenden Bereich. Die EIZ ist eine Organisationsform, bei der der Entstehungsprozeß eines Produkts oder einer Produktfamilie in einer einzigen Organisationseinheit abgewickelt werden kann. Ihre Entsprechung findet die EIZ im Fertigungsbereich mit → *IZ*. Die Einführung von EIZ ist ein wichtiger Schritt bei der Realisierung von CIM in einem Unternehmen.

Die Eigenschaften dieser Organisationsform sind:

— Die Arbeitsteilung in einer EIZ ist so gering wie möglich (qualifizierte Arbeit mit möglichst hoch qualifizierten Mitarbei-

tern, großer Arbeitsinhalt pro Mitarbeiter, wenige Schnittstellen zu anderen Bereichen).
— Die Arbeitsausführung ist ablauforientiert und bedarfsgerecht.
— Die Mitarbeiter unterliegen einer »Holschuld«.

Bei der Einführung von EIZ kommt man von einer funktionalen Ausrichtung der Organisation zu einer *Ausrichtung anhand von Produktfamilien.* Innerhalb der EIZ ist es dadurch möglich, den gesamten Produktentstehungsprozeß der Produktfamilie zu bearbeiten. Wenn aus irgendwelchen Gründen eine organisatorische Trennung der Fertigung von den produktdefinierenden Bereichen erfolgen muß (z. B. Größe des Betriebes, Standort), so liegt die Schnittstelle zwischen den beiden Bereichen bei der Fertigungsfreigabe der Produktfamilie.

Der Einsatz von CAD/CAM-Systemen begünstigt die Einführung von EIZ, da von dem zu konstruierenden Produkt ein rechnerinternes Werkstückmodell aufgebaut wird. In diesem Werkstückmodell werden die geometrischen und die technologischen Daten eines Bauteils gespeichert. Damit lassen sich alle Schritte der Produktdefinition (von der Produktidee bis zu den Verfahrweginformationen) in einem einzigen Werkstückmodell speichern. Die Verwendung eines einzigen Werkstückmodells während der gesamten Produktdefinition ist somit eine wichtige Voraussetzung zur Zusammenfassung der bisher getrennten Funktionen in der Produktdefinition.

Die Einführung von EIZ wird in drei Schritten vorgenommen:

— 1. Produktorientiertes Rotieren
— 2. Bildung von Funktionalen Zellen
— 3. Integration der Funktionalen Zellen zu EIZ.

Dabei wird davon ausgegangen, daß der produktdefinierende Bereich in die Gruppen Produktentwicklung, Werkzeugkonstruktion und Musterfertigung unterteilt ist. Die nachfolgend beschriebene prinzipielle Vorgehensweise ist aber unabhängig von der jeweils vorhandenen Organisationsform. Mit dieser Vorgehensweise ist sichergestellt, daß die Einführung in das bisherige organisatorische Umfeld eines Unternehmens reibungsfrei abläuft, so daß das Unternehmen seinen laufenden Verpflichtungen gegenüber Kunden und Lieferanten nachkommen kann.

Bei Beginn der Einführung müssen alle Methoden, Normen, Protokolle und Datenformate innerhalb der zukünftigen EIZ vereinheitlicht werden. Die heutigen CAD/CAM-Systeme machen es möglich, daß Produktentwikkler, Konstrukteur, Zeichner, Arbeitsplaner, Materialdisponent und Produktionssteuerer an gleichartigen Arbeitsplätzen arbeiten, die alle auf das gleiche Werkstückmodell zugreifen. Dadurch kommt es zu einem Fortfall oder einer wesentlichen Einschränkung der wiederholten Datenaufbereitung und -übergabe.

Beim *produktorientierten Rotieren* bleiben alle Abteilungen erhalten. Die einzige Änderung besteht darin, daß jeder Auftrag von einem Mitarbeiter (Produktmanager) vom Eingangszeitpunkt bis zur Auslieferung begleitet wird. Der Produktmanager bildet mit dem Sachbearbeiter der jeweiligen Abteilung temporär (d. h. solange bis der Auftrag durch die entsprechende Abteilung durchgelaufen ist) eine Gruppe. In dieser Gruppe werden die notwendigen Entscheidungen getroffen; der Produktmanager ist aber voll für die korrekte Abwicklung des Auftrages verantwortlich. Nach Abschluß des Auftrages wechselt er in die Entwicklungsabteilung, ein Mitarbeiter aus der Entwicklung übernimmt die Begleitung des nächsten Auftrages.

Bei der Bildung von *Funktionalen Zellen* werden die Abteilungsgrenzen gelockert und Gruppen gebildet, wobei immer zwei aufeinander folgende Arbeitskomplexe der ehemaligen Abteilungen in einer Gruppe abgearbeitet werden. Zunächst wird der Vertrieb von einer funktionalen oder kundengruppenbezogenen Ausrichtung zu einer Objektorientierung umorganisiert. Es werden Sachbearbeitergruppen gebildet, die für bestimmte Produktfamilien verantwortlich sind. Die Sachbearbeitergruppen bilden die Funktionale Zelle Vertrieb. Analog wird in der Kalkulation verfahren (Funktionale Zelle *Kalkulation*). Die übrigen Funktionen innerhalb des produktdefinierenden Bereichs werden zu jeweils einer Funktionalen Zelle zusammengefaßt, so daß für jede Funktion eine einzige Zelle im gesamten produktdefinierenden Bereich vorhanden ist.

Bei einer neuen Anfrage bilden ein freies Mitglied der für diese Produktfamilie zuständigen Sachbearbeitergruppe im Vertrieb, ein Vertreter der entsprechenden Gruppe aus der Kalkulation und ein freier Produktmanager die temporäre (da nur für diese Anfrage geltende) Gruppe *Analyse*, die die üblichen Arbeiten (z. B. Angebotszeichnung, Kalkulation, Kundenwünsche) durchführt. Im Falle eines Auftrages legt diese Gruppe den zeitlichen Rahmen für die Abwicklung fest.

Danach bildet sich die temporäre Gruppe *Konstruktion*, bestehend aus dem Vertreter des Vertriebs, einem Mitarbeiter aus der Funktionalen Zelle Konstruktion und dem Produktmanager, die für die gesamte konstruktive und technische Auslegung des Auftrags verantwortlich ist. Nach Erstellen der Fertigungsunterlagen formiert sich die temporäre Gruppe *Fertigung*, in der der Vertreter der Funktionalen Zelle *Konstruktion*, der Produktmanager und ein Mitarbeiter der Funktionalen Zelle *Muster/Werkzeuge* zusammenarbeiten. Die Aufgaben der Gruppe Fertigung ist es, die technische Realisierung des Auftrags sicherzustellen. Ein Anbinden dieser Gruppe an eine zellenorientierte Fertigung (→ *IZ*) ist ohne weiteres möglich.

In einem Fertigungsgespräch, an dem alle Leiter der Funktionalen Zellen beteiligt sind, werden bei Auftragseingang die Mitarbeiter benannt, die zusammen mit dem Produktmanager den Auftrag durchführen.

Zur Realisierung von EIZ wird die bei den Funktionalen Zellen noch existierende Arbeitsteilung zugunsten einer Minimierung der Schnittstellen aufgehoben. Die Aufteilung in EIZ erfolgt anhand von Produktfamilen, die z. B. mit Hilfe der → *Gruppentechnologie* gefunden werden können. Es sollte eine Produktfamilie vorhanden sein, deren integrierte Bearbeitung in einer EIZ zu einem schnellen Erfolg führt, der zunächst durch eine deutliche Verkürzung der Durchlaufzeiten sichtbar wird. Die Elemente der Produktfamilie sollen entweder vollständig analytisch beschreibbar sein oder aus solchen Bauteilen bestehen, die man mit herkömmlichen Methoden sehr schwer oder gar nicht entwickeln und konstruieren kann. Es kann im ersten Schritt erforderlich sein, auf die Teilefertigung zu verzichten, und die EIZ nach der Bereitstellung der Verfahrweginformationen enden zu lassen. Alle der Fertigung der Produktfamilie vorgelagerten Schritte werden aber vollständig innerhalb der EIZ abgewickelt.

Die EIZ bildet damit im produktdefinierenden Bereich ein neues Entscheidungszentrum innerhalb des Unternehmens, welches die Materialien festlegt, die Entscheidung zwischen Eigen- und Fremdfertigung beeinflußt und, aufgrund der besseren Planbarkeit und Simulation von Abläufen durch Rechnerunterstützung, auch das Fertigungsverfahren bestimmt.

Vorteile von EIZ sind:

— Die spezifischen Produktkosten können weiter gesenkt werden, indem durch intelligenteren Einsatz von Mitarbeitern, Materialien und Betriebsmitteln die direkten Kosten und durch Organisationsänderungen die indirekten Kosten in einem Unternehmen verringert werden.
— Der Mitarbeiter bekommt die Gelegenheit, sich mit der Arbeit verstärkt zu identifizieren. Das führt zu einer Bereicherung der Arbeitsinhalte (job enrichment). Die Übernahme weiterer Arbeiten im Produktentstehungsprozeß über die bisherige eigene Arbeit hinaus führt zu einer höheren Identifikation mit dem entstehenden Produkt (»mein Bauteil«) und damit zu einer höheren Arbeitszufriedenheit. Dies trägt auch zur Durchlaufzeitverkürzung und zum Senken der spezifischen Produktkosten durch Reduzieren der Fehler bei. Die Rolle des Mitarbeiters wird sich dabei allerdings vom Spezialisten, wie ihn die Funktionaltrennung erfoderte, zum Generalisten wandeln, der sein Spezialwissen längerfristig von → *Expertensystem* bereitgestellt bekommt (→ *CIM-Ausbildung*).
— In einer EIZ kommt es zu einer laufenden, nicht bestimmten Regeln unterworfene Rückwirkung von Ergebnissen aus allen Bereichen der Produktentstehung in alle Bereiche der Produktentstehung, so daß z. B. automatisch fertigungs- und montagegerecht konstruiert wird.

Die Frage nach der → *Wirtschaftlichkeit* des Einsatzes der Rechnerunterstützung läßt sich bei einer EIZ einfach beantworten, da hier eine Kostenstelle für alle Schritte des Produktentstehungsprozesses zuständig ist, so daß die klassischen Methoden der Betriebswirtschaftslehre, die eine kostenstellenbezogene Vorgehensweise verlangen, angewendet werden können.

Elapsed time
Abgelaufene Zeit, Ausführungszeit.

Electronic Mail → *Elektronische Post.*

Elektromechanischer Plotter
Eine → *Zeichenmaschine*, bei der die Steuersignale über mechanische Bauelemente in Verfahrwege des Zeichenwerkzeugs umgesetzt werden. → *Stiftplotter.*

Elektronische Plantafel
Hilfsmittel zur Unterstützung von prozeßverantwortlichen flexiblen Einheiten mit folgenden Funktionen:

— Auftragsbestand anzeigen
— Kapazität einplanen
— Teileverfügbarkeit überprüfen
— Reihenfolge feinsteuern
— Termine zusagen
— Fertigstellung melden
— Störauswirkungen erkennen.

Ergebnisse:
— Höhere Transparenz des Prozesses
— Möglichkeit frühzeitigen Reagierens
— Fertigungsverantwortung vor Ort.

Elektronische Post
Ein → *Dienstprogramm* zur Übertragung von Mitteilungen zwischen Benutzern eines oder mehrerer, in einem Netzwerk zusammengeschalteter Rechner. Für jeden Benutzer wird bei Bedarf ein »Briefkasten« (mailbox) eingerichtet. Befindet sich eine Nachricht im Briefkasten, erhält der Benutzer eine entsprechende Aufforderung zum Lesen der Nachricht (entweder beim Einschalten in das System oder in festen Zeitabständen).

Elektronisches Logbuch
Vergleichbar mit dem Flugschreiber bei Verkehrsflugzeugen zeichnet die Steuerung der → *Werkzeugmaschine* (→ *CNC*) alle Eingaben und Änderungen von Befehlen, Daten und Funktionen automatisch auf. Im Störungsfall stehen dann — je nach verwendeter Speicherkapazität — die letzten 20 oder 50 Ereignisse bis zur Störungsmeldung oder Notabschaltung in chronologischer Reihenfolge zur Verfügung und ermöglichen eine einwandfreie Fehlerdiagnose. Durch besondere Maßnahmen ist das Löschen dieser Logbucheintragungen im Störungsfall gesperrt, dies kann nur vom Servicetechniker erfolgen.

Es werden Warnungen und Fehlermeldungen mit Zeit und Datum erfaßt, um eine spätere Auswertung zu ermöglichen. Ist die → *SPS* oder der Werkzeugmaschinenrechner auch mit Telefon - Ferndiagnose - Anschluß versehen, wird sehr oft auch das letzte NC-Programm gespeichert, um eine genaue Analyse des Fehlers zu ermöglichen. Komplexe Produktionssysteme schreiben alle Funktionen in das sogenannte Tagebuch der Maschine.

Elektrostatischer Plotter → *Rasterplotter.*

Element
Kleinste am CAD/CAM-System ansprechbare (einsetzbare, veränderbare, löschbare) Dateneinheit des rechnerinternen Werkstückmodells, die vom Anwender oder Systemprogrammierer auf einer der Sprachebenen (→ *Eingabesprache*, → *Anwendungs - Programmiersprache*, höhere → *Programmiersprache*) angesprochen werden können. Äquivalente Begriffe sind Item und Entity.

Ellipse → *Kegelschnitt.*

Emulator: Nachbilder.
Ein → *Dienstprogramm*, mit dem auf einem Gerät des Typs A das Verhalten des Geräts B nachgebildet (emuliert) werden kann, so daß sich Gerät A für einen Außenstehenden wie Gerät B verhält. Damit können z. B. verschiedene EDV-Systeme die gleichen Programme und Daten verwenden und dabei gleiche Ergebnisse erzielen. Es kann allerdings möglich sein, daß die Bearbeitungszeiten unterschiedlich ausfallen.

Entflechtung
(Routing) Umwandlung der logischen Verbindungen zwischen den Komponenten einer elektronischen Schaltung in physikalische Leiterbahnen. Die Entflechtung ist der der Bauteilplazierung folgende Schritt. Neben der Handentflechtung, die auch bei modernen CAD-Systemen durchaus ihre Berechtigung behält, bieten diese Systeme als Entflechtungshilfen interaktive oder automatische Routing-Routinen (→ Autorouter). Beim interaktiven Routen schlägt das System einen Leiterbahnverlauf vor, der vom Benutzer akzeptiert oder verworfen werden kann. Sowohl interaktiv als auch automatisch geroutete Platinen können im Anschluß verändert bzw. bestimmten Optimierungsroutinen unterzogen werden.

Entity → *Element*.

Entscheidungstabelle
Methode zur tabellarischen Darstellung formalisierbarer Entscheidungsprozesse. Dabei werden Bedingungen bzw. Voraussetzungen und die davon abhängigen Aktionen (Maßnahmen) in einem fest vorgegebenen Schema dargestellt, z. B. die Zuordnung der in einem → *Programm* enthaltenen Verzweigungen zu den jeweiligen Verzweigungsbedingungen. Die so entstandene Datenstruktur entspricht der einer relationalen Daten-

bank (→ *relationales Modell*). Das Formulieren eines Problems in einer Entscheidungstabelle ersetzt in vielen Fällen den Aufbau eines → *Expertensystems*.

Entschlüssler
Ein Programm, das Eingaben (z. B. Kommandos der → *Eingabesprache*, Befehle des Betriebssystems, Anweisungen in einem Programm oder die Eingaben bei der → *Menütechnik*, Fall 2) entschlüsselt, anhand von Tabellen mit den zugelassenen Sprachelementen und ihren Kombinationen auf Richtigkeit prüft und direkt in Unterprogramm-Aufrufe umsetzt. Gegebenenfalls werden Parameter aus der Eingabe extrahiert und an das benötigte Unterprogramm weitergegeben.

Gegensatz dazu ist der → *Kompilierer* (Compiler), der die in einer Programmiersprache formulierten Anweisungen in eine andere Sprache (z. B. Maschinensprache) übersetzt.

EPROM
Abkürzung für **E**rasable → ***PROM***, löschbarer Festwertspeicher.

a) Löschen: durch UV-Licht;
b) Programmieren: elektrisch;
c) Speicherinhalt bei Stromabschaltung: nicht flüchtig.

erase, to: Löschen.
Hier das Löschen eines Elements aus dem → *Werkstückmodell*. Nach dem Löschen ist das Element nicht mehr vorhanden.

Ergonomie
Lehre von der für den Menschen am besten geeigneten Anordnung der Bedienungs- und Anzeigeelemente eines Geräts. Die Ergonomie ist ein Teilgebiet der Arbeitswissenschaft. Unter Benutzung anatomischer, physiologischer, psychologischer, soziologi-

scher und technischer Erkenntnisse liefert sie Methoden, um die Grenzen der Ausführbarkeit und Erträglichkeit menschlicher Arbeit zu bestimmen. Sie befaßt sich mit der Ermittlung von Grundlagen einer menschbezogenen Arbeitsgestaltung. Die Ergonomie schafft damit die Voraussetzungen für eine Anpassung der Arbeit an den Menschen und umgekehrt des Menschen an die Arbeit.

Ergonomischer CAD-Arbeitsplatz

Ein ergonomischer CAD-Arbeitsplatz zeichnet sich durch Funktionalität verbunden mit einem zurückhaltenden Design aus. Die Arbeit an diesem Arbeitsplatz erfordert keine größere körperliche Anstrengung als die Arbeit am Schreibtisch. Der Arbeitsplatz kann in einer normalen Büroumgebung aufgestellt werden, er fällt auch nicht durch »optische Größe« auf.

Im einzelnen sollte ein ergonomischer CAD-Arbeitsplatz folgenden Anforderungen genügen:

Entwurf eines ergonomischen CAD-Arbeitsplatzes.

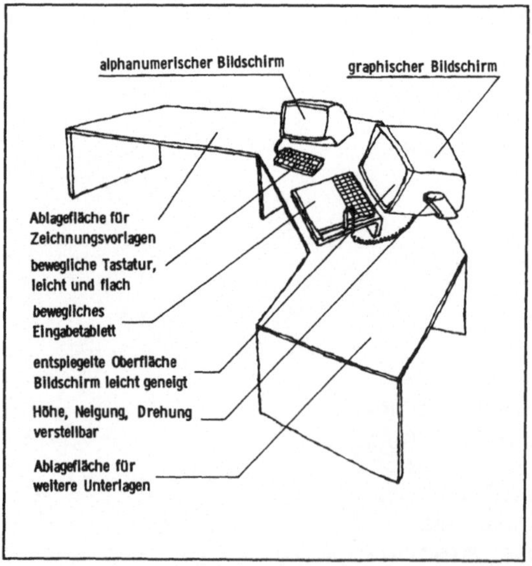

- Der Arbeitsplatz besteht aus einem höhenverstellbaren Arbeitstisch, der dem Anwender genügend Ablagefläche für seine Unterlagen bietet. Insbesondere für Vorlagezeichnungen ist ein neigbarer Teil ähnlich einem Reißbrett vorzusehen, auf dem die Zeichnung magnetisch befestigt werden kann.
- Die Farbstellung ist neutral und der Büroumgebung angepaßt. Es treten keine großen Farbkontraste auf.
- Der Arbeitsstuhl ist höhenverstellbar, Stützen für verschiedenene Körperteile sind eingebaut.

- Alle Geräte liegen als Einzelkomponenten vor, so daß sie beliebig auf dem Arbeitstisch angeordnet werden können.
- → *Sichtgeräte* sind höhenverstellbar, drehbar und neigbar. Die Bildschirmoberflächen sind voll entspiegelt.
- Es sollte möglichst je ein Sichtgerät für alphanumerische und grafische Darstellungen eingesetzt werden. Die auf einem grafischen Sichtgerät für Darstellungen der Geometrie verfügbare Oberfläche ist im Vergleich zu einem Reißbrett so klein, daß sie nicht noch durch Menüs (→ *Onscreen Menu*) oder Text eingeschränkt werden sollte.
- Die → *Auflösung* des grafischen Sichtgeräts beträgt mindestens 1.280 x 1.024 Bildpunkte. Der Bildaufbau erfolgt im → *Vollbild-Verfahren* (non-interlaced). Die Bildwiederholrate beträgt mindestens 50 Hertz. Die Bildschirmdiagonale beträgt mindestens 19 Zoll.
- Das alphanumerische Sichtgerät ist in der Lage, deutschen Zeichensatz darzustellen. Die Bildschirmdiagonale beträgt 13 bis 15 Zoll.
- Positioniergeräte wie → *Magnet-* oder Lichtgriffel sind nicht größer als ein normaler Kugelschreiber. Es ist anzustreben, daß statt eines Kabelanschlusses des Griffels der Anschluß drahtlos erfolgt. → *Maus* und → *Fadenkreuzlupe* sind klein genug, um bequem von einer Hand geführt und bedient zu werden.

Weder bei minimaler (oben) noch bei maximaler Tischhöhe (unten) ist die ...

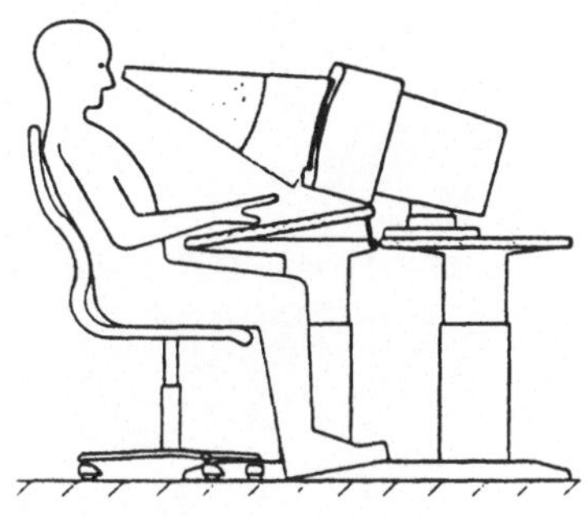

... Bildschirmneigung optimal.
Auch das Arbeiten im Stehen sollte an einem CAD-Arbeitsplatz möglich sein.

— Tastaturen sind flach und haben eine geeignete Handballenauflage. Die Anordnung des Tastenfeldes entspricht DIN. Sonderzeichen sowie ein separater Ziffernblock werden deutlich und übersichtlich abgesetzt.
— Eingaben über Positioniergeräte sowie Fehlermeldungen können akustisch quittiert werden. Auf Meldungen bzgl. Datenübertragung usw. sollte verzichtet werden.
— Die Betriebsbereitschaft des Arbeitsplatzes sollte optisch angezeigt werden. Zum Einschalten aller Geräte ist ein einziger Schalter (gleichzeitig als Not-Aus ausgeführt) erforderlich.
— Steuer- und Rechnereinheiten werden in einer separaten Box oder unter dem Arbeitstisch angebracht. Im letzteren Fall darf die Beinfreiheit nicht beeinträchtigt werden.
— Eine Belästigung durch Hitze- und Geräuschentwicklung ist nicht gegeben.

Erklärungskomponente
Der Teil eines → *Expertensystems*, der zur Interaktion mit dem Anwender dient (Anforderung von Eingaben, Ausgabe von Daten) und der Auskunft über den vom System beschrittenen Lösungsweg und über die Gründe gibt, warum gerade dieser ausgewählt wurde.

Error: Fehler.

Error detection: Fehlererkennung.

Error message: Fehlermeldung.

escape, to: Entkommen, ausbrechen, abbrechen.

Escape, Escape-Sequenz
Sonderzeichen zur Umschaltung eines ver-

einbarten Codes, das zur Steuerung von Sonderfunktionen an EDV-Geräten dient. Erscheint vor einer Zeichenkombination ein Escape («ESC», 27 in→ *ASCII*-Darstellung), so wird diese Kombination entsprechend einer im jeweiligen Gerät vereinbarten Tabelle als Aufruf einer Sonderfunktion (z. B. Bildschirm löschen, Zeilen- oder Papiervorschub bei einem Drucker) interpretiert.

ESP
Abkürzung für **E**xperimental **S**olids **P**rogram, eine → *Schnittstelle* zur Übertragung von Körpermodellen nach dem → *CSG-Verfahren*, die vom IGES-Kommittee auf der Basis der → *XBF* entwickelt wurde. IGES Version 4.0 wird aus der IGES Version 3.0 und ESP bestehen.

ESTA
Abkürzung für **E**arliest **S**tarting **T**ime with **A**lternatives considered, frühest mögliche Beginnzeit unter Berücksichtigung von Alternativen. Diese Regel zielt darauf ab, insbesondere bei Schneidewerkzeugen und Transportgeräten möglichst frühzeitig eine Werkzeugmaschinenbelegung zu erreichen und zusätzlich die Ladung auszubalancieren. Dabei werden mögliche große Leerlaufzeiten in Kauf genommen. Die Kombination dieser Regel mit der → *SOTA*-Regel führt zur → *EFTA*-Regel.

Ethernet
Träger eines lokalen → *Netzwerks* (→ *LAN*), der ursprünglich in den USA von den Firmen Rank Xerox, Intel und Digital Equipment entwickelt und später annähernd mit gleichen Spezifikationen zunächst vom → *IEEE* als IEEE 802.3, danach von der → *ISO* als ISO-Norm 8802.3 standardisiert wurde. Die aktuelle Version ist Ethernet 2.0. Merkmale von Ethernet sind:

— Verwendung von Koaxialkabeln,
— Datenübertragungsrate von maximal 10 Megabit/Sekunde,
— Anschluß der Netzteilnehmer über Transceiver, Transceiver-Kabel und Ethernet-Controller-Board. Der Transceiver bildet den physikalischen Anschluß an das Koaxialkabel, das Ethernet-Controller-Board realisiert das → *CSMA/CD-Protokoll* (Ebene 2 im → *OSI-Netzwerkmodell*) sowie, je nach Leistungsfähigkeit, Protokolle höherer Ebenen. Beide Geräte sind über das Transceiver-Kabel miteinander verbunden.
— Netzteilnehmer tauschen auf physikalischer Ebene Bits aus.

Ethernet beschreibt damit die rein physikalische Seite der Kommunikation über ein Netzwerk. Zur Durchführung der Kommunikation (Daten- und Programmtausch, Last- und Funktionsverbund) ist ein Kommunikationsprotokoll (z. B. die Ebenen 5 bis 7 im OSI-Netzwerkmodell) erforderlich.

EXAPT
Abkürzung für **Ex**tended Subset of → *APT* (erweiterte Untermenge von APT). Mit EXAPT können technologische Daten für die Bearbeitung berücksichtigt werden. Die Sprache, die in Deutschland entwickelt wurde (am Institut für Werkzeugmaschinen der RWTH Aachen und am Institut für produktionstechnische Automatisation der TU Berlin), hat noch nicht den vollen geometrischen Leistungsumfang wie APT (Beschränkung auf 2 1/2-D-Bearbeitung), dagegen aber eine ausgeprägte Technologie-Datenbank.

Die Version EXAPT 1.1 dient vorwiegend für die Programmierung von Bohrwerken und für zweidimensionale → *Bahnsteuerungen*.

Die Version EXAPT 2 wird für Drehmaschinen mit Strecken- und Bahnsteuerungen inklusive Schnittaufteilung, Werkzeugwegermittlung, Kollisionsprüfung, Schnittwertbestimmung eingesetzt.

Für den Einsatz von EXAPT ist die Mitgliedschaft im EXAPT-Verein (Vereinigung von Benutzern zur Anwendung von Programmiersprachen für NC-Maschinen, Aachen) Voraussetzung.

execute, to: ausführen.

exit, to: verlassen.
An einem EDV-System das Beenden einer Arbeitssitzung. Wurde eine Anwendungssoftware (z. B. CAD-Software) benutzt, wird wieder auf die Ebene des Betriebssystems zurückgeschaltet. Wenn das Betriebssystem verlassen wird, um sich aus dem EDV-System auszuschalten, spricht man von »ausloggen«.

Expertensystem
Expertensysteme sind eine spezielle Ausprägung wissensbasierter Systeme, die selbst eine wichtige Anwendung innerhalb der → *künstlichen Intelligenz* darstellen. Expertensysteme sollen die Aufgaben qualifizierter Spezialisten übernehmen, indem im System das bereits vorhandene Wissen von Experten abgebildet wird. Sie ersetzen jedoch nicht die Fähigkeit eines Menschen, Probleme zu begutachten und zur Entscheidung zu bringen.

Eine allgemein akzeptierte Begriffsbestimmung für Expertensysteme läßt sich heute noch nicht angeben, es können aber folgende Aspekte zur Einordnung genannt werden.

— Methodischer Aspekt: Expertensysteme sind wissensbasierte Programmsysteme zur automatischen oder interaktiven Lösung spezieller Probleme. Das Wissen steht dabei als statisches (unveränderliches Wissen, Fakten), dynamisches (das Wissen ist Änderungsprozessen aufgrund von Ereignissen unterworfen) und vages Wissen, das nicht sicher ist und das nur aufgrund von Vermutungen und Wahrscheinlichkeitsaussagen verarbeitet werden kann, zur Verfügung. Die Problemlösung erfolgt auf der Basis des jeweiligen Fachwissens durch gezieltes, schlußfolgerndes Verknüpfen unter Einbeziehung problemspezifischer heuristischer Methoden (→ *Heuristik*).

— Programatischer Aspekt: Die zu lösenden Probleme entspringen aus realen Bedürfnissen existierender Tätigkeitsbereiche.

— Qualitativer Aspekt: Die zu lösenden Probleme sind von beträchtlicher Schwierigkeit, sie lassen sich nicht linear lösen. Zu ihrer Bearbeitung werden hochqualifizierte Spezialisten benötigt.

Das Einbringen von Wissen in ein Expertensystem erfolgt in fünf Stufen:

1. Identifikation: Die grundlegenden Abschnitte des Problemfelds werden charakterisiert und die Ziele für das gesamte Projekt festgelegt.
2. Vorstellung: Die wichtigsten fachspezifischen Attribute des Problems werden explizit festgelegt, der Lösungsbereich der Wissensdarstellung wird geplant.
3. Formulierung: Es wird ein formales Modell der zu lösenden Aufgabe und ihre wichtigsten Eigenschaften und Beziehungen schematisch dargestellt.
4. Implementierung: Die formulierten Modelle werden mit Hilfe von speziellen Werkzeugen implementiert. Dabei handelt es sich um standardisierte Werkzeuge des Expertensystems, die speziell für jede Implementierung angepaßt werden.
5. Testen: Das so entstandene System wird anhand einer Bibliothek von Problemen, für die die Lösungen bereits bekannt sind, auf Richtigkeit getestet.

Ein Expertensystem besteht im wesentlichen

aus der → *Wissensbasis*, in der das Wissen strukturiert in Form von → Produktionsregeln vorliegt, dem → *Inferenzmechanismus* zur Bildung von Schlußfolgerungen und der → *Erklärungskomponente*, die zur Interaktion mit dem Benutzer dient. Die Beschaffung des Wissens und der Aufbau des Systems erfolgen durch Wissensingenieure (Knowledge Engineer).

Ein Vergleich von Expertensystemen mit Systemen der → *Datenverarbeitung* und der → *Informationsverarbeitung* zeigt, daß bei Expertensystemen mit dem Inferenzmechanismus ein internes Schlußfolgerungsmodul zur Lösung der gestellten Aufgaben existiert. Spezielles Wissen beschreibt, welche Möglichkeiten zur Problemlösung vorhanden sind und wann welche Lösungswege eingeschlagen werden müssen.

Der exakte Lösungsweg ist nicht in einem Programm (Datenverarbeitung) oder einer Struktur (Informationsverarbeitung) vorgegeben, sondern wird vom System in Abhängigkeit von Zwischenergebnissen und Regeln selbstständig ermittelt. Die dazu erfoderlichen übergeordneten Strategien werden durch »Metawissen« (dem Wissen über die Wissensverarbeitung) gesteuert.

Expertensysteme spielen eine wichtige Rolle bei der Realisierung von → *CIM*, insbesondere bei neuen Organisationsformen wie → *EIZ* und → *IZ*, bei denen der Mitarbeiter mehr und mehr zum Generalisten wird, dabei aber laufend alles Spezialistenwissen zur Verfügung haben muß.

explode, to: explodieren, bersten.
Hier das Einbringen einer Kopie des Werkstückmodells eines archivierten Bauteils in das gerade aktuell bearbeitete Bauteil. Dabei werden beide Werkstückmodelle zu einem einzigen verschmolzen.

Extension
Ergänzung zum Datei-Namen, Datei-Kennung.

Extension line: Maßhilfslinie. → *Bemaßung.*

Externer Speicher
Datenträger außerhalb der Zentraleinheit, in dem Programme und Daten in ihrer Gesamtheit permanent gespeichert sind. Datenträger im → *Direktzugriff* sind Magnetplatten, die in → *Magnetplattengeräten* fest oder auswechselbar eingebaut sind. Diese Geräte werden über eine schnelle Datenleitung mit der → *Zentraleinheit* verbunden. Datenträger im → *seriellen Zugriff* sind Magnetbänder, die in → *Magnetbandgeräten* beschrieben oder gelesen werden.

F

F-Funktion
F-Funktionen (F für feed, Vorschub) geben bei modernen → *SPS* den Vorschub der Arbeitsspindel an. Hier wird eine direkte Angabe der Umdrehungen pro Minute oder Millimeter pro Minute in dem NC-Programm erzeugt und damit für die Werkzeugmaschine vorgegeben.

Fabrik der Zukunft → *Factory of the future.*

Face
Stirnfläche (bei Rotationskörpern), ebene Fläche, Facette.

Facettenmodell
Bei der räumlichen Modellierung von Bauteilen nach dem → *CSG-Verfahren* werden oft anstelle der analytischen Elemente wie z. B. Zylinder, Kegel, Prisma und Torus polyedrische Hilfskörper verwendet. Diese Hilfskörper, deren Oberfläche aus beliebig vielen ebenen Teilflächen (Facetten) besteht, ermöglichen einen einfachen Rechenalgorithmus und damit eine kurze Bearbeitungsdauer beim Modellieren.

Die Approximierung eines Körpers erfolgt mit der Beschreibung von polyedrischen Hilfskörpern, die den Körper umhüllen. Jeder beliebige Körper wird durch eine Menge von

Facetten angenähert. So wird z. B. ein Zylindermantel durch eine Menge von Rechteckflächen dargestellt. Dieser Ansatz wird optimiert, wenn man den Grad der Annäherung (also die Zahl der Facetten) variabel gestaltet. Die Volumenseite einer Facette wird dabei durch die Richtung der Flächennormalen definiert. Bei hohem Grad der Annäherung, um z. B. die für eine nachgeschaltete NC-Bearbeitung notwendige → *Genauigkeit* durch eine sehr feine Facettierung zu erreichen, kehrt sich der Vorteil der kurzen Rechenzeit in das Gegenteil um, so daß in solchen Fällen oft die Beschreibung mit analytischen Elementen vorteilhafter wird.

Factory of the future
Fabrik der Zukunft. Hinter diesem Begriff steht die Idee eines Produktionsunternehmens, das idealerweise rechnerintegriert und flexibel automatisiert sowie weitgehend frei von schriftlicher Informationsübermittlung ist. Das Unternehmen verfügt über einen kontiunierlichen Fertigungsablauf und ist material- und informationstechnisch durchgängig verknüpft. Die Fabrik der Zukunft ist das wesentliche Ziel von → *CIM*.

Fadenkreuz
Eine mögliche Darstellungsform des Bildschirmzeigers (Cursor). Analog zur Bewegung des Bildschirmzeigers laufen eine horizontale und eine vertikale Linie über den Bildschirm. Der Schnittpunkt beider Linien bildet die aktuelle, respektive aktive Position des Fadenkreuzes. Eine andere Erscheinungsform sind kleine Kreuze, Rechtecke oder Sterne, die analog zur Cursorbewegung verschoben werden.

Fadenkreuzlupe mit Funktionstasten. Eine Taste dient zur Übergabe der aktuellen Position an das CAD-System, die übrigen können vom Benutzer vereinbart werden.

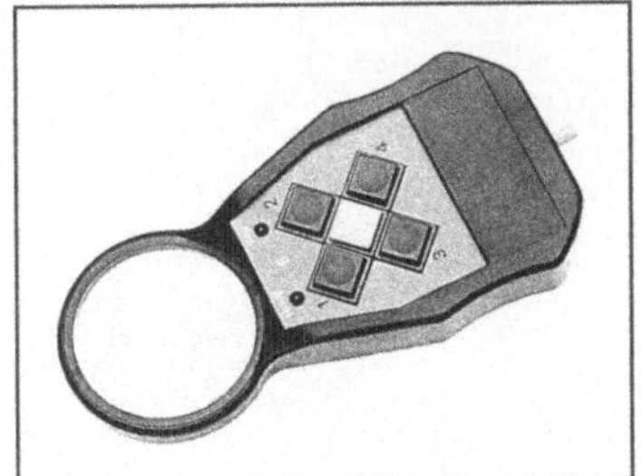

Fadenkreuzlupe → *Lupe*.
Ein Positioniergerät für den Bildschirmzeiger (Cursor), bestehend aus einem in eine Lupe geätzten Fadenkreuz und der dazugehören-

den Elektronik zur Übergabe der Position des Geräts. Die Lage des Schnittpunkts des Fadenkreuzes der Lupe auf einem → *Tablett* wird in Bildschirm-Koordinaten zur Positionierung des Cursors umgesetzt.

Fahranweisung
Sie bestimmt bei numerischen Steuerungen die Art der Bewegung (→ *G-Funktion*), wie z. B. Eilgang, Linearinterpolation, Zirkularinterpolation (→ *Interpolator*) sowie die Wahl der Arbeitsebene.

Fangbereich
Eine vom Anwender definierbare Umgebung um einen → *Dig-Punkt*, innerhalb dessen das System nach einem Element sucht. Bei der interaktiven Arbeit am CAD/CAM-System ist es in den seltensten Fällen möglich, beim → *Identifizieren* exakt das gewünschte Element zu treffen. Aus diesem Grund sucht das System nicht nur am Dig-Punkt nach dem Element, sondern auch in einem Bereich um diesen Punkt.

Liegt das Element außerhalb des Fangbereichs, meldet das System »nicht gefunden«. In einem solchen Fall ist die Identifikation zu wiederholen, der Bildausschnitt zu verkleinern oder der Fangbereich zu vergrößern.

Liegen mehrere Elemente im Fangbereich, und es wurde keine → *Identifizierungshilfe* benutzt, so wird dasjenige Element ausgewählt, das beim Durchsuchen der → *Bilddatei* als erstes gefunden wird.

Fase
Eine Fase zwischen zwei Kanten wird erzeugt, indem der Neigungswinkel zu einer ausgewählten Kante vereinbart wird, und die beiden Kanten identifiziert werden.

Faseroptik → *Lichtwellenleiter.*

Fault: Fehler.

FCS
Abkürzung für → *Feature Control Symbol.*

Feature: Merkmal.

Feature Control Symbol → *Form- und Lagetoleranz.*

Feedback: Rückkopplung, Rückmeldung.
1. Rückkopplung, so wie sie in einem geschlossenen Regelkreis auftritt.
2. Rückmeldung eines Systems auf eine Aktion.
3. Antwort visueller Art eines Computersystems auf die interaktiven Anforderungen eines Benutzers.

FEM
Abkürzung für → *Finite-Elemente-Methode.*

Fenster
Bei CAD/CAM-Anwendungen ein umrandeter Bereich auf dem Bildschirm, in den eine → *Ansicht* (view) des Bauteils plaziert werden kann. Die Berandung kann wahlweise auch ausgeblendet werden. Die Zahl der auf dem Bildschirm gleichzeitig darstellbaren Fenster liegt zwischen 1 (2D-Zeichensysteme) und 16 (3D-CAD/CAM-Systeme).

Fenster-Technik → *Window Technik*
Ein Verfahren, mit dem unterschiedliche Prozesse, die ein Rechnersystem gerade bearbeitet, simultan auf einem einzigen Bildschirm dargestellt werden können. Dazu werden Bereiche (Fenster) auf dem Bildschirm vordefiniert und jeder Bereich einem Prozeß zugeordnet. Voraussetzung dazu ist ein grafikfähiger Bildschirm mit lokaler Leistungsfähigkeit.

Die Fenster-Technik ist auch Voraussetzung

für ein effektives → *Desktop-Publishing.*

Fertigungsfamilie
Eine Fertigungsfamilie besteht aus Teilen, deren Form in Einzelheiten ähnlich ist und die demzufolge bei einzelnen Arbeitsvorgängen gemeinsam bearbeitet werden können.

Fertigungsinsel → *Fertigungszelle.*

Fertigungsleitsteuerung
Die Fertigungsleitsteuerung, sehr oft auch als Leitsteuerung bezeichnet, ist die oberste Ebene für die Steuerung in der Produktion. Diese Fertigungsleitfunktionen lassen sich in einzelne Teilfunktionen zerlegen. Die Fertigungsleitfunktionen gliedern sich in den Produktionsfluß, den Materialfluß und den Informationsfluß. Der Materialfluß wird weiter unterteilt in Lagerung und das dazugehörige Transportsystem, um es mit einem Bearbeitungssystem zu verketten. Die Fertigungsleitfunktion beinhaltet den Informationsfluß, der zur automatischen Fertigungssteuerung des Materialflusses und dem Bearbeitungssystem unterteilt wird, die Fertigungsüberwachung, die Verarbeitung der BDE-Daten (→ *Betriebsdatenerfassung*) und die automatische Zeiterfassung.

Die Fertigungsleitsteuerung beinhaltet die automatische Steuerung der Material- und Bearbeitungssysteme. Zur Fertigungsüberwachung gehört die automatische Erfassung und Verarbeitung der Betriebsdaten in → *Realzeit.*

Fertigungsorganisation
Die Fertigungsorganisation umfaßt folgende zur Produktion zählende Teilbereiche:

— Die Datenermittlung und die Gestaltung der Arbeitssysteme (Arbeitsstudium),
— die Kapazitäts-, Material-, Informations-

und Ablaufplanung (Fertigungsplanung),
- die Veranlassung, Überwachung und Sicherung der Programm- und Auftragserfüllung (Fertigungssteuerung).

Die Ziele der Fertigungsorganisation liegen in einem Sicherstellen von menschengerechten Arbeitsbedingungen und einer wirtschaftlichen Fertigung.

Fertigungsstückliste → *Stückliste.*

Fertigungssynchrone Beschaffung
Methode zur Verwirklichung eines durchgängigen Materialflusses vom Lieferanten über die Fertigung bis zum Kunden (→ *Just-in-time* gerechte Materialversorgung). Diese Beschaffungsart bewirkt eine Verkürzung der Gesamtdurchlaufzeit eines Produktes sowie eine Reduzierung der Lager- und Umlaufbestände. Bedeutet im Prinzip eine Verlängerung der Abrufsystematik für die Zulieferungen. Der eigentliche Abruf erfolgt von der Fertigung beim Kunden.

Fertigungszelle
Die Fertigungszelle hat die Aufgabe, aus gegebenem Ausgangsmaterial Produktteile oder Endprodukte möglichst vollständig zu fertigen. Eine Fertigungszelle entsteht durch die aufgabenspezifische Anordnung von Werkzeugmaschinen, Vorrichtungen, Handhabungsgeräten und Einrichtungen zum Her- und Abtransport von Energie, Material und Bauteilen, welche in der Zelle gefertigt werden. Diese Betriebsmittel sind räumlich und organisatorisch zu einer Einheit zusammengefaßt. Das Ziel hierbei ist, Transport-, Lager- und Rüstzeiten zu minimieren und so den Anteil der wertschöpfenden Tätigkeiten an der Durchlaufzeit eines Auftrags zu steigern. Damit Fertigungszellen wirtschaftlich betrieben werden können, ist eine vorherigen Strukturierung der Bauteile in Teilefamilien

mit den Methoden der → *Gruppentechnologie* und der → *Clusteranalyse* erforderlich.

Das Tätigkeitsfeld der in einer Fertigungszelle beschäftigten Mitarbeiter ist gekennzeichnet durch die weitgehende Selbststeuerung der Arbeits- und Kooperationsprozesse, verbunden mit Planungs-, Entscheidungs- und Kontrollfunktionen innerhalb vorgegebener Rahmenbedingungen sowie durch den Verzicht auf eine zu starre Arbeitsteilung und demzufolge eine Erweiterung der Arbeitsinhalte für den einzelnen Mitarbeiter. Vergleiche auch → *IZ*.

Festplatte → *Winchesterplatte*.
Ein fest in ein → *Magnetplattengerät* eingebauter, nicht auswechselbarer Magnetplattenstapel. Die Platten sind in einem staubdichten (gekapselten) Gehäuse untergebracht. Damit Oxidation vermieden wird, ist das Gehäuse oft mit Stickstoff gefüllt. Der Vorteil von Festplattensystemen liegt darin, daß Verschmutzungen ausgeschlossen sind und aufgrund der Bauweise die Speicherdichte sehr viel höher als bei Wechselplatten ist.

Bei CAD/CAM-Systemen werden die aktuell benötigten Daten (z. B. Modelldaten) auf diesem Datenträger abgelegt.

FFS
Abkürzung für → ***F**lexibles **F**ertigungs**s**ystem*.

FFZ
Abkürzung für → ***F**lexible **F**ertigungs**z**elle*.

FIFO
Abkürzung für **F**irst **i**n **F**irst **o**ut, das, was zuerst kommt, wird zuerst bearbeitet, d. h. serielle Bearbeitung ohne Vorgabe von Prioritäten. Ein Algorithmus in → *PPS*-Systemen, der zur Bearbeitung von Warteschlangen im Materialfluß dient. Ein Fließband ist eine Einrichtung, die nach dem FIFO-Prinzip arbeitet.

Figure: Figur, Bilddaten.
Eine Figur entsteht, wenn man lediglich die Bilddaten (→ *Bilddatei*), und nicht das vollständige → *Werkstückmodell* eines Bauteils in das gerade am CAD-System bearbeitete Bauteil einfügt. Figuren müssen nicht separat vereinbart werden, sie entstehen automatisch beim Einfügen der Bilddaten.

Vorteilhaft ist eine laufende Aktualisierung der Bilddaten, da immer eine Referenz der eingefügten Figur auf das dazugehörige Werkstückmodell erhalten bleibt. Beim Aufruf eines Bauteils, in dem Figuren enthalten sind, werden die Daten von Figuren anhand ihrer Referenzen jeweils neu erzeugt. Wurde das Werkstückmodell der Figur in der Zwischenzeit geändert, so ist die Änderung im aufgerufenen Bauteil automatisch berücksichtigt. Nachteilig ist, daß an den Daten einer Figur selbst nichts geändert werden kann.

Figuren werden bei vielen Unternehmen deswegen auch für solche Teilegruppen eingesetzt, die in anderen Bauteilen Verwendung finden, deren Geometrie aber vom Anwender nicht verändert werden soll (z. B. Normteile, Zukaufteile) und für die eine ebene Darstellung ausreicht (falls räumliche Daten benötigt werden: → *Submodel*).

File → *Datei.*

file, to: Daten in einer Datei sichern.

File management system
Datenverwaltungssystem. Ermöglicht Definition, Aufbau, Änderung, Abfrage sowie das Löschen von → *Dateien* in einer → *Datenbasis.*

Fillet → *Eckenverrundung.*

Fillet surface → *Verrundungsfläche.*

Filter
Ein Hilfsmittel zur Sortierung nichtgrafischer

Elemente (z. B. Teilestammdaten, Materialkennwerte, Arbeitsplandaten usw.) nach organisatorischen Gesichtspunkten, analog zur → *Ebenentechnik* für die übrigen Elemente des Werkstückmodells. Während die Ebenentechnik im wesentlichen die Darstellung der Elemente auf dem Bildschirm oder der Zeichnung festlegt, steuern Filter die Ansprechbarkeit der nichtgrafischen Elemente für nachgeschaltete Bearbeitungsprogramme, z. B. bei der Erstellung von Stücklisten.

Finites Element
Geometrisch einfaches Element, das nicht mehr weiter unterteilt werden kann (deswegen die Bezeichnung »Finit«, endlich). Solche Elemente lassen sich mechanisch und mathematisch einfach bestimmen, so daß sie mit Hilfe der → *Finite-Elemente-Methode* zur Beschreibung von komplexen Bauteilgeometrien verwendet werden können. Je nach Problemstellung können eindimensionale (Stab, Balken), zweidimensionale (ebene Scheiben, Platten) und dreidimensionale Elemente (analytische und rotationssymmetrische Elemente) verwendet werden. Der Beschreibungs- und Berechnungsaufwand steigt mit der Dimensionalität der Elemente.

Finite-Elemente-Methode (FEM)
Eine interaktive Methode zur Berechnung von physikalischer Struktur und Verhalten eines Objekts (Kontinuum, komplexe Bauteilgeometrie). Dabei wird das Objekt in endlich große, mechanisch und mathematisch bestimmbare Elemente (Finite Elemente) zerlegt. Die Elemente sind untereinander an ihren Eckpunkten (Knotenpunkten) miteinander verkoppelt. Den Elementen werden Eigenschaften in Form von Parametern für die Analyse zugeordnet. Das Verhalten des Objekts unter Belastung wird durch schrittweises Übertragen der Zustandsgrößen über die Knoten durch Näherungsverfahren be-

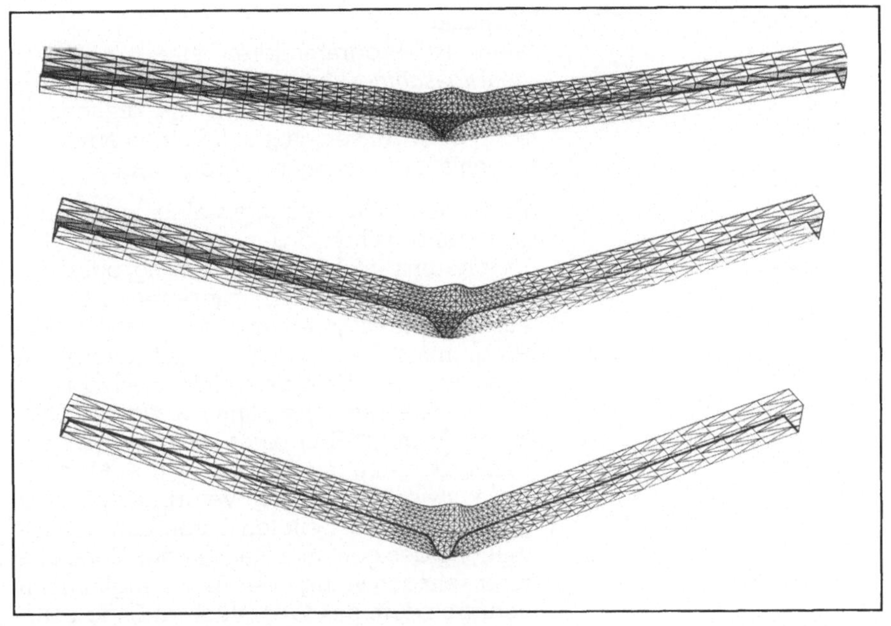

FEM-Modell eines unter Belastung stehenden Trägerprofils. (Bild: Fides)

rechnet. FEM-Programmsysteme enthalten neben den eigentlichen Berechnungsprogrammen auch Module, mit denen die Finiten Elemente für das zu berechnende Bauteil rechnerunterstützt erzeugt (mesh generator) und die Ergebnisse (die verformte Struktur) zusammen mit der Ausgangssituation grafisch dargestellt werden können.

Diese Methode dient u. a. zur Analyse mechanischer Eigenschaften (Durchbiegung, Belastung, Spannungen u. ä.), zur Simulation von Strömungsverhalten und bestimmten Fertigungsverfahren, z. B. des Spritzgießens von Kunststoffen und Elastomeren.

Firmware
Eine Software, die in → *PROMs* oder → *ROMs* gespeichert ist, z. B. → *Gerätetreiber* und → *Zeichengeneratoren* für Bildschirme. Eine Änderung dieser Software ist nur bei PROMs und auch nur mit speziellen Geräten möglich.

Fixpunkt
Beim NC-Programmieren einer → *Werkzeugmaschine* kann man Fixpunkte im → *NC-Programm* angeben. Diese dienen als Start- oder Aufsetzpunkte für einen erneuten Durchlauf durch das NC-Programm.

Fällt eine Werkzeugmaschine oder ihre Steuerung während des Ablaufs eines NC-Programms infolge einer Störung oder aus einem anderen unvorhergesehenen Grund aus, kommt es zu einem Abbruch des NC-Programms. Beim Wiederanlauf kann nicht ohne weiteres die Arbeit an der Stelle fortgesetzt werden, an der sie unterbrochen wurde. In der Regel ist bei einer unvorhergesehenen Programmunterbrechung die Abgrenzung zwischen bereits verarbeiteten und noch nicht verarbeiteten Daten bzw. die Ermittlung des genauen Standes der Verarbeitung sehr schwierig oder nicht möglich. Um aber trotzdem das Werkstück zu Ende bearbeiten zu können, fügt man im NC-Programm vor jedem Bearbeitungszyklus einen Fixpunkt als Aufsetzpunkt ein, von dem die Werkzeugmaschine bei Wiederanlauf starten kann.

Flachbettplotter → *Tischplotter.*

Flächenmodell
Ein rechnerinternes → *Werkstückmodell*, bei dem zur Darstellung eines Objekts ebene (Figuren) oder/und räumliche Flächen (z. B. analytisch beschreibbare Flächen wie Rotationsflächen, Regelflächen, Freiformflächen) verwendet werden. Zwischen den einzelnen Flächen gibt es keinen rechnerinternen Zusammenhang. Als zusätzliche Information zum → *Kantenmodell* wird beim Flächenmodell der Typ der Fläche (z. B. Zylinder- oder Torusflächen) im → *Werkstückmodell* gespeichert. Im Flächenmodell sind die reinen zeichnerischen Modellierungsmöglichkei-

ten groß; eine über das Zeichnen hinausgehende geometrische Anwendung besteht jedoch nicht.

Flächenschattierung → *Shading.*
Eine bei Bildschirmen, die nach dem → *Rasterverfahren* arbeiten, anwendbare Technik zur Darstellung von Volumina. Dabei werden den sichtbaren Flächen der VoluminaFarben in Abstufungen und Schattierungen zugeordnet. Die Darstellung erweckt so den Eindruck eines realen Körpers.

Flag: Kennzeichen, Hinweiselement.

Flatbed plotter: Flachbettplotter → *Tischplotter.*

Flexible Fertigungsinsel
Eine Gruppe von 2 - 4 gleichen oder unterschiedlichen NC-Werkzeugmaschinen, um an einer begrenzten Anzahl von Werkstücken alle erforderlichen Bearbeitungen durchführen zu können.

Beschreibung von Bauteilen mit einem Flächenmodell.

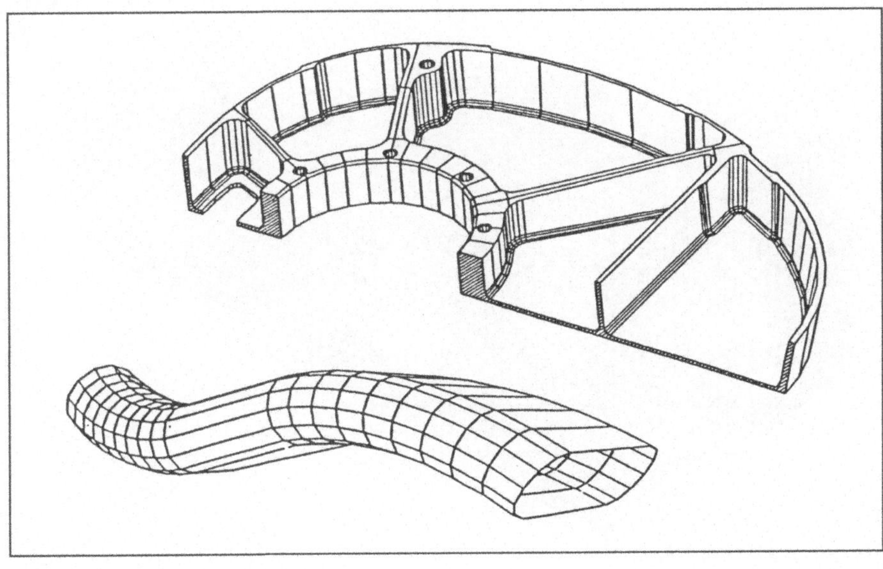

Flexibles Fertigungssystem
Ein Flexibles Fertigungssystem besteht nicht aus neuen Maschinenkonzepten, sondern aus einer Kombination bereits vorhandener Komponenten: NC-Maschinen mit Werkstücktransporteinrichtung, die von einem Leitrechner gesteuert werden.

Ein flexibles Fertigungssystem (FFS) ist damit ein mehrstufiges komplexes Produktionssystem, in dem die drei technischen Teilsysteme Bearbeitungssystem, Materialflußsystem und Informationssystem miteinander verküpft sind.

Ein FFS enthält mehrere Bearbeitungsstationen (z. B. automatisierte Werkzeugmaschinen in Universal- oder Sonderbauart), die durch das automatisierte Materialflußsystem so verknüpft sind, daß ein möglichst vollständiges Bearbeiten unterschiedlicher Werkstücke im FFS möglich wird. Unterschiedliche Werkstücke können das FFS auf verschiedenen Pfaden durchlaufen, einzelne

Flexibles Fertigungssystem, bestehend aus einzelnen Bearbeitungszentren.

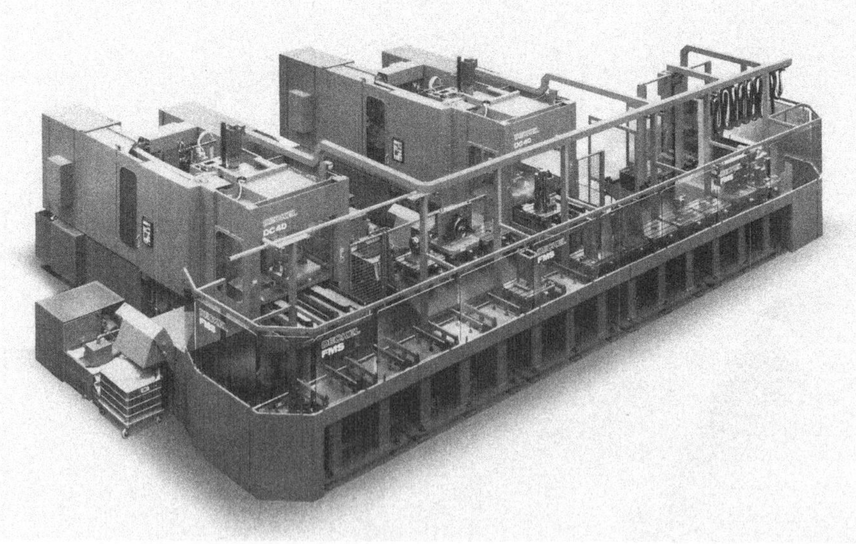

Stationen können somit in unterschiedlicher Reihenfolge durchlaufen werden (Außenverkettung). Rüstzeiten bei den einzelnen Komponenten der drei Teilsysteme sind so bemessen, daß ein ungestörtes Arbeiten der übrigen Komponenten während der Rüstvorgänge möglich ist.

In einem FFS ist somit die automatisierte mehrstufige Mehrproduktfertigung möglich. Das FFS bildet in der Fertigung einen Kompromiß zwischen den nur für eine Aufgabe ausgelegten (d. h. starren) Transferstraßen und beliebig einsetzbaren einzelnen Maschinen. Die Anwendung von FFS ist Bestandteil eines → *CIM*-Konzepts.

Flexible Fertigungszelle
Eine flexible Fertigungszelle besteht aus einer NC-Werkzeugmaschine, meist ein Bearbeitungszentrum, mit einem begrenzten Teilevorrat, der nacheinander abgearbeitet wird.

Flexible Transferstraße
Die werkstückseitige Verknüpfung mehrerer NC-Maschinen nach dem sogenannten Linienprinzip (→ *FIFO*), d. h. alle Teile durchlaufen die einzelnen Stationen in einer festen Reihenfolge und werden mit aufeinanderfolgenden unterschiedlichen Programmen bearbeitet.

Flexibles Transportsystem
Ein flexibles Transportsysteme (FTS) dient neben einem Lager zur Realisierung des Materialflusses in der Fertigung. FTS werden nicht nur flexibel, sondern meist auch fahrerlos in den Werkshallen geführt. Die wesentlichen Vertreter der FTS sind die induktionsschleifengeführten Flurförderfahrzeuge (schienenlose, computergesteuerte Transportfahrzeuge) für den Transport von Werkstückenund Werkzeugen in einem → *FFS*, in

den Transferstraßen und in den Werkshallen, um z. B. die Maschinen und das Lager miteinander zu verknüpfen.

Neuere FTS zeichnen sich dadurch aus, daß man auf Induktionsschleifen verzichten kann und mit sogenannten entscheidungsorientierten → *Sensoren* eine visuelle Wahrnehmung der Umgebung mit Hilfe des im FTS befindlichen Expertensystems das Ziel ansteuern kann.

Flicker
Ein Flackern oder Flimmern des Bildschirms. Tritt bei Bildschirmen nach dem → *Vektorverfahren* dann auf, wenn die Anzahl der darzustellenden Elemente so umfangreich wird, daß die → *Bildwiederholrate* unter 30 Hz abfällt, oder dann, wenn der Elektronenstrahl nicht im → *Vollbildverfahren* arbeitet.

Fließfertigung
Eine Art der Fertigung auf mehreren Maschinen mit aufeinander abgestimmten Taktzeiten, gekennzeichnet durch:

— abgestimmte Kapazitäten
— stückweise Bearbeitung
— verzögerungsfreie Weitergabe
— hohe Ausfallsicherzeit
— optische Transparenz
— hohe Produktivität bei niedrigen Durchlaufzeiten.

Als Voraussetzung für eine derartige Organisationsform galten in der Vergangenheit große Serien. Sie läßt sich heute durch verbesserte Steuerungsvorgänge (→ *PPS*) zunehmend auch für kleine Serien erfolgreich anwenden.

Flimmern → *Flicker.*

Floatingpoint processor → *Gleitpunktprozessor.*

Floppy Disk → *Diskette.*
Flexibles Speichermedium für Daten, auch Disketten genannt. Floppy-Discs werden in einem → *Diskettenlaufwerk* beschrieben und gelesen.

Flowchart: Ablaufplan eines Programms, eines Projektes.

Flüchtiger Speicher
Ein Speicher, der seinen Informationsinhalt beim Abschalten der Stromversorgung oder bei Netzausfall verliert. Dies ist der Fall bei allen Speichern, die aus Halbleiterbausteinen aufgebaut sind (z. B. → *Arbeitsspeicher*). Aus diesem Grund werden Halbleiterspeicher nicht zur Archivierung von Daten verwendet. Gegensatz: → *Nichtflüchtiger Speicher.*

Flurförderfahrzeug → *Flexibles Transportsystem.*

Flußgrad
Verhältnis von Bearbeitungszeit zur Durchlaufzeit. Welcher Flußgrad in einer Fertigung erreicht wird, hängt von einer Reihe von Faktoren ab. Dazu zählen zunächst die vorhandene Qualifikation der Mitarbeiter, die Leistungsfähigkeit der Betriebsmittel und ihrer Steuerung (→ *PPS*) sowie der Systeme zur Realisierung eines störungsfreien Materialflusses (→ *AMH*) und die Fähigkeit der → *Fertigungsorganisation*, flexibel auf äußere Einflüsse reagieren zu können.

Der durchschnittliche Flußgrad, d. h. der Anteil der wertschöpfenden Tätigkeiten an der Durchlaufzeit, liegt in der deutschen Industrie zwischen 5 und 15 %. Die restlichen 85 bis 95 % tragen nicht zur Wertschöpfung bei, sondern erhöhen die Kapitalbindung und das Umlaufvermögen. Die Möglichkeit zum Ausschöpfen dieses hohen Rationalisierungspotentials allein liefert die wirtschaftliche Rechtfertigung für → *CIM.*

FMS
Abkürzung für **F**lexible **M**anufacturing **S**ystem, → *Flexibles Fertigungs-System.*

Folien, Folientechnik → *Ebenentechnik.*

Font: Darstellungsart

1. Das Erscheinungsbild von Kurven auf dem Bildschirm oder auf einer Zeichnung, die entweder durchgezogen (solid), gestrichelt (dash), strichpunktiert (phantom) oder in einer vom Anwender vereinbarten Form dargestellt werden.
2. Der für die Textdarstellung verwendete Zeichensatz (OCR-Schrift, Schrift nach DIN 15 usw.).

Form- und Lagetoleranz
Form- und Lagetoleranzen (DIN 7184) gehören zu der Gruppe der → *Zeichenelemente.* Ein solches Element wird erzeugt, indem die Art der Toleranzdarstellung ausgewählt und der Maßpfeil an die zu beschreibende Kante positioniert wird. Laut der Norm können solche Symbole nur in Vorzugslagen (von unten oder von rechts lesbar) eingefügt werden.

Formenbibliothek: → *Bauteilbibliothek.*

FORTRAN
Abkürzung für **FOR**mula **TRAN**slation (Formelübersetzung). Eine höhere problemorientierte Programmiersprache, die sich besonders gut für technisch-wissenschaftliche Anwendung eignet. FORTRAN ist die am weitesten verbreitete Programmiersprache im technischen Bereich; die Sprache wird laufend für neue Anforderungen erweitert, wobei sichergestllt ist, daß einmal erstellte FORTRAN-Programme nach wie vor ablauffähig bleiben.

Fortschrittszahlen
Fortschrittzahlen kennzeichnen bestimmte Zustände in der Produktion, die zu einem gewissen Zeitpunkt erreicht werden müssen (prospektive Betrachtung) bzw. erreicht worden sind (retrospektive Betrachtung). Fortschrittszahlen finden heute ihren Einsatz hauptsächlich bei internen Steuerungen der Fertigung in Automobilunternehmen, wobei teilweise das Prinzip auch erfolgreich auf die Zulieferindustrie ausgedehnt worden ist. Dadurch hat der strategische Ansatz der Fortschrittszahlen eine gewisse verstärkte Bedeutung auch im Rahmen von → *Just in Time* (JIT) erfahren.

Forward - Annotation
Übertragung von Änderungen im Schaltplan in ein bereits erstelltes Leiterplatten-Layout. Die Aktualisierung sollte, wie beim → *Backannotion*, möglichst automatisch erfolgen.

Fotoplotter
Bevorzugtes Ausgabegerät für Elektronik-Design-Systeme. Man unterscheidet grundsätzlich zwischen Raster- und Vektor-Fotoplottern. Vektor-Plotter arbeiten mit einer Bahnsteuerung des Schreibkopfes, die Linien, beispielsweise Leiterbahnen, oder einfache Symbole kontinuierlich zeichnet. Komplexe Symbole werden dagegen in einem Arbeitsgang geblitzt. Dazu verfügen Vektor-Fotoplotter über (auswechselbare) Symbol- oder Maskenscheiben (Blendenteller). Zum Zeichnen von Linien und einfachen Symbole werden werden kreisförmige, quadratische, achteckige oder schlitzförmige Blenden verwendet. Fotoplotter nach dem Raster-Prinzip belichten den Zeichnungsträger Zeile für Zeile. Dazu müssen die vom CAD-System übernommenen Vektordaten rasterisiert werden. Die Rasterisierung erfolgt in einem Vektor-/Raster-Konverter entweder vor dem Plotvorgang oder »on the fly« parallel zu

diesem. Sowohl Vektor- als auch Raster-Plotter sind als Trommel- oder Flachbettausführungen auf dem Markt. Bevorzugte Einsatzgebiete von Fotoplottern sind die Erstellung von Vorlagen für die Leiterplatten- und Hybridfertigung, für Folientastaturen, LC-Displays und von Ätz- und Siebdruckvorlagen.

FPS
Abkürzung für → ***F****rei****p****rogrammierbare* ***S****teuerung.*

Frame: Rahmen.
Bei Expertensystemen → *Objekt.*

Freie Graphik
Graphische Elemente, die nur zur Erläuterung in einer Zeichnung eingetragen werden und keine funktionale Bedeutung tragen.

Freier Text
Text, der ohne funktionale Kopplung an ein Bauteil, Symbol oder eine andere funktionale Einheit in die Zeichnung eingesetzt wird.

Freie Zyklen
Freie Zyklen sind Unterprogramme bei der NC-Programmierung. Sie werden für jede Art von Maschine speziell ausgelegt, wie z. B. der Werkzeugwechselzyklus (M06), M-Funktion oder geometrische Zyklen für Lochkreise, Lochreihen, Tieflochbohren, Kreissegmentfräsen, Taschenfräsen.

Freihandlinie
Eine Freihandlinie kann in einem CAD-System nur durch mathematische Näherungen dargestellt werden. Verwendung finden Polygone höherer Ordnung, die mit Glättungsfunktionen versehen sein können. Je höher die Ordnung, desto besser kann der tatsächliche Verlauf der Freihandlinie angenähert werden. Erzeugt wird die Freihandlinie durch die Eingabe einer Punktefolge, die als Kur-

ven- oder Stützpunkte verwendet werden. Je höher die Ordnung der Näherungsfunktion, desto mehr Punkte sind für eine eindeutige Darstellung erforderlich: Bei n-ter Ordnung sind (n + 1) Punkte notwendig. Neben den Kurvenpunkten können auch Anfangs- und Endtangenten sowie der Grad der maximalen Abweichung vom tatsächlichen Verlauf vorgegeben werden.

Bei CAD-Systemen kommen, je nach Art der verwendeten Näherungs- und Glättungsfunktionen, Splines, B(Basis)-Splines, Bezier-Splines und → *NURBS* zur Nachbildung von Freihandlinien zum Einsatz.

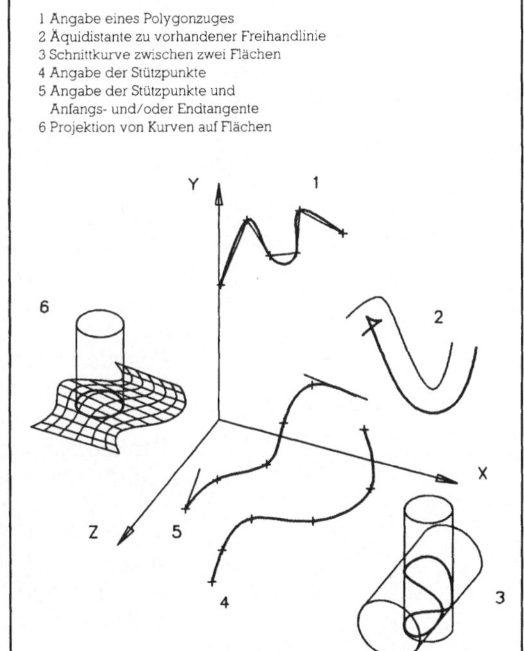

Beispiele wie Freihandlinien erzeugt werden können.

Freiheitsgrad
Bewegungsmöglichkeiten eines starren Körpers gegenüber einem Bezugssystem (→ *Koordinatensystem*). Sechs Freiheitsgrade ergeben sich zum Beispiel aus drei translatorischen (verschiebenden) und drei rotatorischen (drehenden) Bewegungsmöglichkeiten. Die Zahl der möglichen Freiheitsgrade ist ein Leistungskriterium für die Steuerung von → *Werkzeugmaschinen* und → *Robotern*.

Freiprogrammierbare Steuerungen (FPS)
Eine Steuerung, die vom Benutzer beliebig programmiert werden kann. Ein typisches Einsatzgebiet sind vorgegebene Funktionen zum Anfahrverhalten von Motoren oder sonstigen Hilfseinrichtungen. Hier ist der Programmspeicher ein Schreib-Lese-Speicher (→ *RAM*), dessen Inhalt durch Verändern oder Hinzufügen von Programmanweisun-

gen ohne mechanische Eingriffe änderbar ist.

FTS
Abkürzung für → ***Flexibles Transportsystem***.

Fullautomatic hidden line removal → *Hidden Lines*.

Funktionscode
Codierter Befehl im CAD-System, der z.B. durch eine bestimmte Taste auf der Tastatur ausgelöst wird.

Function key(board)
→ *Funktionstaste* bzw. → *Funktionstastatur*.

Funktionsmodell
Funktionsmodelle erlauben es, alle denkbaren Abläufe im Materialfluß eines Unternehmens, deren »Berührungspunkte« und deren Wechselwirkungen untereinander zu erfassen und zu beschreiben. Ein Funktionsmodell wird in vier Schritten abgeleitet:

— Bildung von Teilsystemen,
— Ableitung von Funktionen und Aufzeigen ihrer zeitlichen Abhängigkeiten,
— Ableitung der zur Funktionsdurchführung notwendigen Informationen und Maßnahmen,
— Dokumentation und ständige Überprüfung der Ergebnisse.

Funktionsplan
Darstellung von Funktionsabläufen nach DIN. Funktionspläne werden u.a. in der Meß- und Regelungstechnik sowie zur Dokumentation von → *SPS-Programmen* benutzt.

Funktionsstückliste → *Stückliste*.

Funktionstaste
Eine Drucktaste, bei deren Betätigung ein Kommando vom CAD-System ausgeführt

wird. Die Arbeitsweise ist die gleiche wie bei einem → *Menu*.

Funktionstastatur
Eine Zusammenfassung von Funktionstasten in einem separaten Gehäuse. Solche Tastaturen werden überwiegend bei denjenigen CAD-Systemen verwendet, bei denen die Eingabe von Kommandos über → *Menüs*, und nicht mit einer → *Kommandosprache* erfolgt.

G

G (GIGA)
Abkürzung für die dreißigste Potenz der Zahl 2. 1G entspricht 1.073.741.824.

G-Funktion
Um bei einer → *Werkzeugmaschine* oder einem → *Roboter* von einem Anfangspunkt zu einem Endpunkt zu kommen, gibt es eine Reihe von Möglichkeiten, die mit G-Funktionen angegeben werden (»G« aus dem englischen to go, gehen). Die in einer G-Funktion enthaltenen → *Weginformationen* sagen, wohin, und die dazugehörigen Wegbedingungen sagen, wie gefahren werden soll. Meistens sind mehrere G-Funktionen erforderlich, um eine Werkzeugmaschine zu steuern.

GAMM-Mix
Als Grundlage für den Vergleich verschiedener Rechnersysteme hinsichtlich ihrer Geschwindigkeit bei der Lösung technisch-mathematischer Probleme hat die Gesellschaft für angewandte Mathematik und Mechanik (GAMM) die folgende Formel entwickelt:

$$T = \frac{1}{300} (t1 + 2t2 + 3t3 + 4t4 + \frac{1}{5} t5) \text{ (sec)}$$

In dieser Formel bedeuten (t in sec) : t1 die Zeit zum Bilden des Skalarproduktes zweier Vektoren mit 30 Komponenten, t2 die Zeit zum Bilden der Summe zweier Vektoren mit

30 Komponenten, t3 die Zeit zum Berechnen eines Polynoms 10. Grades nach Horner, t4 die Zeit für das Berechnen einer Quadratwurzel mit fünf Iterationen nach Newton, t5 Die Zeit zum Suchen der betragsgrößten Komponente eines Vektors mit 100 Komponenten.

gap: Lücke, Unterbrechung.
Bei einer Maßhilfslinie (→ *Bemaßung*) der Abstand (die Lücke) zwischen der zu bemaßenden Kante und der Maßhilfslinie.

Gate-Swap: → *Swap.*

Gateway
Übertragungsstelle, → *Schnittstelle* zwischen → *Netzwerken* mit unterschiedlichen Protokollen (z. B. zwischen → *MAP* und → *TOP*), insbesondere zwischen Netzwerken zweier Rechnerhersteller, deren Protokolle nicht genormt sind.

GB
Abkürzung für Gigabyte. 1GB entspricht 1.073.741.824 Byte.

Genauigkeit
Die Genauigkeit einer → *Werkzeugmaschine* und der dazugehörigen Steuerungen ist die Angabe der Differenz zwischen Soll- und Ist-Wert. Die Differenz zwischen Soll- und Ist-Wert wird auch Wegeinfahrtoleranz genannt. Die eigentliche Positions-Streubreite pendelt innerhalb dieser Einfahrtoleranz, sie hängt von den einzelnen Positionierungen bzw. den dazugehörigen Positionsabweichungen ab.

Die Angabe der Genauigkeit kennzeichnet den in der Maschine und in der Steuerung getriebenen Aufwand zur Herstellung der Werkstücke. Die Abweichung des gesamten elektronischen Systems liegt bei konstanter Umgebungstemperatur meistens innerhalb von ± 2 → *Inkrementen.* Ein Temperaturspiel von 20 Grad erweitert diesen Toleranzbereich um etwa ± 1 Inkrement.

Die Genauigkeit einer NC-Maschine wird beurteilt nach der erreichbaren Einfahrtoleranz, die sich aus der systemfehlerbedingten Positionsabweichung und der auf zufälligen Fehlereinflüssen beruhenden Positionsstreubreite zusammensetzt.

Die Genauigkeit der NC-Steuerungen liegt bei konstanter Temperatur bei 0,002 mm bzw. 0,002 Grad. Hierin sind die Ungenauigkeit der Meßmittel selbst, vor allem bei indirekter Messung, und der Maschine nicht enthalten. Zum Ausgleich dieser systematischen Fehler besitzen die Steuerungen einiger Anbieter die Möglichkeit, eine Maßstabfehlerkompensation in der Steuerung automatisch zu berücksichtigen.

General Label
Text mit einer Bezugslinie, z. B. die Kennzeichnung der einzelnen Positionen in einer Zusammenstellungszeichnung.

General Note: Texthinweis, → *Text.*

General purpose processor: Universalrechner.

generate, to: Erzeugen.

Generator
Bei der rechnerunterstützten Bearbeitung gibt es viele Teilaufgaben, die sich in den Grundzügen gleichen. Es liegt deshalb nahe, für diese Aufgaben ein Grundprogramm (Generator-Programm) zu erstellen, das allgemein gehalten ist und gleichzeitig die Möglichkeit zur Anpassung an jeden speziellen Fall bietet. Solche Programme werden meist vom Herstellern des → *Betriebssystems* zur Verfügung gestellt. Sie können den Programmieraufwand eines Anwenders erheblich herabsetzen.

Generierungs-Modul
Der Generierungs-Modul erzeugt aus einer aktuellen Geometrie die zum Erstellen dieser Geometrie notwendigen Anweisungen in einer höheren Programmiersprache (entweder einer universellen Programmiersprache, z. B. FORTRAN, BASIC, PASCAL, oder in der Anwendungsprogrammiersprache).

Der Benutzer kann nachträglich dieses Programm editieren, Variablen anstelle der absoluten Werte sowie Steuer-, Ein- und Ausgabeanweisungen einfügen. Auf diese Weise entsteht ein Programm, mit dem Maß- und Gestaltvarianten eines Bauteils erzeugt werden können.

Generierungsprinzip
Beschreibung geometrischer Objekte mit Hilfe von ebenen oder räumlichen Grundelementen (je nach Leistungsfähigkeit des verwendeten Werkstückmodells). Gegensatz: → *Variantenprinzip.*

Geometrieelemente
Zu dieser Elementegruppe gehören alle Elemente zur Beschreibung der geometrischen Gestalt eines Bauteils. Art, Anzahl und Komplexität der Geometrieelemente sind maßgeblich für die Leistungsfähigkeit des jeweiligen → *Werkstückmodells.*

Geometrische Nebenrechnung
Je nach Leistungfähigkeit der Steuerung und dem geometrischen Kompliziertheitsgrad des Werkstückes, müssen geometrische Nebenrechnungen durchgeführt werden, um Schnittpunkte, Äquidistanten oder erforderliche Hilfspunkte zu ermitteln. Außerdem ist die geometrischen Nebenrechnung zur präzisen Abstimmung aller Bewegungen erforderlich, um Kollisionen zwischen Werkzeugen und Werkstück bzw. Spannvorrichtung zu vermeiden.

Gerade → *Linie.*

Gerät
Geräte der Elektrotechnik werden im Stromlaufplan durch Symbole dargestellt. Hierbei entsprechen einem Gerät - ein Symbol bei einfachen Geräten (geschlossene Darstellung, z.B. Meldeleuchte) - mehrere Symbole, die auf unterschiedlichen Blättern des Planes verteilt sein können (verteilte Darstellung, z.B. besteht ein Relais aus einem Spulensymbol und mehreren Öffner-, Schließer- oder Wechslersymbolen). Bei manchen CAD-Systemen besteht eine feste Zuordnung von Symbol und Gerät, bei den flexibleren Systemen kann ein Symbol zur Beschreibung unterschiedlicher Geräte verwendet werden. In letzterem Fall erfolgt die Zuordnung des → *Gerätetyps* über einen bestimmten identifizierenden → *Textknoten* am Symbol.

Das CAD-System muß in der Lage sein, solche verteilten Komponenten eines Gerätes zusammenzufassen und z.B. für die → *Stückliste* als ein Gerät auszuwerten.

Gerätebibliothek
Sammlung aller im CAD-System verwendbaren → *Gerätetypen* in einer dem CAD-System eigenen → *Datenstruktur* (→ *Datenbasis*).

Geräteliste
Spezielle Form der → *Stückliste.* In der Elektrotechnik, insbesondere im Bereich der Energieerzeugung und -verteilung, sind Gerätelisten üblich, die in graphischer Form alle in der Anlage enthaltenen → *Gerätetypen* sowie hierzu alle → *Betriebsmittel* mit → *Querverweisen* zu deren Verwendung im → *Stromlaufplan* enthalten. Die automatische Erzeugung solcher Gerätelisten durch das CAD-System bringt hohe wirtschaftliche Vorteile. Es sind hierzu allerdings bislang nur wenige Systeme in der Lage.

Geräteschlüssel
Schlüsselbegriff, über den auf einen bestimmten → *Gerätetyp* in der → *Gerätebibliothek* zugegriffen wird.

Gerätetreiber
Ein Programm zur Geräteansteuerung, das zwischen der Zentraleinheit und einem Peripheriegerät geschaltet ist und das die Ausgabedaten der Zentraleinheit auf das jeweilige Datenformat des Peripheriegeräts umsetzt, z. B. Gerätetreiber für Bildschirme, Drucker, Zeichenmaschinen.

Gerätetyp
Beschreibung eines Gerätes durch seine technischen und kommerziellen Daten in der Gerätebibliothek des CAD-Systems. In der Regel wird ein Gerätetyp durch einen Schlüsselbegriff (Identnummer, Erzeugnisnummer) angesprochen.

Gestreckte Programmierung
Die gestreckte Programmierung ist eine Möglichkeit, um zu kurzen Programmlaufzeiten zu kommen. Dabei wird so prgrammiert, daß in dem zur Lösung einer Aufgabe erforderlichen Programm jeder Befehl nur einmal durchlaufen wird. Das Gegenteil zur gestreckten Programmierung ist die zyklische Programmierung, bei der Schleifen verwendet werden, Befehlsfolgen, die zur Lösung einer Aufgabe mehrmals durchlaufen werden müssen, die aber im Programm nur einmal vorhanden sind.

Gestreckte Programmierung bedeutet gegenüber der Schleife stets geringeren Zeitbedarf für die Programmausführung. Bei einer Schleife ist die Anzahl der im Programmablauf dynamisch durchlaufenen Befehle durch dabei notwendige Adressenrechnungen, Sprungbefehle usw. stets größer. Dagegen ist bei gestreckter Programmierung der Speicherplatzbedarf höher.

Gittermodell → *Kantenmodell.*

GKS
Abkürzung für **G**rafisches **K**ern-**S**ystem, ein Unterprogrammpaket als → *Schnittstelle* zwischen Anwendungsprogrammen und der peripheren Grafik-Hardware (→ *Bildschirm-Arbeitsplätze*, → *Zeichenmaschinen*) zur Übertragung von Bilddaten (zwei- und dreidimensionale Linien- und Rastergrafik). GKS ist nicht konzipiert für die Übertragung produktdefinierender Daten. Für diese Problematik steht z. B. die → *IGES*-Schnittstelle zur Verfügung.

GKS enthält zwei Schnittstellen:
1. Zwischen Anwendungsprogramm und GKS. Es wird eine standardisierte Darstellung der Grafikdaten erzeugt. Sofern diese extern gespeichert werden, wird die Datei als »GKS-Metafile« bezeichnet.
2. Zwischen GKS und dem geräteabhängigen Treiber zur Abbildung der geräteunabhängigen Daten im Metafile auf die speziellen Bedürfnisse der verwendeten Grafik-Hardware.

GKS enthält deswegen eine Reihe grafischer Funktionen, die anwendungsneutral und un-

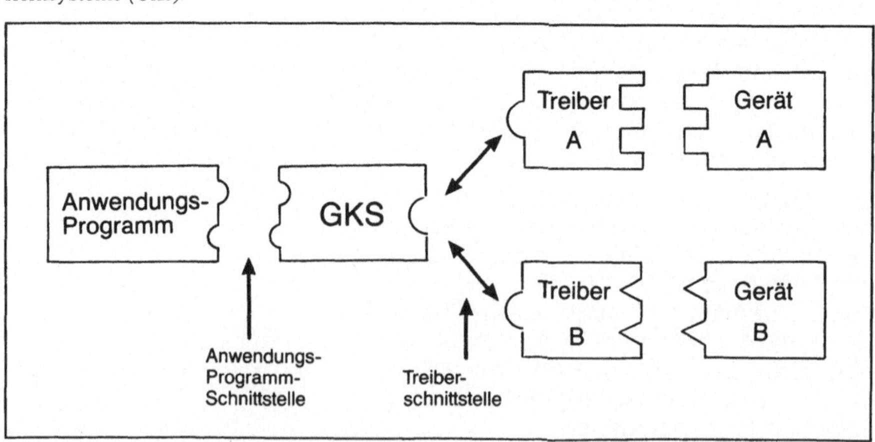

Funktionsschema des Graphischen Kernsystems (GKS).

abhängig von speziellen Geräten und Programmiersprachen definiert wurden. Die Funktionen umfassen folgende Fähigkeiten:

— Ausgabe ebener Grafik auf Bildschirmen, die mit dem → *Vektor-* oder mit dem → *Rasterverfahren* arbeiten. In Bearbeitung befindet sich die Erweiterung der Fähigkeiten auf die Ausgabe räumlicher Grafiken im Zuge der Erhöhung der lokalen Leistungsfähigkeit der Bildschirm-Arbeitsplätze bzgl. der Darstellung schattierter Bilder, des Ausblendens verdeckter Kanten (→ *Hidden Lines*) und der dynamischen Bildhandhabung wie Verschieben (→ *Pan*, → *Scrolling*) und Vergrößern/Verkleinern (→ *Zoom*).
— Ein- und Ausgabe an einem oder mehreren Arbeitsplätzen.
— Speicherung grafischer Daten auf eine externe Datei (GKS-Metafile).
— Verwaltung von Bildsegmenten.
— Teilmengenbildung des Funktionsumfangs (Level-Konzept).

GKS ist unter ISO/DIS 7942 genormt. Die Verwendung solcher standardisierter Systeme ergibt zeitliche und wirtschaftliche Vorteile, da für den Systementwickler trotz der Vielfalt der grafischen Peripherie ein einziges, einheitliches Ausgabeformat für diese Peripherie zur Verfügung steht. Dabei ist sichergestellt, daß Grafikdaten für und aus Anwendungsprogrammen nur über GKS von und zur grafischen Peripherie fließen.

Gleichkostenprinzip
Das Gleichkostenprinzip sagt aus, daß die mit dem Verfahren A erzielten Ergebnisse nicht teurer sein dürfen als die Ergebnisse nach Verfahren B. Auf den Einsatz der CAD/CAM-Technologie bezogen bedeutet das, daß ein CAD/CAM-System nur dann wirtschaftlich einsetzbar ist, wenn die Kosten pro rechnerunterstützt erstellter Fertigungs-Unterlage

gleich wie oder niedriger als die Kosten für die entsprechende herkömmlich erstellte Unterlage sind.

Gleitkommaprozessor → *Gleitpunktprozessor.*

Gleitpunktprozessor
Ein arithmetischer Prozessor zur Verarbeitung von → *Gleitpunktzahlen.*

Gleitpunktzahl
Darstellung einer Zahl in der Form (n-te Potenz von X) mal Y. Dabei ist X ein in der Zentraleinheit fest vereinbarter Wert (i. d. R. eine Potenz der Zahl 2), Y die Mantisse. Durch die feste Vereinbarung des Wertes X ist lediglich die Speicherung des Exponenten (oder der Charakteristik) n und der Mantisse Y erforderlich. Die Mantisse Y wird so angegeben, daß das Komma als vor der höchstwertigen Stelle stehend angenommen wird.

Um die Gleitpunktdarstellung der Zahl 4711 zu bekommen, wird sie erst in eine Exponentialdarstellung umgeformt: (4-te Potenz von 10) mal 0,4711. Gespeichert wird der Exponent 4 sowie die Mantisse 4711.

Die Arbeit mit Gleitpunktzahlen erleichtert den Umgang mit großen Zahlenbereichen, wie sie besonders im technisch-wissenschaftlichen Bereich auftreten.

Global
Übergreifend, für alle zutreffend. Globale Daten und Programme stehen allen Benutzern, auch innerhalb eines Netzwerks von mehreren Rechnern, zur Verfügung. Gegensatz zu global ist → *lokal.*

Globales Koordinatensystem → *Absolutes Koordinatensystem.*

Graphic → *Grafisch.*

Graphic control devices
Geräte und Programme zur Eingabe und Steuerung grafischer Daten oder Kommandos, z. B. → *Lichtgriffel*, → *Magnetgriffel*, → *Steuerknüppel*.

Graphic display
1. Ein Bildschirm, auf dem Grafiken dargestellt werden können.
2. Darstellung einer Grafik auf dem Bildschirm.

Graphic processor: Grafikprozessor.
Ein Rechner speziell für grafische Arbeitsplätze, der im Arbeitsplatz selbst die per Software sehr zeitaufwendigen Bildanipulationen (Vergrößern oder Verkleinern der Darstellung, → *Zoom*, Verschieben, → *Pan*, und Drehen des Bildinhalts) zur Entlastung der eigentlichen Zentraleinheit durchführt. Auf diese Weise können die Antwortzeiten deutlich gesenkt werden.

Grafisch
Das Eigenschaftswort »grafisch« bezieht sich auf Geräte, die grafische Elemente darstellen können. Gegensatz dazu ist »alphanumerisch« für solche Geräte, die nur Zeichen darstellen können.

Grenzregelung → *ACC*

Grid → *Raster*, Zeichenraster.

Group → *Gruppe*.

Group technology → *Gruppentechnologie*.

Grundachsen
Die ersten drei oder vier Achsen eines → *Roboters* — von der Basis ausgehend — zur Erreichung eines Punktes im Arbeitsraum.

Grundstellung
Eine festgelegte Anfangsstellung (Startposi-

tion) jeder Maschinenachse einer → *Werkzeugmaschine* oder eines → *Roboters.*

Gruppe
Das Zusammenfassen mehrerer beliebiger Elemente des → *Werkstückmodells* zu einer logischen Einheit. Gruppen werden mit Namen oder Nummern gekennzeichnet. Man kann die Elemente einer Gruppe nach wie vor auch einzeln ansprechen und verändern. Gruppen können wieder zu neuen Gruppen zusammengefaßt und so ganze Bauteilstrukturen erzeugt werden.

Gruppentechnologie
Ein Verfahren (und damit arbeitende Systeme) zum Auffinden ähnlicher Bauteile innerhalb eines Produktspektrums. Diese werden zu Gruppen und Teilefamilien zusammengefaßt und gemeinsam in einer Fertigungszelle bearbeitet. Dabei werden nicht nur geometrische Ähnlichkeiten, sondern auch Ähnlichkeiten bezüglich des Herstellungsprozesses (ohne Rücksicht auf die geometrische Gestalt des Bauteils) in die Strukturierung einbezogen. Damit eröffnen sich mit dieser Methode Möglichkeiten zum:

— Finden und Erstellen identischer und ähnlicher Bauteile,
— Planen und Simulieren von Fertigungsprozessen sowie
— ein verbessertes Layout von Fabrikationsanlagen aufgrund ähnlicher Fertigungsabläufe. Damit ist eine Verkürzung der nicht direkt zur Wertschöpfung beitragenden Vorgänge (Transport-, Lager- und Rüstzeit) möglich, deren Anteil in einer → *Blockfertigung* bis zu 95 % der Durchlaufzeit betragen kann.

Die mit Hilfe der Gruppentechnologie ermittelten Teilefamilien und die zu ihrer Bearbeitung eingerichteten → *Fertigungszellen* bilden eine Produktionseinheit, die von der Fertigungssteuerung leichter gehandhabt und mit kürzeren Durchlaufzeiten auskommen kann als eine Blockfertigung mit extremer Arbeitsteilung.

Zur Verschlüsselung werden Daten von Geometrie und Herstellungsprozeß eines Bauteils als Merkmale benötigt. In den Geometriedaten sind neben Form und Topologie explizite und implizite Maßangaben sowie Toleranzangaben enthalten. Explizite Maßangaben sind die Hauptmaße eines Bauteils. Implizite Angaben sind Maßverhältnisse (z. B. Länge zu Durchmesser, Stufensprünge bei Durchmessern bezogen auf Maximaldurchmesser bei abgesetzten Rotationsteilen usw.). Während die impliziten Angaben zur Suche nach ähnlichen Teilen erforderlich sind, dienen die expliziten Angaben zur direkten Vergleichbarkeit ähnlicher Teile, zur Suche nach identischen Teilen oder Abmessungen und zur Aussage darüber, ob ein Bauteil mit seinen Hauptabmessungen überhaupt in einer bestimmten Fertigungszelle erstellt werden kann (Randbedingung: Größe des Arbeitsraums der Werkzeugmaschinen in der Fertigungszelle). Zu den Daten des Herstellungsprozesses gehören die Daten des Arbeitsplans, Stammdaten, Bedarfszahlen, Kostengrößen, Einsatzbereich und Beschaffungsdaten.

Zur Verschlüsselung der Merkmale können Klassifizierungssysteme verwendet werden. Eine Verbesserung im Hinblick auf eine einfache Verwaltung und leichte Suche nach ähnlichen Bauteilen bieten aber relationale Datenbanken oder Speichersysteme auf der Basis von Entscheidungstabellen zur Speicherung der Teileinformationen. Neben der gezielten Suche nach einem einzigen Merkmal (z. B. Hauptmaß) ist bei diesen Hilfsmitteln auch die Suche nach beliebigen Kombinationen von Merkmalen über → *Boole 'sche*

Verknüpfungen möglich. Somit kann eine Bildung von Teilefamilien nach beliebigen Gesichtspunkten erfolgen.

Eine vollautomatische Verschlüsselung des Bauteils durch das CAD/CAM-System ist erst dann möglich, wenn die Werkstückmodelle auf der Basis von Volumina aufgebaut sind (Volumenmodelle) und die Topologie des Volumenmodells mit gespeichert wird. Bis dahin sind Benutzerabfragen notwendig.

Ein Unternehmen sollte folgende Voraussetzungen aufweisen, wenn es die Gruppentechnologie einführen möchte:

— Die Losgröße der Teilefamilie sollte zwischen 1 und 5.000 Stück liegen.
— Die Produktion sollte überwiegend in Eigenfertigung auf Standard-Werkzeugmaschinen erfolgen.
— Für die Rechnerunterstützung sollte bereits eine technische DV vorhanden sein.

Die Anwendung der Gruppentechnologie führt zu einer Reduktion der hausinternen Teilevielfalt während der Produktentstehung und der Fertigung ohne eine Verringerung der Produktevielfalt gegenüber dem Kunden. Diese Reduktion hat kürzere Durchlaufzeiten (Verringerung von Transport- und Lagerzeit, kürzere Rüstzeiten) und ein Senken der Produktionsgeschwindigkeit bei gleicher Ausstoßleistung bzw. einen erhöhten Ausstoß bei gleicher Geschwindigkeit zur Folge. Die Bearbeitungsmaschinen werden besser genutzt, die Kostentransparenz im Unternehmen steigt.

Indem die Ergebnisse aus den Konstruktionsbereichen (Funktionsfindung, Festlegen der Gestalt) mit den in einem Unternehmen vorhandenen Herstellverfahren gekoppelt werden, bildet die Gruppentechnologie das Bindeglied zwischen Konstruktion und Fertigung. Die Integration von CAD- und CAM-

Anwendungen mit Hilfe der Gruppentechnologie ist eine Grundvoraussetzung für die Realisierung von → *CIM*.

GT
Abkürzung für **G**roup **T**echnology, → *Gruppentechnologie*.

Gummibandtechnik → *Rubberbanding*.
1. Eine Technik, womit eine bestehende Abbildung interaktiv auf dem Bildschirm auseinandergezogen werden kann, gerade so, als wären die Kanten aus Gummi. Dabei ist die eine Seite der Abbildung fixiert, die andere folgt der Bewegung des Bildschirmzeigers (Cursor). Die Verbindung der verschobenen Teile zu anderen Teilen bleibt dabei erhalten. Diese Technik wird zur Simulation des Verlängerns oder Verkürzens ganzer Bauteile verwendet.
2. Beim Leiterplattenentwurf wird die betreffende Komponente auf der Platine verschoben, die Anschlüsse an andere Komponenten bleiben dabei ortsfest, so daß sich die Anschlußlinien verlängern oder verkürzen.
3. Auf einer Linie (Gerade) wird mit dem Cursor ein Punkt markiert. Nun bleibt dieser Punkt am Cursor befestigt und läßt sich an eine beliebige andere Stelle bewegen. Die Linie verhält sich dabei so als wäre sie aus einem Gummiband, wobei die beiden Enden an ihren Ausgangspunkten fixiert bleiben.

Handhabungsgerät → *Roboter.*

Handling: Handhabung.

Handskizzentechnik → *Skizzentechnik.*

Hardcopy
Das Überführen der momentan auf einem Bildschirm dargestellten Informationen auf ein Zeichenmedium (Direktabzug). Dazu wird bei Bildschirmen nach dem → *Rasterverfahren* der Bildpuffer zeilenweise ausgelesen. Als Ausgabegeräte werden spezielle Hardcopy-Geräte, die optoelektronisch arbeiten, und grafikfähige → *Drucker* (Laserdrucker, Nadeldrucker) eingesetzt. Eine Hardcopy dient aufgrund des festen Formats und der geringen → *Auflösung* als Informationshilfe oder zur Dokumentation und nicht als Fertigungsunterlage, ersetzt daher keine mit einer Zeichenmaschine erstellte Zeichnung.

Hardware
Die Gesamtheit aller Geräte in einem EDV-System. Damit die Hardware benutzt werden kann, ist → *Software* erforderlich.

Hauptproduktionsplan
Dieser mittelfristige Plan für die Fertigung (Planungshorizont etwa ein Jahr) berücksich-

tigt zahlreiche Faktoren, z. B. Lagerbestände, Nachfrageprognosen (für die Produktion auf Lager), Art und Anzahl der Aufträge (für die Auftragsproduktion) und verfügbare Kapazitäten. Damit kann der Gesamtbedarf an Endprodukten unter Berücksichtigung der voraussichtlichen Nachfrage abzüglich des Lagerbestands ermittelt werden. Dieser Gesamtbedarf wird laufend (in der Regel wöchentlich) an aktuell verfügbare Nachfragen und Kapazitäten angepaßt, um eine durchführbare Arbeitsmenge für die jeweilige Woche zu erhalten.

Hauptspeicher → *Arbeitsspeicher.*

Help-Funktionen
Die Möglichkeit, am Arbeitsplatz Auskunft über → *Syntax* und Leistungsfähigkeit eines Anwendungsprogramms und seiner Eingabekonventionen (am CAD/CAM-System z. B. die Eingabesprache) zu erhalten. Meist ist dazu das Benutzerhandbuch (Manual) im System gespeichert.

Heuristik
Die Wissenschaft von den nichtmathematischen Methoden zur Auffindung von Erkenntnissen. Die Heuristik steht im Gegensatz zu der Deduktion, bei der Aussagen aufgrund logisch exakter Regeln aus anderen Aussagen oder Axiomen abgeleitet werden. Ein Großteil der Tätigkeiten innerhalb des Konstruktionsprozesses, besonders bei der → *Neukonstruktion,* ist heuristischer Natur. Im Zusammenhang mit → *Expertensystemen* beschreibt die Heuristik die »Faustregeln« zur Gewinnung neuen Wissens aus vorhandenem Wissen.

Hexadezimalsystem
Ein Zahlensystem auf der Basis 16. Verwendet werden die Zahlen 0...9 und A...F. Dabei repräsentiert die äußerste rechte Stelle in der

Hexadezimalzahl die 0. Potenz von 16, die links daneben liegende die 1., die links danach kommende die 2. Potenz usw. Die einzelnen Werte der Stellen werden addiert. So entspricht der Hexadezimalzahl 3E8 die Dezimalzahl 1000.

HHS
Abkürzung für **H**and**h**abungs**s**ystem, → *Roboter.*

Hidden Lines
Verdeckte Kanten, die bei dreidimensionalen Konstruktionen mit CAD-Systemen immer zu sehen sind. Bei komplexeren dreidimensionalen Gebilden lassen sich somit Details kaum noch erkennen. Um ein klares Bild zu zeichnen sind die verdeckten Kanten zu entfernen → *hidden line removal.* Bei einfachen Gittermodell- (→ *Drahtmodell*) CAD-Systemen ist dies mühsam von Hand durchzuführen. Bei komfortableren CAD-Systemen, vor allem bei volumenorientierten CAD-Systemen, geht dies vollautomatisch → *fullautomatic hidden line removal.* Meist lassen sich die verdeckten Kanten alternativ auch als gestrichelte Linien darstellen. Einfache CAD-Systeme ermöglichen oft auch den → *Polygonfill,* womit die verdeckten Kanten verdeckt werden.

hidden line removal: ausblenden verdeckter Kanten (→ *Hidden Lines*).

Hierarchisches Design
Entwurfsmethode, bei der ein zu entwerfendes Gesamtsystem zunächst in Funktionsblöcke zerlegt und deren logische Verbindungen untereinander beschrieben werden. Die einzelnen Funktionsblöcke können wiederum Blöcke oder aber konkrete Schaltungsteile enthalten.

Hierarchischer Dialog
Art der → *Menütechnik,* bei der der Anwen-

der anhand einer Baumstruktur vom CAD-System geführt wird. Diese Art der Benutzerführung ist dort angebracht, wo die Arbeitsabläufe weitergehend festliegen, die Anforderungen an den Anwender niedrig liegen sollen und es nicht auf hohe Flexibilität in der Auswahl der Funktionen ankommt.

Hintergrund-Betrieb
Eine Arbeitsform eines EDV-Systems, bei der größere Berechnungsprogramme sowie Programme zur Ein- und Ausgabe größerer Datenmengen (z. B. Ausgabe auf → *Drucker* oder → *Zeichenmaschine*) mit niedrigerer Priorität als die → *interaktiv* am EDV-System arbeitenden Benutzer von einem Steuerprogramm verarbeitet werden. Im Hintergrund ablaufende Programme werden auch als Hintergrund-Programme bezeichnet. Die übliche Betriebsform ist der Stapelbetrieb (Batch-Betrieb), wobei das nächste Programm erst dann bearbeitet werden kann, wenn das vorherige abgeschlossen ist.

Aufgrund der niedrigeren Priorität kann eine Bearbeitung theoretisch nur dann erfolgen, wenn keiner der interaktiven Benutzer Rechenzeit in Anspruch nimmt. Da aber bei einem voll ausgelasteten Rechner u. U. nichts im Hintergrund bearbeitet werden könnte, wird eine gewisse Sockelzeit für solche Tätigkeiten vom → *Betriebssystem* freigehalten.

Historie-Funktion → *Protokolldatei*

Hit detection
Frühzeitiges Erkennen einer Berührung bzw. Kollision bei → *Robotern*, die visuelle → *Sensoren* einsetzen.

Hole: Loch, Öffnung.
Hierunter werden Öffnungen oder Durchbrüche in Flächen verstanden. Sie werden erzeugt, indem dasjenige Flächenstück ge-

löscht wird, das von einer auf der Fläche liegenden geschlossenen Kurve berandet ist. Diese Kurve ist entweder die Projektion einer vorgegebenen Kurve auf die Fläche oder der Verlauf der Schnittkurve beim Verschneiden mehrerer Flächen miteinander.

Holografischer Speicher
Auf den Eigenschaften von Hologrammen beruhender optischer Speicher. Die Holografie ermöglicht nicht nur das Herstellen dreidimensionaler Abbilder von Gegenständen, sondern die Interferenzen der Lichtwellen lassen sich wegen ihres hohen Auflösungsvermögens auch zum optischen Speichern von Daten auf engstem Raum nutzen. Alle diesbezüglichen Speichersysteme befinden sich noch im Stadium der Entwicklung.

Home Position
Nullstellung, Ausgangsstellung des Cursors bei Sichtgeräten oder des Stiftes bei einer Zeichenmaschine. In der Fertigung: → *Grundstellung*.

Horizontal dimension
Waagrechte Bemaßung, Horizontalmaß. → *Längenbemaßung*.

Horizontale Integration
Einführung der Rechnerunterstützung für eine einzige Funktion, aber parallel für mehrere Produktbereiche (z. B. Einführung von CAD-Systemen in die Konstruktionsbereiche aller Produkte). Ergänzung: → *Vertikale Integration*.

Host computer: Zentralrechner.
(Die Begriffe **Host** und **Main Frame** werden synonym gebraucht) Der Zentralrechner ist entweder ein Rechner für mehrere, direkt angeschlossene Arbeitsstationen oder der Hauptrechner in einem → *Netzwerk*, auf den alle untergeordneten Datenverarbeitungs-

anlagen und Datenstationen zugreifen und mit dem sie Datenverkehr betreiben können.

HPGL - Format
Abkürzung für **H**ewlett **P**ackard **G**raphic **L**anguage, eine von dem amerikanischen Plotter-Hersteller Hewlett Packard definierte → *Schnittstelle* zur Ausgabe von Technischen Zeichnungen auf → *Zeichenmaschinen*, die nach dem → *Vektor-Verfahren* arbeiten. Mit dieser Schnittstelle wird ein logisches (Art und Reihenfolge der Daten) und ein physikalisches Format (V24) festgelegt. Das HPGL-Format ist neben dem Calcomp-Format ein Quasi-Standard bei der Ansteuerung von Zeichenmaschinen.

Hybridrechner
Die Verbindung von → *Analogrechner* mit → *Digitalrechner* oder die Verbindung digital und analog arbeitender Einheiten in einem Rechnersystem. Hybridrechner bieten größere Arbeitsmöglichkeiten als reine Analogrechner, weil sie mit den Vorteilen des Analogrechners (einfache Darstellung komplizierter mathematischer Zusammenhänge) die Vorteile des Digitalrechners (hohe Arbeitsgeschwindigkeit, große → *Genauigkeit*, digitale Eingabe und Ausgabe) verbinden.

Hybridsystem
In einem → *Expertensystem* kann das Wissen üblicherweise nur in einer einzigen Form beschrieben werden. In einem hybriden System sind unterschiedliche Formen der Wissensrepräsentationen in einem System integriert. Der Anwender kann die unterschiedlichen Darstellungsformen entsprechend seiner Aufgabe beliebig verwenden.

Hyperbel → *Kegelschnitt.*

Hyperbola: ***Hyperbel*** → *Kegelschnitt.*

I

IC
Abkürzung für Integrated Circuit → *integrierter Schaltkreis.*

Icon → *Piktogramm.*

ID: Identifikation.

Identifier → *Markierer.*

Identifizieren
Erkennen von Elementen auf dem CAD-Bildschirm durch Positionieren des Fadenkreuzes auf oder in der Nähe des Elements.

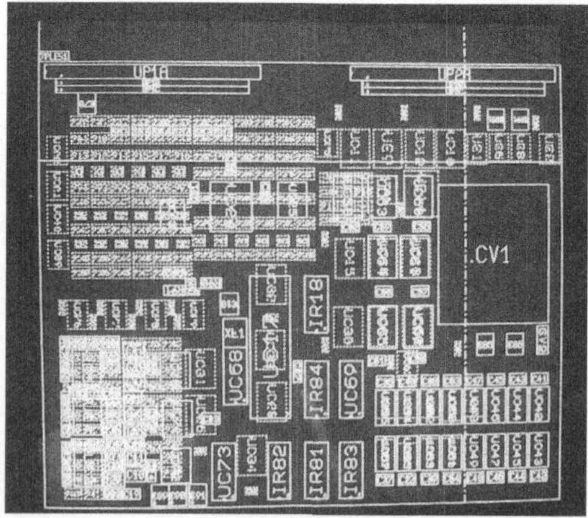

Auslegung eines integrierten Schaltkreises am CAD-System.

kreuzes auf oder in der Nähe des Elements. Das Identifizieren von Elementen ist Grundvoraussetzung für solche Kommandos, mit denen das Element verändert wird (→ *Editieren*, Fall 2), oder für solche, bei denen das Element als Bezug für die durch das Kommando ausgelöste Tätigkeit benötigt wird (z. B. Erzeugen von → *Zeichenelementen*).

Identifizierungshilfe
Bei vielen Kommandos am CAD-System ist eine Erkennung (Identifikation) vorhandener Elemente erforderlich. So muß z. B. beim Erzeugen einer Schraffur die Berandung der zu schraffierenden Fläche identifiziert werden. Statt jedes Element einzeln zu identifizieren (anzutippen), kann der Anwender eine der am CAD-System vorhandenen Identifizierungshilfen verwenden. Diese bestehen aus einer

— Vorgabe der Identifizierungsrichtung bei Kurvenzügen (→*Chaining*).
— Vorgabe von einem oder mehreren Elementen (z. B. Linien und Kreise), die identifiziert werden dürfen. Alle übrigen Elemente bleiben unberücksichtigt.
— Vorgabe, daß nur Elemente auf einer bestimmten Ebene oder einer Gruppe von Ebenen (→ *Ebenentechnik*) identifiziert werden dürfen.
— Vorgabe, daß alle sichtbaren Elemente identifiziert werden sollen.
— Vorgabe eines rechtwinkligen oder beliebig geformten Bereichs, innerhalb dessen Elemente vom CAD-System automatisch erkannt werden sollen. Die Verwendung eines Identifikationsbereichs bietet besonders bei komplexen Bauteilen oder bei einer großen Zahl von Elementen den Vorteil, daß das CAD-System kein Element »vergißt«. Der rechtwinklige Bereich wird aktiviert, indem die beiden Endpunkte der Diagonalen angegeben werden. Er dient

zur schnellen Identifikation einer größeren Elementezahl in einem einfach geformten Bauteil. Sind die Elemente einander nicht benachbart oder hat das Bauteil eine komplexere Form, wird der beliebig geformte Bereich verwendet. Dabei wird ein umschreibender Linienzug durch die Eingabe der Eckpunkte erzeugt. Der Vorteil dieses Bereichs liegt nicht in der Schnelligkeit der Identifikation, sondern darin, daß keines der gesuchten Elemente ausgelassen wird.

— Zusammenfassen von Elementen zu einer → *Gruppe*. Diese Gruppe kann vorher permanent vereinbart oder nur zum Zweck einer Kommandoausführung gebildet werden (temporäre Gruppe). Die Elemente einer permanenten Gruppe werden erkannt, indem die Gruppe mit ihrem Namen angesprochen oder ein einziges Gruppenmitglied identifiziert wird. Erfolgt Identifikation von Elementen, wird automatisch die temporäre Gruppe für die Weiterbearbeitung genommen.

Identifizierungshilfen können untereinander kombiniert werden.

identify, to: Identifizieren.

Identtext
Logische Bedeutung von → *Textknoten*.

IEC
Abk. für »Internationale Elektrotechnische Commission«. Arbeitet an der Vereinheitlichung elektr. Vorschriften und Normen. Der IEC gehören 36 Länder an.

IEEE
Abkürzung für **I**nstitute of **E**lectrical and **E**lectronical **E**ngineers, eine dem deutschen VDE (Verband deutscher Elektrotechniker) entsprechende Vereinigung in den USA.

IFIP
Abkürzung für **I**nternational **F**ederation of **I**nformation **P**rocessing, internationale Vereinigung für Informationsverarbeitung, eine Gruppe von Institutionen der Datenverarbeitung aus Forschung und Industrie.

IGES
Abkürzung für **I**nitial **G**raphics **E**xchange **S**pecification. IGES ist eine von → *ANSI* unter der Nummer Y14.26M genormte → *Schnittstelle* zur Übertragung produktdefinierender Daten (Modellinformationen) zwischen CAD/CAM-Systemen unterschiedlicher Hersteller, die von einer Reihe von CAD/CAM-Anwendern in den USA (Verteidigungsministerium, General Motors, Boeing usw.) in Zusammenarbeit mit den Herstellern von CAD/CAM-Systemen entwickelt wurde.

Die Modellinformationen werden mit folgenden Schritten übertragen:

In dem sendenden System A erzeugt ein IGES-Preprozessor aus der rechnerinternen Modelldarstellung eines Bauteils ein IGES-Übertragungsmodell. Zur Speicherung des Übertragungsmodells wird eine sequentielle Datei mit fester Satzlänge von 80 Zeichen (Lochkartenformat) verwendet. Modelldaten werden in Spalten 1 - 72, von IGES intern benötigte Adressen und Zeiger in Spalten 73 - 80 eigetragen. Diese Datei ist in fünf logische Abschnitte (sections) gegliedert:

1. Start-Section.
In diesem Abschnitt können Kommentare für den Anwender enthalten sein. Kennung dieses Abschnitts in Spalte 73 ist "S"

2. Global-Section.
Dieser Abschnitt enthält Informationen über den Preprozessor, die für die Interpretation der Daten durch den Postprozessor von Bedeutung sind. Die Kennung dieses Abschnitts ist "G".

3. Directory-Entry-Section.
In diesem Abschnitt steht ein Verzeichnis aller Elemente, die in der Übertragungsdatei enthalten sind. Für jedes Element sind zwei Zeilen vorgesehen. Kennung ist "D".

4. Parameter-Section.
Für jedes Element in der Übertragungsdatei stehen in diesem Abschnitt die dazugehörenden Parameter. Aufbau und Inhalt der Parametersätze ist abhängig vom jeweiligen Elementetyp. Kennung des Abschnittes lautet "P".

5. Terminate-Section.
Dieser Abschnitt markiert das Ende der IGES-Datei. Zu Kontrollzwecken ist hier die Anzahl der Datensätze jedes einzelnen Abschnitts eingetragen. Kennung ist "T".

Das Übertragungsmodell wird auf direktem (Datenfernübertragung) oder indirektem Weg (Datenträger, z. B. Magnetband) auf das System B transportiert.

Im empfangenden CAD-System B erzeugt ein IGES-Postprozessor aus dem IGES-Übertragungsmodell die für das System B spezifische rechnerinterne Modelldarstellung des Bauteils.

In der IGES-Norm ANSI Y14.26M werden dazu definiert:

— die Darstellung geometrischer, topologischer (Anordnung der Elemente zueinander), darstellungsbezogener (Art und Lage einer Ansicht relativ zum → *absoluten*

Übertragung von Modellinformationen mit dem IGES-Modell.

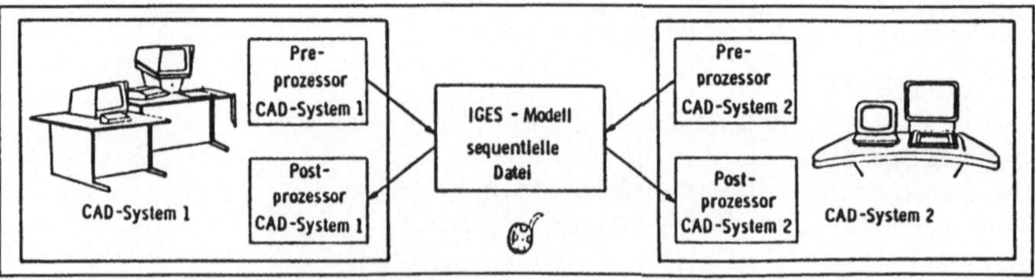

Koordinatensystem, wobei → *Transformationsmatrizen* übergeben werden; → *Zeichenelemente*) und nichtgeometrischer Produktdaten.

— das für das Übertragungsmodell zu verwendende digitale Dateiformat sowie

— eine Makrosprache und ein Sprachformat zur Übertragung von Variantenprogrammen.

Es werden eine Reihe von Elementetypen in IGES spezifiziert, die sich in drei Elementeklassen einteilen lassen:

— Geometrie-Elemente (Punkt, Linie bzw. Strecke, Kreisbogen, Freihandlinie, Ebene, Regelfläche, Freiformfläche usw. Freiformkurven und -flächen werden dabei in rationale B-Splinekurven bzw -flächen umgesetzt),

— Symbolische Elemente (Zeichenelemente wie Bemaßung, Text, Schraffur, Symmetrielinie) und

— Strukturelemente (z. B. Zuordnungen, Attribute, Transformationsmatrizen, Zeichnungen mit Art und Anordnung der darin enthaltenen Ansichten).

Diese Elemente ermöglichen die Darstellung und Übertragung aller zur Zeit verfügbaren Kanten- und Flächenmodelle sowie von technischen Zeichnungen. Komplexe Flächen und Volumenmodelle können nur mit der Flächenschnittstelle des Verbands der Automobilindustrie (→ *VDA-FS*) oder der französische Entwicklung → *SET* übertragen werden.

IGES wird fortlaufend weiterentwickelt (z. Zt. Version 3.0, die Version 4.0 wird die Möglichkeit zur Übertragung von Körpermodellen nach dem → *CSG-Verfahren* enthalten, die in → *ESP* entwickelt wurde) und wird in der von → *ISO* getragenen Schnittstelle → *STEP* aufgehen, in der alle bisherigen Entwicklungen zusammengefaßt werden.

Image: Bild, Ausschnitt, Darstellung. Momentan aktuelle Darstellung (Anordnung von Ansichten, Ausschnitte, Darstellungsmaßstab) auf dem Bildschirm. Bei einigen CAD-Systemen kann das Image unter einem Namen oder einer Nummer gespeichert werden.

Image processing: Bilddatenverarbeitung.

Implementation → *Implementierung.*

Implementierung
Das Formulieren und Lösen eines Problems in einer Programmiersprache und das folgende Einfügen der so entstandenen Software in ein EDV-System, so daß es dort ablauffähig ist.

Impuls
Ein einmaliger, stoßartiger Vorgang endlicher Dauer, der durch seine Form, Amplitude, Dauer und den Zeitpunkt seines Auftretens gekennzeichnet ist. Impulse werden von → *Impulsgebern* erzeugt, sie dienen einerseits zur Umwandlung von in nichtelektronischen Datenträgern (z. B. Lochkarten, → *Lochstreifen*) gespeicherten Informationen in elektrische Signale, andererseits für die Lage- und Wegmessung bei → *Werkzeugmaschinen* sowie bei elekromechanischen und optoelektronischen → *Zeichenmaschinen.*

Impulsgeber
Ein Gerät, welches, bezogen auf eine Wegstrecke oder auf eine Umdrehung, eine bestimmte Anzahl von → *Impulsen* mit sehr hoher Längen- bzw. Winkelgenauigkeit liefert. Impulsgeber werden als inkrementale Geber zur Lage- und Wegmessung an → *Werkzeugmaschinen* sowie elekromechanischen und optoelektronischen → *Zeichenmaschinen* verwendet.

Bei der direkten Messung von linearen Bewegungen werden die Impulse mit einem Bezugsnormal (Maßstab), das mit einer Rasterteilung versehen ist, erzeugt. Der gesamte Maßstab setzt sich aus einzelnen Segmenten zusammen, die bei der Inbetriebnahme der Maschine auf genaue Länge justiert werden. Die Abtastung dieses Maßstabes erfolgt berührungslos mit Licht, ohne mechanischen Verschleiß. Das vom Abtastkopf ausgehende Licht wird vom Maßstab reflektiert und enthält die »hell-dunkel-Informationen« des abgetasteten Rasterbereiches. In einer speziellen Abtastelektronik erfolgt dann die Auswertung nach Anzahl und Richtung der → *Inkremente*.

Für die Erzeugung von Impulsen bei Rotationsbewegungen wird ein Drehgeber verwendet, der durch die Übertragung der Impulsfrequenz an die Steuerung der Werkzeugmaschine die Lagekoordinaten von Werkzeug oder Arbeitstisch bereitstellt. Hierbei trägt der inkrementale Drehgeber auf einer Geberwelle die Impulsscheibe, diese wiederum eine kreisförmige Glasscheibe mit einer Radialgitterteilung, die aus lichtundurchlässigen Sektoren gleicher Breite besteht. Diese Teilung wird fotoelektrisch abgetastet. Die Impulsscheibe wird von einer Seite her beleuchtet, und auf der anderen Seite befinden sich vier Abtastgitter, deren Teilung jener der Impulsscheibe entspricht. Hinter den Abtastgittern ist je ein Fotoelement, das die einzelnen Signale aufnimmt und an eine Logik weitergibt, die daraus die Meßimpulse und die Drehrichtung ableitet.

IMS
Abkürzung für **I**ntegrated **M**anufacturing **S**ystem, integriertes Fertigungssystem.

Incremental dimension → *Kettenbemaßung.*

Industrie-Roboter → *Roboter.*

Inferenzmechanismus
Ein Teil eines → *Expertensystems*, der die Art der möglichen Schlußfolgerungen im Zusammenhang mit einer → *Wissensbasis*, aber unabhängig von dieser, mit speziellen Sprachen (z. B. → *ARS*) beschreibt. Dabei sind Vorwärts- und Rückwärtsverkettungen von Regeln möglich. Der Inferenzmechanismus und die Wissensbasis sind die Kernstücke eines Expertensystems.

Informatik
Die Wissenschaft vom Aufbau, der Arbeitsweise und der Gestaltung von Informationssystemen. Informationssysteme verarbeiten Informationen, die sich von Daten dadurch unterscheiden, daß sie eine für den Empfänger wesentliche Aussage enthalten.

Informationsverarbeitung
Die Informationsverarbeitung bildet eine Evolutionsstufe zur → *Datenverarbeitung*. Bei der Informationsverarbeitung weisen die numerischen und nichtnumerischen Daten komplexe Strukturen auf, die beispielsweise in → *DBMS* repräsentiert sind. Die Informationsbestände sind in verteilten Systemen (mehrere über ein → *Netzwerk* zusammengeschlossene Rechnersysteme) logisch miteinander verknüpft.

Ink-jet plotter → *Tintenstrahlplotter*.

Inkrement: Schrittweite.
Zuwachs einer Größe. Eine Wegstrecke oder eine Drehbewegung wird zur einfachen Realisierung in der Steuerung eines Gerätes in viele gleiche Inkremente aufgeteilt. Die Größe des Inkrements hängt von der Auflösung der Steuerung bzw. des Meßwertgebers ab.

Beim Bildschirm und bei einer elektrostatischen → *Zeichenmaschine* identisch mit der → *Auflösung*, bei einer elektromechanischen und einer optoelektronischen Zeichenmaschine der kleinstmögliche Abstand zweier Punkte, der vom Zeichenwerkzeug (Zeichenkopf) noch dargestellt werden kann. Bei → *Werkzeugmaschinen* ist dies eine bestimmte Wegstrecke des Schlittens bzw. des Maschinentisches.

Inkrementale Drehgeber → *Impulsgeber.*

Inneninterpolation
Der Rechenvorgang zur Berechnung der Bahnpunkte bei linearen, zirkularen oder parabolischen Kurven erfolgt innerhalb der numerischen Steuerung. Es werden nur die Anfangs- und Endpunkte der Kurve und evtl. erforderliche Hilfsparameter programmiert. Diese Hilfsparameter bestimmen sehr oft auch die Genauigkeit der Bahnkurve, da die Annäherung dieser Bahnkurve durch Polygonzüge erfolgt. Je mehr einzelne Punkte von der Steuerung errechnet und auch zur Maschine übermittelt werden, desto besser ist die Annäherung an das vorgegebene Profil.

Input: Eingabe.

Insellösung
Bezeichnung für eine in sich geschlossene Lösung, die mit keiner anderen Lösung verbunden ist oder die mit keiner anderen Lösung über → *Schnittstellen* Daten tauschen kann. Die Einführung von Systemen der Rechnerunterstützung in die einzelnen Bereiche eines Unternehmens führt zu Insellösungen, wenn diese sich nicht ablauforganisatorisch gegenseitig unterstützen, nicht miteinander über → *Netzwerke* verbunden sind und nicht auf einen gemeinsamen, eindeutigen Datenbestand zugreifen können.

insert, to: Einfügen.

Instance: Beispiel, Veranlassung, Instanz.

Hier die Lage des Referenzpunktes eines → *Symbols* oder einer → *Figur.* Bei der Stücklistenverarbeitung und Schaltplanerstellung wird die Zahl der eingefügten Symbole und Figuren anhand dieser Punkte gezählt.

Instruction
Vorschrift, Instruktion. Ein Befehl auf der Ebene der Maschinensprache.

Instruction set: Befehlsvorrat.
Der Befehlsvorrat auf der Ebene der Maschinensprache. Der Umfang ist ein direktes Maß für die Leistungsfähigkeit des → *Betriebssystems.*

Integer
Ganzzahlige Zahl (ohne Dezimalpunkt und Dezimalstellen).

Integrierter Schaltkreis
Vielzahl von miteinander verbundenen elektronischen Schaltungen, die in einem Baustein (Chip) enthalten sind. Integrierte Schaltkreise sind die Bauelemente jedes EDV-Systems. Die Entwicklung geht zu Schaltkreisen mit immer höherer Packungsdichte, d. h. einer laufenden Miniaturisierung der Schaltungen.

Integriertes CAD-System
Ein modulares CAD-System, bei dem alle Module auf das gleiche → *Werkstückmodell* in einer einzigen Datenbank zugreifen. Alle Module werden über eine einheitliche Eingabesprache angesprochen, so daß der Anwender den Eindruck hat, nur mit einem einzigen System zu arbeiten. Z. B. bewirkt eine Änderung an den 3D-Daten (Modelldaten) automatisch eine Änderung der 2D-Daten (Zeichnungsdaten). Wird in den 2D-Daten an den Geometrieelementen etwas geändert, so wirkt sich diese Änderung auf die Modelldaten aus.

Intelligenz
Im gerätetechnischen Zusammenhang ein Begriff für die lokale Leistungsfähigkeit einer → *Datenstation* (Terminal). Eine Datenstation ist dann »intelligent«, wenn sie für bestimmte Aufgaben (z. B. Bildhandhabung) selbst über Rechnerleistung verfügt. Solche Aufgaben werden in der Datenstation lokal gelöst, ohne daß dazu die → *Zentraleinheit* des Rechnersystems verwendet werden muß. Der Unterschied zum → *Arbeitsplatzrechner* besteht darin, daß hier nur für einzelne Funktionen Rechnerleistung vorhanden ist, während beim Arbeitsplatzrechner alle Funktionen einer Zentraleinheit zur Verfügung stehen.

Da der Begriff »Intelligenz« üblicherweise auf den Menschen bezogen wird und dabei eine ganz andere Bedeutung und Wertigkeit hat als im informationstechnischen Sinne, sollte besser von »Geräten hoher lokaler Leistungsfähigkeit« gesprochen werden. Siehe auch → *Künstliche Intelligenz*.

Intensity: Intensität.
Helligkeits-Niveau bei Bildschirmen, die über Hardware (Potentiometer) oder über Software (im Rahmen der Grundeinstellung des Geräts beim Set-Up) eingestellt werden kann.

Interaktion
Wechselwirkung von Aktionen, die zwischen zwei Partnern ausgeführt werden. Im CAD/CAM-Bereich ist dies die Wechselwirkung zwischen Mensch (Anwender) und Rechnersystem. Die Fähigkeit zur Interaktion auf beiden Seiten ermöglicht die → *Kommunikation* zwischen Anwender und System während einer Arbeitssitzung.

Interaktiv
Das Arbeiten im Dialog mit einem EDV-System (Dialog-Betrieb). Beim interaktiven

Betrieb formuliert der Anwender schrittweise seine Lösung. Er verwendet dazu entweder die Kommandos einer → *Eingabesprache* oder wählt den nächsten Schritt aus der Menge der vom EDV-System angebotenen Möglichkeiten (→ *Menütechnik*) aus.

Anhand des jeweiligen Ergebnisses entscheidet der Anwender, welchen Schritt er als nächsten ausführen wird. Der interaktive Betrieb eines CAD-Systems entspricht daher am ehesten der Arbeitsweise des Konstrukteurs.
Gegensatz zum interaktiven Betrieb ist der → *Stapelbetrieb*.

Interconnect: Verbindungslinie.
Diese Elemente werden beim Schaltungsentwurf in Elektrotechnik und Elektronik eingesetzt. Sie werden wie Linien erzeugt und geändert, können aber mit nichtgrafischen Eigenschaften (z. B. Signalart, Kabelfarbe usw.) versehen werden. Die Verlaufsrichtung einer Verbindungslinie zwischen zwei Punkten läßt sich durch Sperren bestimmter Richtungen vorgeben, so daß alle Linien z. B. nur senkrecht und waagrecht verlaufen.

Interface → *Schnittstelle*.

Interlace → *Zeilensprung*.

Interpolation
Die Berechnung von Zwischenpunkten entlang einer vorgegebenen ebenen oder räumlichen Kurve (Gerade, Kreisbogen, Kegelschnitt usw.). In der Fertigungstechnik werden überwiegend die lineare Interpolation und die kreisförmige Interpolation angewendet.

Interpolator
Ein Programm das in einer Steuerung die Verfahrbewegungen der einzelnen Achsen einer → *Werkzeugmaschine* so koordiniert,

daß die daraus resultierenden Bewegungen ständig auf der programmierten Bahnkurve zwischen den Anfangs- und Zielpunkten der Achsen liegen. Die Notwendigkeit ergibt sich daraus, daß sich im Positionierbetrieb einer Werkzeugmaschine sich alle programmierten Achsen gleichzeitig mit Eilgang bewegen, bis jede Achse ihre Zielposition erreicht hat. Alle Antriebe starten zwar gemeinsam, die Zielpositionen werden jedoch abhängig von der zurückgelegten Strecke in jeder Achse nacheinander erreicht. Dazu verfügen → *Bahnsteuerungen* über unterschiedliche Interpolationsmöglichkeiten:

a) Linearinterpolation: Bei Linearinterpolation wird das Werkzeug vom Anfangs- bis zum Endpunkt geradlinig bewegt. Eine Linearinterpolation läßt sich theoretisch für beliebig viele gleichzeitig zu bewegende Achsen erreichen. Für Werkzeugmaschinen sind bis zu fünf Achsen sinnvoll interpolierbar, und zwar X, Y und Z zur Bestimmung eines Raumpunktes und 2 Schwenkbewegungen, z. B. A und B, für die Fräserachse.

b) Zirkularinterpolation: Bewegung auf kreisförmigen Bahnen. Diese Interpolation ist auf die Hauptebenen der Maschine begrenzt. Die Einbeziehung rotatorischer Achsen in die Zirkularinterpolation ist nicht sinnvoll und wird deshalb auch nicht angewendet. Auch für räumliche Interpolation, d. h. gleichzeitige Bewegungen von 3 und mehr Achsen, scheidet die Zirkularinterpolation aus.

c) Parabolinterpolation: Bewegung auf parabelförmigen Bahnen. Die parabolische Interpolation bringt im wesentlichen nur bei vier- und fünfachsigen Maschinen Vorteile, indem sie für mehrachsige, simultane Bewegungen mit weniger Steuersätzen auskommt als die Linearinterpolation.

Interpreter → *Entschlüssler.*

Interpretierer → *Entschlüssler.*

Interrupt: Unterbrechung.
Der Arbeitsablauf in der Zentraleinheit eines → *Prozeßrechners* oder eines Rechners, der nach dem → *Realzeitverfahren* arbeitet, kann entweder durch Eingabe von Befehlen und Daten (Interaktionen) oder durch Ablauf des für den Benutzer vorhandenen Zeitintervalls unterbrochen werden, ohne daß ein Verlust der bisher erzeugten Daten auftritt oder das momentan bearbeitete Programm neu gestartet werden müßte. Vielmehr wird das Problem in eine Wartestellung geschoben, bis es von der Zentraleinheit weiterbearbeitet werden kann. Alle im technischen Bereich eingesetzten Rechnersysteme sind interruptfähig, da der Anwender seine Eingaben nicht kontinuierlich tätigt, sondern immer dann, wenn es ihm richtig erscheint. Gleichzeitig erwartet er eine sofortige Reaktion und die Bearbeitung des in einer Eingabe- oder einer Programmiersprache formulierten Problems.

Invertierte Darstellung
Eine Art der grafischen Darstellung, bei der die Grafik die Farbe oder den Helligkeitsgrad des Hintergrunds und der Hintergrund Farbe oder Helligkeit der Grafik übernimmt, z. B. bei der Umschaltung von heller Schrift vor dunklem Hintergrund (Negativ-Darstellung) auf dunkle Schrift vor hellem Hintergrund (Positiv-Darstellung). Aus ergonomischer Sicht ist bei Bildschirm-Arbeitsplätzen die Positiv-Darstellung vorzuziehen.

I/O
Abkürzung für **I**nput/**O**utput. Bezeichnet entweder die Ein- und Ausgabe von Daten oder die Gesamtheit aller Geräte zur Ein- und Ausgabe von Daten.

I/O - Device
Ein Gerät zur Ein- und Ausgabe von Daten, z. B. der CAD-Arbeitsplatz.

ips
Abkürzung für **i**nch **p**er **s**econd, Zoll pro Sekunde, ein Maß für die Schreib- und Lesegeschwindigkeit in einem → *Magnetbandgerät.*

IR
Abkürzung für **I**ndustrie-**R**oboter. → *Roboter.*

IRDATA
Abkürzung für **I**ndustrial **R**obot **Data**, eine Schnittstelle, mit der Steuerungsdaten unabhängig von einer Robotersteuerung bereitgestellt werden können (VDI-Richtlinien 2863 und 2864). Die Vorgehensweise entspricht der bei der → *NC-Programmierung.* Die Steuerungsdaten des Roboters werden vom Programmiersystem oder von einem CAD/CAM-System im IRDATA-Format bereitgestellt und von spezifischen Postprozessoren auf die jeweilige Steuerung umgesetzt.

ISO
Abkürzung für **I**nternational **S**tandards **O**rganization, Internationaler Normungsausschuß.

ISO - Netzwerkmodell
Ein von der → *ISO* genormtes Modell zur Kommunikationstechnik. Zerlegt die Kommunikation in sieben Ebenen. → *OSI-Netzwerkmodell.*

Item: Element.
Die kleinste ansprechbare, nicht mehr weiter zerlegbare Einheit im Werkstückmodell, z. B. Punkte, Linien, Kreise, Flächen, Volumina usw., aber auch nichtgrafische Elemente. Äquivalente Bezeichnungen sind Entity oder Element.

ISO-Schichten	Aufgabe
Schicht 7 : Anwendungsschicht	Schnittstelle für die Anwender-Prozesse, die Services wie Transfer von Dateien und Jobs, virtuelle Terminal und spezielle Protokolle zwischen Prozessen beinhält.
Schicht 6 : Darstellungsschicht	Bildet die Schnittstelle zu der lokal verwendeten Syntax, Anpassung/Umwandlung von Formaten, Kodierung in ein Übertragungsformat
Schicht 5 : Kommunikations-steuerungsschicht	Synchronisation und Verwaltung (Einrichten, Wiederaufsetzen) von Verbindungen
Schicht 4 : Transportschicht	Schnittstelle zwischen Anwendung und Netzwerk, führt eine Flußkontrolle durch, multiplext mehrere Verbindungen
Schicht 3 : Netzwerkschicht	Protokollanpassung zwischen verschiedenen Netzen, Routing permanent für jedes Paket, oder Festlegung einer virtuellen Verbindung, multiplext Schicht 2 Verbindungen
Schicht 2 : Sicherungsschicht	Fehlerentdeckung,Transfer zwischen topologisch benachbarten Knoten, Medienzugang
Schicht 1 : Bitübertragungs-schicht	Übertragungstechnologie, bitserielles Übertragung und Empfangen von Paketen

Die Architektur des ISO-OSI-Modells. Für jede Schicht sind die Funktionalitäten in der Form von Standards definiert.

IZ

Abkürzung für **I**dle **Z**ero Workplace, verteilzeitfreie Arbeitseinheit im produzierenden Bereich. Eine andere Abkürzung lautet Industrie-Zelle. IZ werden mit dem Ziel eingeführt, Durchlaufzeiten und damit Lieferzeiten generell zu verkürzen, oder um eine von einem Kunden gewünschte → *just in time-Fertigung* zu realisieren.

Weiterhin sollen ein kontinuierlicher Ausstoß von Produkten erreicht (besonders wichtig bei Anlieferung für eine getaktete Fertigung), die Kapitalbindung durch Reduzierung des Umlaufvermögens gesenkt und die Herstellkosten reduziert werden.

IZ entstehen durch Zusammenfassen aller Arbeitsschritte, die zur Fertigung eines Produktes erforderlich sind, für die eine autonome, weitgehend autarke Produktionseinheit gebildet wird.

Im Gegensatz zu der → *Gruppentechnologie*, bei der Teilefamilien aufgrund der geometrischen und fertigungstechnischen Ähnlichkeit ohne Rücksicht auf das spätere Einsatzfeld der Teile gebildet und in einer → *Fertigungszelle* bearbeitet werden, steht bei der IZ die Produktfamilie (gleiches Einsatzgebiet der Elemente der Produktfamilie) im Vordergrund.

Voraussetzungen für die Einführung von IZ sind:

— Die Produkte werden in Eigenfertigung erstellt.
— Die Losgröße der betrachteten Produkte erfordert eine Werkstattfertigung, da sie zu klein (und damit unwirtschaftlich) für eine spezialisierte Fertigungseinrichtung ist.
— Das Unternehmen ist bereit, Mitarbeiter höher zu qualifizieren und organisatorische Änderungen in Kauf zu nehmen.

Die Kennzeichen einer IZ sind neben der vollständigen Erstellung der Produktfamilie (soweit dies wirtschaftlich möglich ist):

— Alle benötigten Betriebseinrichtungen und -mittel sind in der IZ vorhanden. Diese sind so aufeinander abgestimmt, daß Rüstzeiten minimiert werden.
— Werkzeuge und Hilfsmittel befinden sich in räumlicher Nähe.
— Die Personalausstattung besteht aus einem Meister bzw. Vorarbeiter, der die IZ

leitet, aus qualifizierten Werkern, die alle Schritte zur Fertigung der Produkte in der IZ beherrschen und daher im Vorfeld entsprechend qualifiziert werden müssen, damit sie flexibel innerhalb der IZ eingesetzt werden können, und aus Hilfspersonal.

— Ein Mitarbeiter führt mehrere Arbeitsschritte hintereinander aus. Die Losgröße pro Schritt ist so bemessen, daß sie von einem Mitarbeiter in der zur Verfügung stehenden Zeit vollständig bearbeitet werden kann. Die Einzelschritte der Fertigung werden dazu entweder so ausgelegt, daß kein Schritt mehr Zeit als die anderen benötigt (dann entspricht die Zahl der Mitarbeiter in der IZ der Zahl der Arbeitsschritte), oder ein Schritt den Takt für alle anderen Schritte vorgibt (dann kann ein Mitarbeiter allein die IZ bedienen). Dadurch kommt es zu einem kontinuierlichen Ausstoß.

— Die IZ hat volle Verantwortung für Personaleinsatz, Planung und Termine (und stellt damit für → *PPS-Systeme* die kleinste zu steuernde Einheit dar), Fertigung bis zum Fertigmachen zum Versand, Materialbeschaffung nach dem Holprinzip (KANBAN), Qualistätssicherung.

Durch das Holprinzip können die Eingangslager vor einer IZ klein gehalten werden. Der kontinuierliche Ausstoß ermöglicht es, Ausgangslager ebenfalls klein zu halten (im Extremfall bilden die Behälter, in denen die Produkte zum Kunden transportiert werden, das Ausgangslager). Zwischenlager können aufgrund der kontinuierlichen Fertigung entfallen. Dadurch und durch die Minimierung der Rüstzeiten wird der Anteil der Wertschöpfung an der Durchlaufzeit erhöht und so das Umlaufvermögen reduziert.

Die Entsprechung für IZ im produktdefinierenden Bereich sind → *EIZ*.

J

JIRA
Abkürzung für **J**apan **I**ndustrial **R**obot **A**ssociation, Einteilungsklassen für → *Roboter* in Japan. Diese lassen sich in sechs Bereiche unterteilen:

1. Manuelle Manipulatoren,
2. Sequentieller Roboter mit starrem Bewegungsmuster,
3. Sequentieller Roboter mit variablem Bewegungsmuster,
4. Playback-Roboter, frei programmierbar,
5. NC-gesteuerter Roboter, frei programmierbar,
6. Intelligenter Roboter, frei programmierbar, mit → *Feedback* über → *Sensoren.*

JIT
Abkürzung für → *Just in Time.*

Job
Programm, Aufgabe (z. B. Erstellen einer Zeichnung auf einer → *Zeichenmaschine*).

Job control: Programmsteuerung, Auftragssteuerung.

join, to: Zusammenfügen.

Joystick → *Steuerknüppel.*

Jump
Sprunganweisung bei → *SPS,* → *Fixpunkt.*

Justification: Begründung; hier: Bündigkeit. Beliebige Elemente können bündig zu einer Bezugskante angeordnet werden. Texte können linksbündig, rechtsbündig oder mittig geschrieben werden. Bei der Erstellung von Stromlaufplänen und Leiterplatten können Linienelemente verwendet werden, deren Breite (width) rechts- oder linksbündig bzw. mittig zu dem vom Benutzer digitalisierten Verlauf liegt

Just in Time

Der Begriff beschreibt die Rechtzeitigkeit der Produktion eines Zulieferanten für den Kunden. »Rechtzeitigkeit« bedeutet, daß das vom Kunden gewünschte Produkt kurz vor dem Bedarf auf Veranlassung des Kunden erst beim Zulieferanten produziert und direkt in die Produktion des Kunden (z. B. an das Fließband) geliefert wird. Das Produkt muß daher beim Kunden nicht im Vorfeld auf Lager gehalten werden. Die Philosophie des Just in Time ist auf Serien- und Massenfertiger zugeschnitten, für Einzelfertiger ist sie nur bedingt anwendbar.

In Fertigung und Montage, die Just in Time verlaufen, soll die Kapitalbindung verringert und dadurch die Produktivität des eingesetzten Kapitals erhöht werden. Die Umstellung auf Just in Time erfolgte zuerst in der japanischen Industrie.

Die Umstellung auf Just in Time bezieht sich auf den gesamten Auftragsdurchlauf. Dabei gelten folgende Prinzipien:

1. Bestände (Lagerbestände und Umlaufbestände) sind gespeicherte Kapazitäten und gebundenes Kapital.
2. Bestände verdecken Fehler und Schwachstellen im Ablauf. Mit dem Abbau bzw. der Reduktion von Beständen werden Fehler sichtbar und damit der Behebung zugänglich.

3. Kurze Durchlaufzeiten sollen angestrebt werden, nicht aber zu jedem Preis. Wichtiger ist die Produktivität des eingesetzten Kapitals.
4. Umstellung von Block- auf Fließfertigung, weil diese die kostengünstigste Art der Stückfertigung darstellt.
5. Umstellung beim Kunden von mehreren Bezugsquellen auf eine einzige Bezugsquelle (single sourcing).

Die Abläufe in der Fertigung werden vom Bring- auf das Holprinzip umgestellt. Dies beginnt bereits bei der Bedarfsmeldung vom Kunden, der die benötigten Produkte mit Mengen-, Zeit- und Ortsangabe abfordert. Dieser Abforderungs-Mechanismus setzt sich beim Zulieferanten innerhalb seiner Fertigung von der Auslieferung bis zur Materialbereitstellung fort.

Die Einführung der Fließfertigung führt zur Minimierung des Lagerbedarfs bzw. zu einer Verlagerung zum jeweiligen Zulieferanten. Da ein kontinuierlicher Bedarf an Rohstoffen vorliegt, können die Eingangslager klein gehalten werden. Das Lager mit Fertigteilen kann im Extremfall auf die Behälter, in denen die Produkte zum Kunden transportiert werden, beschränkt sein. Um hier die Zeiten kurz zu halten, siedeln sich gerade im Bereich der Automobilindustrie verstärkt Zulieferanten in der Nähe der Werke ihrer Kunden an.

Die Umstellung auf Just in Time führt insgesamt zu Kostenersparnissen und zu einer besseren Auslastung des Unternehmens. Dadurch daß Vorgangsketten über ein Unternehmen hinausgehen, steigt die Empfindlichkeit gegenüber Störungen von außen. Fällt ein Glied der Vorgangskette aus, so bricht der gesamte Ablauf zusammen. Das Risiko eines solchen Ausfalls muß in die Entscheidung zur Einführung einfließen.

k (Kilo)
Abkürzung für die zehnte Potenz der Zahl 2. 1 k entspricht somit in der EDV 1.024.

Kabelplan
Auch Kabelliste → *Auswertung* bei Elektro-CAD-Systemen. Der Kabelplan enthält alle Informationen zu Kabeln, die im → *Stromlaufplan* verwendet wurden, u.a. Kabelnummer, Kabeltyp, angeschlossene Geräte bzw. Klemmleisten, technische Daten.

KANBAN
Der japanische Begriff für eine Pendelkarte oder einen Bedarfsschein, der beim Lieferanten einen Auftrag auslöst. Die Karte enthält neben anderen dispositiven Daten die Auftragsnummer, den Liefertermin und die zu liefernde Menge. Der Name »Pendelkarte« rührt daher, daß die Karte zwischen Kunden und Lieferanten hin und her pendelt: Vom Kunden zum Lieferanten im leeren Transportmedium, zurück vom Lieferanten zum Kunden mit der angeforderten Menge, wieder zum Lieferanten in einem leeren Transportmedium usw.

Bei KANBAN handelt es sich um ein Bestellauslöseverfahren, bei dem die Bestellmenge immer gleich ist, die Bestellzeitpunkte aber unterschiedlich ausfallen. Diese Fertigungsphilosophie lohnt sich nur bei einem kontinuierlichen Bedarf über einen längeren Zeitraum. Es ist nicht unproblematisch, das KANBAN-Verfahren ohne Berücksichtigung der besonders engen Beziehungen zwischen Kunden und Zulieferanten und der geringeren Zahl von Sonderlösungen in Japan auf europäische Verhältnisse zu übertragen, wie folgender Vergleich mit gemittelten Werten zeigt.

	Japan	**Bundesrepublik**
Anzahl der Kunden	1	50-100
Teilevielfalt	12	25-300
Werkzeuge	45	325
Rüstzeiten in Minuten	20	30
Umrüstungen/Monat	15	80
mittlere Seriengröße	150.000	2.500
Vertragsbindungsmonate	120	1-12

Kantenmodell
(Gittermodell) Ein rechnerinternes → *Werkstückmodell*, bei dem zur Darstellung von Objekten ebene oder/und räumliche Kantenelemente (Linien, Kreisbögen, Freihandlinien) verwendet werden. Am Reißbrett wird ein ebenes Kantenmodell verwendet.

Kapazitätsbedarfsplanung
Sobald man vom → *MRP* alle vorgeschlagenen und bestehenden Aufträge kennt, die zur Fertigung der Produkte und ihrer Komponenten erforderlich sind, kann mit Hilfe der Kapazitätsbedarfsplanung eine zweite Schätzung des künftigen Kapazitätsbedarfs vorgenommen werden. Für jedes gefertigte Element, sei es ein Produkt, ein Baugruppenteil oder ein Teil, ist ein Produktionsdurchlauf oder eine Prozeßspezifikation erforderlich, die folgende Angaben enthält:

a) Die zu befolgende Operationsfolge.

b) Die Art(en) von Ressourcen bzw. Betriebsmitteln, die für jede Folge erforderlich ist.

c) Die Zeit, für die die Ressource pro Einheitsmenge, d. h. pro Stück, pro hundert, pro Meter oder pro Kilogramm erforderlich ist.

d) Die für die Vorbereitung der Ressourcen zur Durchführung der Operation erforderliche Zeit.

Kapazitätsterminierung
Terminliche Einplanung der einzelnen Arbeitsgänge unter Berücksichtigung der freien Kapazität und bestimmter Reihenfolgekriterien. Die ermittelten Bedarfszahlen und die vorhandene Kapazitätssituation dienen als Grundlage für die Kapazitätsterminierung. Bei diesem Vorgang werden Kapazitätsübersichten für die verschiedenen Betriebsmittelgruppen gebildet. Evtl. Engpässe oder Kapazitätsspitzen werden z. B. durch das Ansetzen von Überstunden, Sonderschichten oder auch durch das Übergehen auf Ausweichmaschinen ausgeglichen.

Kassette
Speichermedium zur Ablage von Daten. Die Funktionsweise ist ähnlich der eines Magnetbandes, nur sind die Kassetten erheblich kleiner und handlicher. Marktübliche Kassetten fassen ca. 100 MB Daten.

kB
Abkürzung für **Kilobyte**, 1.024 → *Byte*.

kb
Abkürzung für Kilobit, 1.024 → *bit*.

KDCS
Abkürzung für **K**ompatible **D**aten**c**ommunikations**s**chnittstelle (DIN 66 265). Mit dieser → *Schnittstelle* wird erreicht, daß bei Einhaltung der KDCS-Regeln Anwenderprogramme auf Rechnersystemen verschiedener Hersteller ablaufen können.

Kegelschnitt
Zu den Kegelschnitten gehören → *Kreise*, Ellipsen, Hyperbeln und Parabeln.

— Ellipsen werden durch Vorgabe von vier gegenüberliegenden Punkten (die die große bzw. kleine Hauptachse bilden), durch numerische Eingabe der beiden Achsen und des Mittelpunktes oder durch einen Schnitt einer Kegel- oder Zylinderfläche mit einer Ebene erzeugt, wobei die Ebene nicht parallel zur Kegelbasis liegt bzw. nicht senkrecht zur Zylinderfläche steht.
— Hyperbeln und Parabeln werden durch die Vorgabe mehrerer Punkte, eines Punktes auf der Kurve sowie einer Angabe zum Verlauf von Anfangs- und/oder Endtangenten erzeugt. Aus der Lage der Punkte bzw. Tangenten entscheidet es sich, ob eine Hyperbel oder eine Parabel erstellt wird.

Kennung
Logische Bedeutung von → *Textknoten.*

Kernspeicher
Historischer Name für → *Arbeitsspeicher.* Früher bestanden Arbeitsspeicher aus Ferritringen (Kernen), die über jeweils eine eigene Leitung beschrieben (magnetisiert), gelöscht (entmagnetisiert) und gelesen wurden. Im Gegensatz zu den heute verwendeten Halbleiterspeichern blieb die Information im Kernspeicher durch die Magnetisierung auch bei Stromausfall erhalten.

Kettenbemaßung
Eine Kettenbemaßung oder Zuwachsbemaßung besteht aus einer Reihe von Einzelmaßen, die hintereinander angeschlossen sind, wobei alle Maßzahlen und Maßlinien, sofern vom Platz möglich, auf der gleichen Höhe sitzen. Eine Kettenbemaßung wird erzeugt,

indem, ausgehend vom Startelement, alle übrigen Kanten in der gewünschten Reihenfolge identifiziert werden und die Lage für Maßzahlen und Maßlinien digitalisiert wird.

Key
Erkennungsschlüssel, Taste, Menüfeld.

Keyboard: Tastatur.

Keypad: Tastenfeld.
Ein neben der Tastatur angebrachtes Tastenfeld zur separaten Eingabe von Ziffern, Sonderzeichen und -funktionen.

KI
Abkürzung für → ***K**ünstliche **I**ntelligenz.*

kill, to: zerstören.

Klemmenplan
Der Klemmenplan ist neben dem → *Stromlaufplan* die zentrale Unterlage in der konventionellen Elektrotechnik. Er wird für jede Klemmleiste getrennt aufgestellt und enthält an Information pro Klemme (Aufbau firmenspezifisch):

1. Klemmennummer - interne und externe Ziele (Betriebsmittel), bei Mehrfachklemmen mehrere Ziele.
2. Potential-Querverweise zum Stromlaufplan.
3. Kabelnummer und Ader bei angeschlossenen Kabeln.

Die manuelle Erstellung der Klemmenpläne ist sehr zeitaufwendig und fehlerintensiv, daher erzielt man bei automatischer Erstellung durch ein CAD-System eine hohe Wirtschaftlichkeit. Allerdings muß das CAD-System dann auch alle Randbedingungen hinsichtlich der Ermittlung der Ziele, der Verdrahtungsreihenfolge und der Anschlußbedingungen an die Klemme berücksichtigen. Hierzu sind nur wenige Systeme in der Lage.

Klemmensymbol
→ *Symbol* zur Darstellung von Klemmen im → *Stromlaufplan.* Solche Symbole trennen im Gegensatz zu normalen Gerätesymbolen ein → *Potential* nicht auf.

Knoten
1. Ein Rechner in einem → *Netzwerk.*
2. Ein Eckpunkt eines Finiten Elements (→ *Finite-Elemente-Methode*).

Knowledge Engineer → *Wissensingenieur.*

Koaxialkabel
Koaxialkabel sind elektrische Leiter, die ineinander liegend angeordnet sind. Dabei wird in der Achse eines hohlen Außenleiters ein massiver oder ebenfalls hohler Innenleiter durch Isolierstücke oder eine Vollisolierung gehalten. Sie sind besonders verlust- und störungsfrei und dienen zur Übertragung von Wechselströmen, deren Frequenzen sehr hoch sein können. Die Übertragungskapazität ist sehr hoch, und sie können auch für größere Entfernungen eingesetzt werden. Koaxialkabel sind neben Telefonkabeln und → *Lichtwellenleitern* die am meisten verwendeten Träger für → *Netzwerke.*

Erzeugen des Körpermodells eines Bauteils durch Boole'sches Addieren zweier Quader und Subtraktion eines Zylinders.

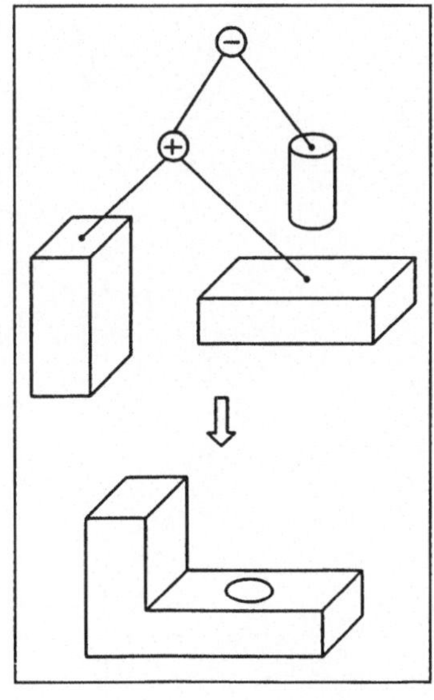

Körpermodell
Ein rechnerinternes → *Werkstückmodell,* bei dem zur Beschreibung eines Objektes räumliche Körper (solids) durch → *Boole'sche Verknüpfungen* miteinander verbunden werden. Das Körpermodell baut auf dem → *Volumenmodell* auf und fügt an das Volumen des Objekts die Materialeigenschaften an. Siehe auch → *CSG,* → *B-Rep.*

Kollisionsprüfung
Ein Verfahren zur Überprüfung während der Simulation eines Montagevorgangs am CAD/CAM-System, ob sich zwei oder mehrere Bauteile beim Zusammenbau überschneiden oder nicht.

Die Leistungsfähigkeit der hierzu angebotenen Systeme reicht von der Sichtbarkeitsprüfung mittels → *Zooming* über die Mischfarbendarstellung bis zur automatischen Überschneidungsprüfung mit Hilfe von → *Boole'schen Operationen.* Kollidierende Teile werden entsprechend markiert.

Die Kollisionsprüfung ist wichtig bei der Simulation des Zusammenbaus vieler eingepaßter Teile, sie ist auch eine Voraussetzung bei der off-line-Programmierung von → *Robotern.*

Kommando
Aufforderung zur Ausführung einer Tätigkeit innerhalb der Dialogsprache (→ *Eingabesprache*) in einer Anwendungssoftware. Siehe auch → *Anweisung* und → *Befehl.*

Kommando-Folge
Eine Folge von → *Kommandos,* die in einer eigenen Datei in der Reihenfolge ihrer Eintragung stehen. Der Aufruf dieser Datei bewirkt eine Abarbeitung der darin enthaltenen Kommandos in der festgelegten Reihenfolge der Eintragung. Man spart sich so die Eingabe immer wiederkehrender Kommandos (z. B. beim Sichern von Daten oder bei der Ausgabe einer Technischen Zeichnung). Kommando-Folgen werden vom Betreuer des CAD-Systems im Rahmen der Einsatzvorbereitung erstellt.

Bei einigen CAD-Systemen sind Module vorhanden, mit denen aus einer existierenden Geometrie alle Kommandos, die zum Erzeugen dieser Geometrie notwendig sind, in eine separate Datei geschrieben werden können. Diese Dateien haben einen wesentlich geringeren Speicherplatzbedarf als das jeweilige → *Werkstückmodell.* Es entsteht, ähnlich wie bei → *Protokolldateien,* ein prozedurales Modell des Bauteils. Man kann solche Dateien daher auch zum Erzeugen von immer gleichen Bauteilen verwenden. Sofern die Datei in einem → *Editor* bearbeitet werden kann, lassen sich durch das Einfügen von Steuer- und Ein- und Ausgabenweisungen aus der Kommando-Folge Variantenprogramme ableiten.

Kommandosprache
Eine → *Eingabesprache*, bei der die Formulierung von → *Kommandos* unter Beachtung einer Menge von Sprachelementen (→ *Semantik*) und eines festgelegten, vorgegebenen Satzbaus (→ *Syntax*) möglich ist.

Kommunikation
Ständiger Informationsaustausch zwischen Partnern. Grundlage einer Kommunikation ist die gemeinsame Verständigungsbasis (z. B. die gesprochene und geschriebene Sprache), die sich aus Verfahren und Hilfsmitteln zusammensetzt. Bei CAD/CAM-Systemen muß dazu eine → *Eingabesprache* mit exakter → *Semantik* und → *Syntax* vorhanden sein.

Kompatibilität, kompatibel
Austauschbarkeit, Kombinierbarkeit, Integrierbarkeit. Zwischen Geräten, Datenträ-

Abbildung einer Kommunikationsschnittstelle auf eine Gerätekonfiguration.

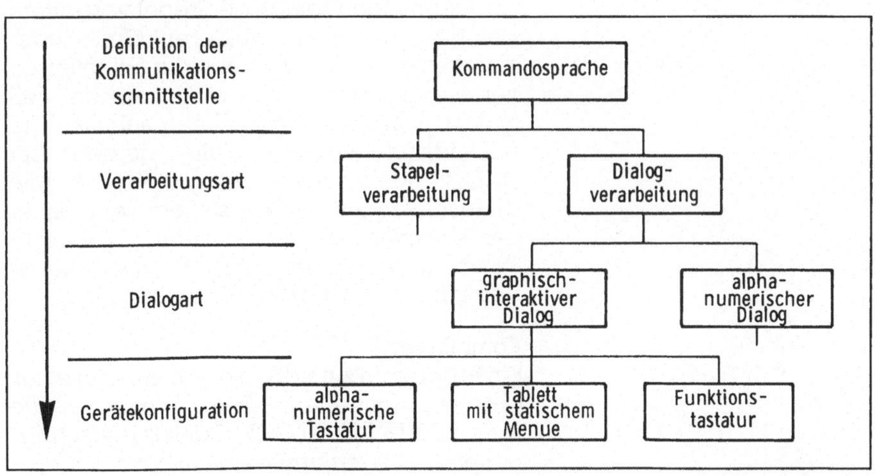

gern, Daten und Programmen herrscht dann Kompatibilität, wenn sie problemlos miteinander arbeiten oder ohne besondere Anpassungsarbeiten untereinander ausgetauscht werden können. Man unterscheidet:

— Geräte-Kompatibilität: Geräte sind untereinander austauschbar. Dies ist dann wichtig, wenn Geräte unterschiedlicher Hersteller (z. B. wegen Preisvorteilen) zum Einsatz kommen, auf denen aber die gleiche Software eingesetzt werden soll. Diese Geräte müssen sich dafür genauso verhalten wie diejenigen, die sie ersetzen.

— Daten-Kompatibilität: Datenbestände sind gleichartig codiert und strukturiert. Daten-Kompatibilität ist Voraussetzung für die Übertragung von Daten zwischen unterschiedlichen EDV-Systemen.

— Programm-Kompatibilität: Programme haben den gleichen Befehlsvorrat mit gleichem Befehlsaufbau. Die Programm-Kompatibilität kann entweder für das → *Quellprogramm* oder für das aus dem Quellprogramm übersetzte → *Objektprogramm* vorliegen.

Kompatibilität kann auch nur in einer Richtung vorhanden sein, in der Regel von einem kleineren zu einem größeren Gerät oder innerhalb einer Software von der aktuellen zu der nächsthöheren Version. In diesem Fall spricht man von Aufwärtskompatibilität. Die Aufwärtskompatibilität sollte gerade bei CAD/CAM-Systemen Bestandteil des Leistungsumfanges des Herstellers sein, damit der Anwender jederzeit auf einmal erzeugte Daten (auch solchen, die mit einer älteren Version erzeugt wurden) zugreifen kann.

Kompilierer
Ein Programm zum Übersetzen eines in einer problemorientierten → *Programmiersprache* (z. B. FORTRAN, ALGOL, COBOL) geschriebenen → *Programms* in eine andere Sprache,

i. d. R. in die Maschinensprache des EDV-Systems. Im Gegensatz zum → *Entschlüssler* wird hier lediglich Anweisung für Anweisung übersetzt. Erfolgt die Übersetzung aus einer höheren Programmiersprache in die Maschinensprache oder in eine Assemblersprache, so werden zur Realisierung einer Anweisung in der höheren Sprache mehrere Anweisungen in der niedrigeren Sprache benötigt. Eine sofortige Ausführung der Anweisung erfolgt nicht.

Vor der eigentlichen Übersetzung wird die syntaktische Richtigkeit der Anweisungen des Eingabeprogramms überprüft. Erst wenn diese Prüfung fehlerfrei abläuft, erfolgt die Übersetzung. Ein fehlerfrei übersetztes Programm bietet noch keine Gewähr für dessen logische Richtigkeit.

Konfiguration
Aufbau, Zusammenstellung eines Systems. Bei Hardware: Größe des Arbeitsspeichers, Zahl der Speichergeräte und der Ein- und Ausgabegeräte (Bildschirme, Zeichenmaschinen usw.) und ihr Zusammenwirken. Bei Software: Art und Anzahl der eingesetzten Software-Moduln und ihr Zusammenwirken.

Konsole
Ein kombiniertes Ein- (Tastatur) und Ausgabegerät (Drucker) für den System-Manager, mit dem direkt, ohne Umweg über die Anmeldung in das → *Betriebssystem* und in die Ausführungsebene eines Rechnersystems eingegriffen werden kann. Die Konsole dient zur Befehlseingabe beim Laden der Speichermedien, die das Betriebssystem enthalten, zur Systemgenerierung und zur Protokollierung von Systemmeldungen.

Konstruktionsarten
Man unterscheidet die vier Konstruktionsarten → *Neukonstruktion*, → *Anpassungskon-*

struktion, → *Variantenkonstruktion* und → *Prinzipkonstruktion*. Am wirtschaftlichsten ausführbar am CAD-System ist die Prinzipkonstruktion. Die geringste direkt quantifizierbare → *Wirtschaftlichkeit* entsteht bei der Neukonstruktion.

Konstruktionsebene
Variante des → *Arbeits-Koordinatensystems*. Statt der Vorgabe von drei Achsrichtungen wird die x-y-Ebene des Arbeits-Koordinatensystems angegeben. Eine Konstruktionsebene kann mit einem Namen oder einer Nummer gespeichert werden.

Konstruktionsstückliste → *Stückliste*.

Konstruktionsweg-Speicherung → *Protokolldatei*.

Kontaktspiegel: → *Abwicklungssymbol*.

Kontrollbit → *Prüfbit*.

Kontur
Menge von → *Konturelementen*, die ausgerichtet und topologisch verknüpft sind.

Konturelement
Kleinster, nicht mehr zerlegbarer Teil eines Umrisses bei geometrischen Objekten. Bei CAD/CAM-Anwendungen sind dies alle Elemente des → *Kantenmodells*.

Koordinaten-Bemaßung
Eine Form der Bemaßung, bei der, ausgehend von einem vom Anwender auszuwählenden Ursprungspunkt, lediglich die Maßzahl und eine auf die Bezugskanten weisende Maßhilfslinie in aufsteigender bzw. abfallender Koordinatenrichtung erzeugt werden. Nach Eingabe des Ursprungspunktes identifiziert der Anwender die zu bemaßenden Kanten und digitalisiert die Lage der Maßzahlreihe.

Diese Bemaßungsart wird vorzugsweise für die Herstellung von Werkstücken auf numerisch gesteuerten Werkzeugmaschinen eingesetzt.

Koordinatenraster → *Raster.*

Koordinatensystem
Ein willkürlich im → *Modellraum* (model space) fixiertes Bezugssystem zur Beschreibung der Lage von Geometrieelementen im Raum. Die wichtigsten Koordinatensysteme sind:

- das kartesische Koordinatensystem, bei dem die drei Achsen aufeinander senkrecht stehen. Die Bezeichnung »kartesisch« geht auf den französischen Philosophen Descartes (1596 - 1650) zurück, der dieses System als erster beschrieben hat.
- das Zylinder-Koordinatensystem, aufgebaut aus Radius R, Neigungswinkel α und Höhe Z. In der Ebene (r, α) ist das Zylinder-Koordinatensystem identisch mit dem Polar-Koordinatensystem.
- das Kugelkoordinatensystem, aufgebaut aus Radius R und den Neigungswinkeln φ und θ.

Die bei der Arbeit am CAD-System möglichen Koordinatensysteme.

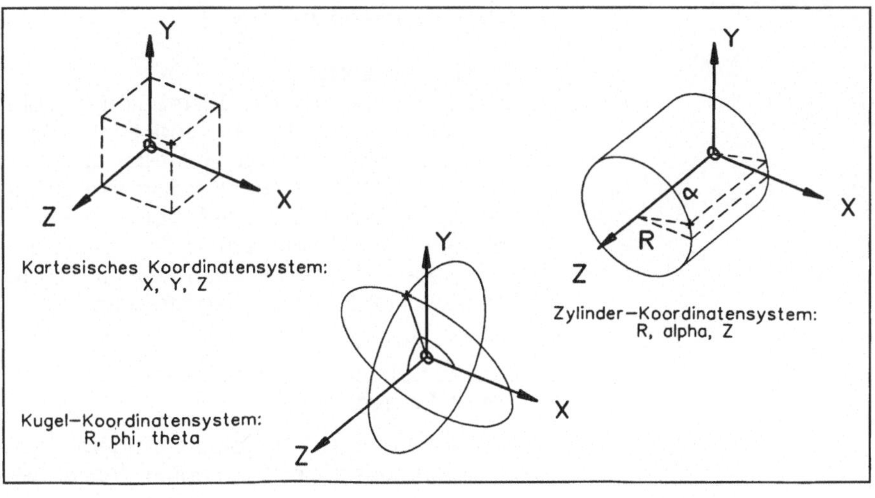

Rechnerintern werden alle Koordinaten in Bezug auf das kartesische → *absolute Koordinatensystem* gespeichert. Koordinaten, die in einem anderen System eingegeben wurden, werden automatisch umgerechnet.

Koordinatentransformation

1. Umrechnung von einem → *Koordinatensystem* in ein anderes, in der Regel mit Hilfe von → *Transformationsmatrizen.*
2. Speziell bei der Anwendung von → *Robotern* muß eine Umsetzung der Raumkoordinaten der Verfahrwege in roboterspezifische Achsendaten permanent in der Steuerung des Roboters erfolgen.

Kopf-Information

Diese Informationen enthalten bei NC-Teileprogrammen z. B. die Teilenummer, zulässige NC-Maschine, erforderliche Werkzeuge, Spannmittel und -vorschriften oder spezielle Bearbeitungshinweise.

Koppelbaustein

Erweiterungseinheit an einer → *SPS*, um externe Peripheriegeräte wie Anzeigen-, Programmiergeräte oder zusätzliche Baugruppen anzuschließen.

Kreisbogen, Kreis

Zwischen diesen beiden Elementen besteht rechnerintern kein Unterschied, es wird gespeichert, wie groß der Anfangs- und der Endwinkel ist. Bei einem »Voll«kreis beträgt der Anfangswinkel 0 Grad, der Endwinkel 360 Grad. Das führt dazu, daß neben dem Kreisbogen im CAD/CAM-System auch ein Kreis zwei (aufeinander liegende) Endpunkte hat.

Zum Erstellen eines Kreises existieren folgende Möglichkeiten:

— Vorgabe von Mittelpunkt, Angabe von Durchmesser oder Radius entweder durch Zahleneingabe oder durch Übernahme von einem existierenden Kreis oder Kreisbogen.

- Vorgabe dreier Punkte auf dem Kreisumfang.
- Vorgabe zweiter Punkte. Der Abstand zwischen diesen Punkten kann entweder den Durchmesser (Mittelpunkt der Verbindungsstrecke ergibt Kreismittelpunkt) oder den Radius bilden (der erste Punkt ist der Mittelpunkt).
- Tangential an ein vorhandenes Element mit Vorgabe des Mittelpunktes. Radius oder Durchmesser wird aus dem Abstand vom Mittelpunkt zu Tangentenpunkt bestimmt.
- Tangential zu Geometrieelementen mit expliziter Eingabe von Radius/Durchmesser.
- Tangential zu zwei oder drei Elementen.
- Schließen eines Kreisbogens zu einem Vollkreis.

Zum Erzeugen eines Kreisbogens gibt es folgende Möglichkeiten:

- Drei Punkte, erster und letzter Punkt bilden Anfang und Ende des Bogens.
- Mittelpunkt, Anfangs- und Endpunkt, der Radius/Durchmesser wird aus dem Abstand von Mittelpunkt zu Anfangs- oder Endpunkt bestimmt, der jeweils andere Punkt wird auf den zu erzeugenden Kreisbogen projiziert und ergibt so den Begrenzungspunkt.
- Mittelpunkt, Radius/Durchmesser explizit, Anfangs- und Endpunkt, wobei die Punkte auf den zu erzeugenden Kreisbogen projiziert werden, um die Begrenzungspunkte zu erzeugen.
- Mittelpunkt, Radius/Durchmesser explizit, Anfangs- und Endwinkel.
- Radius/Durchmesser explizit, tangential an ein Geometrieelement, der zweite Begrenzungspunkt wird aus einer Projektion

oder über Winkelvorgabe ermittelt.
— Radius/Durchmesser explizit, tangential an zwei Geometrieelemente.

Daneben lassen sich auch Mischformen der o. a. Möglichkeiten bilden.

Kreisförmige Anordnung von Elementen
Ausgehend von einem oder mehreren Basiselementen wird eine kreisförmige Anordnung dieser Elemente durch Vorgabe von Radius oder Durchmesser und entweder der Anzahl der Elemente auf dem Kreisumfang oder des Winkels zwischen ihnen erzeugt. Die Basiselemente behalten ihre Lage bei, die neuen Elemente werden durch ein kombiniertes Verschieben, Drehen und Kopieren erzeugt. Die einfachste Anwendung solcher Anordnungen ist bei der Erstellung eines Lochkreises (z. B. für Flanschverbindungen).

Kreisinterpolation
Die in der Steuerung einer → *Werkzeugmaschine* durchgeführte interne Berechnung der Punkte auf einem Kreis oder Kreisbogen zwischen den programmierten Anfangs- und Endpunkten mit Angabe des Radius bzw. den Koordinaten des Kreismittelpunkts.
Die Kreisinterpolation ist üblicherweise nur in den Ebenen XY, XZ und YZ und nicht schräg im Raum möglich.

Kubischer Spline
Eine Interpolationsmethode bei der Erzeugung von → *Freihandlinien*. Durch jeweils vier Punkte wird ein Polynom dritter Ordnung (kubisches Polynom) gelegt.

Künstliche Intelligenz (KI)
Ein aus dem Englischen übernommener Begriff der Informatik für die Fähigkeit von Rechnersystemen, auch solche Funktionen auszuüben, die man normalerweise nur Menschen zuordnen würde. Die Bedeutung der

im englischen gebräuchlichen Bezeichnung »intelligence« entspricht allerdings nicht in allen Punkten dem deutschen Begriff »Intelligenz«, sondern sie wird auch im Sinne von Nachricht, Auskunft, Mitteilung verwendet. Dies sollte bei der Verwendung des Begriffes im deutschen beachtet werden. Die Künstliche Intelligenz ist eine interdisziplinäre Forschungsrichtung, die die Rechnertechnik mit der Kognitionspsychologie, der reinen Mathematik und der Linguistik verbindet.

Man kann Systeme der Künstlichen Intelligenz als eine Sammlung von Methoden verstehen, mit denen die Leistungsfähigkeit von Programmen auf anderen Wegen als bisher gesteigert werden kann.

Zu den Fähigkeiten von Systemen der Künstlichen Intelligenz gehören z. B. Lernen, Erkennen von Mustern und Vorgängen und damit verbunden das Durchführen von Regelungsvorgängen sowie das Bilden von Verknüpfungen unter Beachtung sehr weit gefaßter Regeln (heuristische Systeme).

Zu Systemen der Künstlichen Intelligenz gehören die → *Expertensysteme*.

KI-Systeme für die Fertigungstechnik können nicht durch direkte Anwendung bestehender Technologien entwickelt werden. Einige Bereiche erfordern eine grundlegende Forschung der KI. Die praktischen Probleme der Produktauslieferung sind ebenfalls wichtig. Man scheint davon überzeugt zu sein, daß KI-Techniken, die höchstwahrscheinlich mit Grafikfähigkeiten und den Fähigkeiten zu Gleitkommaberechnungen an den Arbeitsstationen der Ingenieure verbunden sind, in den nächsten zehn Jahren bei der Durchführung von Konstruktionszeichnungen und in der Fertigung revolutionäre Fortschritte erzielen werden.

L

Label
Marke, Markierung, Positionszeichen, (Kenn-) Zeichen.

Längenbemaßung
Zu der Längenbemaßung zählen folgende Maßarten:
→ *Bezugskantenbemaßung* (baseline dimension), → *Kettenbemaßung* (incremental dimension), → *Koordinatenbemaßung* (ordinate dimension) und Einzelmaße (→ *Bemaßung*).

Längenmaße können in Bezug auf die Bildschirmunterkante waagrecht (horizontal dimension) oder senkrecht (vertical dimension) erzeugt werden. Bei einem waagrechten Längenmaß wird nur die Länge des horizontalen, bei einem senkrechten Maß nur die Länge des vertikalen Anteils der Bezugsstrecke in das Maß übernommen.

Zu den Längenmaßen zählen auch die zu einer beliebigen Bezugsstrecke parallele Bemaßung (→ *Punkt-zu-Punkt-Bemaßung* oder → *Parallel-Bemaßung*).

LAN
Abkürzung für Local Area Network, hausinternes, meist auf ein Gebäudeteil beschränktes → *Netzwerk*, das mit Telefonkabeln, →

Koaxialkabeln oder → *Lichtwellenleitern* realisiert wird. Gegensatz ist → *WAN*, **w**ide **a**rea **N**etwork.

Laser
Abkürzung für Light Amplification by Stimulated Emission of Radiation, Lichtverstärkung durch angeregte Emission von Strahlung. Laser-Strahlung ist in der Natur nicht vorhanden. Der Laser-Effekt wurde von Albert Einstein bereits 1917 rechnerisch belegt und 1959 in den USA und England zum ersten Mal erzeugt. Es handelt sich um elektromagnetische Strahlung einer einzigen Wellenlänge, monochromatisch (einfarbig) im sichtbaren Spektralbereich (Licht) oder in anderen Spektralbereichen. Die erzeugte Strahlung hat eine sehr hohe Parallelität, Kohärenz und hohe Strahlungsdichte. Der Laser wird heute in der Medizin und in der Technik immer mehr eingesetzt. Im EDV-Bereich werden Laser in → Laserdruckern, → *Laserplottern* und → *CD-ROMs* eingesetzt. Neuere Entwicklungen sind großflächige Laser-Bildschirme, die sowohl monochrom als auch farbig sind. Für den CAD/CAM-Einsatz sind diese Anwendungen jedoch noch zu teuer.

Laserdrucker
Der Laserdrucker ist ein nichtmechanischer Matrixdrucker (→ *Drucker*) hoher Druckgeschwindigkeit und → *Auflösung* (heute 300 Punkte pro Zoll in beiden Achsrichtungen). Mit ihm lassen sich, ähnlich wie bei Typendruckern, Texte in Briefqualität (letter quality) erstellen. Außerdem können beliebige grafische Darstellungen separat oder mit Text gemischt mit einem Druckvorgang ausgegeben werden. Der Laserdrucker ist damit prädestiniert für den Einsatz in Systemen des → *Desktop Publishing* für die technische Dokumentation.

Der eigentliche Druckvorgang ist identisch

mit dem Vorgang beim Kopieren. Eine Fotoleitertrommel, die im Dunkeln positiv aufgeladen wurde, verliert ihre Ladung, sobald sie von Licht getroffen wird. Diese Trommel wird gezielt (entsprechend der Zeichen oder Grafiken) belichtet und das so entstandene Ladungsbild auf Papier oder Folie übertragen. Tonerpulver bleibt nur an den vorher belichteten Stellen auf dem Papier haften und wird anschließend durch Hitzeeinwirkung fixiert.

Die Belichtung erfolgt beim Laserdrucker durch einen Laserstrahl, weil Laserlicht sich sehr fein bündeln läßt. Das Zeichen oder die Grafik wird Zeile für Zeile aus einzelnen Punkten aufgebaut. Dazu wird der Laserstrahl mit einem Polygonspiegel über die gesamte Breite der Fotoleitertrommel geführt. Die hohe Druckgeschwindigkeit rührt daher, daß nur wenige mechanische Teile vorhanden sind.

Die Vielfalt an Schriftarten bzw. Zeichensätzen wird durch → *Zeichengeneratoren* sichergestellt, die die Matrixdarstellung für jedes Zeichen in → *PROMs* gespeichert bereithalten. Die Übergabe der Druckinformationen unter Berücksichtigung der im Laserdrucker gespeicherten Zeichensätze erfolgt in standardisierten Formaten, z. B. Postscript. Solche Formate ermöglichen es dem Anwender, sich selbst weitere Zeichensätze zu definieren.

Laserplotter
Eine → *Zeichenmaschine*, bei der die Steuersignale in Bewegungen eines Laserstrahls als Zeichenwerkzeug umgesetzt werden. Die weitere Funktionsweise ist identisch mit der des → *Laserdruckers*. Siehe auch → *Photoplotter*, → *Rasterplotter*.

Lathe: Drehbank.

Laufwerk
Ein Peripheriegerät zur Aufnahme von Magnetplatten oder Magnetbändern (→ *Magnet-*

plattengerät, → Magnetbandgerät).

Laufzeitfehler
Fehler, die während eines Programmablaufs auftreten.

Laufzeitsystem
Gesamtheit aller Programme für problem- und produktorientierte Anwendungen. Als wichtigste Bestandteile dazu gehören beim CAD-System Übersetzer oder → *Entschlüssler* (zum Umsetzen von Eingaben des Benutzers in Programmaufrufe), → *Datenbanken* (zur Verwaltung der im CAD/CAM-System erzeugten Daten), Grafiksysteme (zur Darstellung des → *Werkstückmodells* in verschiedenen Ansichten auf Bildschirmen und Zeichenmaschinen) und die → *Anwendersoftware* zum Aufbau und zur Manipulation des Werkstückmodells.

Layer
1. Ebene → *Ebenentechnik*
2. Einzellage einer mehrlagigen Leiterplatte.
3. Zeichnungsebene eines CAD-Systems.

Layer-Technik → *Ebenentechnik.*

Layout: Auslegungstechnik.
Eine Technik zum Entwerfen (Auslegen) von Leiterplatten, Fließbildern, Schemata usw., für deren Unterstützung eine zweidimensionale (ebene) CAD-Software ausreichend ist.

Leader line
Maßlinie, Führungslinie. → *Bemaßung.*

Leader line terminator
Endsymbol auf der Maßlinie. → *Bemaßung.*

Lee-Router: → *Maze-Running-Router*

Leiterplatte
Eine starre oder flexible Platte (oder Platine),

die mit elektrischen und elektronischen Bauelementen bestückt ist, die untereinander durch auf die Leiterplatte aufgedruckten metallischen Leiter miteinander verbunden sind.

Leiterplatten-Entflechtung
Ausgehend vom Umriß der Leiterplatte werden die elektrischen und elektronischen Bauelemente z. T. interaktiv, z. T. per Programm, auf der Platte plaziert. Zur Erstellung der physikalischen Verbindung anhand des im → *Leiterplatten-Entwurf* gespeicherten Schaltplans durch Leiterbahnen auf der Platine wird ein Programm mit folgender Optimierungsstrategie benutzt:

— Minimierung der Leiterbahnlänge.
— Einhalten von Mindestabständen zu den Bauelementen und zwischen den Leiterbahnen.
— Festlegen von Vorzugsrichtungen.
— Festlegen, welche Richtung auf welcher Seite der Platine verlaufen kann. Bei komplexen Leiterplatten müssen mehrere Ebenen zur Führung der Leiterbahnen festgelegt werden.
— Vermeiden von Überlappungen auf einer Ebene.

Das Entflechtungs-Programm (Autorouter) liegt entweder als Software oder in einem → *ROM* gespeichert vor. Ergebnis ist ein Vorschlag für eine entflochtene Leiterplatte. Nicht immer ist eine 100%-ige Entflechtung möglich, so daß interaktiv entflochten werden muß. Die nicht vom Programm gefundenen Verbindungen (»Rattennester«) werden durch Blinken oder eine andere Farbgebung hervorgehoben.

Leiterplatten-Entwurf
Bei der Auslegung und Konstruktion von Leiterplatten wird zunächst ein Schaltplan mit allen Bauteilen und ihren Verbindungen un-

tereinander gemäß der geforderten Funktionalität entwickelt und im CAD-System gespeichert.

Leitsteuerung → *Fertigungsleitsteuerung.*

Leitwerk
Bestandteil der → *Zentraleinheit*, dient zur Steuerung der Reihenfolge, in der die Befehle und Daten aus dem → *Arbeitsspeicher* gelesen werden (dabei wird ein → *Adreßzähler* laufend erhöht), zur Entschlüsselung der Befehle, zur Erzeugung von Signalen, die in → *Rechenwerk*, Arbeitsspeicher sowie den Ein- und Ausgabegeräten die Ausführung der Befehle auslösen und zur Verarbeitung der Bedingungen bei bedingten Befehlen. Das Leitwerk stellt außerdem sicher, daß kein Anlagenteil eine Aufgabe erhält, solange er noch mit der vorherigen Aufgabe beschäftigt ist.

Letter Quality → *Drucker*, Fall 1

Level, Level-Technik → *Ebenentechnik.*

Librarian
Dienstprogramm zur Verwaltung der Bibliothek (→ *Library*).

Library: Bibliothek
Üblicherweise eine eigene Datei, in der Programme, z. B. Programme, die mit der → *Anwendungsprogrammiersprache* geschrieben wurden, Makros oder Symbole gespeichert werden können.

Lichtgriffel
Ein Positioniergerät für den Bildschirmzeiger (Cursor). Im Lichtgriffel ist eine Photozelle eingebaut, die mit einem elektronischen Signalgeber verbunden ist. Wird der Lichtgriffel an die Bildschirm-Oberfläche gehalten, so erfolgt eine Rückmeldung der Bildschirm-

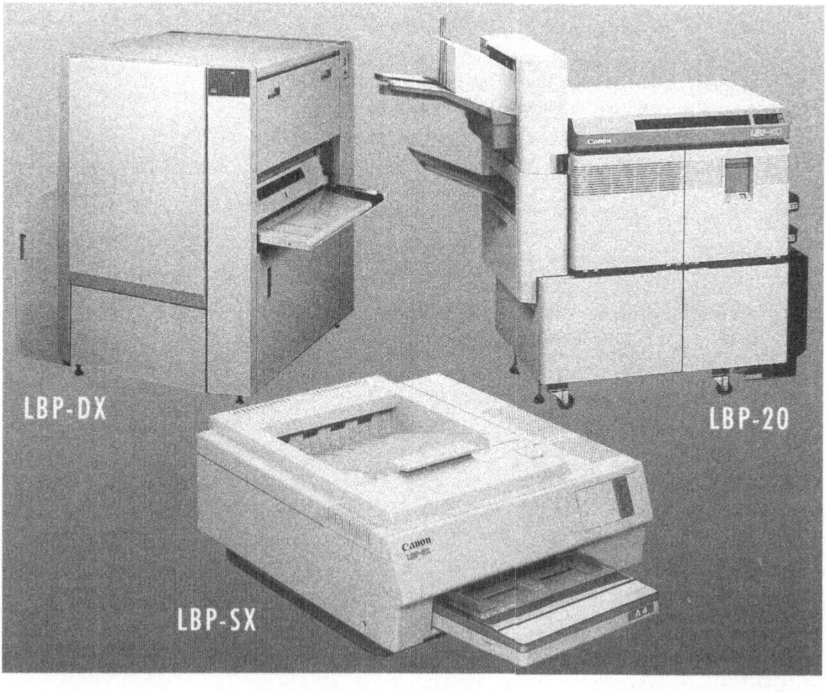

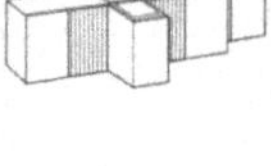

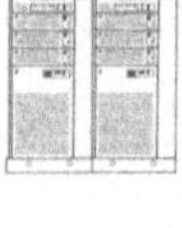

Koordinaten an das CAD-System in dem Moment, in dem der Schreibstrahl der Elektronenröhre die Photozelle des Lichtgriffels aktiviert hat. Der Einsatz erfolgt an Bildschirmen, die nach dem → *Vektorverfahren* (bildwiederholend) arbeiten.

Lichtwellenleiter
In zunehmendem Maße werden in → *Netzwerken* zur Signalübertragung neben metallischen → *Koaxialkabeln* Faserbündel aus Glas oder glasähnlichen Materialien eingesetzt. Ein solcher Lichtwellenleiter benötigt an seinen Enden Signalwandler (Optokoppler), die aus einem elektrischen ein optisches Signal bzw. umgekehrt erzeugen, damit ein Anschluß an das Rechnersystem möglich wird. Lichtwellenleiter können zur Zeit nur als Punkt-zu-Punkt-Verbindung eingesetzt werden, sie eignen sich daher besonders zur Verbindung von mehreren lokalen Netzen miteinander. Im Gegensatz zu Koaxialkabeln, bei denen die Signalübertragung durch externe elektrische oder magnetische Felder gestört werden kann, sind Lichtwellenleiter hier völlig unempfindlich. Sie können daher in vorhandenen Starkstromtrassen verlegt werden. Aufgrund ihrer hohen Flexibilität lassen sich kleine Krümmungsradien erzielen. Die Übertragungskapazität ist hoch (Breitband). Lichtwellenleiter sind abhörsicher, da ein Anzapfen der Information nur über eine mechanische Beschädigung erfolgen kann.

LIFO
Abkürzung für **L**ast **In** **F**irst **O**ut (Storage), was als letztes in den Speicher kommt, kann ihn als erstes wieder verlassen. Bezeichnung für eine Speicherungs- und Warteschlangentechnik in der Datenverarbeitung und der Fertigung. Nach der LIFO-Methode werden bei Rechnersystemen Daten im → *Arbeitsspeicher* »auf einen Stapel (stack)« abgelegt

und in umgekehrter Reihenfolge bearbeitet. In der Fertigungstechnik ist die LIFO-Methode eine Möglichkeit, die zufallsabhängigen (stochastischen) Komponenten im Fertigungsablauf zu berücksichtigen. Erfolgreicher Einsatz ist aber bis heute bei kundengebundener Einzel- und Kleinserienfertigung nicht festzustellen.

Lightpen, Light pen → *Lichtgriffel.*

Line
1. Gerade, → *Linie.*
2. Leitung, Verbindung.

Linear dimension → *Längenbemaßung.*

Lineare Programmierung
Unter dem Begriff der linearen Programmierung faßt man Rechenverfahren aus dem Gebiet des Operations Research zusammen, die dazu dienen, aufgrund linearer Zusammenhänge ein Gesamtsystem zu optimieren. Diese Verfahren werden auch als lineare Optimierung, linear programming oder lineare Planungsrechnung bezeichnet. Für die Lösung solcher Probleme stellt man Modelle auf, wobei zwischen den Modellgrößen lineare Zusammenhänge bestehen. Sinngemäß spricht man von nichtlinearer Programmierung, wenn nichtlineare Zusammenhänge bestehen. Typische Anwendungsfälle der linearen Programmierung sind die Optimierung von Transportwegen oder die z. B. in der chemischen Industrie häufig erforderliche Optimierung von Mischungsverhältnissen. Dabei ist die Aufgabe der linearen Programmierung das Maximum oder das Minimum einer linearen Funktion zu finden. Für diese Lösung gibt es verschiedene mathematische Verfahren, die aber einen beträchtlichen Rechenaufwand erfordern, so daß ihre Durchführung bei der Iterationsberechnung nur mit Hilfe von EDV-Anlagen möglich ist.

Linearinterpolation → *Interpolator.*

Line-Probe-Router: → *Line-Search-Router*

Line-Search-Router
Bei diesem von D. W. Hightower im Jahr 1969 vorgestellten Algorithmus werden horizontale und vertikale Linien durch die beiden Endpunkte einer zu verlegenden Verbindung gezogen. Steht ein Hindernis im Weg, so werden parallel zu der betroffenen weitere Linien verlegt. Router nach diesem Verfahren erreichen bei komplexeren Leiterplatten nur selten eine vollständige Auflösung des Layouts.

Line font
Darstellungsart für Kurven. → *Font.*

Line weight: Linienbreite, Linienstärke.
Verbreiterte grafische Darstellung einer Kurve. Bei einem Breitenfaktor größer 1 werden auf dem Bildschirm oder der Zeichnung äquidistante Kurven zu der vom Anwender erzeugten Hauptkurve dargestellt. Je größer der Faktor, desto mehr Äquidistanten werden erstellt, so daß die Kurve dicker erscheint. Der Einsatz dieser Darstellungsart kann bei Zeichenmaschinen die Verwendung von Schreibern unterschiedlicher Strichstärke überflüssig machen.

Linie
Die Linie ist ein eindimensionales Element. Sie ist ein Element des Draht- oder → *Kantenmodells.* Sie wird erzeugt:

— durch die Angabe von Anfangs- und Endpunkt. Dies kann über explizite Eingabe von Absolut- oder Relativkoordinaten, durch → *Digitalisieren* oder durch das → *Identifizieren* von Punkten (freie Punkte, Endpunkte, Mittelpunkte, Spurpunkte usw.) erfolgen. Wird die Länge explizit vorgegeben, so gibt der zweite Punkt die Richtung der Linie an.

— parallel zu einer vorgegebenen Linie. Die Lage der Parallelen ergibt sich entweder aus der Lage des Identifikationspunktes relativ zur Bezugslinie oder der Digitalisierung eines zweiten Punktes (Lagepunkt). Der Abstand zur Bezugslinie wird entweder aus einer Zahleneingabe oder aus der senkrechten Entfernung zwischen Bezugslinie und Lagepunkt übernommen.

Entweder wird die Parallele genauso lang wie die Bezugslinie oder die Länge kann durch zwei Punkte oder einem Startpunkt mit expliziter Längenangabe ermittelt werden. Bei expliziter Vorgabe eines Abstands werden die Punkte bzw. der Startpunkt auf die Parallele projiziert.

— unter einem Neigungswinkel zu einer vorgegebenen Linie. Die Länge der Linie wird durch zwei Punkte oder die Angabe eines Startpunktes mit expliziter Längenangabe bestimmt.

Beispiele wie Linien erzeugt werden können.

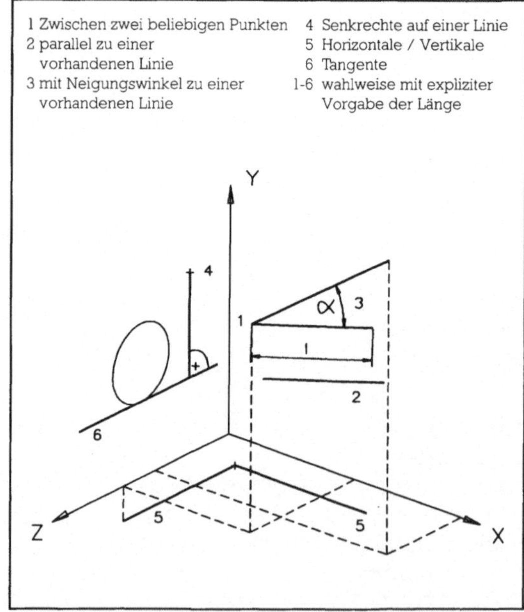

— senkrecht zu einer Bezugslinie. Die Längenbestimmung erfolgt wie beim Erzeugen einer Linie unter einem Neigungswinkel.

— als waagrechte oder senkrechte Linie. Die Lageangaben beziehen sich auf das jeweilige → *Arbeitskoordinaten-System*, sofern nicht Eingaben bezüglich des → *absoluten Koordinatensystems* erfolgen. Die Längenbestimmung erfolgt wie beim Erzeugen einer Linie unter einem Neigungswinkel.

— als Tangente an Kurven (Kreise, Kreisbögen, Kegelschnitte, Freihandlinien).

Linienfertigung
Bei der Linienfertigung wird eine begrenzte Anzahl von Arbeitsvorgängen produktbezogen ablaufmäßig zugeordnet.

Linienmodus
Bei der Darstellung von Linien in einer Zeichnung kann das CAD/CAM-System unterschiedliche Linienarten erzeugen: Durchgezogene Linie (solid line), gestrichelte Linie (dashed line), punktierte Linie (dotted line), strichpunktierte Linie (phantom line), Linie mit und ohne Breite (width) u. a.

Linienstärke
Die Breite einer Linie. Im CAD/CAM-System können unterschiedliche Linienstärken nur durch entsprechend viele enge Parallelen zu der Bezugslinie direkt dargestellt werden. Eine indirekte Sortierung ist durch die Verwendung der → *Ebenentechnik* möglich. Über die Linienstärke wird die Auswahl der Zeichenwerkzeuge an der → *Zeichenmaschine* bestimmt.

Link: Verbindung
Eine (auch während des Betriebs des EDV-Systems aufschaltbare) Verbindung zwischen Geräten oder Programmsystemen.

Linker → *Binder.*

Linpack - Benchmark
Ein Testprogramm zur Bestimmung der numerischen Rechnerleistung eines Computers, ursprünglich für Großrechner im technisch-wissenschaftlichen Bereich entwickelt. Schwerpunkt liegt auf der Vektorverarbeitung. Dazu wird ein 100 x 100 Gleichungssystem in partielle Differentialgleichungen aufgelöst und vom Testrechner bearbeitet. Die Ergebnisse werden in → *mflops* angegeben.

LISP
Abkürzung für **Lis**t **P**rocessing Language, Sprache zur Be- und Verarbeitung von Listen oder Zeichenketten. LISP ist eine höhere problemorientierte Programmiersprache. Wichtige Einsatzgebiete von LISP ist die Entwicklung von → *Expertensystemen* und die Erstellung → *objektorientierter Systeme.* Aufgrund der hohen Verbreitung der Sprache wurden eigene Rechnersysteme (LISP-Maschinen) entwickelt. Um die Zahl der LISP-Dialekte zu reduzieren, wird z. Zt. versucht, diese Sprache unter dem Namen COMMON LISP zu standardisieren.

load, to: Laden, einbringen.

Local origin: Lokaler Ursprungspunkt
1. Ursprungspunkt des → *Arbeitskoordinaten-Systems.*
2. Referenzpunkt einer Ansicht. Dient zur Positionierung der Ansicht auf dem Bildschirm oder auf dem Zeichnungsblatt.

Locator
Positionseingabegerät an Bildschirm-Arbeitsplätzen, z. B. → *Magnetgriffel,* → *Maus.*

Lochstreifen
Lochstreifen sind aus Papier- oder Kunststoffstreifen bestehende Datenträger, die in gelochter Form Informationen enthalten. Meist befindet sich auf dem Lochstreifen auch noch eine Vorschub- oder Transportlochung, auch Taktspur genannt, deren Löcher kleiner sind als die Informationslochungen.

Eine Information (Ziffern, Buchstaben und Sonderzeichen sowie Funktionsverschlüsselungen für den Fernschreiber oder Blattschreiber bzw. Schreibautomaten, z. B. für »Zeilenschaltung« auf einer lochstreifengesteuerten Schreibmaschine) wird in einer Reihe von Lochungen quer zur Streifenrichtung dargestellt.

Für Lochstreifen gibt es eine Reihe von Codes, bei denen die einzelnen Zeichen meist mit 5, 6, 7 oder 8 Bits verschlüsselt werden. Sinngemäß spricht man z. B. von Achtercode oder Achtkanalcode, da die auf dem Lochstreifen parallel laufenden Lochreihen als Kanäle bezeichnet werden. Einer der ältesten Codes ist der Fernschreibcode. Es ist ein Fünfercode, der auch bei einer ganzen Reihe von anderen Lochstreifengeräten der Datentechnik verwendet wird. Breitere Lochstreifen bezeichnet man als Lochbänder.

Zum Umsetzen der in Lochstreifen enthaltenen Lochungen in → *Impulse* dient der Lochstreifenabtaster oder Lochstreifenleser.

Lochstreifen haben als Datenträger in der Werkstatt große Bedeutung. Wichtig ist ihre Rolle bei der Datenerfassung. Sie können aber nicht nur Träger von Daten, sondern auch von Programmen sein. Als Steuerlochstreifen steuern sie kleinere Anlagen der Datentechnik, aber z. B. auch → *Werkzeugmaschinen* und andere Einrichtungen.

Lock: Schloß, Sperre.

Lock constraint angle: Zugelassene Winkellage.
Beschreibt die beim Einfügen von Verbindungslinien (→ *Interconnect*) zugelassenen Neigungswinkel.

Logbucherstellung → *elektronisches Logbuch.*

Log in
Eine Prozedur zum Beginnen einer Arbeitssitzung an einem EDV-System. Nach Abschluß der Prozedur befindet sich der Anwender auf der Ebene des → *Betriebssystems,* sofern nicht weitere Programme ihn automatisch in die Anwendungssoftware (z. B. CAD/CAM-Software) einschalten.

Logistik
Die Logistik (Lehre vom Nachschubwesen) hat in der Fertigungstechnik das Ziel, alle Versorgungs- und Entsorgungsfunktionen im Zusammenhang mit der Beschaffung, Herstellung und Verteilung von Gütern zu den geringstmöglichen Kosten durchzuführen. Angestrebt wird dabei, den Informations- und Materialfluß vom Beschaffungsmarkt (Lieferanten) bis zum Absatzmarkt (Kunden) als durchgehende Kette zu gestalten und zwar so, daß ein → *Flußgrad* erreicht wird, der den Unternehmenszielen entspricht und der laufend sichergestellt werden kann.

Log out, Log off
Eine Prozedur zum Beenden einer Arbeitssitzung auf der Ebene des Betriebssystems. Nach Abschluß dieser Prozedur ist die → *Datenstation*, an der man arbeitet, schaltungsmäßig nicht mehr mit dem EDV-System verbunden (die physikalische Verbindung über Leitungen bleibt natürlich erhalten).

Lokal
Eine örtlich beschränkte, genau bestimmte Tätigkeit oder Datenmenge betreffend, z. B. die Arbeit mit Daten, die auf einen Arbeitsplatzrechner beschränkt sind, wobei der Arbeitsplatzrechner Bestandteil eines → *Netzwerks* ist. Lokale Daten stehen nicht allen Benutzern zur Verfügung.

Gegensatz zu lokal ist → *global.*

Lokales Koordinatensystem
Identisch mit → *Arbeits-Koordinatensystem.* Diese Bezeichnung wird oft verwendet, wenn absolutes und Arbeits-Koordinatensystem nicht übereinander liegen.

Loop: Schleife
In der Programmiertechnik eine Anweisung, wie oft ein bestimmter Vorgang zu wiederho-

len ist. Entweder wird die Zahl der Wiederholungen vorgegeben oder die Wiederholung des Vorgangs wird durch das Erreichen von vorgegebenen Grenzwerten und Abbruchbedingungen beendet.

Losgröße
Die Zahl der Bauteile pro Fertigungsvorgang (Los). Die Fertigung mit NC-Maschinen ist bislang nur sinnvoll, wenn die Stückzahlmenge in größeren Losgrößen zusammengefaßt bearbeitet werden soll. Wenn man etwa 5 bis 500 Einheiten von einem Teil zu einem Los zusammenfassen kann, spricht man von einem typischen NC-Anwendungsbereich, da hierbei der Aufwand für die Programmierung der Verfahrwege, die Einlesezeit des Programms sowie für die vorbereitenden Einstellzeiten ein Minimum an Kosten pro Einheit der gefertigten Menge ergeben.

LP
Abkürzung für **L**ine **P**rinter, ein → *Drucker*, der zeilenweise druckt.

LSI
Abkürzung für **L**arge **S;a1cale** **I**ntegration, Bezeichnung für einen hochintegrierten Schaltkreis. Man spricht von einer Hochintegration, wenn mehr als 100 Schaltungen oder Schaltkreise auf einem Träger (chip) zusammengefaßt werden. Eine Steigerung stellen höchstintegrierte Schaltkreise dar (→ *VLSI*, *ULSI*).

Lupe
Eingabegerät in Verbindung mit einem → *graphischen Tablett*. Die Lupe wird zur Steuerung des → *Cursors* auf dem Bildschirm benutzt. Sie ist meist mit vier individuell programmierbaren Tasten ausgestattet, mit denen unterschiedliche Funktionen ausgelöst werden können.

LWL
Abkürzung für → *Lichtwellenleiter*.

M

M (Mega)
Abkürzung für die zwanzigste Potenz der Zahl 2. 1M entspricht 1 k x 1 k, das sind 1.048.576.

M-Funktion
Die M-Funktion ist eine Zusatz- oder Hilfsfunktion, die bei → *SPS* genormte Befehle (DIN 66 025, Blatt 2) für Spindeldrehrichtung, Werkzeugwechselbefehle, Kühlmittel, Programmende usw. enthält.

MAC
Abkürzung für → ***M**achinal **A**daptive **C**ontrol.*

Machinal Adaptive Control
Maschinengerechte → *adaptive Steuerung.* Beim Programmieren des Werkzeuges und des Werkstückmaterials wird von maximalen Spanquerschnitten ausgegangen. Nach Eingabe der Arbeitsbedingungen werden von einem Programm die Drehzahl und die maximalen Vorschübe innerhalb der Belastungsgrenze für die → *Werkzeugmaschine,* die Werkzeuge, für das Werkstück und die übrige Ausrüstung ermittelt. Wichtig ist, daß beim Abarbeiten des NC-Programmes das adaptive Steuergerät in der Werkzeugmaschine die Geschwindigkeiten fortlaufend überprüft und gegebenenfalls herabsetzt, so daß keine unzulässigen Kräfte und Motorströ-

me auftreten und dadurch Schäden hervorgerufen werden können.

Machine time → *Bearbeitungszeit.*

Machining Center → *Bearbeitungszentrum.*

Magnetbandgerät → *Magnetbandspeicher.*

Magnetbandspeicher
Ein Magnetbandspeicher ist ein Gerät zum Beschriften und Lesen von Magnetbändern, das mit → *seriellem Zugriff* arbeitet. Die Funktionsweise des Geräts ist im Prinzip die gleiche wie bei einem Tonbandgerät, allerdings kommen andere Band- und Schreibformate, höhere Schreibdichten (bis zu 6250 → *bpi*) sowie große Schreib/Lesegeschwindigkeiten (bis zu 125 → *ips*) zum Einsatz. Bei den klassischen Aufzeichnungsverfahren werden 7 oder 9 parallele Spuren kontinuierlich auf das Band geschrieben, wobei die letzte Spur die → *Prüfbits* zur Datensicherung enthält. Bei der Nutzung von 9 Spuren kann somit ein → *Byte* pro Vorgang auf das Band geschrieben werden. Schreib- und Lesevorgänge erfolgen blockweise, das Magnetband muß dabei ruckartig beschleunigt und abgebremst werden. Damit das Band nicht reißt, werden Bandzugskomparatoren mit Vakuumsteuerung verwendet.

Die Kapazität eines Magnetbandes richtet sich nach der Schreibdichte auf dem Band (7 oder 9 parallele Spuren, die mit 800, 1.600 oder 6.250 bpi beschrieben werden) und der Bandlänge (bis zu 2.400 Fuß). Bei einer mittleren Schreibdichte von 1.600 bpi und einer Bandlänge von 2.400 Fuß hat ein 9-Spur-Band eine Kapazität von rund 48 MB.

In zunehmendem Maß kommen Magnetbandgeräte zum Einsatz, die statt einer kontinuierlichen Aufzeichnung von Spuren die Schrägaufzeichnung aus der Video-Technik

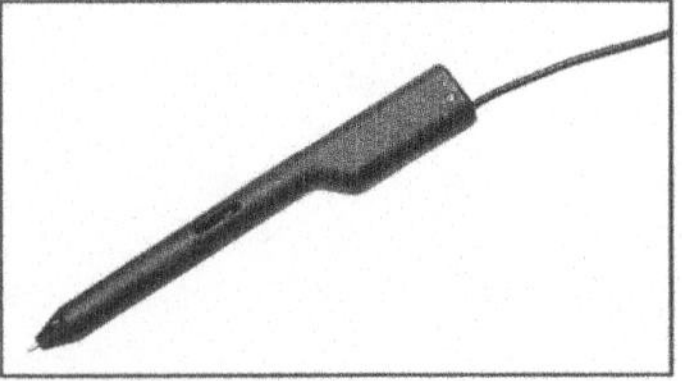

Magnetgriffel mit einem im Schaft integrierten Elektromagneten, der bei Niederdrücken der Mine aktiviert wird.

verwenden. Auf einer Video-8-Kassette (kaum größer als eine Musikcassette) kann hierbei ein Volumen der Größe bis zu 2,5 GB gespeichert werden.

Magnetgriffel
Ein Positioniergerät, meist im Kugelschreiberformat, bei dem die Bewegung des Griffels über ein Tablett in Bildschirm-Koordinaten zur Cursor-Positionierung umgesetzt wird.

Magnetic tape: Magnetband. → *Magnetbandspeicher.*

Magnetplattenspeicher
Ein Magnetplattenspeicher besteht aus einem Gerät, in dem ein Datenträger mit hoher Geschwindigkeit (z. Zt. bis zu 3.600 U/min) rotiert. Dieser Datenträger besteht aus einer oder mehreren übereinander angeordneten Aluminiumscheiben hoher Präzision, deren Oberfläche magnetisch beschichtet ist. Zum Schreiben und Lesen von Daten ist pro Plattenoberfläche ein Magnetkopf vorhanden. Die Plattenoberfläche wird beim Formatieren magnetisch in eine Reihe konzentrischer Kreise (Spuren) und Sektoren eingeteilt, in die Daten eingetragen werden können. Zum Schreiben und Lesen von Daten wird der Magnetkopf mit einem Linearantrieb über die entsprechende Spur positioniert, der Vorgang beginnt, sobald der entsprechende Sektor unter dem Magnetkopf vorbeizieht. Der Magnetplattenspeicher ist ein Gerät mit → *Direktzugriff.*

Magnetplatten können im Gerät fest eingebaut und versiegelt (Festplatte System Winchester) oder auswechselbar sein (Wechselplatte). Zu den Wechselplatten gehören auch die Disketten und Floppy Disks (flexible Wechselplatten). Die Kapazität einer Festplatte liegt heute zwischen 10 und 800 MB, dievon Wechselplatten zwischen 2 und 300

MB Disketten und Floppy Disks weisen eine Kapazität von neuerdings 1,2 MB, durchschnittlich 800 kB auf. Da diese Kapazität meist nicht ausreicht, um darauf Daten von im CAD/CAM-System gespeicherten Bauteilen abzulegen, sind Disketten deshalb für den Einsatz in einem CAD/CAM-System höherer Leistungsfähigkeit (Verarbeitung von 3D-Daten) allein, ohne eine separate Festplatte, nicht empfehlenswert. Die mittlere → *Zugriffszeit* liegt bei einer Festplatte zwischen 10 und 25 ms, bei einer Wechselplatte zwischen 50 und 70 ms.

Das Kapazitätsverhältnis zwischen Fest- und Wechselplatte bei gleichem äußeren Platzbedarf liegt zwischen 6 : 1 und 10 : 1.

Magnetschichtspeicher
Sammelbegriff für alle Datenspeicher, die nach dem Prinzip der bewegten Magnetschicht arbeiten. Zu diesen gehören → *Magnetband-* und → *Magnetplattenspeicher.* Die zu speichernde Information wird hier auf einem magnetisierbaren Material aufgezeichnet, das sich gegenüber einem feststehenden Magnetkopf in Bewegung befindet. Beim Lesen werden die gespeicherten Daten wieder sequentiell durch den Magnetkopf von der vorbeilaufenden Schicht abgetastet und in den → *Arbeitsspeicher* übertragen.

Magnification: Vergrößerung.

magnify, to: vergrößern.
Das Vergrößern einer Darstellung auf dem Bildschirm erfolgt entweder durch Digitalisieren zweier Punkte, die die Diagonale des neuen Bildausschnitts bilden. Die Darstellung auf dem Bildschirm wird soweit vergrößert, bis eine der Berandungen des digitalisierten Ausschnitts mit einer Bildschirmkante zusammenfällt. Die andere Möglichkeit ist die Eingabe eines Vergrößerungsfaktors. Der

Vergrößerungsfaktor kann bei einigen CAD-Systemen auch kleiner 1 werden. Dann ist mit dem Kommando zum Vergrößern auch ein Verkleinern der Darstellung möglich.

Magtape, Magnetic tape → *Magnetbandspeicher.*

Mailbox → *Elektronische Post.*

Main frame, Mainframe (computer) → *Host.* Großrechner, Zentralrechner. Oft der Leitrechner eines → *Netzwerks.* Bei administrativen Anwendungen ein Großrechner mit über 100 Terminals.

Main memory: Hauptspeicher, → *Arbeitsspeicher.*

Main processor: Hauptrechner, Zentralrechner → *Satelitenrechner.*

Main program: Hauptprogramm.
Es gibt bei der Arbeit an einem Rechnersystem immer nur ein Programm (Hauptprogramm), das aus der Ebene des → *Betriebssystems* aufgerufen werden kann. So wird z. B. das Hauptprogramm einer CAD/CAM-Software durch Eingabe des Software-Namens aufgerufen. Alle Funktionen der Software werden durch Unterprogramme (Subroutinen) realisiert. Nach Eingabe und Entschlüsselung eines Kommandos ruft das Hauptprogramm das erforderliche Unterprogramm auf.

Maintenance: Wartung, → *Service.*

Makrotechnik
Standardisierte Bauteile oder Funktionskomplexe (z. B. die Elemente eines Baukastens) können als feste Geometrien (Makros) in das CAD/CAM-System eingespeichert werden. Makros werden üblicherweise in Bibliothe-

ken (Library) organisiert. Zur Beschreibung von Bauteilen aus diesen Geometrien werden die Makros aus der Bibliothek aufgerufen, lagerichtig positioniert und zu einem neuen Datenbestand zusammengefaßt. Bei CAD/CAM-Systemen, die keine → *Anwendungsprogrammiersprache* aufweisen, bildet die Makrotechnik die einzige Möglichkeit zum Aufbau von Variantenteilen.

Management - Informationssystem
Ein Management-Informationssystem hat das Ziel, Führungskräften auf »Knopfdruck« einen aktuellen Überblick über das Unternehmen zu geben und alle für eine Entscheidung relevanten Daten des Unternehmens bereitzustellen. Dazu werden die Daten aus den laufenden Arbeiten der Bereiche konzentriert, zusammengefaßt und in geeigneter grafischer Form dargestellt. Statistik- und Tabellenverarbeitungsprogramme sind zur Weiterbehandlung der Daten (z. B. Prognose des Ertragsverlaufs) vorhanden. Die Daten dienen der Entscheidungsvorbeitung, wie z. B. für die Annahme und Ablehnung von Aufträgen, Auslastung, → *Durchlaufzeit*, Terminverfolgung etc.

Manipulator
Handhabungsgerät. → *Roboter* sind programmierbare Manipulatoren.

MAP
Abkürzung für **M**anufacturing **A**utomation **P**rotocol, Protokoll für die Fertigungsautomatisierung in einem CIM-Konzept. MAP ist ein Netzwerkkonzept für den Fertigungsbereich, welches von der Firma General Motors entwickelt wurde, um die einzelnen Rechnerinseln in der Produktion im Sinne eines effizienten und einheitlichen Datentransports miteinander zu verbinden. MAP basiert im wesentlichen auf dem → *OSI-Netzwerkmodell*. Als physikalischer Träger wird ein → *Breitband*

ISO-Schichten	MAP -Spezifikation 2.1		TOP-Spezifikation 1.0	Mini-MAP
Schicht 7 : Anwendungsschicht	FTAM	MMFS	ISO-FTAM	EIA 1393 (MMFS)
		CASE		
Schicht 6 : Darstellungsschicht	Nicht implementiert implementiert (MAP 3.0)		Nicht implementiert	Nicht implementiert
Schicht 5 : Kommunikations-steuerungsschicht	ISO Session Kernel Full Duplex (IS 8326/7)		ISO Session Kernel Full Duplex (IS 8326/7)	Nicht implementiert
Schicht 4 : Transportschicht	ISO Transport Class 4 (IS 8072/3)		ISO Transport Class 4 (IS 8072/3)	Nicht implementiert
Schicht 3 : Netzwerkschicht	ISO Connectionless Internet (IS 8072/3)		ISO Connectionless Internet (IS 8072/3)	Nicht implementiert
Schicht 2 : Sicherungsschicht	LLC - Logical Link Control (is 8802/2) Class 1		LLC - Logical Link Control (is 8802/2) Class 1	LLC
	MAC - Media Access Control : Token Bus 802.4		MAC - Media Access Control : CSMA/CD 802.3	SPA & RDR
Schicht 1 : Bitübertragungs-schicht	IEEE 802.4 Broadband		IEEE 802.3 Carrier Band	Carrier Band

Die Integration von MAP, TOP und MiniMAP in das ISO-OSI-Modell.

als Sammelschiene (Backbone) eingesetzt, der als Bus (→ *Netzwerk*) geschaltet ist und auf dem als Zugriffsprotokoll das → *Token-Verfahren* verwendet wird. Lokale Netze in einzelnen Bereichen (Arbeitsvorbereitung, Fertigung, Montage, Versand usw.), die selbst beliebig konfigurierbar sind, werden an die Sammelschiene angeschlossen. Mit MAP 3.0 steht mittlerweile eine von allen wichtigen Rechneranbietern unterstützte Version zur Verfügung.

Mapping

1. Die Abbildung oder Transformation von Punkten aus einem Koordinatensystem in ein anderes Koordinatensystem. So müssen z. B. die im → *Werkstückmodell* des CAD-Systems gespeicherten dreidimensionalen Koordinaten auf zweidimensionale Bildschirm-Koordinaten abgebildet werden. Als mathematisches Hilfsmittel stehen dafür → *Transformationsmatrizen* zur Verfügung.
2. Anwendung der CAD-Technologie in der Kartografie.

Markierer

Ein Zeichen, mit dem vom CAD-System auf ein vom Benutzer am Bildschirm identifiziertes Element markiert wird, um es als »erkannt« zu kennzeichnen. Eine Markierung kann auch durch das Ändern der Darstellungsart (Farbwechsel, andere Strichdarstellung, Blinken) erfolgen.

Maschinenbefehl

Element der → *Maschinensprache*. Ein Maschinenbefehl kann von der → *Zentraleinheit* direkt ausgeführt werden. Es handelt sich dabei um Befehle, mit denen Daten in einem → *Register* gespeichert und aus diesen gelesen, zwischen den Bestandteilen der Zentraleinheit verschoben und an Peripheriegeräten bereitgestellt bzw. von diesen geholt werden. Die Befehle sind in derjenigen binären Zahlendarstellung kodiert, mit der der Rechner arbeitet. Zur Programmierung mit Maschinenbefehlen werden → *Assembler* benötigt.

Maschinenkosten

In den Maschinenkosten für ein beliebiges Objekt sind folgende Kostenarten zusammengefaßt:

1. kalkulatorische Abschreibung,
2. kalkulatorische Zinsen,

3. Raumkosten,
4. Energiekosten,
5. Instandhaltungskosten.

Siehe auch → *Wirtschaftlichkeit.*

Maschinennullpunkt
Eine bestimmte Position einer NC-Achse, die vom → *Meßsystem* immer wieder exakt reproduzierbar ist.

Maschinensprache
Die Maschinensprache ist die Summe der an einem Rechnersystem verfügbaren Maschinenbefehle. Der Leistungsumfang der Maschinensprache ist damit ein direktes Maß für die Leistungsfähigkeit des Rechnersystems.

Mask → *Maske,* → *Filter.*

Maske
Eine feste, in einem Programm vereinbarte Anordnung von Texten und Zeichen auf alphanumerischen Bildschirmen, die vom üblichen Betrieb des Bildschirms (der Bildschirminhalt wird um eine Zeile nach oben bewegt, die oberste Zeile verschwindet, in der untersten Zeile erscheint der neue Text) abweicht. Man kann so z. B. den Bildschirm in mehrere Teile aufteilen. In einem Teil wird der Systemstatus dargestellt (Name des gerade bearbeiteten Modells, verwendete Raster und Ebenen, sichtbare Bereiche usw.), in einem anderen Teil werden Eingaben und Systemmeldungen dargestellt. Masken sind erforderlich bei der → *Menütechnik.*

Massenspeicher
Speicher zur Aufnahme und Zwischenlagerung großer Datenmengen, z. B. Platten in → *Magnetplattenspeichern* oder Bänder in → *Magnetbandspeichern.*

Mass storage → *Massenspeicher.*

Master → *Fertigungsleitrechner.*

Masterplan
Der Haupt- oder Führungsplan eines Projektes. Der Masterplan stellt die Verbindung zwischen der Projektaktivität und den Nutzenergebnissen für das ganze Unternehmen her. Für einzelne Bereiche müssen Untermengen des Plans gebildet werden.

Master - Slave - Struktur
Eine hierarchische Netzwerkstruktur, bei der einige der vernetzten Rechner (Master) den anderen (Slave) übergeordnet sind. Diese Beziehung kann sich über mehrere Hierarchieebenen wiederholen, so daß Master-Rechner für die nächstniedere Ebene gleichzeitig Slave-Rechner für die nächsthöhere Ebene sein können.

Ein typischer Anwendungsfall findet sich bei der Steuerung der Produktion. Hier bildet die Steuerung der Fabrik die oberste Ebene. Untergeordnet sind nacheinander die Ebenen zur Steuerung der Werkstatt, der Fertigungszellenebene und der in den Zellen vorhandenen Geräte.

Material
Mit Material werden alle Werk-, Hilfs- und Betriebsstoffe bezeichnet, die zum Erzeugen von Gütern erforderlich sind und die dabei ihre ursprüngliche Form, ihre selbständige Funktion und die Möglichkeit zu andersweitiger Verwendung verlieren.

Materialbedarfsplanung
Auf der Basis des → *Hauptproduktionsplans* arbeitendes System zur Ermittlung des Materialbedarfs während der Ferigung (Welches Teil oder Material wird an welcher Fertigungsstelle wann, in welcher Menge und wofür gebraucht?). Wesentliche Aspekte sind die Schaffung von Regelkreisen zur

simultanen Planung und zur Ermittlung des Kapazitätsbedarfs des Materials auf mehreren Ebenen, wobei der gegenseitige Einfluß auch in Hinsicht auf die Absatzplanung des Unternehmens berücksichtigt wird.

Die Weiterentwicklung, MRP II, erfaßt zusätzlich die Planung von Kapazitäten der Betriebsmittel. Die Materialbedarfsplanung ist eine Funktion der → *Materialsteuerung*.

Materialbestandsermittlung
Aufgaben der Materialbestandsermittlung sind die Erfassung der Lagerbewegungen und das Festlegen der Lagerbestände nach Art und Menge zu bestimmten Terminen.

Materialfluß
Der Materialfluß ist nach VDI-Richtlinie 2411 die Verkettung aller Vorgänge beim Gewinnen, Be- und Verarbeiten sowie beim Lagern und Verteilen von Stoffen innerhalb festgelegter Bereiche (Arbeitssysteme).

Materialsteuerung
Die Materialsteuerung hat die Aufgabe, auftragsabhängig zu einem bestimmten Termin bzw. für eine bestimmte Zeitperiode den Materialbedarf nach Art und Menge sowie den Materialbestand zu ermitteln sowie die Beschaffung und die Bereitstellung des Materials durchzuführen.

Maus mit Eingabetablett. Die linke Taste dient zur Übergabe der aktuellen Position; die beiden anderen Tasten können vom Anwender beliebig belegt werden.

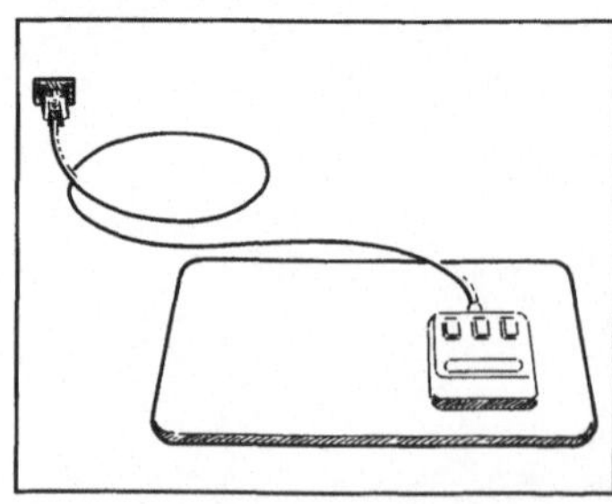

Matrixdrucker
Ein → *Drucker*, der nicht für jedes Zeichen eine einzelne Type verwendet, sondern bei dem der Druckkopf aus einzelnen Nadeln aufgebaut ist und bei dem die Zeichen aus einzelnen Punkten, die von den Nadeln auf dem Papier erzeugt werden, zusammengesetzt werden.

Maus
Ein Positioniergerät für den Bildschirmzeiger

(Cursor), bei dem die Rollbewegung einer gummierten Kugel auf einer beliebiger Oberfläche in Bildschirm-Koordinaten zur Cursor-Positionierung umgesetzt wird.

Maze-Running-Router
Auch Lee-Router genannt. Dieser von C. Y. Lee im Jahr 1961 vorgestellt Algorithmus teilt die gesamte Layoutfläche in Quadrate gleicher Größe auf. Ausgehend von einem Enpunkt der zu verlegenden Verbindung werden die direkt benachbarten, freien Quadrate mit einer Zahl gekennzeichnet, die an diese grenzenden Quadrate mit der nächst höheren usw. bis der andere Punkt der Verbindung erreicht ist. Das Prinzip dieses Lösungsweges sorgt automatisch für die Einhaltung vorgegebener Mindestabstände; die ursprüngliche Form erlaubte jedoch nicht die Verlegung von diagonal verlaufenden Leiterbahnen. Um die nicht unerheblichen Rechenzeiten, die dieser Algorithmus benötigt, zu reduzieren, wurden verschiedene Modifikationen entwickelt. Eine Möglichkeit besteht darin, den Suchvorgang von beiden Endpunkten einer Verbindung aus gleichzeitig zu starten. Bei einer anderen Methode, die zu verarbeitende Datenmenge zu reduzieren, wird ein Rechteck um die beiden Endpunkte gelegt. Bei der folgenden Suche werden dann lediglich die Quadrate innerhalb des Rechtecks berücksichtigt. Zur Entflechtung mehrlagiger Leiterplatten geht der Lee-Algorithmus von Würfeln gleicher Größe aus.

MB
Abkürzung für **M**ega-**B**yte, 1MB entspricht 1.048.576 → *Byte*. Das MB ist das Maß für die Größe von Speichermedien.

Mb
Abkürzung für Mega-bit, 1Mb entspricht 1.048.576 → *bit* oder 131.072 Byte. Mb ist das Maß in dem die Speicherkapazität der neue-

sten Chip-Generationen angegeben wird.

MBE
Abkürzung für → ***M**aterial**b**stands**e**rmittlung*.

MBP
Abkürzung für → ***M**aterial**b**edarfs**p**lanung*.

MD
Abkürzung für **M**echanical **D**esign, mechanische Konstruktion und Zeichnungserstellung.

MDI
Abkürzung für **M**enu **D**riven **I**nput, menügetriebene Eingabe. → *Menütechnik*.

MDT
Abkürzung für **m**ittlere **D**aten**t**echnik. Gemeint sind EDV-Systeme mit Zentraleinheiten mittlerer Größe (→ *Minicomputer*), z. B. Abteilungsrechner.

measure, to: messen.
Aufgrund der im → *Werkstückmodell* gespeicherten Daten eines jeden Elements können Abmessungen von Elementen, ihre Abstände sowie die zwischen Elementen und eingeschlossenen Winkel gemessen sowie die Lage von Schnittpunkten und -kurven ermittelt werden. Falls ein Berechnungsmodul mit in die zur Erfassung der Daten benötigten Meß-Routine integriert ist, können auch Gewichte, Volumina, Oberflächen und Momente höherer Ordnung bestimmt werden.

Mehrbenutzerbetrieb
Die Fähigkeit des → *Betriebssystems*, mehrere Benutzer gleichzeitig, aber unabhängig voneinander, an einem EDV-System arbeiten zu lassen. Dabei wird die zur Verfügung stehende Nutzungszeit des EDV-Systems nach einem festen Algorithmus, und zwar

meist in Form sogenannter Zeitscheiben, auf die einzelnen Benutzer aufgeteilt. Die Länge dieser Zeitscheiben liegt im Zehntelsekunden-Bereich. Da oft diese Zeit nicht zur Lösung einer Aufgabe ausreicht, müssen nach Ablauf der Zeitscheibe geeignete → *Dienstprogramme* die Zwischenergebnisse in Bereiche des Arbeitsspeichers eintragen. Bei der nächsten möglichen Gelegenheit werden die Zwischenergebnisse wieder in die Zentraleinheit eingelesen und weiter bearbeitet.

Mehrfachnutzen
Kleinere und mittlere Leiterplatten werden im Mehrfachnutzen (Kopien) gefertigt. Dazu müssen die Plotdaten einer Leiterplatte vervielfältigt und — mit fertigungsrelevanten Zusatzinformationen wie Passerkeuzen oder Bar-Code-Streifen versehen — auf einem größeren Format verschnittoptimiert angeordnet werden. Für diese Aufgaben werden heute meist spezielle CAM-Module oder -Stationen eingesetzt, die dem Anwender das Verändern der Fertigungs-, nicht jedoch der eigentlichen Layoutdaten erlauben.

Mehrprogrammbetrieb
Die gleichzeitige simultane Bearbeitung mehrerer Programme in der → *Zentraleinheit*.

Mehrprozessorsystem
EDV-System mit mehr als einer → *Zentraleinheit*.

Memory: Speicher.
Im allgemeinen ist damit der → *Arbeitsspeicher* in der → *Zentraleinheit* gemeint.

Memory Mapper
Der Memory Mapper ist ein → *Dienstprogramm* des → *Betriebssystems*, mit dem der → *Arbeitsspeicher* über den von der → *Wortbreite* bestimmten maximalen Größe

erweitert werden kann, indem Datenadressen aus einem Speicherbereich in einen anderen abgebildet werden. Hat z. B. ein Rechner eine Wortbreite von 8 bit, so beträgt die maximale adressierbare Größe des Arbeitsspeichers 64 kB. Enthält nun der Arbeitsspeicher mehrere Module mit in diesem Falle jeweils 64 kB, so schaltet der Memory Mapper automatisch auf den nächsthöheren Bereich um, sobald eine Datenadresse auftritt, die höher ist als in dem ersten 64 kB-Bereich vorkommen kann. Die Adressen des höheren Speicherbereichs werden als Fortsetzung des Ausgangsbereichs simuliert.

Hierarchisch aufgebautes Textmenü. Zur Ausführung des Kommandos «Punkt mit Polarkoordinaten erzeugen» müssen drei Menüebenen bearbeitet werden.

Menü: Auswahlfeld.
Ein Hilfsmittel zur vereinfachten Eingabe von Kommandos und Daten. Dem Benutzer werden eine Reihe von Möglichkeiten angebo-

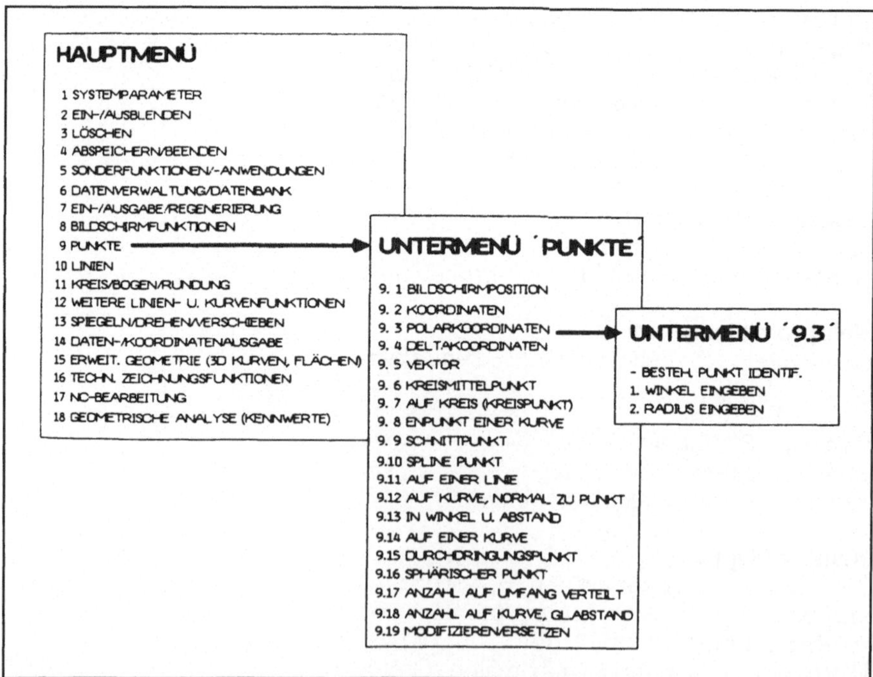

ten, aus der er sich die passende auswählt. Menüs auf einem alphanumerischen Bildschirm erscheinen in Form von Texten. Dabei gibt der Benutzer Kennziffern oder -buchstaben ein. Er wird vom System durch einen Entscheidungsbaum geführt (Benutzerführung), gibt also die Arbeitsrichtung nicht selbst vor.

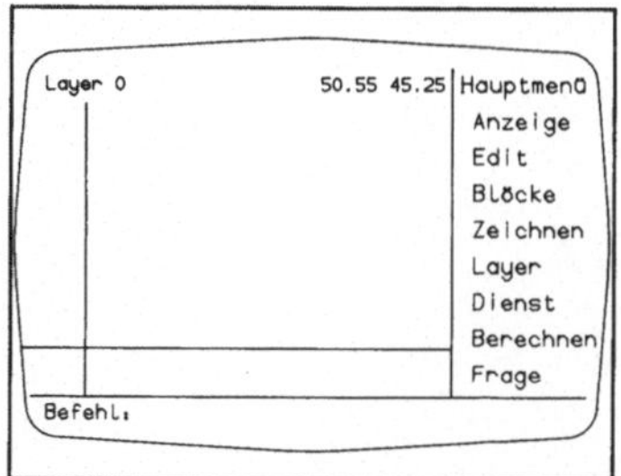

Bei CAD-Systemen mit nur einem Bildschirm werden Textmenüs neben oder unter dem graphischen Arbeitsbereich angeordnet.

Bei einem Menü auf dem grafischen Bildschirm oder auf dem Tablett tippt er ein → *Menüfeld* seiner Wahl an. Der Benutzer wählt seine Arbeitsrichtung selbst. Das Menüfeld kann ein Kommandoelement, ein vollständiges Kommando, mehrere Kommandos oder Eingabedaten (z. B. Ziffernfeld) symbolisieren. Beim Antippen wird ein Koordinatenpaar an eine → *Menüdatei* übergeben, in der die auszuführende Tätigkeit als Kommando (bei

Unterschiedliche Möglichkeiten zur Positionierung von graphischen Menüs.

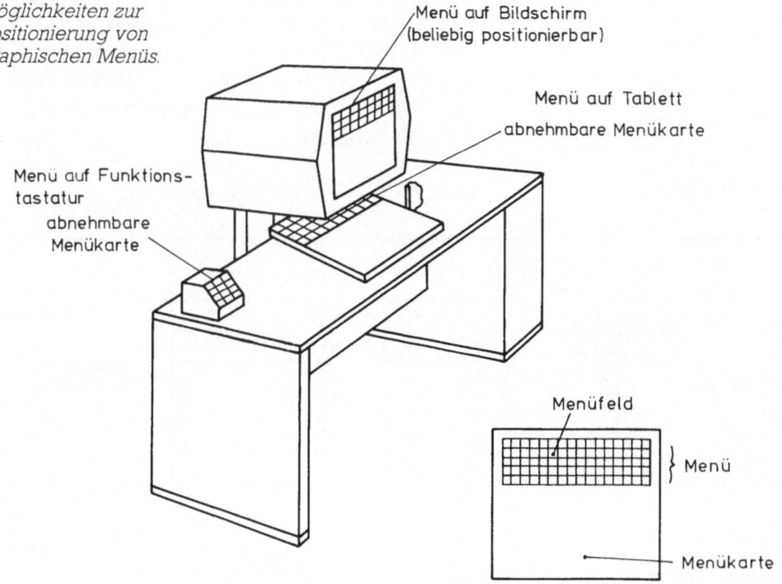

einer → *Eingabesprache*) oder als Datum (bei einem Kennziffer-Menü) enthalten ist. Danach wird die Eingabe in einem → *Entschlüssler* interpretiert.

Menüdatei
Die Menüdatei enthält die Zuordnung von Koordinatenpaaren des Menüfelds an Kommandos oder Daten. Sobald ein Koordinatenpaar erkannt worden ist, werden die diesem Paar zugeordneten Kommandos oder Daten in das CAD/CAM-System eingelesen.

Menüfeld
Ein einzelnes Element eines Menüs. Die ausführbare Tätigkeit kann als Symbol oder als Text dargestellt werden.

Menüfile → *Menüdatei.*

Menükarte
Ein Stück Karton, auf das ein Menü gezeichnet ist und das auf ein → *Tablett* gelegt wird. Die auf der Menükarte angebotenen Kommandos und Daten werden nur dann ausgeführt, wenn die entsprechende → *Menüdatei* geladen wurde.

Menütafel → *Menükarte.*

Funktionsablauf zur Verarbeitung eines auf der Menükarte ausgewählten Kommandos.

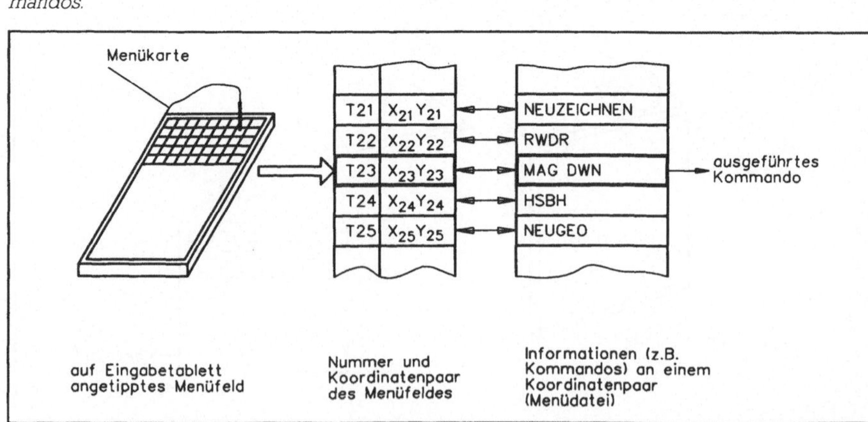

Menütechnik

1. Eingabe von Kommandos und Daten über ein → *Menü*. Das Menü dient als Hilfsmittel zur vereinfachten Eingabe von Kommandos und Daten begleitend zur eigentlichen → *Eingabesprache*. Der Inhalt der Menüs sollte dem jeweiligen Einsatzgebiet angepaßt sein, d. h. Eingaben, die in einem Arbeitsbereich nicht benötigt werden, sind auf einer Menükarte nicht enthalten (können aber nach wie vor als explizite Eingabe über die Tastatur oder dgl. erfolgen, da die eigentlichen Kommandos für den Benutzer frei zugänglich bleiben). Durch eine entsprechende Zusammenstellung der Möglichkeiten auf einer Menükarte kann die Anwendung erwünschter Arbeitsabläufe beeinflußt werden, indem z. B. eine Menükarte für die Geometriebeschreibung, eine für die Zeichnungserstellung und eine für die Erstellung von NC-Verfahrweginformationen verwendet wird.

2. Anstelle einer → *Eingabesprache* werden dem Benutzer Menüs (entweder als Text auf dem alphanumerischen Bildschirm oder als Symbol bzw. Text auf dem grafischen Bildschirm) angeboten, aus denen er sich die gewünschte Tätigkeit entweder durch Antippen des Menüs, durch Ja/Nein-Abfragen oder die Eingabe von Kennziffern zusammenstellt. Solche Menüs können auch hierarchisch aufgebaut sein (Baumstruktur). An oberster Stelle stehen die Haupttätigkeiten wie z. B. »Geometrie erzeugen«, »Bildschirm-Handhabung« oder »Datensicherung«. Auf der nächsten Stufe wird die Tätigkeit näher beschrieben, z. B. indem das zu erzeugende Geometrieelement ausgewählt wird. Auf einer weiteren Stufe erfolgt z. B. die Wahl der am besten geeigneten Erstellungsart usw.

Darstellung von Kommandos auf einer Menükarte mit Symbolen und Texten.

	Polarlinie	Linie durch 2 Punkte	Linie tangential an 2 Kreise	parallel zu Linie mit Abstand
CAD-System 1				
" 2				
" 3	GW	S	GIT2K	GPA
" 4	unter def. Winkel	Strecke	gemeinsame Tangente	paralle
" 5				
" 6				
" 7	POLAR LINE	SCREEN POSITION KEY-IN	TANGENT	PARALLEL DISTANCE

Menüs sind hilfreich für Anfänger und solche Benutzer, die nicht regelmäßig am CAD/CAM-System arbeiten, da der Benutzer vom Menü durch die Eingabemöglichkeiten geführt wird. Eingabefehler werden sofort abgefangen. Sie sind nachteilig für geübte Anwender, da stets die Arbeitsrichtung vom CAD-System vorgeben und nicht vom Benutzer frei gewählt wird. Bei besonders komplizierten Tätigkeiten kann die Menüeingabe sehr langwierig und umständlich werden.

An einem guten CADCAM-System sollten Eingaben deswegen sowohl über eine Eingabesprache als auch über ein Menü mit Benutzerführung möglich sein.

merge, to: zusammenführen, vermischen. Übertragen von Informationen von einem Informationsträger an einen anderen. Solche Informationsträger können geometrische oder nichtgeometrische Elemente des → *Werkstückmodells* oder externe Dateien sein (Externe Dateien stehen außerhalb der CAD-Software und können daher auf der Ebene des Betriebssystems bearbeitet werden). Die Zuordnung geschieht anhand von Vereinbarungen und → *Filtern*. Angewendet wird diese Technik bei der Erstellung der Stückliste, für die die Teilestammdaten, die als Daten an geometrische Elemente geknüpft sind, extrahiert und in eine Datei eingetragen werden, und vor allem beim Schaltungsentwurf.

Mesh generator: Netzerzeuger. → *Finite-Elemente-Methode*.

Meßfehlerkompensation
Einige CNC-Systeme bieten die Möglichkeit, systematische Meßfehler der Achsen zu kompensieren, um höhere Absolutgenauigkeiten zu erreichen. Dazu werden für jede Achse Korrekturimpulse gespeichert, die po-

sitions- und richtungsabhängig zu den Meßimpulsen addiert werden.

Meßgeber

Umformer, Transducer. Grundsätzlich Geräte, die eine Energieform (Eingang) in eine andere Energieform (Ausgang) derart umwandeln, daß die Ausgangsgröße der Eingangsgröße nach einer bestimmten Gesetzmäßigkeit folgt. Bei → *numerischen Steuerungen* werden hiermit meistens die Geräte bezeichnet, die zur Messung der Maschinenbewegung/Maschinenposition erforderlich sind. Diese können mechanisch, elektrisch oder optisch arbeiten. Bei diesen Systemen ist die Eingangsgröße eine mechanische Vorstellung und das Ausgangssignal ist gewöhnlich ein elektrisches Signal, bestehend aus einer oder mehreren Spannungen, dem Phasenwinkel oder der Frequenz einer Wechselspannung, oder auch eine Serie von diskreten → *Impulsen.*

Meßglied

Als Meßglieder kommen alle Meßeinrichtungen in Frage, die zum Überprüfen der im System zu fertigenden Werkstücke geeignet sind. Für die Anordnung gibt es drei verschiedene Möglichkeiten:

— Messen in der Maschine mit Sensoren,
— Messen neben der Maschine mit speziellen, den Arbeitsaufgaben angepaßten Meßeinrichtungen,
— Messen am zentralen Prüfplatz mit universeller, flexibler Meßeinrichtung.

Meßmaschine

Die Meßmaschine ist ein Gerät mit Tastfühlern zum Abtasten von Modellen bzw. Produkten zur Überprüfung der Abmessungen des Bauteils.

Die wichtigsten Komponenten einer Meßmaschine sind die → *Sensoren,* deren Wirkungsweise auf unterschiedlichen physikalischen Effekten beruht. Neben der großen Zahl der analogen Sensoren, bei denen die Meßgröße kontinuierlich erfaßt wird, sind digitale Sensoren im Gebrauch. Zu den digitalen Sensoren gehören Weg-, Winkel- Frequenzgeber, aber auch Kraft- und Bildsensoren auf Halbleiterbasis, an denen die Meßgröße sehr frühzeitig in einen digitalen Wert umgewandelt wird. Der dazugehörige Tastkopf einer Koordinaten-Meßmaschine ist das wesentliche Element jeder Meßmaschine und bestimmt deren Meßgenauigkeit sowie die universelle Einsatzmöglichkeit.

Bei Berührung mit dem Werkstück übernimmt der Tastkopf als Stellglied die Lageregelung der Achsen in seinem Nullpunkt oder er liefert selbst Meßwerte für X-, Y- und Z-Achse, die den Positionierwerten der Meßmaschine überlagert werden müssen.

In Verbindung mit den Solldaten aus dem → *Werkstückmodell* wird die Meßmaschine eingesetzt, um anhand der Istdaten zwischen Gut und Ausschuß zu unterscheiden. Bei einer direkten Vernetzung mit CAD/CAM-System und → *Fertigungsleitrechner* fließen die Korrekturdaten wieder in den Fertigungsprozeß zurück, um die erforderlichen Korrekturen schnell an den Produktionsmaschinen vorzunehmen zu können, damit unnötige Stillstandszeiten der teueren Systeme vermieden werden.

Meßsystem
Ein Meßsystem an einer → *Meßmaschine* kann in drei verschiedene Verfahrensgruppen eingeteilt werden:

a) Inkrementale Geber mit einem fotoelektrischen oder magnetischen Meßsystem, bei dem → *Impulse* gezählt werden und die Anzahl der Impulse einer Wegstrecke entspricht.

b) Absolute Geber als Potentiometer mit Widerstandsänderungen oder als Codierer, die optisch oder magnetisch einen binären Code ablesen. Jede Stellung der Achse entspricht einem binär codierten Wert auf der Meßstrecke.
c) Zyklisch absolute Geber verbinden das inkrementale und absolute Meßprinzip, indem man in einem bestimmten Bereich z. B. eine Umdrehung absolut mißt, jedoch die Umdrehungen zählt, also inkremental aufnimmt.

Meßzyklus
Das Meßablaufprogramm wird vorwiegend mit der → *Meßmaschine* und dem dazugehörigen Musterwerkstück programmiert. Hierbei wird die Meßmaschine vorübergehend zum Programmierplatz. Durch manuelles Abfahren des ersten Teils wird mit der → *Teach-in-programmierung* programmiert. Es werden nacheinander Positionier- und Meßvorgänge gespeichert, die bei Bedarf auf Speichermedien festgehalten und für spätere Wiederholung dieses Programmes als kompletter Meßzyklus abgearbeitet werden können.

Insbesondere bei → *Werkzeugmaschinen* mit automatischem Werkstückwechsel sind Aufspannungsgenauigkeiten der Werkstücke unvermeidbar. Um Fertigungsfehler zu vermeiden, muß in der Maschine vor Beginn der Bearbeitung die genaue Spannlage automatisch erfaßt und evtl. Aufspannfehler entsprechend korrigiert werden. Der Durchmesser der Bohrung und die Position des Bohrungsmittelpunktes werden in einem Meßzyklus automatisch ermittelt mit den Sollwerten verglichen und die Toleranzen errechnet und bei Bedarf ausgegeben.

Metafile
Eine Datei, die Bilddaten im Format des Grafischen Kernsystems (→ *GKS*) enthält.

Metaregel → *Produktionsregel,* → *Expertensystem.*

Metawissen → *Expertensystem.*

Methodenbank
Ein rechnerunterstütztes System zur Speicherung und Verwaltung von Methoden, die z. B. während des Produktenstehungsprozesses benötigt werden. Hierzu zählen Berechnungs-, Planungs- und Simulationsmethoden, die als Programme abgelegt und bei Bedarf aus der Methodenbank aufgerufen werden. Die Methoden können in einem → *Verfahrensmodell* zusammengefaßt werden. Eine Methodenbank kann z. B. in einem CAD/CAM-System oder auf einem eigenen Rechner innerhalb eines → *Netzwerks* gespeichert sein.

mflops
Abkürzung für **m**illion **fl**oating-point **o**perations **p**er **s**econd, Millionen Gleitpunkt-Operationen pro Sekunde. Im Gegensatz zu den → *mips* werden hier nur die Rechenoperationen im → *Gleitpunktprozessor* gemessen. Gerade bei leistungsfähigen Rechnern ist die Zahl der mflops ein guter Vergleichsmaßstab zur Beurteilung der Leistung.

Micro processor → *Mikroprozessor.*

Midedge point: Zwischeneckpunkt bei Linienzügen.

Migration
Umsetzen von Programmen von einem Rechnersystem in ein anderes, unter Beibehaltung von wesentlichen Teilen des Programmcodes.

Mikrocomputer
Rechner mit einem → *Mikroprozessor* als → *Zentraleinheit.* Mikrocomputer werden für

Arbeitsplatzrechner, Tischrechner, Kleinrechner und Personalcomputer verwendet.

Mikrofilm
Der Mikrofilm ist ein Speichermedium, das aus Gründen der Datensicherheit und leichteren Übersicht zur parallelen Speicherung von Daten des digitalen → *Archivs* verwendet werden sollte.

Der Mikrofilm dient als:
— paralleles Archivierungsmedium für freigegebene Zeichnungen von abgeschlossenen Aufträgen.
— Hilfsmittel zur leichteren Übersicht über das Archiv und zum schnellen Einblick in die Zeichnungsinhalte (Lesegerät in den Fachabteilungen).
— Ersatz für Zeichnungen (Ausgaben erfolgen direkt auf Mikrofilm).

Der Mikrofilm ist ein effizientes Speichermedium. Die Erstellungskosten einer Filmlochkarte, die den Mikrofilm trägt, liegen zwischen 2 und 3 DM. Der Platzbedarf von Filmlochkarten ist nochmals geringer als der von → *Magnetbändern*. Die Speicherdichte auf einem Mikrofilm ist lediglich durch die Auflösung (Körnigkeit) des verwendeten Films beschränkt. Wird anstelle des üblichen Abfotografierens einer Vorlage (z. B. Zeichnung) zur Erstellung des Films ein → *Mikrofilmplotter* verwendet, so haben die vom Mikrofilm reproduzierten Kopien Originalqualität.

Mikrofilmplotter
Ein → *Photoplotter*, der auf Mikrofilm zeichnet.

Mikroprozessor
Zentraleinheit der Wortlänge 16 oder 32 bit, die auf einem Chip in → *LSI*- oder → *VLSI*-Technik angeordnet ist. Die Zentraleinheit hat den gleichen Aufbau wie bei großen Rechnern mit Steuerwerk, Rechenwerk und Regi-

stern. Alle Komponenten sind auf dem Chip über Busleitungen (für Adressen und Daten) miteinander verbunden. Der Mikroprozessor ist, solange er nicht mit Programm- und Datenspeichern zu einem Mikrocomputer verbunden wird, aufgabenneutral. Programm- und Datenspeicher können auf dem gleichen (Ein-Chip-Prozessor) oder auf weiteren Chips untergebracht werden (Mehr-Chip-Prozessor).

Mill: Fräsmaschine.

Minicomputer
Ein Rechner, dessen Leistungsfähigkeit zwischen dem Arbeitsplatzrechner und dem Großcomputer liegt. Seine Wortlänge beträgt 16 oder 32 bit, die Anzahl der parallel am gleichen Rechner arbeitenden Teilnehmer kann 100 übersteigen.

mips
Abkürzung für **m**illion **i**nstructions **p**er **s**econd, Millionen Instruktionen pro Sekunde in der Zentraleinheit. Eine Instruktion kann z. B. ein Rechenvorgang oder ein Datentransport von einem Speicher in den anderen sein. Die Zahl der mips ist ein Maß für die Leistungsfähigkeit der Zentraleinheit. Sie wird mit speziellen Tests gemessen. In diesen Tests werden alle im Rechnersystem möglichen Instruktionen in einer statistisch ermittelten Reihenfolge und Häufigkeit durchgeführt, um eine Vergleichbarkeit zu erhalten. Die Verwendung der mips-Zahl zum Vergleichen von Rechnersystemen ist insofern problematisch, da die Einflüsse der → *Peripherie* nicht eingehen, die Genauigkeit der Rechenoperationen nicht berücksichtigt wird und die Messung i. d. R. nicht im → *Mehrbenutzerbetrieb* (Multi-User-Betrieb) erfolgt. Siehe auch → *mops* und → *mflops*.

mirror, to: spiegeln.

Das Spiegeln gehört wie Verschieben und Drehen zu den → *Symmetrie-Operationen.*

MIS
Abkürzung für → *Management-Informations-System.*

Mixware
Zusammengesetzter Begriff aus Mixed Hardware und/oder Software, Einsatz von unterschiedlicher Hardware und/oder Software in einem System.

Mnemotechnik
Verfahren und Hilfsmittel zur Unterstützung des menschlichen Gedächtnisses bezeichnet man als Mnemotechnik. Dabei wird versucht, Ordnungsmerkmale für Begriffe und Gegenstände so festzulegen, daß sich die Zuordnung zwischen dem Merkmal und dem Gegenstand aus der Beschaffenheit des Merkmals möglichst eindeutig ableiten läßt. Die optimale Festlegung von Abkürzungen für Befehle und Suchbäumen, die das menschliche Gedächtnis gut unterstützen, ist besonders bei EDV-Verfahren wichtig. Sie sind stets so aufgebaut, daß sie gleichzeitig eine Brücke zum Verstehen ihrer Bedeutung bilden. So gibt es in der → *Maschinensprache* z. B. für jeden anlagenintern numerisch kodierten Befehl eine mnemotechnische Verschlüsselung, die sich leichter lernen läßt.

Modal, modale Parameter
Es handelt sich um solche Parameter, deren Einstellung oder Änderung in einer Benutzereingabe nach Abschluß der Eingabe erhalten bleibt. Ist z. B. der Radius der Eckenverrundung ein modaler Parameter, der in einer Eingabe gesetzt wurde, so werden alle darauf folgenden Eckenverrundungen, Kreisbögen und Kreise mit dem gleichen Radius erzeugt, sofern nicht der Radius wieder explizit angegeben wird.

Mode: Modus, Betriebsart.

Model → *Modell,* → *Werkstückmodell.*

Modell
Abbild der Wirklichkeit, wobei das Modell nicht alle Eigenschaften des Vorbilds aufweisen muß. Man unterscheidet gestalthafte, bildhafte und formale Modelle. Gestalthafte Modelle sind verkleinerte oder vergrößerte Abbildungen, wobei nur bestimmte Eigenschaften des Vorbilds ausgeprägt sind (z. B. das Tonmodell eines neuen Fahrzeugs, das im Windkanal optimiert wird). Bildhafte Modelle sind grafische Darstellungen des Vorbilds (z. B. technische Zeichnungen). Formale Modelle sind Datenmengen zur digitalen Erfassung der Eigenschaften des Vorbilds (z. B. das rechnerinterne → *Werkstückmodell*).

Modellieren
Festlegen der Gestalt eines Bauteils mit Hilfe der im CAD/CAM-System des Anwenders vorhandenen Elemente des → *Werkstückmodells* und der angebotenen → *Beschreibungsverfahren.* In der Zukunft wird das Modellieren an verteilten CAD/CAM-Systemen, die über offene → *Netzwerke* (→ *OSI-Netzwerkmodell*) miteinander verbunden sind, mit wesentlich leistungsfähigeren Beschreibungsverfahren als heute möglich sein. Entweder werden dazu die Produktdaten über eine geeignete Datenschnittstelle (z. B. → *PDES*) dynamisch getauscht oder es steht eine standardisierte prozedurale Schnittstelle zur Verfügung, die nach dem Entschlüsseln des Eingabekommandos auf dasjenige CAD/CAM-System im Netz zugreift, das die benötigten Funktionen bereithält (Modellierer der zweiten Generation).

Modeler: Modellierer → *Modellieren.*
Programmsystem, mit dem → *Werkstückmodelle* erzeugt und verändert werden können.

Modellraum
Der Raum, in dem das → *Werkstückmodell* eines Bauteils relativ zu dem im System fest vereinbarten → *absoluten Koordinatensystem* aufgebaut wird.

Model space → *Modellraum.*

Modem
Abkürzung für Modulator-Demodulator. Einrichtung für die Datenfernübertragung (DFÜ). Will man z. B. Bildschirme über Telefonkabel an das EDV-System anschließen, müssen vom Rechner parallel kommende Daten von einem Modem auf seriellen Datenfluß umgesetzt werden, da Daten über Postleitungen z. Zt. nur seriell übertragen werden können. Das zweite Modem am Bildschirm formt die seriellen Daten wieder in parallele Daten um.

Modifier: Veränderer, → *Modifikator.*

Modifikator
Ein Modifikator ist ein Element der → *Eingabesprache*, das die auszuführende Tätigkeit näher beschreibt oder einschränkt (Wie soll es gemacht werden, z. B. horizontale Linie). Der Modifikator steht in der Eingabesprache an dritter Stelle nach → *Operator* und → *Operand.*

modify, to: verändern, abwandeln.

Modul
Eine abgeschlossene Hardware oder Software mit fester Funktion, die über festgelegte → *Schnittstellen* mit seiner Umgebung (z. B. anderen Moduln) Daten tauschen kann. Hardware-Module sind z. B. Platinen zur Erweiterung des → *Arbeitsspeichers*, die in vorgesehene Plätze (Steckplätze) in der Zentraleinheit eingebaut werden. Software-Moduln sind z. B. Programme zur Berechnung von Biege- und Drehmoment.

Modulares CAD-System
Ein aus mehreren Moduln (Zeichenmodul, 3D-Modul, NC-Modul usw.) aufgebautes CAD-System, oft auf einer Vielzahl von Hardware einsetzbar, wobei jedes einzelne Modul auf einen eigenen Datensatz zugreift und diese Datensätze miteinander nicht verbunden sind. So wirken sich z. B. Änderungen im 3D-Datensatz nicht automatisch, sondern erst nach einem Generierungslauf in den 2D-Daten aus. Oft hat jeder Modul eine eigene → *Eingabesprache*.

Monitor
1. Ein Programm des Betriebssystems, das andere Programme oder Geräte überwacht oder koordiniert. So läßt sich z. B. mit Hilfe eines Monitors die jeweilige Rechnerbelastung dynamisch auf einem Bildschirm darstellen.
2. Ein Bildschirm.

Monochrom: Einfarbig.

mops
Abkürzung für **m**illion **o**perations **p**er **s**econd, Millionen Operationen pro Sekunde. Im Gegensatz zu den → *mips* gehen hier nur Rechenoperationen ein, allerdings unabhängig davon, ob sie im oder außerhalb des → *Gleitpunktprozessors* ablaufen. Siehe auch → *mflops*.

Mouse → *Maus*.

move, to: verschieben.
Das Verschieben gehört wie Spiegeln und Drehen zu den → *Symmetrie-Operationen*.

MP/CS
Abkürzung für **M**anufacturing **P**lanning and **C**ontrol **S**ystems, System zur Planung und Kontrolle der Fertigung. Ziel eines MP/CS ist die optimale Abstimmung von marktgerech-

tem Lieferservice, niedrigen Beständen und wirtschaftlicher Produktion. → *PPS.*

MPS
Abkürzung für **M**aster **P**roduction **S**cheduling, → *Hauptproduktionsplan.*

MRP, MRP II
Abkürzung für **M**aterial **R**equirements **P**lanning, → *Materialbedarfsplanung.*

MTBF
Abkürzung für **M**ean**t**ime **B**etween **F**ailure, mittlere Betriebszeit einer Systemkomponente ohne Ausfall.

Multiplexer: Vervielfacher.
Steuergerät, mit dem Signale von mehreren verschiedenen Datenleitungen auf einer einzige Datenleitung übertragen werden können. Damit ist entweder die Benutzung eines Gerätes durch mehrere Benutzer (z. B. → *Hardcopy-Gerät* für mehrere Bildschirmarbeitsplätze) oder die Nutzung einer einzigen Leitung für mehrere Anschlüsse möglich.

Multitasking
Die Fähigkeit des → *Betriebssystems*, mehrere Aufgaben gleichzeitig in der Zentraleinheit zu bearbeiten (z. B. wird ein Prozess berechnet, einer in den Arbeitsspeicher eingelesen, einer auf einen Pufferspeicher ausgegeben).

Multiuser-Betrieb → *Mehrbenutzerbetrieb.*

N

Nachlaufsteuerung
Eine Steuerung, bei der ein fotoelektrischer Lesekopf dem Linienzug einer speziellen Zeichnungsvorlage folgt und ein Werkzeug, z. B. einen Schneidbrenner, im Maßstab 1 : 1 auf einer Bahn bewegt (Kopieren direkt von der Zeichnung).

NBS
Abkürzung für National Bureau of Standardisation, die amerikanische Normungsbehörde, vergleichbar dem DIN.

NC
Abkürzung für Numerical Control. Eine Technik zur Steuerung von → *Werkzeugmaschinen*, bei der die in einem Programm enthaltenen Steuerungsanweisungen von der Maschinensteuerung in Verfahrbefehle und Anweisungen zur automatischen Erstellung eines Werkstücks umgesetzt werden. Siehe auch → *SPS*.

NC - gerechte Bemaßung
Damit der NC-Programmierer keine zusätzlichen Stützpunkte und erforderlichen Koordinaten-Nullpunkte errechnen muß, ist es bei der Erstellung einer Zeichnung zweckmäßig, auf die Koordinaten-Nullpunkte der NC-Programmierung Rücksicht zu nehmen. Raffinierte, verschachtelte Vermaßungen sollten

entfallen. Die Vermaßung sollte von einem klaren Bezugspunkt oder von wenigen Stützpunktkoordinaten aus angelegt sein. Für diese Art des Maßbildes eignet sich am ehesten die → *Koordinaten-Bemaßung*.

NC - Programm
Ein Programm, das Steuerungsanweisungen (Verfahrweg-Informationen) für eine Werkzeugmaschine enthält.

NC - Programmierung
Die Arbeiten zur Erstellung eines NC-Programms lassen sich in folgende Einzelschritte aufgliedern:

a) Bestimmung des Arbeitsablaufes,
b) Werkzeugauswahl,
c) Bestimmung der Geometriedaten,
d) Festlegung der Technologie-Daten,
e) Erstellen und Kontrollieren des Steuerprogramms.

Man unterscheidet die rein alphanumerische und die grafisch-interaktive Programmierung.

Schnittstellen zwischen CAD- und NC-Anwendungen.

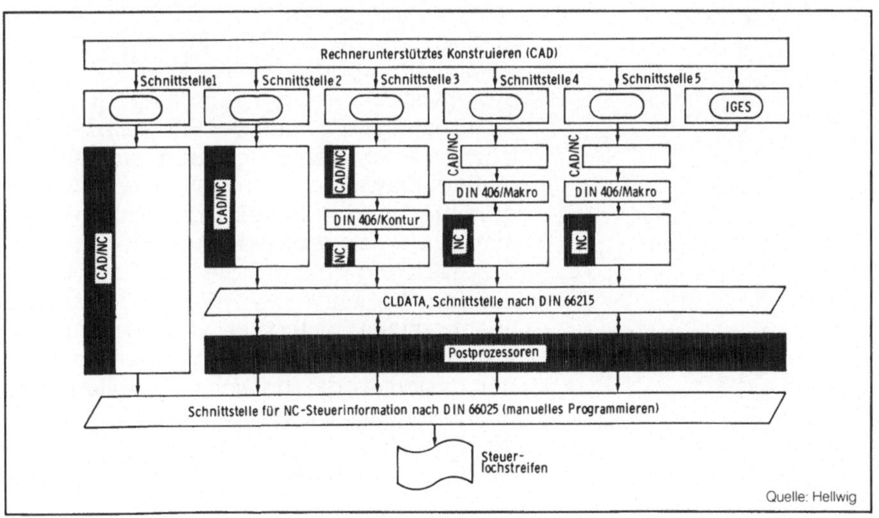

Mit einem NC-Programm gefräste Gußform-Kontur. (Bild: Fides)

Bei der alphanumerischen Programmierung an einem Textbildschirm gibt der Programmierer zuerst allgemeine Angaben etwa zur → *Genauigkeit* an (was z. B. bei → *APT-Programmen* wichtig ist, weil Kurvenzüge hier durch gerade Linienzüge angenähert werden). Die Beschreibung des zu bearbeitenden Teiles des Werkstückes bzw. die geometrischen oder trigonometrischen Anhaltspunkte für die Bearbeitung werden mit symbolischen Namen bezeichnet (z. B. »Punkt«, »Kreis«, »Tangente«). Dann folgt schrittweise die Beschreibung des zur Bearbeitung des Werkstückes zurückzulegenden Weges der Werkzeuge.

Bei der grafisch-interaktiven NC-Programmierung wird das zu bearbeitende Werkstück auf dem Bildschirm zuerst im → *Werkstückmodell* gestaltet (CAD-Prozeß) und grafisch bearbeitet (CAM-Prozeß), bevor es tatsächlich produziert wird. Am CAD/CAM-System ist also eine dynamische Analyse der Bearbeitungsfolge und der Effizienz der Verfahrwege der Werkzeuge möglich. Der interaktive Entwicklungsprozeß eines NC-Programmes wird z. T. mehrfarbig sichtbar gemacht, um die verschiedenen Elemente eines NC-Programmes, die Werkstückgeometrie, Verfahrwege, Werkzeuge oder Spannpratzen deutlich hervorheben zu können. Vergrößerungen und Verkleinerungen der Ansichten, die grafische Darstellung des Bearbeitungsprozesses und die Möglichkeiten der → *Kollisionsprüfung* dienen zur leichteren Kontrolle bei der Verfahrwegerstellung.

Je nach Programmiersprache bzw. Leistungsfähigkeit des CAD/CAM-Systems ist ein-, zwei- oder dreidimensionale Bearbeitung möglich. Anschließend wird das symbolische Steuerprogramm in eine genormte NC-Sprache übersetzt. Diese Übersetzung berücksichtigt noch nicht die spezielle → *Werkzeugmaschine*, auf der das Werkstück bearbeitet werden soll. Die übersetzten Daten sind daher noch nicht zur Eingabe in die Steuerung einer Werkzeugmaschine geeignet. Die eigentlichen Steuerdaten entstehen erst nach der Übersetzung mit einem auf die jeweilige Steuerung abgestimmten → *Postprozessor.* Diese Daten können auf → *NC-Steuerlochstreifen*, Magnetband oder in eine → *DNC-Datei* ausgegeben werden.

NC - Steuerlochstreifen
Ein → *Lochstreifen*, in dem die Anweisungen für die Steuerung einer → *Werkzeugmaschine* in ihrem eigenen Maschinencode eingestanzt sind und die von einem Lochstreifenleser an der Werkzeugmaschine eingelesen wird. Dieser Lochstreifen entsteht, nachdem aus einem genormten Format zur Beschreibung der Verfahrwege und technologischer Anweisungen (z. B. → *CL-Data*) mittels eines → *Postprozessors* das maschinenspezifische Format erzeugt und über einen Lochstreifenstanzer ausgegeben wurde.

NC - Teileprogramm
Beschreibung eines Teiles zur Bearbeitung auf einer numerisch gesteuerten → *Werkzeugmaschine* in einer NC-Programmiersprache.

Nesting → *Schachteln.*

Net: → *Netz.* → *Netzwerk.*

Netz
1. Gemeinsames Potential in einem → *Strom-*

laufplan. Im Elektro-CAD-System werden alle zusammenhängenden Verbindungen jeweils bis zu einem Gerätesymbol zu einem Netz zusammengefaßt. → *Klemmen-* oder Verdrahtungssymbole unterbrechen ein Netz nicht. Netze können eine → *Potentialbezeichnung* sowie weitere Textinformationen tragen.

2. Logisch und physikalisch zusammenhängende Verbindung zweier oder auch mehrerer Symbol- oder Bauteilanschlüsse (Elektronik).

Netzliste

1. Nach Netznamen oder -nummern sortierte Liste aller Netze einer Schaltung oder eines Projektes mit Angabe aller zu den jeweiligen Netzen gehörenden Anschlußpunkte. Netzlisten werden in der Regel im ASCII-Format ausgegeben und können mit üblichen Texteditoren bearbeitet werden.

2. Bei der Leiterplattenentwicklung die Zuordnung der einzelnen Komponenten und ihrer Anschlüsse entsprechend dem Schaltplan der fertigen Leiterplatte.

Netzplantechnik

Ein Netzplan ist die grafische Darstellung der terminlichen Abhängigkeiten aller zu einem größeren Vorhaben gehörigen Einzeltätigkeiten mit dem Ziel, die komplizierte Vermaschung auch bei Großprojekten (Entwicklungs-, Bau-, Organisationsvorhaben) überschaubar zu machen. Die wichtigsten Methoden der Netzplantechnik sind CPM (**c**ritical **p**ath **m**ethod, Methode des kritischen Pfades, wobei terminliche Verschiebungen von Einzelschritten entlang des Pfades auch zu Verschiebungen des Endtermins führen), Pert (programm evaluation and review technique), MPM (Metra-Potential-Methode). CPM und PERT haben sich in USA durchgesetzt,

MPM stammt aus Frankreich und wird in Europa bevorzugt verwendet.

Network: → *Netzwerk.*

Network control: Netzwerk-Steuerung.

Network Layer → *OSI-Netzwerkmodell.*

Netzwerk
Netzwerke gewinnen im Zuge der Einführung von → *CIM* in ein Unternehmen eine immer größere Bedeutung. Ein Netzwerk entsteht durch die Zusammenschaltung von EDV-Systemen und Peripheriegeräten über Datenübertragungsleitungen.

Ein solcher Verbund hat folgende Kennzeichen:

— Datenverbund. Ein Anwender oder ein Programm kann auf Daten zugreifen, die in einem anderen Rechner des Netzwerks gespeichert sind. Dies Eigenschaft ist bei allen Netzen erfüllt.
— Funktionsverbund. Der Benutzers eines Rechners kann auf Geräte eines anderen Rechners im Netz zugreifen (z.B. auf eine zentrale Zeichenmaschine). Netzwerke, die den Funktionsverbund für Speicher im Direktzugriff ermöglichen, heißen → *Cluster.*
— Lastverbund. Ist ein Rechner nicht verfügbar (Überlastung, Wartung, Ausfall), dann können Anwendungen auf andere Rechner im Netz mit freien Kapazitäten ausgelagert werden (Kapazitätsausgleich).

Als physikalische Träger werden Kupferkabel (Zweidrahtleitungen), Koaxialkabel und Lichtwellenleiter (Fiber optics, LWL) eingesetzt. Man benötigt pro Strecke zwei LWL (pro Richtung einen). Die Träger können nach folgenden Kriterien unterschieden werden:

— Übertragungsgeschwindigkeit: Bei Kupferkabel im kBit/s-Bereich (56 bzw. 128 kBit/s), bei Koaxialkabel und LWL im MBit/s-Bereich (theoretisch mehrere 100 MBit/s, heute zwischen 10 und 100 MBit/s).

— Übertragungssicherheit: Mittelmäßig bei den metallischen Kabeln, bei denen die Signale durch externe elektrische und magnetische Felder verfälscht werden können. Deswegen müssen oft eigene Trassen verwendet werden. Der LWL wird durch solche Felder nicht beeinflußt, kann in vorhandene Starkstromtrassen verlegt werden.

— Mechanische Belastbarkeit: Hoch bei den metallischen Kabeln, niedrig beim LWL, der deswegen in einem Schutzrohr verlegt werden sollte.

— Flexibilität im Einsatz: Hoch beim Koaxialkabel, es lassen sich, je nach Protokoll, in kurzen Abständen (2 bis 3 Meter) Teilnehmer an das Netz anschließen. Zweidrahtleitung und LWL können nur als Zweipunktverbindung (s. u.) verwendet werden. Der LWL benötigt zudem Optokoppler an beiden Enden, damit das elektrische Signal in ein optisches und umgekehrt gewandelt werden kann.

— Preis: Zweidrahtleitungen sind günstig (meist reicht ein Telefonkabel aus), Koaxialkabel und LWL (obwohl zwei Leitungen benötigt werden) sind gleich teuer, beim LWL kommen allerdings die Kosten für die Optokoppler hinzu.

Netzwerke können auf ein Ge-

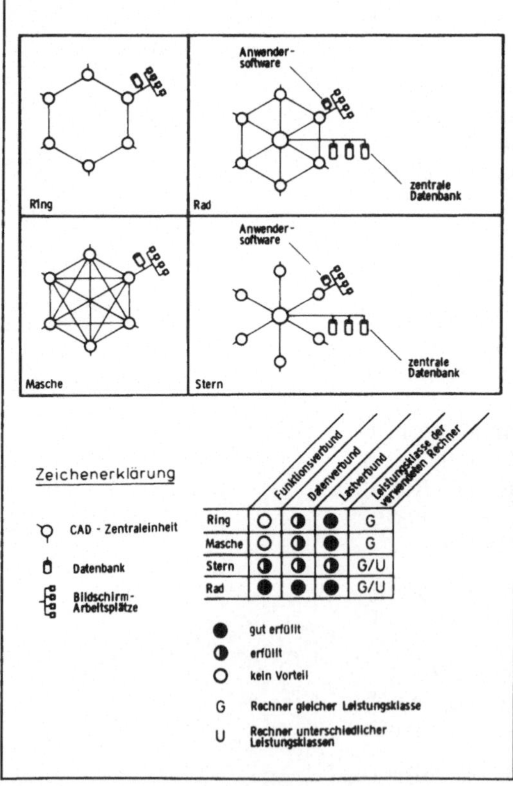

	Funktionsverbund	Datenverbund	Lastverbund	Leistungsklasse der verwendeten Rechner
Ring	○	◐	●	G
Masche	○	◐	●	G
Stern	◐	◐	◐	G/U
Rad	●	●	●	G/U

Möglichkeiten des Rechnerverbunds.

bäude oder ein Unternehmen beschränkt sein (dann spricht man auch von → *LAN*, local area network, hausinternes Netzwerk) oder öffentliche Übertragungsmedien verwenden. Werden dabei räumlich getrennte Standorte des Unternehmens miteinander verbunden, entsteht ein → *WAN* (wide area network, weit übergreifendes Netzwerk). Während man bei LANs in der Wahl von Leitungen, Übertragungsgeschwindigkeiten und -protokollen frei ist, müssen im letzteren Fall die Vorschriften der jeweiligen Postverwaltung beachtet werden.

Die wichtigsten Netzwerk-Konfigurationen sind:

— Zweipunktverbindung (auch Punkt-zu-Punkt-Verbindung oder Einzelverbindung genannt) zwischen zwei EDV-Systemen oder Datenstationen. Diese Endstellen sind entweder über eine separate Leitung (Standleitung) oder eine bei Bedarf ansprechbare Leitung (Wählleitung) miteinander verbunden. Alle Verbindungen zwischen einem Rechner und seiner → *Peripherie* sind Zweipunktverbindungen.

— Mehrpunktnetz, wobei mehrere Zweipunktverbindungen hintereinander geschaltet sind (Serienschaltung). Dieses Netz kann offen (Liniennetz) oder geschlossen sein. Dann spricht man von einem

— Ringnetz. Vorteil beider Netzformen ist die geringe Leitungslänge. Daten können in beide Richtungen übertragen werden. Nachteilig ist der höhere Aufwand zur Steuerung des Datenflusses auf dem Netz. Beim Ausfall einer Endstelle wird aus dem Ringnetz wieder ein Mehrpunktnetz. Um dies zu vermeiden, ist bei vielen Systemen eine hardwareseitige Durchschaltung der Leitung beim Ausfall einer Endstelle vorgesehen. Bei anderen Systemen wird ein geschlossener Leitungsring aufgebaut, von dem einzelne Abzweigungen zu den Endstellen gehen, so daß die Ringleitung auch bei Ausfall der Endstelle nicht unterbrochen werden kann.

— Maschennetz. Hierbei ist jede Endstelle mit allen übrigen verbunden. Vorteilhaft ist der dadurch mögliche unabhängige Datenverkehr zwischen den einzelnen Stellen. Bei Ausfall einer Verbindung kann über eine andere Strecke umgeleitet werden. Nachteilig sind die hohen Kosten für Installation und Wartung des Netzwerks.
— Sternnetz. Sternförmig von einem zentralen System gehen Zweipunktverbindungen zu den Endstellen. Das zentrale System (der Mittelpunkt) verwaltet den Datenfluß auf dem Netzwerk.
— Busnetz. Das Rückgrat (backbone) eines unternehmensweiten Netzes ist eine an beiden Enden begrenzte Sammelschiene (→ *Bus*), an die alle Einheiten des Netzes angeschlossen sind. Dadurch ergeben sich einheitliche Schnittstellen für alle Einheiten. Der Zugriff auf das Netz erfolgt in den meisten Fällen über das → *CSMA/CD*- oder das → *Token-Verfahren*. Die maximal mögliche Länge eines Busses (meist ein Koaxialkabel, zunehmend auch Lichtwellenleiter) liegt heute bei 500 Metern, alle 2 - 3 Meter lassen sich Einheiten anschließen. Werden weitere Teilnehmer benötigt, können an den Bus über die Schnittstellen weitere Busse sowie alle möglichen Netzwerkkonfigurationen angeschlossen werden.

Aus diesen Grundkonfigurationen lassen sich beliebige Formen kombinieren, z. B. nabenförmige Gebilde (Stern- und Ringnetz, wobei die Endstellen des Ringnetzes identisch sind mit den Endstellen des Sterns), oder mehrere Konfigurationen werden hintereinander geschaltet.

Netzwerkebene → *OSI-Netzwerkmodell.*

Neukonstruktion
Eine Konstruktionsart, bei der eine neue Lösung durch eine neue Anordnung bekannter oder neuer Bauelemente und Funktionskomplexe entsteht oder diese Lösung im Verlauf des Konstruktionsprozesses entwickelt wird. In allen Fällen gibt es kein Vorbild für diese Lösung.

Die Rechnerunterstützung im Konstruktionsbereich sollte ganz zuletzt, erst nach Einführung der CAD/CAM-Technologie für → *Prinzip-*, → *Varianten-* und → *Anpassungskonstruktionen* für Neukonstruktionen eingesetzt werden, da bei dieser Konstruktionsart die geringste Wirtschaftlichkeit erzielt wird. Ausnahme bilden solche Konstruktionsaufgaben, die auf herkömmliche Art nicht mehr mit genügender Genauigkeit gelöst werden können (z. B. Kunststoff- oder Gußteile mit Näherungsflächen höherer Ordnung, bei denen Festigkeitsrechnungen durchgeführt und Fertigungsvorgänge simuliert werden müssen). Hier ist die rechnerunterstützte Neukonstruktion immer wirtschaftlich.

NFS
Abkürzung für Network File System, eine von der Firma SUN Microsystems entwickelte Netzwerk-Software, die unter dem Betriebssystem → *UNIX* auf Netzwerken mit dem → *TCP/IP-Protokoll* läuft und die einen transparenten Zugriff auf Dateien anderer Rechnersysteme innerhalb des Netzwerks sicherstellt. Dabei brauchen die anderen Rechnersysteme nicht notwendigerweise unter UNIX laufen, sondern müssen nur das TCP/IP-Protokoll unterstützen. In einem solchen Fall wandelt die NFS-Software empfangene UNIX-Befehle in die entsprechenden Befehle des jeweiligen Betriebssystems um. Die Befehle werden lokal ausgeführt und die Ergeb-

nisse vor der Rückübertragung wieder in das UNIX-Format zurückgewandelt. Mit NFS kann die Nutzung auf eine beliebige Befehlsmenge beschränkt werden. Zugriffsrechte auf das Rechnersystem lassen sich gezielt einschränken. Für den Anwender von NFS stellt sich das Nicht-UNIX-System bezüglich Dateizugriff und Befehlssyntax als UNIX-System dar, er kann sich also das Erlernen eines neuen Betriebssystems ersparen.

Nichtflüchtiger Speicher
Ein Speicher, der seine Informationen nach dem Ausschalten der Stromversorgung oder bei Netzausfall nicht verliert. Dazu gehören alle magnetischen Speichermedien, z. B. Magnetplatten, Magnetbänder. Die neuerdings bereits eingesetzten optischen Speichersysteme sind ebenfalls nichtflüchtige Speicher.

NKS
Abkürzung für Normteile-Kernsystem, eine auf der Basis → *GKS* vom GKS-Verein definierte Schnittstelle zur Übertragung von Katalogteilen (Norm-, Standard- und Zukaufteile) zwischen unterschiedlichen CAD/CAM-Systemen in Form von Variantenprogrammen für die Geometriebeschreibung und Datensätzen. Die Programme sind in FORTRAN 77 realisiert. Die Datensätze enthalten die zugelassenen Parameter für die Geometrie in Form von Sachmerkmalen.

Das NKS hat folgenden Aufbau. In den Erzeugungsprogrammen wird die Geometrie aus standardisierten Elementen systemneutral beschrieben und über eine NKS-Schnittstelle in das jeweilige CAD/CAM-System eingebracht. Systemparameter-Programme versorgen die Normteilprogramme mit aktuellen Informationen und Daten aus dem CAD/CAM-System, z. B. Bezugsgrößen, Parameter-Voreinstellungen im aktuell bearbeiteten Modell. Mit systemneutralen Berechnungsprogrammen werden geometrische Elemente (z. B. Schnittpunkte, Längen, Winkel) einheitlich berechnet, um das unterschiedliche Toleranzverhalten der verschiedenen CAD/CAM-Systeme auszuschließen. Manipulationsprogramme sind in der Lage, bereits im Werkstückmodell vorhandene Elemente zu modifizieren. Datenzugriffsprogramme schließlich liefern einerseits Daten aus dem jeweiligen CAD/CAM-System und andererseits aus der Normteildatei (Sachmerkmale) an die Normteilprogramme.

Node: Knoten.
Entweder ein Anschlußpunkt für Verbindungslinien (→ *Connect Node*) oder eine Anschlußstelle in einem → *Netzwerk*.

Noninterlaced → *Vollbildverfahren*.

Notation: Schreibweise, Darstellung.

Normschrift
Im CAD-System verwendete Schrift, die normgerecht ist, z.B. nach DIN 6776. Die meisten CAD-Syteme verwenden Schriften, die seitens der Hardware oder Firmware vorgegeben sind. Die Berücksichtigung deutscher Normen ist meist nur bei CAD-Systemen möglich, deren → *Schriftfonts* vektoriell definiert werden können.

Normung
Bei der rechnerintegrierten Produkterstellung gibt es eine Reihe von Normen und Richtlinien verschiedener Verbände, die Teilgebiete zur einfacheren Bearbeitung festschreiben. Eine Auswahl der wichtigsten Normen und Richtlinien von DIN und VDI sind:

DIN 406 T4: Bemaßung für die maschinelle Programmierung

DIN 19 239: Speicherprogrammierte Steuerungen

DIN 44 300: Informationsverarbeitung, Begriffe, Programmierung
DIN 55 003: Werkzeugmaschinen
DIN 66 025: Industrielle Automation, Programmaufbau für numerisch gesteuerte Arbeitsmaschinen
DIN 66 215: Programmierung numerisch gesteuerter Arbeitsmaschinen
DIN 66 252: Grafisches Kernsystem (GKS)
DIN 66 301: Rechnerunterstütztes Konstruieren, Format zum Austausch geometrischer Informationen (VDAFS)
DIN 66 304: Format zum Übertragen von Normteilprogrammen zwischen unterschiedlichen CAD/CAM-Systemen (VDAPS)
VDI 2855: Aufstellung eines Pflichtenheftes für die Beschaffung von Postprozessoren
VDI 2880: Speicherprogrammierbare Steuerungsgeräte
VDI 3424: Direktsteuerung mit Hilfe von Digitalrechnern

Numeric keypad
(Separat abgesetzter) Zehner-Tastenblock auf der Tastatur zur schnellen Eingabe von Zahlen.

Numerische Steuerung
Im engeren Sinn bedeutet der Begriff das Steuern von → *Werkzeugmaschinen* mit numerischen Daten (numerische Werkzeugmaschinensteuerung, numerische Werkzeugsteuerung). Der Begriff ist identisch mit Arbeitsmaschinensteuerung.

NURBS
Abkürzung für **N**on-**U**niform **R**ational **B**-**S**pline, die allgemeinste, aber sehr leistungsfähige mathematische Basis zur Darstellung von Freiformkurven und -flächen. Die Darstellung ermöglicht die → Modellierung auch

sehr komplexer Freiformgeometrien mit einer relativ geringen Zahl von Kurven- und Flächensegmenten. Die Beschreibung solcher Geometrien erfolgt allgemein mit Polynomen, die z. B. bei einer ebenen Kurve folgende Form haben:

$$y = \sum_{i=0}^{n} ai \cdot xi$$

(Die ai sind die Koeffizienten, x die jeweilige Koordinate des Stützpunkts). Dabei kann der Grad (n) der Polynome der Funktion niedrig gehalten werden.

Die X-, Y- und Z-Koordinaten einer räumlichen Kurve werden nicht explizit, sondern in Abhängigkeit von Parametern beschrieben (ein Parameter bei Kurven, zwei Parameter bei Flächen). Ein wesentlicher Vorteil der Parameterdarstellung besteht darin, daß jedem Wert des Parameters u bei Kurven bzw. den Parametern u und v bei Flächen eindeutig ein Wert der abhängigen Koordinaten-Variable zugeordnet ist. Jede dieser Variablen kann unabhängig von den anderen geändert werden. Die Bezeichnung »non-uniform« besagt, daß der Verlauf von u bzw. u und v zwischen den Stützstellen der Kurve bzw. Fläche entsprechend den Anforderungen der Geometrie variabel sein kann.

Die rationale Form erlaubt im Gegensatz zur nichtrationalen oder polynomialen Form auch die exakte geometrische Wiedergabe von analytisch darstellbaren Kurven und Flächen (z. B. Kreis, Ellipse, Hyperbel bzw. Zylinderfläche, Ellipsoid, Torus). Die geometrische Natur derart modellierter Geometrien ist aus der mathematischen Darstellung allerdings nicht mehr ohne weiteres ableitbar.

Die heute überwiegend gebräuchlichen (auf Polynomen aufbauenden) → *Bezier-* und → *B-Spline-Darstellungen* sind, mathematische gesehen, Spezialfälle von NURBS. Damit ist auch zu erklären, warum bei vielen CAD/CAM-Anbietern NURBS als Basis für die Beschreibung der Geometrieelemente verwendet werden.

Nutzwertanalyse
Ein Verfahren zur Ermittlung des technischen Nutzens von Alternativen (z. B. Einführung eines CAD/CAM-Systems oder nicht, wenn positiv, welches CAD/CAM-System).
Zunächst werden eine Reihe von Kriterien aufgestellt, die den erwünschten Nutzen einer Alternative charakterisieren (bei der Auswahl eines CAD/CAM-Systems resultieren diese Kriterien aus der Anforderungsliste, die wiederum auf Ist-Analyse und Sollkonzept für die CAD/CAM-Anwendung basiert). Die Kriterien werden nach Bedeutung gewichtet, indem ihnen Multiplikationsfaktoren (Gewichtungsfaktoren) zugeordnet werden. Der Erfüllungsgrad jedes Kriteriums wird vom Untersucher in Form von abgestuften Noten (z. B. 6 Punkte für »sehr gut erfüllt« bis 0 Punkte für »nicht erfüllt«) bewertet. Das Produkt aus Erfüllungsgrad und Gewichtungsfaktor ergibt den Wert einer Alternative für dieses Kriterium. Die Summe aller Produkte ergibt den Nutzen der Alternative.

Object: Objekt, Gegenstand, → *Objektprogramm.*

Object Code → *Objektprogramm.*

Objekt
Im Rahmen von → *Expertensystemen* werden Elemente der → *Wissensbasis* als Objekte bezeichnet. Objekte werden durch ihre Eigenschaften und ihr Verhalten bestimmt. Ein Produkt als ein Objekt hat z. B. bestimmte Materialeigenschaften. Das Verhalten entspräche z. B. dem Einsatzgebiet und der Lebensdauer des Produkts. Eine Produktfamilie könnte in einer Objektklasse erfaßt werden. Die Eingabe dieser Sachverhalte in das Expertensystem erfolgt durch die Verwendung von Frames, im Expertensystem vorhandene Formalismen zur Darstellung des Wissens.

Objektorientierte Programmiersprache
Eine → *Programmiersprache*, mit der Objekte und ihre Beziehungen untereinander in einer hierarchischen Struktur abgebildet werden können. Eine solche Sprache basiert auf der Verabeitung von Listen (z. B. → *LISP*), sie dient zur Erstellung von → *objektorientierten Systemen.*

Objektorientiertes System
Ein System, bei dem die Organisation der

Elemente nicht auf prozeduralen Vorschriften, sondern auf Objekten aufbaut. Jeder Gegenstand in einem objektorientierten System ist ein Objekt. Ein Objekt enthält die Informationsmenge und die Methoden, diese zu manipulieren, bzw. die Aktionen, die relativ zur Informationsmenge durchgeführt werden können. Alle Objekte werden in einer hierarchischen Strukturbeschreibung definiert und erhalten dort ihre Verhaltensregeln.

Das Charakteristikum des Objekts ist seine Struktur, die »im Verborgenen« liegt und somit nicht durch direkten Zugriff verändert werden kann, es ist also nach außen abgekapselt. Die Kommunikation zwischen den Objekten erfolgt über das Senden und Empfangen von Nachrichten, wobei ein Empfänger die Nachrichten interpretiert, die entsprechende Funktion ausführt und bei Bedarf Nachrichten an weitere Objekte sendet, die wiederum diese interpretieren und verarbeiten. Nach Erledigung der Aufgabe wird der Absender benachrichtigt.

Neue Objekte entstehen durch Vererbung und Spezialisierung aus Vorgängerobjekten, d.h. ein neues Objekt besitzt alle Eigenschaften seiner »Eltern«, erweitert um neue Anforderungen. Zur Beschreibung eines neuen Objekts sind nur die Unterschiede zu den »Eltern« neu zu definieren.

Mit objektorientierten Systemen wird eine modulare Programmentwicklung gefördert. Es ist möglich, sogenannte Grundbausteine in einer Software (Software-ICs) getrennt zu entwickeln und über entsprechende Methoden dynamisch miteinander zu einem Anwendungsprogramm zusammenzubinden. Damit ist eine kundenspezifische Anpassung und Erweiterung durch Einbinden weiterer Grundbausteine in kürzester Zeit möglich, die Wartung komplexer Software-Systeme wird erheblich erleichtert.

Objektprogramm
Ein in die jeweilige Maschinensprache mit einem → *Kompilierer* übersetztes → *Quellprogramm*. Nur solche Programme können von einem EDV-System bearbeitet werden. Das Objektprogramm ist für den Benutzer nicht mehr lesbar. Damit es jedoch ablauffähig ist, muß es in das System eingebunden werden (→ *Binder*).

OEM
Abkürzung für: **O**riginal **E**quipment **M**anufacturer. Solche Hersteller von Rechnersystemen kaufen handelsübliche Prozessoren und Peripheriegeräte, kombinieren diese mit eigener Software und verkaufen die so entstandenen Systeme als → *schlüsselfertige* Systeme an den Endbenutzer.

Offenes CAD-System
CAD-System, das über klar definierte und unter Wartung befindliche → *Schnittstellen* (Daten- oder Programmschnittstellen) verfügt, über die eine Integration mit anderen DV-Systemen möglich ist. Im weiteren Sinne versteht man unter offenem System auch, daß es in unterschiedlicher Hardware-Umgebung ablauffähig ist.

Off-line
Betriebszustand von Geräten, die nicht mit einem Rechnersystem oder einem Programm verbunden sind. Die Übertragung von Daten erfolgt über Zwischenträger wie Magnetplatten, Magnetbänder, Lochkarten und Lochstreifen usw. Gegensatz: On-line.

Offset: Abstand, Nebenlinie.
Bei Kurven (insbesondere → *Freihandlinien*) auch der Abstand der Äquidistanten.

On-line
1. Betriebszustand von Geräten, die direkt an ein Rechnersystem oder an ein Pro-

gramm ohne Verwendung von Zwischenträgern angeschlossen sind. Gegensatz: Off-Line.

2. unmittelbar, sofort, direkt. Der Begriff wird meist im Sinne einer sofortigen Auswirkung einer Tätigkeit auf andere Daten, Systeme oder Rechner benutzt.

On-line-Betrieb
Betriebsart bei der numerischen Steuerung von Werkzeugmaschinen, bei der das Programmiergerät zur Erstellung der Verfahrwegdaten mit der → *SPS* verbunden bleibt. Im On-line-Betrieb können Teile des laufenden Anwenderprogramms verändert werden. Das → *Betriebssystem* enthält hierfür umfangreiche Sicherheitsvorkehrungen, um unbefugte Änderungen am Steuerprogramm zu unterbinden.

Online-Kopplung
Verbindung mehrerer Rechner, Systeme oder Teilsysteme, so daß eine sofortige Wirkung von einem Teilsystem auf das andere erreicht wird.

Online-Prüfung
Prüfung von CAD-Daten auch über das gerade bearbeitete Teil (z.B. Werkstück, Stromlaufplan) hinaus. In der Elektro-CAD wird z.B. über das aktuelle Blatt hinaus sofort geprüft, ob ein bestimmtes → *Gerät* überbelegt wird (z.B. → *Schütz*).

Online-Querverweis
Sofortige Eintragung von → *Querverweisen*, die über das aktuelle Blatt hinausgehen. Wird im Anschluß ein betroffenes Blatt aufgerufen, sind alle Querverweise aktualisiert.

On / Off control → *Abschaltkreis*.

On-screen menu: Bildschirm-Menü.
Ein → *Menü* auf dem grafischen Bildschirm

des CAD-Arbeitsplatzes. Bei dieser Eingabemöglichkeit befindet sich das Menü auf den Randbereichen des Bildschirms, beginnend mit der Oberkante, über die Seiten bis zur Unterkante, bis der für die Darstellung der Geometrie verfügbare Bereich umrahmt ist. Das Menü kann Symbole oder Kurztexte enthalten.

Diese Menüs werden besonders bei denjenigen CAD-Systemen angewendet, die zur Eingabe einen → *Lichtgriffel* benötigen. Sonst dienen sie als Zusatzmenü zu einem auf einem Tablett oder einer Funktionstastatur befindlichen Hauptmenü.

Vorteilhaft ist, daß das Menü beim Bearbeiten eines Bauteils am CAD/CAM-System im Blickfeld des Anwenders bleibt. Nachteilig ist aber, daß die im Vergleich zum Reißbrett schon kleine Oberfläche des grafischen Bildschirms durch ein Bildschirm-Menü noch weiter eingeschränkt wird.

Operand
Kommandowort, das die Elemente beschreibt, die mit der → *Eingabesprache* manipuliert werden sollen (»Womit soll es gemacht werden«, z. B. Geometrieelemente, nichtgrafische Texte). Der Operand steht bei der Eingabesprache zwischen → *Operator* und → *Modifikator*.

Operating system → *Betriebssystem*.

Operator
1. Bediener eines Rechnersystems, der auf der Ebene des → *Betriebssystems* arbeitet.
2. Kommandowort, das die auszuführende Tätigkeit in der → *Eingabesprache* beschreibt (»Was soll gemacht werden«, z. B. Erzeugen, Löschen, Einfügen. Der Operator steht bei der Eingabesprache an erster Stelle vor → *Operand* und → *Modifikator*.

Operating system → *Betriebssystem.*

Operator

1. Bediener eines Rechnersystems, der auf der Ebene des → *Betriebssystems* arbeitet.
2. Kommandowort, das die auszuführende Tätigkeit in der → *Eingabesprache* beschreibt (»Was soll gemacht werden«, z. B. Erzeugen, Löschen, Einfügen. Der Operator steht bei der Eingabesprache an erster Stelle vor → *Operand* und → *Modifikator.*

Optimierregelung → *ACO.*

Optional: wahlweise, möglich.

Optoelektronischer Plotter
Eine → *Zeichenmaschine*, bei der die Steuersignale in Bewegungen eines Lichtstrahls als Zeichenwerkzeug umgesetzt werden. Siehe auch → *Photoplotter.*

Optokoppler → *Lichtwellenleiter.*

Ordinate dimension → *Koordinaten-Bemaßung.*

Organisationsformen
Zu den Organisationsformen eines Unternehmens zählen die → *Ablauforganisation*, die → *Aufbauorganisation*, die → *Betriebsorganisation*, die → *Fertigungsorganisation* und die → *Produktionsorganisation.* Neuere Organisationsformen im Rahmen von → *CIM* sind → *EIZ* und → *IZ*, Hilfsmittel die Verfahren der → *Gruppentechnologie.*

Orientation: Orientierung.
Bei Kreisen, Kreisbögen und Winkeln die Angabe, ob sie mit oder entgegen dem Uhrzeigersinn erzeugt wurden. Dies kann beim → *Trimmen* des Elements von Bedeutung sein. Bei Vektoren die Angabe der Geraden, auf der der Vektor liegt.

Origin
Ursprungspunkt von Elementen (z. B. Mittelpunkt eines Kreises), Ausgangsstellung, von dem alle anderen Punkte, oft auch der Koordinatenursprung, ausgehen.

orthogonalise, to:
Überführen eines beliebigen Koordinatensystems in die Rechtwinkligkeit eines kartesischen Koordinatensystems.

Ortskennzeichen
Teil des elektrischen → *Betriebsmittelkennzeichens* nach DIN 40719. Es beschreibt den Einbauort, meist den Schaltschrank, in dem das Betriebsmittel eingebaut wird. Es wird mit »+« eingeleitet. In größeren Anlagen wird zur besseren Einteilung noch der Feinort, beschrieben durch »+.«, benutzt. Im CAD-System wird das Ortskennzeichen als → *Textknoten* an den → *Symbolen* berücksichtigt.

OS
Abkürzung für Operating System, → *Betriebssystem*.

OSF
Abkürzung für **O**pen **S**oftware **F**oundation, Stiftung für offene Software, eine von Hardware- und Softwareanbietern (darunter die Firmen Digital Equipment, IBM, Hewlett Packard, Siemens, Nixdorf und Apollo) gegründete Vereinigung, deren Aufgabe es ist, eine offene Umgebung für die Entwicklung von Anwendungssoftware auf der Grundlage des → *Betriebssystems* AIX der Firma IBM (ein Betriebssystem, das auf → *UNIX* System V.3 basiert) zu entwickeln. »Offen« bedeutet hier, daß das Betriebssystem unabhängig vom Hardware-Hersteller und der Architektur des jeweiligen Rechnersystems ist. Die OSF soll ein Gegengewicht zu der gemeinsamen Weiterentwicklung von UNIX durch AT&T und Sun Microsystems bilden und

dabei sicherstellen, daß die bisherigen Standards, die in der X/Open-Gruppierung festgelegt wurden, eingehalten und die Forderungen europäischer Kunden weiterhin berücksichtigt werden. Es ist zu erwarten, daß dadurch die Entwicklung und Marktdurchdringung von UNIX weiter beschleunigt wird.

OSI-Netzwerkmodell
OSI ist die Abkürzung für Open Shells Interconnect, das 7-Schichtenmodell der → *ISO* zur Kommunikation zwischen Systemen verschiedener Hersteller.

Die einzelnen Schichten von oben nach unten sind:

— Anwendungsebene/Application Layer (OSI 7)
— Präsentationsebene/Presentation Layer (OSI 6)
— Sitzungsebene/Session Layer (OSI 5)
— Transportebene/Transport Layer (OSI 4)
— Netzwerkebene/Network Layer (OSI 3)
— Verbindungsebene/Data Link Layer (OSI 2)
— Physikalische Ebene/Physical Layer (OSI 1)

Die physikalische Ebene (OSI - Ebene 1) hat die Aufgabe, die physikalische Verbindung der Kommunikationspartner zu ermöglichen. Sie legt die funktionalen, elektrischen und mechanischen Parameter fest. Die einzige Fehlermöglichkeit ist der Ausfall der physikalischen Verbindung.

Die Verbindungsebene (OSI - Ebene 2) formuliert einen Rahmen für den Datentransport, übernimmt die Fehlererkennung und -behandlung sowie die Synchronisierung des Datentransports. Zu den Aufgaben zählen auch die Markierung von Anfang und Ende eines Datenpaketes sowie die Datenflußkontrolle (z. B. HDLC - High Level Data Link Control, SDLC - Synchronous Data Link Control).

Die Netzwerkebene (OSI - Ebene 3) hat die Aufgabe, die Vermittlung, die Fehlererkennung, die Adressierung, den Auf- und Abbau der Verbindung sowie den Datentransport selbst zu realisieren. Hierzu gehört z. B. das → *X.25-Protokoll*. Bei nichtlokalen Netzen übernimmt diese Ebene außerdem das Routing, das Suchen des optimalen Weges von Netzknoten zu Netzknoten.

Die Transportebene (OSI - Ebene 4) hat folgende Aufgaben: Bereitstellung einer Kommunikationsverbindung für die Sitzungsebene (OSI-Ebene 5), Anpassung der Transportleistung an die Leistungsfähigkeit des bestehenden Netzes durch Auswahl eines geeigneten Netzwerkervices. Die Protokolle sind in den Netzknoten der Anwender implementiert. Mit der Ebene 4 sind die reinen Datentransportfunktionen im OSI-Modell abgeschlossen.

Die Sitzungsebene (OSI - Ebene 5) übernimmt für die Präsentationsebene (OSI-Ebene 6) den Beginn, die Durchführung und das Beenden einer Sitzung, die Überwachung aller Betriebsparameter während der Sitzung und die Datenflußsteuerung, d. h. hier findet die eigentliche Kommunikationssteuerung statt. Als Werkszeuge stehen dazu Dialogverwaltung, Synchronisation, Wiederaufbau im Fehlerfall und die Generierung von Schlüsselworten (Password) zur Verfügung.

Die Präsentationsebene (OSI - Ebene 6) interpretiert die Daten für die Anwendungsebene (OSI - Ebene 7) Die Aufgaben bestehen aus der Überwachung der Dateneingabe, des Informationsaustausches und der Umwandlung von Datencode und -formaten.

Die Anwendungsebene (OSI - Ebene 7) enthält die Schnittstelle zum Anwender, z. B. Datei-Transfer, Job-Transfer im Rahmen eines Funktionsverbundes (→ *Netzwerk*) und Nachrichten-Übermittlung.

Outline: Umriß, Kontur, Silhouette.

Output: Ausgabe.

Overflow: Überlauf.
Bei großen Datenmengen (z. B. bei sehr komplexen Bauteilen, die nur durch Näherungsflächen höherer Ordnung beschrieben werden können) kann es vorkommen, daß der verfügbare Speicherplatz, entweder im → *Arbeitsspeicher* oder auf peripheren Datenträgern, nicht mehr ausreicht, um die Daten erneut abzuspeichern. In einem solchen Fall erhält der Benutzer eine Warnung vom Betriebssystem, die ihn auf die möglichen Datenverluste hinweist.

Overhead: Betriebsaufwand.
Bei Programmsystemen dasjenige Programmteil, das den Datenfluß im Programmsystem verwaltet.

Overlay
Eine vom Programmierer vorgenommene Gliederung eines Programmsystems in einzelne Segmente. Die Gliederung ist bei solchen → *Betriebssystemen* erforderlich, die die Verwendung von → *virtuellen Speichern* nicht zulassen. Die Gliederung muß nicht notwendigerweise identisch mit der Gliederung in Haupt- und Unterprogramme sein. Die Größe eines Segments richtet sich vielmehr nach der Größe des zur Verfügung stehenden Speicherplatzes im → *Arbeitsspeicher* abzüglich eines Bereichs für das Betriebssystem und eines Bereichs für die Übergabedaten. Üblicherweise liegt ein Haupt- oder Steuer-Overlay vor (das bei CAD/CAM-Software z. B. den Entschlüssler

für die Kommandoeingabe enthält), aus dem in die einzelnen Overlays verzweigt wird.

Da ein Overlay-System eine wesentlich höhere Programmpflege benötigt als ein Programmsystem, das nur aus Haupt- und Unterprogrammen aufgebaut ist, findet man heute überwiegend nur noch Betriebssysteme, die eine virtuelle Speicherbelegung zulassen.

Overlay-Betrieb
Das Arbeiten mit einem Programmsystem, das aus → *Overlays* aufgebaut ist. Vom Betriebssystem wird immer ein Overlay in den → *Arbeitsspeicher* geladen, während die übrigen auf einem externen Speicher bereitstehen. Damit Daten und Parameter von einem zum anderen Overlay übergeben werden können, muß im Arbeitsspeicher genügend Platz für einen »Common-Bereich« vorhanden sein, in den die Übergabegrößen eingetragen werden. Der Common-Bereich darf nicht von einem Overlay überschrieben werden.

Nach Abarbeiten eines Overlays wird das Haupt- oder Steuer-Overlay in den Arbeitsspeicher geladen.

Overshoot: Überstand.
Bei Maßhilfslinien (→ *Bemaßung*) die Länge desjenigen Linienteils, das über die Maßlinie hinausragt.

P

pack, to: packen, zusammenschieben.
Ein Vorgang, bei dem Leerstellen in der → *Datenstruktur* aus Dateien oder auf Datenträgern entfernt werden. Leerstellen in der Datenstruktur entstehen überwiegend beim Dialogbetrieb. Bei der interaktiven Arbeit am CAD/CAM-Arbeitsplatz werden Elemente neu erzeugt, verändert und bei Bedarf wieder gelöscht. Der Platzbedarf des Elements in der Datenstruktur ist aber von Element zu Element unterschiedlich. Beim Löschen eines Elements entsteht in der Datenstruktur zunächst eine Leerstelle.

Beim Erzeugen eines neuen Elements versucht das → *Betriebssystem*, bevorzugt die Leerstellen wieder zu füllen. Meist wird dabei seriell vorgegangen, so daß ein neues Element in die nächste Leerstelle eingetragen wird, die größer ist als der Platzbedarf des Elements, unabhängig davon, wieviel Platz dadurch verschenkt wird. Findet sich keine passende Leerstelle, wird das Element an das Ende der Datenstruktur angefügt. Auf diese Art entsteht eine ziemlich »löchrige« Datenstruktur, die dadurch viel mehr Platz auf dem Datenträger beansprucht als erforderlich.

Beim Packen wird im → *Stapelbetrieb* Element für Element in eine neue Datenstruktur gleichen Namens wie die Ausgangsstruktur übertragen, in der dadurch keine Leerstellen zwischen den Elementen vorhanden sind. Manche Systeme sortieren dabei gleichzeitig die Elemente nach Typen. Die Platzersparnis kann bis zu 40 % des vorherigen Platzbedarfs betragen. Die gepackte Datenstruktur enthält eine höhere Versionsnummer. Bei manchen Systemen wird die Ausgangsstruktur anschließend gelöscht.

Pad: Lötauge.
Während der Einsatz bedrahteter Bauelemente fast ausschließlich kreisförmige Pads erfordert, werden mit zunehmender Verbreitung der SMD-Technik auch die Anforderungen an die Pad-Formen größer. SMD-Bauteile benötigen rechteckige Pads unterschiedlicher Größe, wobei aus fertigungstechnischen Gründen auch die Breite der anschließenden Leiterbahn eine Rolle spielt.

Pad-Stack
Bibliothek der für ein Projekt definierten Pad-Formen und -Größen.

Paging

1. Das vom Betriebssystem (im Gegensatz zum → *Overlay-Betrieb*) automatisch durchgeführte Einteilen eines Programmsystems in Seiten (Pages) sowie das Hereinnehmen bzw. Herausgeben der Seiten zwischen Arbeitsspeicher und einem schnellen externen Speicher (z. B. → *Magnetplattenspeicher*). Siehe auch → *virtueller Speicher*.
2. Das Verschieben des Bildausschnitts auf dem Bildschirm durch Vorgabe des Verschiebevektors. Eine kontinuierliche Verschiebung des Bildausschnitts heißt Scrolling.

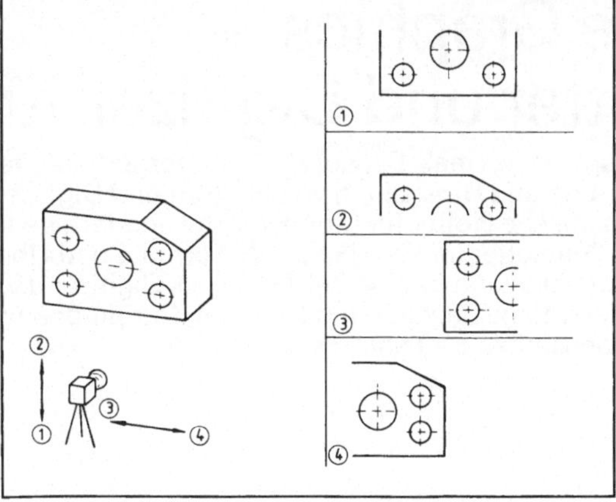

Unterschiedliche Bildausschnitte nach Ausführung der Paging-Funktion.

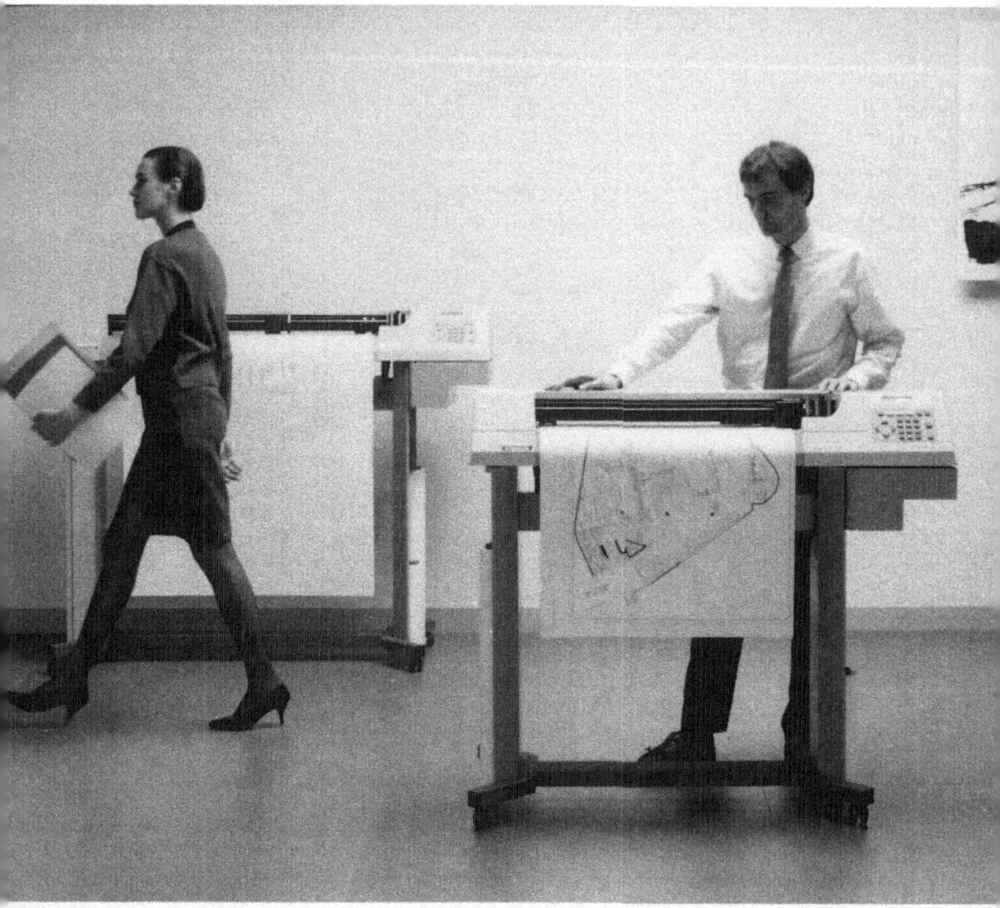

pan, to:
Abkürzung für to **pan**oramate, schwenken (z. B. einer Filmkamera). Hier die Bezeichnung für das Verschieben des Bildausschnittes auf dem Bildschirm durch Vorgabe des Verschiebevektors. Wird analog zu → *Paging* (Fall 2) verwendet.

Paper tape, papertape: Lochstreifen.

Parabola: Parabel. → *Kegelschnitt.*

Parabolinterpolation → *Interpolator.*

Parallele Bemaßung
Eine zu einer Bezugskante parallele → *Bemassung*, wobei das Maß entsprechend der Bezugskante beliebig, d. h. entweder horizontal oder vertikal verlaufen kann.

Parallel dimension → *Parallele Bemaßung.*

Parallel processing: Parallelverarbeitung. Fähigkeit eines Gerätes, mehrere Aufgaben gleichzeitig zu bearbeiten.

Parallel processor: Parallelrechner.
Ein Rechner, der mit mehreren, parallel geschalteten → *Zentraleinheiten* ausgerüstet ist. Es kommt nur dann zu einer höheren Rechnergeschwindigkeit, wenn auch die Programme in geeigneten → *Kompilierern* in parallel bearbeitbare Blöcke zerlegt werden.

Parallelprojektion
Eine Projektionsart, bei der parallele Strahlen zur Abbildung des geometrischen Objekts auf dem Bildschirm verwendet werden. Es entsteht ein wirklichkeitsgetreues, unverzerrtes Abbild des Objekts. Dies ist die übliche Art der Abbildung von Geometrien bei einer CAD/CAM-Anwendung.

Parallel - Übertragung
Die gleichzeitige (parallele) Übertragung

mehrerer bits (in einem → *Byte* oder in einem → *Wort*) über eine Leitung (→ *Bus*). Gegensatz: → *Serielle Übertragung*.

Parameter
In einem Programm vereinbarte symbolische Größe, die beim Ablauf des Programms bestimmte Werte (entweder als Ergebnisse einer Berechnung oder durch Einlesen aus Dateien) annehmen kann.

Parametrik-Modul
Ein Modul zum Erzeugen von Maßvarianten eines Bauteils. (Bei einer Maßvariante ändert sich die Gestalt des Bauteils nicht, sondern nur die Dimensionen der Geometrieelemente). Zum Erstellen einer Maßvariante sind folgende Voraussetzungen erforderlich:

— Die Maße sind an die Geometrie gekoppelt (assoziativ).
— Jedes Geometrielement im Bauteil ist vollständig bemaßt. Diese Bemaßung entspricht nicht mehr den Regeln nach DIN 406, da das Bauteil überbemaßt ist.

Nachdem ein Ursprungspunkt für das parametrisierte Bauteil bestimmt wurde, wird im Modul geprüft, ob jedes Geometrieelement vollständig und eindeutig bemaßt ist. Wenn nicht, wird der Benutzer aufgefordert, entsprechende Maße hinzuzufügen. Nach Parametrisierung der Maße können Abhängigkeiten zwischen einzelnen Maßen in Form von Gleichungen definiert werden, so daß im Extremfall aus der Eingabe eines Maßes alle übrigen Dimensionen des Bauteils berechnet werden.

Das Modul erzeugt aus den Daten des im → *Werkstückmodell* gespeicherten Bauteils (Ausgangsteil) eine Datei, in der die Geometrieelemente, die zum eindeutigen Erstellen des Elements notwendigen Maße sowie Abhängigkeiten der Maße untereinander eingetragen sind. Die Maße liegen in einer parametrisierten Form vor, enthalten aber zusätzlich ihre bei der Erstellung der Datei aktuellen Werte, um dem Benutzer jederzeit das Ausgangsteil für die Maßvariante darstellen zu können. Zum Erstellen einer neuen Variante werden im Ausgangsteil die gewünschten Größen für alle die Maße eingegeben, die von keinem anderen Maß abhängig sind. Dazu werden im Ausgangsteil die interessierenden Maße identifiziert und die Maßzahl auf den neuen Wert geändert. Anhand der in der Datei gespeicherten Geometrieelemente und Abhängigkeiten erstellt das Modul die Maßvariante.

Das Parametrik-Modul ist nicht geeignet zum Erzeugen von Gestaltvarianten, d. h. Varianten, bei denen sich neben den Abmessungen auch die Gestalt ändern kann. Für solche Anwendungen ist entweder ein → *Generierungs-Modul* erforderlich oder es muß ein Programm in einer höheren Programmiersprache (z. B. → *Anwendungs-Programmiersprache*) geschrieben werden.

Parity bit
Paritätsbit. Bei der Datensicherung verwendetes → *Prüfbit.*

Parity check: Paritätsprüfung.
Überprüfung auf Richtigkeit der → *Prüfbits.*

Part: Teil, Bauteil. Identisch mit → *Modell.*

PASCAL
Eine höhere problemorientierte Programmiersprache für Anwendungen aus dem naturwissenschaftlichen Bereich, benannt nach dem französischen Mathematiker und Philosophen Blaise Pascal (1623 - 1663). Pascal erfand auch die erste Rechenmaschine der Welt, eine Additionsmaschine. Die Sprache PASCAL wurde an der Universität Zürich von

Nikolaus Wirth entwickelt.

Passive mode: Passiver Zustand.
Eine Arbeitsweise, die keinen interaktiven Betrieb erlaubt.

Password: Kennwort, Schlüsselwort.
Zum Schutz vor unbefugtem Zugriff auf Rechnersysteme oder Datenbestände wird beim Einloggen in das System bzw. beim Öffnen des Datenbestands ein Kennwort verlangt, das bei der Eingabe nicht dargestellt wird. Das Kennwort wird nach Inhalt und Zuordnung an den Benutzernamen überprüft. Bei erfolgreicher Prüfung kann der Zugriff erfolgen. Eine weitere Erschwernis gegen unbefugten Zugriff ist die Kopplung von Gerätenamen an Benutzernamen und Kennwort.

Kennworte sollten unregelmäßig geändert werden. Allzu leicht durch Assoziation entschlüsselbare Kennworte (z. B. Vorname des jeweiligen Benutzers) sind zu vermeiden.

Pattern: Muster, Modell.

Pattern-Router
Pattern-Router arbeiten mit einem endlichen Vorrat von fest vorgegebenen Verdrahtungsmustern, die zur endgültigen Leiterbahn kombiniert werden. Der zugrundeliegende Algorithmus ist auf die Verlegung von häufig wiederkehrenden Strukturen optimiert; zur Leiterplattenentflechtung können Patter-Router deshalb nur in Verbindung mit anderen Algorithmen sinnvoll eingesetzt werden.

PC
Abkürzung für → ***P**ersonal **C**omputer*, Persönlicher Rechner (in persönlichem Besitz).

PCB
Abkürzung für **P**rinted **C**ircuit **B**oard, ge-

druckte Schaltungen auf festen oder flexiblen Karten (feste oder flexible Leiterplatten). Mit den Leitern werden diskrete Bauteile (z. B. Widerstände, Dioden oder integrierte Schaltkreise in → *LSI*-, → *VLSI*- oder → *ULSI*-Technik) unter Vermeidung einer Verkabelung miteinander verknüpft. Leiterplatten werden als Bausteine elektrotechnischer und elektronischer Geräte verwendet.

PDES
Abkürzung für **P**roduct **D**ata **E**xchange **S**pecification, Spezifikation für den Austausch produktdefinierender Daten. Eine vom amerikanischen IGES/PDES Kommittee entwickelte → *Schnittstelle* zum Austausch von Produktdaten zwischen unterschiedlichen CAD/CAM-Systemen, die später in der internationalen Schnittstelle → *STEP* aufgehen wird. Deswegen ist PDES ähnlich strukturiert wie STEP. PDES enthält die Leistungsfähigkeit der → *IGES* Version 3.0, so daß Daten im IGES-Format in das PDES-Format mit einem Konverter übersetzt werden können. Mit PDES sollen u. a. folgende Daten übertragen werden können:

- Körperelemente,
- Konturelemente und Flächen,
- Topologie der Geometrieelemente,
- Toleranzen,
- FEM-Daten,
- Daten zur Produktstrukturierung (z. B. Gruppen).

Während IGES für den statischen Tausch großer Datenmengen konzipiert wurde, soll mit PDES zusätzlich auch ein dynamischer Datentausch kleinerer Mengen möglich sein, so daß z. B. ein Kunde einen Einbauraum für ein Dichtungselement entwirft und online per PDES über ein → *Netzwerk* in das CAD/CAM-System des Zulieferanten einspielt. Der Zulieferant wählt das passende Bauteil aus und gibt, wieder online, per PDES und Netzwerk an den Kunden zurück, der nunsofort entscheiden kann, ob das Bauteil verwendbar ist oder nicht (immer unter der Voraussetzung, daß die CAD/CAM-Systeme beim Kunden und Zulieferanten miteinander über ein → *WAN* verbunden sind). Somit wird ein → *Modellieren* in verteilten Systemen möglich.

Die Realisierung von PDES soll in vier Stufen erfolgen:

— Stufe 1: Statische Übertragung großer Datenmengen, vergleichbar mit IGES, aber höherer Leistungsumfang.
— Stufe 2: Dynamische Übertragung kleinerer Datenmengen zum Modellieren in verteilten Systemen.
— Stufe 3: Einsatz in relationalen → *Datenbanken*, wobei die PDES-Datenbeschreibung zur Definition von auf mehreren Rechnern verteilten Datenbanken dienen kann.
— Stufe 4: Die PDES-Definition soll für die Verwendung in wissensbasierten Systemen aufbereitet werden.

Pearl-Verfahren → *Aliasing.*

Pen: Stift, → *Magnetgriffel.*

Pen assignment: Stift-Zuordnung.
Die Zuordnung von Zeichenwerkzeugen einer → *Zeichenmaschine* an verschiedene Ebenen (→ *Ebenentechnik*), Elementetypen oder an bestimmte auf dem Bildschirm darstellbare Farben.

Pen plotter → *Stiftplotter.*

Performance: Leistung.

Peripherical device → *Peripherie.*

Periphere Speicher
Zu diesen, nicht in die → *Zentraleinheit* eingebauten Speichern gehören alle Speicher

außer dem → *Arbeitsspeicher*, also → *Magnetplattenspeicher* und → *Magnetbandspeicher*, in der Zukunft auch Magnetblasenspeicher und optische Speicher. Optische Speicher werden entweder eine digitale Speicherung in pitches wie bei einer Compact Disk (→ *CD-ROM*) verwenden oder nach dem holografischen Prinzip arbeiten.

Peripherie
Gesamtheit der direkt an eine → *Zentraleinheit* angeschlossenen Geräte zur Dateneingabe, Datenausgabe, Datenspeicherung.

Perpendicular: senkrecht auf, lotrecht. Hiermit wird die Lotlinie durch einen Punkt auf eine Gerade bezeichnet.

Personal Computer
Persönlicher, d. h. ausschließlich für einen Benutzer zur Verfügung stehender Rechner. Diese Rechner enthalten eine Zentraleinheit (größtenteils noch mit 16 bit pro Wort, neuere Geräte mit 32 bit pro Wort), Speicherperipherie, einen Bildschirm sowie Anschlußmöglichkeiten an größere EDV-Systeme. Die Leistung liegt unter der von → *Arbeitsplatzrechnern*. Ihr überwiegender Einsatz erfolgt im Bereich der Büro-Automatisierung. Sie werden auch mit einigem Erfolg als Hardwarebasis für die rechnerunterstützte Zeichnungserstellung verwendet, müssen aber dann mit grafikfähigem Bildschirm, dazugehörender Steuerkarte, Eingabehilfsmitteln wie → *Tablett* und → *Maus* sowie oft mit zusätzlichen internen und externen Speichern aufgerüstet werden.

Phantom
Als Eigenschaftswort die strichpunktierte Darstellung von Kurven auf dem grafischen Bildschirm.

PHIGS
Abkürzung für **P**rogrammer's **H**ierarchical

Interactive Graphics System, hierarchisches, grafisch-interaktives System für Programmierer. PHIGS ist ein Standardisierungsvorschlag (draft proposal), der von der ANSI-Untergruppe X3H3.1 entwickelt wird. Es basiert auf den Entwicklungen von → *GKS* und ist als 3D-System zur Bilddatenverarbeitung in großen Teilen mit der räumlichen Form von GKS, GKS-3D, identisch. PHIGS unterstützt darüberhinaus die Speicherung und Verarbeitung von Daten in einem zentralen Bildspeicher. Als Grundeinheiten werden Strukturelemente verwendet, die zu hierarchischen Strukturen zuammengefaßt werden. Mehrere solcher Strukturen bilden ein Netz. Die Strukturelemente enthalten alle Informationen (Farbe, Sichtbarkeit, Identifizierbarkeit usw.) zum Aufbau der Ausgabedaten für die Bildverarbeitung.

Phong-Shading
Ein von Phong Biu-Tuong entwickelter Algorythmus zur Generierung von Halbtonbildern mit kontinuierlichen Farb- und Helligkeitsverläufen.

Photoplotter
Eine → *Zeichenmaschine*, bei der mit einem Licht-, Laser- oder Elektronenstrahl auf ein lichtempfindliches Medium gezeichnet wird (z. B. Mikrofilm, Mikrofiche für die Zeichnungsarchivierung, Filmplatten als Vorlage bei der Erstellung integrierter Schaltungen). Verschiedene Strichstärken werden dabei durch entsprechende Blenden oder Fokussierung realisiert. Die Zeichendauer ist, obwohl abhängig von der Zeichenmenge, sehr kurz, da mechanische Bauteile kaum bewegt werden. Rückvergrößerungen von den so entstandenen Filmbildern haben die gleiche Qualität wie eine Originalzeichnung. Siehe auch → *COM*.

Physical Layer → *OSI-Netzwerkmodell*.

Physikalische Ebene → *OSI-Netzwerkmodell.*

pick, to: antippen.
Das Anfahren und Identifizieren eines Elements auf dem Bildschirm mit Hilfe des Fadenkreuzes (Cursor).

Pick and place - Einheit
Ein Handhabungsgerät, das als Montagehilfsvorrichtung pro Achse nur 2 Positionen anfahren kann. Das typische Einsatzgebiet sind Zubringe- und Montageaufgaben in der Massenfertigung, die über einen längeren Zeitraum unverändert bleiben.

Picture: Bild, Abbild.

Picture blanking status
Sichtbarkeit von Elementen in einem Bild.

Picture mode: Bild-Modus.
Bei einigen CAD/CAM-Systemen der Modus, in dem ebene Bilddaten in die Ansicht des Bauteils eingefügt werden können. Zu diesen Daten gehören alle → *Zeichenelemente.* Aber auch jedes Geometrieelement läßt sich einfügen, es ist aber dann nur in der Ansicht sichtbar, in der es eingefügt wurde, kann also nicht zur Bauteilmodellierung verwendet werden. Ist dieser Modus nicht eingeschaltet, können keine Bilddaten eingefügt werden.

Picture scale factor: Bildmaßstab.
Es handelt sich um den Maßstab, um den das Bild auf dem → *Sichtgerät* vergrößert oder verkleinert dargestellt wird.

Piktogramm
Eine auf das Wesentliche reduzierte bildliche Darstellung. Ein Bildsymbol, das auf einem grafischen Bildschirm innerhalb eines Menübereichs (→ *Menü*) dargestellt wird und dessen Identifikation eine dem Symbol

entsprechende Tätigkeit des CAD/CAM-Systems auslöst. Solche Symbole finden sich auch bei PCs, die eine grafische Bedieneroberfläche aufweisen, z. B. Systeme zum → *Desktop Publishing*.

Pin-Swap: → *Swap*

Pipeline-Verarbeitung
Ein Verarbeitungs-Modus in der → *Zentraleinheit*, bei dem mit der Ausführung einer neuen Instruktion begonnen wird, bevor die vorhergehende beendet ist (Fließband-Verarbeitung).

Pixel
Abkürzung von **Pic**ture **El**ement. Das kleinste auf einer Bildschirm-Oberfläche von der Elektronenstrahlröhre ansprechbare Element (Bildpunkt). → *Auflösung*.

Pixel-Phasing
Anti-Aliasing Technik (→ *Aliasing*) für das Glätten der Treppenstufen bei diagonalen Linien und Kreisbögen. Das Problem besteht in der Abbildung einer kontinuierlichen Bildfunktion auf die vom Raster des Ausgabegerätes abhängige Auflösung. Es werden deshalb den einzelnen Rasterpunkten (→ *Pixel*) endliche Flächen zugeordnet, die in weitere Teilflächen unterteilt werden, denen eine unterschiedliche Intensität zugeordnet wird.

PL1
Abkürzung für **P**rogramming **L**anguage **1**, eine problemorientierte → *Programmiersprache*, die sowohl für die Lösung kommerzieller als auch technisch-wissenschaftlicher Probleme geeignet ist. Die Entwicklung dieser Sprache ist noch nicht abgeschlossen.

Planartechnik
Schichtenweise, ebene Aufbauweise der Schaltungsstrukturen in der Oberfläche eines

Halbleiterkristalls. Die Planartechnik ist wichtig bei der Erzeugung von → *ICs*.

Plane → *Ebene*.

Planungssystematik
Mit der Entwicklung einer Planungssystematik sollen im einzelnen erreicht werden:

— eine ganzheitliche Systembetrachtung unter Einbeziehung von Mensch, Technik, Organisation und Information,
— eine methodische Erarbeitung und Bewertung sinnvoller Prinziplösungen,
— eine gute Transparenz des Planungsablaufes,
— die Bereitstellung fundierter Planungsergebnisse für unternehmerische Entscheidungen bereits in frühen Planungsstufen,
— die Reproduzierbarkeit der Planungsergebnisse sowie
— die Verminderung des Zeit- und Kostenaufwandes für einzelne Planungsaufgaben.

Plasmabildschirm
Bildschirmtechnologie, die sich durch ihre extrem flache Bauweise auszeichnet. Zahlreiche kleine Gasentladungsstrecken, die als → *Pixel* in einer Matrixform angeordnet sind, bilden die Anzeigeeinheit. Jedes Pixel kann direkt digital angesteuert werden.

Der Plasmabildschirm besteht im wesentlichen aus einer Plasma-Kathode, einer Steuerscheibe mit Zeilen- und Spaltenleitungen und einem Leuchtschirm. Zwischen der Kathode an der Rückplatte und einer Zeilenelektrode auf der Steuerscheibe brennt eine Gasentladung, die als Elektronenquelle dient. Die Elektronenströme werden durch Spaltenelektroden beeinflußt. Damit werden neben Hell-/Dunkelschaltungen auch Grauwerte möglich.

Der wichtigste Vorteil des Plasmabildschirms ist sein flimmerfreies Bild, nachteilig ist die für grafische Anwendungen noch nicht ausreichende → *Auflösung*. Allerdings ist die Entwicklung hierfür noch lange nicht abgeschlossen.

Platine
Eine mit Kupfer oder anderen Edelmetallen kaschierte Leiterplatte, die mit elektronischen Bauteilen und deren Verbindungen bestückt ist.

Platte: Magnetplatte. → *Magnetplattenspeicher.*

Platzcodierung
Werkzeugmaschinen können die einzelnen Werkzeuge entweder mit → *Werkzeugcodierung* oder Platzcodierung in dem Werkzeugmagazin ablegen. Bei der Platzcodierung sind die einzelnen Magazin-Plätze von 1 bis n codiert und das darin enthaltene Werkzeug wird aufgerufen. Nach Gebrauch kommt jedes Werkzeug wieder auf seinen festen Platz zurück. Eine flexiblere Möglichkeit bietet die → *variable Platzcodierung*.

Plausibilitätsprüfung
Prüfung von Daten nach bestimmten aufgabenbezogenen Kriterien auf Eindeutigkeit. Nicht alle fehlerhaften Veränderungen von Daten lassen sich durch die üblichen Kontrollen der Hardware wie z. B. mit → *Prüfbits* erkennen. Mit geeigneter Software (z. B. → *Kollisionsprüfung*) lassen sich umfangreiche Plausibilitätsprüfungen durchführen. Wesentlich ist dabei, daß auf diese Weise meist nur die extremen Fehler erkannt werden können. Diese extremen Fehler sind entweder Eingabefehler oder Fehler, die aus der Überschreitung von Grenzwerten und Toleranzbereichen herrühren. Zur weitergehenden Kontrolle bedarf es der blockweisen oder der einzelnen Überprüfung jedes Datums.

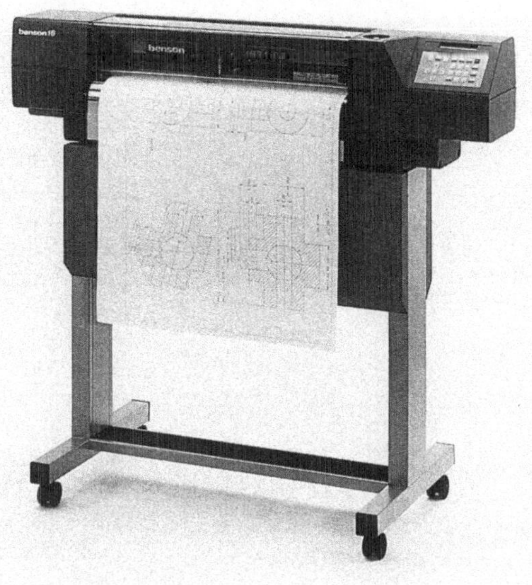

Trommelplotter. Diese Bauart wird am häufigsten für den CAD/CAM-Einsatz verwendet.

Plot: Plan, grafische Darstellung

plot, to: zeichnen, eintragen. In der EDV mit einer geeigneten, elektronisch angesteuerten Maschine zeichnen.

Plotdatei → *Vektordarstellung.*

Plotter → *Zeichenmaschine.*

Plotter step size
Kleinstmögliche Schrittweite einer → *Zeichenmaschine.* Entspricht der → *Auflösung* bei Sichtgeräten.

Plotting head → *Zeichenkopf.*

Point → *Punkt.*

Point to point dimension → *Punkt-zu-Punkt-Bemaßung.*

Pointer → *Zeiger.*

Polychrom: Vielfarbig.

Polygon: Vieleck, Linienzug.
Bei einem Polygon ist der Endpunkt der vorhergehenden Linie identisch mit dem Anfangspunkt der nächsten Linie. Beide bilden einen Eckpunkt des Geometrielements. Ein Polygon wird durch die Angabe seiner Eckpunkte erzeugt.

Polygon fill
Das Ausfüllen eines Polygons mit einer Farbe. Illustrationsmöglichkeit bei einfachen CAD-Systemen, aber auch schnelle Methode um bei einem 3D-Gebilde die verdeckten Kanten (→ *hidden lines*) abzudecken.

Pop-Up-Menü
Ein zweiteiliges → *Menü*, bestehend aus einem Kopf und dem eigentlichen Auswahlteil. Kopf und Auswahlteil können entweder aus Texten und/oder aus bildlichen Darstellungen (→ *Piktogramm*) bestehen. Der Kopf ist auf dem Bildschirm innerhalb einer Anwendung immer sichtbar. Beim Anfahren und/oder Anklicken des Kopfes mit dem Cursor wird der Auswahlteil sichtbar, entweder unter dem Kopf oder an einer dafür reservierten Stelle auf dem Bildschirm. Jetzt ist eine Auswahl möglich. Diese Art der (sehr benutzerfreundlichen) → *Menütechnik* findet sich bei interaktiven Systemen mit → *Fenstertechnik*.

Port: Tor, Rahmen.

1. Hardware: Die elektrische Schnittstelle zu einem Peripheriegerät.
2. CAD/CAM-Software: → *Window*.

Portabilität
Möglichkeit zum Austausch und zur Übertragbarkeit von Daten und Programmen. Solange die Anwendungssoftware innerhalb einer Rechnerfamilie auf einem einheitlichen → *Betriebssystem* aufsetzt, ist eine Portabilität gegeben. Zur Portabilität zwischen unterschiedlicher Anwendungssoftware auf verschiedenen Betriebssystemen dienen → *Schnittstellen* sowie genormte Datenformate und → *Programmiersprachen*.

Posix
Ein von der → *IEEE*-Gruppe P1003 betriebene Weiterentwicklung der Schnittstelle Betriebssystem — Anwenderprogramm für → *UNIX*.

Postfix
Ein nachgestelltes Zeichen. Bei Bemaßungen sind damit z. B. die Maßeinheiten gemeint.

Post - Mortem - Programm
Ein Programm, das es ermöglicht, entweder

nach Abbruch eines Programms oder nach Zusammenbruch der Hardware einen Abzug des letzten Inhalts des → *Arbeitsspeichers* oder peripherer Speicher zu erstellen, um den aufgetretenen Fehler zu diagnostizieren. Die Auswertung des Programmes ermöglicht es, Software- oder Hardware-Fehler zu analysieren.

Postprozessor

Ein Programm, das Daten aus dem Format eines vorhergehenden Programms in das Format eines nachfolgenden Programms konvertiert. Dabei liegt die Ausgangsdatei üblicherweise in einem genormten Format vor, das Ergebnis ist eine Datei in einem speziellen Format. Oft werden auch Daten zu dem konvertierten Format hinzugefügt oder weggelassen.

Ein → *IGES*-Postprozessor erzeugt aus der IGES-Darstellung der Geometrie das CAD/CAM-systemspezifische rechnerinterne Werkstückmodell und läßt dabei einen Großteil der für IGES notwendigen organisatorischen Daten weg.

Im zweiten Rechneranlauf einer → *NC-Programmierung* wird das in einer genormten NC-Sprache (z. B. → *APT*, → *CL-Data*) vorliegende Zwischenergebnis mit Hilfe des Postprozessors in das Teileprogramm für die ausgewählte → *Werkzeugmaschine* umgesetzt. Dazu enthält der maschinenspezifische Postprozessor eine Reihe Informationen, die zu der Eingabedatei hinzugefügt werden. Diese Aufgabenteilung hat den Vorteil, daß nicht für jede NC-Maschine eine speziell modifizierte Programmiersprache erforderlich ist, sondern lediglich der zugehörige (und wesentlich preiswertere) Postprozessor gekauft oder aus einem generalisierten Postprozessor erstellt werden kann.

Potential

Elektrisches Potential, das im CAD-System

als elektrisches → *Netz* mit vorgebbarem Potentialnamen verwaltet wird.

Potentialbezeichnung
Name für ein → *Potential*, z.B. L+, 220V

Potentialverweissymbol
Spezielles Symbol, das zum → *Querverweis* bei blattüberschreitenden → *Potentialen* benutzt wird.

PPS
Abkürzung für **P**roduktions**p**lanung und -**s**teuerung. PPS bezeichnet den Einsatz rechnerunterstützter Systeme zur organisatorischen Planung, Steuerung und Überwachung der Produktionsabläufe von der Angebotsbearbeitung bis zum Versand unter Mengen-, Termin- und Kapazitätsaspekten. Der Begriff ist insofern nicht eindeutig, als die Produktionssteuerung eigentlich eine Produktionsregelung mit einer sofortigen Reaktion auf Störgrößen darstellt.

Unter dem Aufgabengebiet des PPS werden die Teilaufgaben Produktionsprogrammplanung, Material- und Zeitwirtschaft, Mengenplanung, Terminplanung, Kapazitätsplanung, Auftragsplanung, → *Betriebsdatenerfassung* und Datenverwaltung zusammengefaßt. Gesteuert und überwacht werden die Fertigungsabläufe, der Material- und der Betriebsmitteleinsatz sowie die Lager-, Auftrags- und Bestellbestände.

PPS in einem Unternehmen erfolgt über mehrere Ebenen:

— Firmenstrategieplan oder langfristiger Plan, Planungshorizont bis zu 5 Jahre, der von der Unternehmensleitung erstellt und regelmäßig (meist alle drei Monate) fortgeschrieben wird. Hierein fallen die Entwicklung neuer Produkte, die Beschaffung neuer Betriebsmittel und die Änderung der Zahl der Mitarbeiter, um akzeptable Vorgaben zu liefern und um rechtzeitig auf Marktentwicklungen reagieren zu können.

— Mittelfristiger Plan. → *Hauptproduktionsplan.*
— Kurzfristiger Plan, auch Werkstattauftragseinteilung genannt. Planungshorizont bis zu einer Woche. Das Ergebnis dieses Plans ist eine einigermaßen realisierbare wöchentliche Kapazitätsauslastung. Anforderungen für Teile, Baugruppen und Rohstoffe können aus der → *Materialbedarfsplanung* abgeleitet werden.

Die hierzu benötigten Basisdaten für PPS werden aus einem beschlossenen Produktionsprogramm, aus Fertigungsunterlagen und Arbeitsplänen entnommen. Die Regelung der Produktion erfolgt durch einen laufenden Vergleich der Solldaten mit den Istdaten aus der Betriebsdatenerfassung.

Das Aufgabengebiet unterliegt einem Wertewandel, da im Zuge der Realisierung von → *CIM* Funktionen des PPS nicht nur für die Produktion, sondern auch für die Produktdefinition bereitgestellt werden müssen, um durch die Beeinflußbarkeit aller Produktionsfaktoren des Unternehmens kürzere Durchlaufzeiten bei sinkenden Kosten zu erzielen. In einigen CIM-Konzepten bildet daher die Anwendung von PPS den Kern des CIM-Systems.

PPS-System
Ein Programmsystem, das mit aktuellen Daten aus der Fertigung die Aufgaben der Produktionsplanung und -steuerung (→ *PPS*) wahrnimmt.

PPS-Verwendungsnachweis
Der Nachweis über die Verwendung einer Sache im Betrieb. Neben Material- und und Betriebsmittel-Verwendungsnachweisen vor allem Verwendung bei der Auflösung

von → *Stücklisten.* Hier handelt es sich um das Verzeichnis für ein Teil und über dessen Vorkommen in sämtlichen Stücklisten (Erzeugnissen).

Grundformen:
— Baukasten-Verwendungsnachweis, auch einstufiger Verwendungsnachweis,
— Struktur-Verwendungsnachweis, auch mehrstufiger Verwendungsnachweis,
— Mengenübersichts-Verwendungsnachweis.

Präsentationsebene → *OSI-Netzwerkmodell.*

Pre-Compiler
Ein Vorlaufprogramm, das ein → *Quellprogramm* auf bestimmte Befehle durchsucht und diese Befehle zur Weiterverarbeitung durch das Rechnersystem in eine dem → *Kompilierer* verständliche Darstellung übersetzt. Solche Vorübersetzer werden bei Dialekten von → *Programmiersprachen* eingesetzt. Der Vorübersetzer übersetzt die für den Dialekt spezifischen Anweisungen in Anweisungen der standardisierten Sprache. Dieses modifizierte Quellprogramm kann dann normal kompiliert werden.

Prefix
Ein vorgestelltes Zeichen. Bei Bemaßungen sind damit z. B. Durchmesserzeichen gemeint.

Preprozessor
Ein Preprozessor hat die umgekehrte Funktion wie der → *Postprozessor.* Man spricht von einem Preprozessor, wenn aus einer systemspezifischen Darstellung eine allgemein gültige erzeugt werden soll, z. B. bei der → *FEM-Berechnung,* wo über die zu untersuchende Geometrie ein FEM-Netz gelegt wird, oder bei der Erstellung einer → *IGES*-Datei, wo aus dem CAD/CAM-systemspezifischen Werk-

stückmodell die genormte IGES-Darstellung erzeugt wird.

Presentation Layer → *OSI-Netzwerkmodell.*

Primitive
Ein Basiselement, das nicht mehr weiter in Einzelteile zerlegbar ist und daher (am CAD/CAM-System) zum Aufbau von rechnerinternen Modellen verwendet werden kann. In diesem Sinne sind alle Elemente des → *Werkstückmodells* Primitive.

Printer → *Drucker.*

Printerplotter → *Rasterplotter.*

Prinzipkonstruktion
Eine Untermenge der → *Variantenkonstruktion*, bei der von einer Ausgangslösung lediglich Maßvarianten erzeugt werden, d. h. die Abmessungen des Bauteils variieren, die Gestalt bleibt gleich. Siehe auch → *Parametrik-Modul.*

Priorität
Im Betriebssystem besteht die Möglichkeiten, durch Vergabe von Kennziffern bestimmten Benutzern oder Anwendungen einen höheren Rang gegenüber den übrigen einzuräumen, so daß diese bevorzugt mit dem EDV-System arbeiten können.

In der Regel erhält der interaktive Betrieb am CAD/CAM-System eine höhere Priorität als z. B. die Ansteuerung der Plotter zur Ausgabe von Zeichnungen.

Priority: Rangfolge, → *Priorität.*

Procedure: Vorgehensweise, Prozedur. Diese Bezeichnung wird (im Gegensatz zu einem → *Programm*) oft für → *Kommando-Folgen* verwendet.

Produktionsleitebene
Die Produktionsleitebene übernimmt im wesentlichen betriebsorganisatorische Aufgaben für einzelne komplexe Produktionssysteme (z. B. → *Fertigungszellen*).

Produktionsleitsystem
Produktionsleitsysteme setzen direkt auf der Produktion auf und bilden entsprechend ihrer Bedeutung für einen effizienten Produktionsablauf eine »intelligente« Einheit. Sie unterstützen je nach dispositivem Freiheitsgrad in unterschiedlichem Ausmaß die systemübergreifenden → *PPS*-Funktionen Auftragsveranlassung und Auftragsüberwachung und führen im Rahmen der hierzu notwendigen → *Betriebsdatenerfassung* (BDE) Auswertungen und Datenverdichtungen durch. Für die Aufgaben der Produktionsleittechnik hat sich eine hierarchische Dreiteilung in:

a) Produktionsleitebene,
b) Prozeßführungsebene und
c) Steuerungsebene

bewährt.

Produktionsorganisation
Diese Organisation umfaßt für die zur Produktion zählenden Bereiche die Ziel- und Aufgabenplanung, die Vor-Ort-Gestaltung der Arbeitssysteme, die Steuerung der Aufgabendurchführung und die dazu erforderliche Datenermittlung.

Produktionsregel
Eine Produktionsregel dient bei → *Expertensystemen* zur Darstellung des Wissens in der → *Wissensbasis*. Eine Regel besteht aus einem Bedingungsteil (Wenn-Teil), der beschreibt, wann die Regel anwendbar ist, und einem Schlußfolgerungsteil (Dann-Teil), der die Konsequenzen und Ergebnisse beschreibt. Der Bedingungsteil kann aus meh-

reren Einzelbedingungen zusammengesetzt sein. Meta-Regeln innerhalb der Produktionsregeln sind solche Regeln, die angeben, welche Regel in einem Fachgebiet angewendet werden soll, wenn mehrere Möglichkeiten zur Auswahl stehen.

Profilverfahren
Mit diesem Verfahren lassen sich je nach verwendetem → *Werkstückmodell* plattenförmige und rotationssysmmetrische Bauteile bzw. Flächen erzeugen. Dazu wird zunächst die Ausgangskontur (oder definierende Kontur) mit Kantenelementen (Linie, Kreisbogen, Freihandlinie, Kegelschnitt) beschrieben. Bei plattenförmigen Bauteilen wird die Kontur entlang einer Geraden, die unter einem beliebigen Winkel zu der durch die Kontur aufgespannten Fläche stehen kann, verschoben. Steht die Gerade in Normalenrichtung, entstehen Ebenen und zylindrische Flächen.

Bei Drehteilen beschreibt die um eine beliebige Achse rotierende Kontur die Flächen. Je nach Drehwinkel können offene und geschlossene Flächen entstehen. Dabei lassen sich, je nach Art des verwendeten Elements in der Ausgangskontur, analytische (Zylinder, Kegel, Torus) und genäherte Drehflächen erzeugen.

Pro Element der Ausgangskontur wird eine Fläche erzeugt.

Im englischen Sprachgebrauch wird für dieses Verfahren oft der Begriff »Sweep-Operation« verwendet.

Profilverfahren für plattenförmige Bauteile.

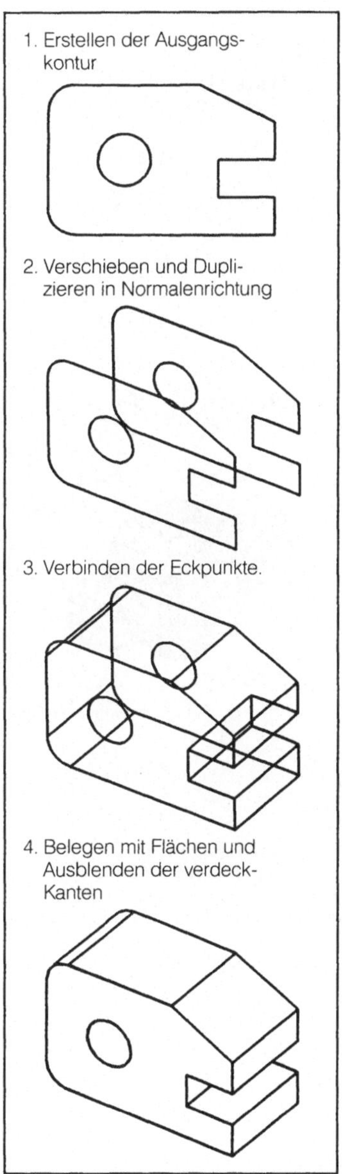

Programm
Ein Programm ist eine Folge von Anweisungen zur Lösung einer bestimmten Aufgabe. Die Anweisungen werden mit einer → *Programmiersprache* formuliert.

Programmablaufplan → *Datenflußplan.*

Profilverfahren für rotationssymetrische Bauteile

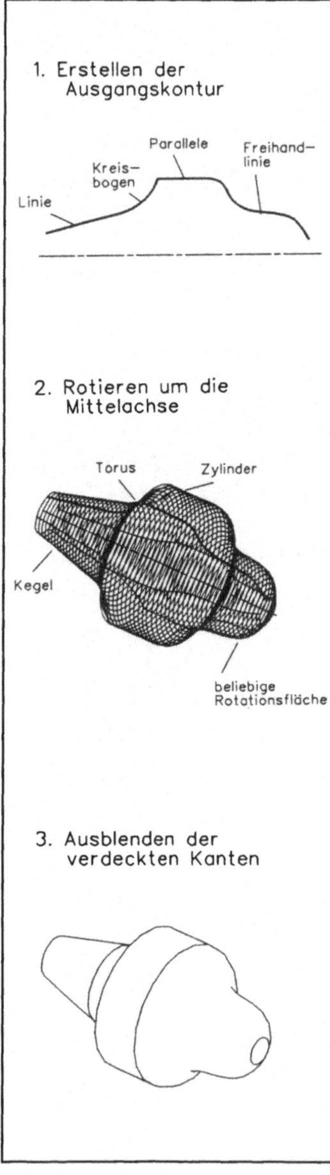

Programmierparadigma

Ein Paradigma ist die Grundlage einer Vorgehensweise, in diesem Falle die Vorgehensweise beim Programmieren. Beim prozeduralen Programmierparadigma wird ein Problem in solche Teilprobleme zerlegt, die durch Einzelschritte oder → *Algorithmen* sukzessive gelöst werden können. Die Einzelschritte werden zu einem Programm zusammengefaßt und mit Hilfe einer → *Programmiersprache* codiert. Diese Vorgehensweise entspricht der »klassischen« Programmierung.

Bei der Zusammenfassung von Wissen, das in ein → *Expertensystem* eingegeben werden soll, gilt das deklarative Programmierparadigma. Dieses legt fest, daß eine Beschreibung des Wissens unabhängig von einer möglichen Bearbeitungsprozedur zu erfolgen hat und daß bei der Beschreibung in Form von Regeln keine Verarbeitungsschritte vorgegeben werden dürfen.

Programmiersprache

Eine Sprache zur Formulierung von Anweisungen, die zu einem Programm zusammengestellt werden. Es existieren maschinenorientierte und problemorientierte Sprachen. Maschinenorientierte Sprachen sind eng an die Struktur der im Rechnersystem verwendeten Maschinensprachen angelehnt. Dadurch können Programme besonders gut platz- oder zeitoptimal erstellt werden. Problemorientierte Sprachen lassen eine am jeweiligen Problem orientierte Formulierung der Aufgabe zu. Der Sprachumfang richtet sich dabei nach dem Aufgabengebiet, nicht nach dem verwendeten Rechnertyp. Es gibt z. B. technisch-wissenschaftliche Sprachen (z. B. ALGOL, FORTRAN, PL1, PASCAL), kommerziell orientierte Sprachen (z. B. COBOL) sowie Sprachen für die Erstellung von → *Expertensystemen* (z. B. LISP). Die Übersetzung eines in einer problemorientierten Sprache geschriebenen Programms in die Maschinensprache erfolgt durch einen → *Kompilierer.*

Programmspeicher
Ein Programmspeicher in einer → *SPS* enthält das gesamte Ablaufprogramm mit allen Wegbedingungen und Zusatzinformationen. In den meisten Fällen muß die Speicherkapazität zur Aufnahme mehrerer Programme ausgelegt werden, die dann je nach Bedarf abgerufen werden.

PROLOG
Abkürzung für **Pro**gramming In **Log**ic,eine Programmiersprache zum Aufbau wissensbasierter Systeme, z. B. → *Expertensysteme*, die 1972 von Colmeraur in Frankreich entwickelt wurde. PROLOG bedient sich der Prädikatenlogik, bei der Sachverhalte durch Formeln dargestellt werden können. Elemente von PROLOG sind Konstanten, Variablen, Funktionssysmbole, logische Verknüpfungen (z. B. → *Boole'sche Verknüpfungen*) und Quantoren (Gültigkeitsbereiche von PROLOG-Größen).

PROM
Abkürzung für **P**rogrammable **R**ead **O**nly **M**emory. Ein Speicher, in dem mit speziellen Hilfsmitteln, die nicht dem normalen Benutzer zugänglich sind, Informationen eingetragen werden können. Für den Benutzer verhält sich ein PROM wie ein → *ROM.*

prompt, to: anspornen, eingeben, soufflieren, auffordern.

Prompt: Systemmeldung.

Prompting
Eine Methode, den Anwender auf jetzt mögliche Eingaben aufmerksam zu machen, z. B.

durch Blinken des Fadenkreuzes oder des identifizierten Elements bei einem grafischen Bildschirm bzw. des Zeigers (Cursors) auf einem alphanumerischen Bildschirm.

Property: Eigenschaft.
Ein nichtgrafisches Element, das, angeschlossen an ein grafisches, die vom Benutzer für das grafische Element vereinbarten Eigenschaften speichert. So kann man z. B. in der Elektrotechnik einer Linie, die eine Leiterbahn darstellt, die Eigenschaften »Spannung = 5V, Strom = 3 mA, Anschluß: IC5 und IC27« zuordnen. Die Sortierung von Properties erfolgt mit → *Filtern* oder mit Namen (im Beispiel: »Spannung«, »Strom«, »Anschluß«).

Protokoll
1. Programmartige Vereinbarung zum Austausch von Daten zwischen Programmen, Geräten und Systemen. Solche Verfahrensregeln ermöglichen eine Datenübertragung in festgelegten Formaten (→ *Schnittstelle*), z. B. in → *Netzwerken*.
2. Auflistung von Fehlermeldungen, Fehlerbelegungen mittels eines Systemdruckers.

Protokolldatei
Eine Datei, in der alle Kommandos enthalten sind, die im Verlauf einer Arbeitssitzung eingegeben wurden. Falls das CAD/CAM-System diese Möglichkeit zum Protokollieren der Kommandos bietet, sollte grundsätzlich davon Gebrauch gemacht werden, um bei System-Zusammenbrüchen problemlos den letzten Stand rekonstruieren zu können. Bei einfachen Teilen eignet sich die Protokolldatei auch anstelle des→ *Werkstückmodells* zur → *Archivierung* der Produktdaten. Dabei entsteht anstelle des geometrischen Modells, das das Ergebnis der Arbeitssitzung enthält, ein prozedurales Modell, in dem der Arbeitsweg zum Erstellen des Werkstück-

modells gespeichert ist.

Prototyping

1. Bei → *Expertensystemen* die dynamische Weiterentwicklung des Systems in Zuammenarbeit mit Experten. Durch die Trennung der → *Wissensbasis* von den übrigen Teilen des Expertensystems ist es möglich, die Erweiterung während der Testphase oder im laufenden Betrieb schrittweise durchzuführen.
2. Entwicklungstechnik innerhalb von → *CASE*, die den künftigen Benutzer möglichst frühzeitig mit einer lauffähigen Version des neu entwickelten Systems konfrontiert und seine Anregungen einarbeitet.

Prozessor

1. Ein Gerät zur Ausführung von speziellen oder allgemeinen Funktionen nach einem vorgegebenen Programm, das in Speichern (→ *PROMs* oder → *ROMs*) abgelegt ist.
2. Ein Software-Modul für die Ausführung bestimmter Aufgaben.

Prozeßrechner

Ein Rechner zur Steuerung und Überwachung von Prozessen. Der Rechner muß dazu im → *Realzeitbetrieb* arbeiten, d. h. sofort auf Abweichungen im Prozeß, die von der → *Peripherie* gemeldet werden (z. B. Störungsmeldung von einem Meßwertgeber), mit den im Steuerprogramm vorgesehenen Gegenmaßnahmen reagieren können. Dazu gehört, daß ein Programmablauf zugunsten anderer Tätigkeiten zu beliebigen Zeiten unterbrochen und zur späteren Bearbeitung in eine Warteposition geschoben werden kann.

Zentraleinheiten von CAD/CAM-Systemen weisen diese Eigenschaft auf, deren Notwendigkeit sich aus der Betrachtung des Arbeitsablaufs am CAD/CAM-System ergibt.

Das Arbeiten am CAD/CAM-System besteht aus folgenden Schritten:

— Überlegen des nächsten Arbeitsschrittes (System wird nicht benutzt).
— Formulierung des Arbeitsschrittes in einem Kommando der Eingabesprache (System wird benutzt).
— Prüfung des vom System dargestellten Ergebnisses (System wird nicht benutzt).
— Überlegen des nächsten Arbeitsschrittes, aufbauend auf dem jüngsten Ergebnis (System wird nicht benutzt) usw.

Die CAD/CAM-Software wird nicht laufend verwendet, sie befindet sich die meiste Zeit in Warteposition. Pro Arbeitsschritt werden Teilergebnisse benötigt. Die Größe eines Arbeitsschritts ist im voraus nicht bekannt. Eine solche Arbeitsweise kann nur von einem Prozeßrechner unterstützt werden, der sich deswegen am besten als Zentraleinheit für ein CAD/CAM-System eignet.

Prozeßsteuerung
Bei technischen, physikalischen oder chemischen Prozessen (Fertigungsprozesse bzw. Steuerung von Großanlagen, z. B. in Kraftwerken) können die Steuerungs- und Regelungsaufgaben ganz oder teilweise von Rechnersystemen (→ *Prozeßrechner*) übernommen werden. Bei der Prozeßsteuerung werden vielfach auch → *Hybridrechner* eingesetzt. Aufgaben der Prozeßsteuerung sind:

a) den Verlauf eines Prozesses durch Meßwerterfassung zu verfolgen;
b) in Abhängigkeit von den Meßergebnissen über geeignete Einrichtungen direkt auf den Prozeß im Sinne vorgegebener Werte einzuwirken oder aber die erfaßten Werte als Meldungen zur Verfügung zu stellen.

Prüfbit
Ein bei der Datenspeicherung verwendetes

zusätzliches → *bit* eines → *Bytes*, das zur Fehlerprüfung verwendet wird. Der Wert des Prüfbits wird 1, wenn die Anzahl aller bits im Byte mit dem Wert 1 einschließlich des Prüfbits ungerade ist.

Prüflauf
Möglichkeit zur Prüfung von Zeichnungen und CAD-Daten auf logische Fehler, bevor aus diesen Daten → *Auswertungen* abgeleitet werden.

Prüfung
Hilfen des CAD-Systems zur Überprüfung von Aktionen des Anwenders. Solche Prüfungen sollen schon bei der Zeichnungserstellung Fehler verhindern, die sich ansonsten u.U. erst später bei → *Auswertungen* bemerkbar machen. Prüfungen im CAD-System können naturgemäß nur anwendungsspezifisch sein, d.h. konstruktive Prüfungen im Mechanik-CAD, elektrotechnische Prüfungen im Elektro-CAD usw.

Pufferspeicher
1. Pufferspeicher befinden sich zwischen schnellen und langsamen EDV-Geräten (z. B. Zentraleinheit und Drucker), damit die Arbeitsgeschwindigkeit des schnellen Geräts nicht vom langsamen Gerät beeinflußt wird. So füllt z. B. beim Druckvorgang die Zentraleinheit den Pufferspeicher auf und kann danach andere Aufgaben bearbeiten. Der im Vergleich dazu langsame Drucker holt sich, unabhängig von der Zentraleinheit, die Druckdaten aus dem Puffer und gibt sie aus.

2. Bei Sichtgeräten werden Puffer zur Speicherung der Bilddaten eingesetzt (gebräuchliche Bezeichnungen dafür sind auch Display Buffer, Bildpuffer, Bit-map-memory oder Bit-Maske). Für jeden Punkt auf dem Bildschirm (Pixel) existiert ein bit

im Pufferspeicher. Falls das Pixel leuchten soll, erhält das bit den Wert 1, sonst den Wert 0. Damit ist eine monochromatische Darstellung (helle und dunkle Version einer Farbe, z. B. hellgrüne Darstellung auf dunkelgrünem Hintergrund) möglich.

Sollen mehrere Farben gleichzeitig darstellbar sein, muß für jede der drei Grundfarben blau, rot und grün ein eigener Puffer vorhanden sein. In diesem Fall hat der Pufferspeicher mehrere Ebenen (Layer). Die Zahl der Ebenen kann sich erhöhen, wenn die Mischbarkeit der Grundfarben weiter verfeinert werden soll.

In diesen Speicher werden die Daten aus der Zentraleinheit oder dem lokalen Bildprozessor bei jeder Änderung des Bildes einmal eingeschrieben. Beim Punkt-Raster-Verfahren werden nur die bits angesprochen, die der neu hinzugekommenen Geometriedarstellung entsprechen, d. h. der Puffer wird punktweise gefüllt bzw. geändert. Beim Zeilen-Raster-Verfahren wird der Puffer bei jeder Änderung der Darstellung vollständig neu aufgebaut. Das Punkt-Raster-Verfahren reagiert bei Bildänderungen schneller als das Zeilen-Raster-Verfahren, erfordert aber einen höheren technischen Aufwand.

Die Schreibelektronik stellt den Inhalt des Puffers laufend auf dem Bildschirm dar. Daneben kann auch ein Ausschnitt des Inhalts des Pufferspeichers für schnelle Vergrößerungen des Bildes dargestellt werden (Hardware-Zoom). Man muß aber in Kauf nehmen, daß hierbei die Darstellungsgenauigkeit oder → *Auflösung* sinkt. Für Vergrößerungen gleicher Auflösung müssen die Bildschirm-Koordinaten neu berechnet und ein entsprechend vergrößertes Bild im Pufferspeicher erzeugt werden.

Punched card: Lochkarte.

Punch tape
Steuerlochstreifen für die NC-Bearbeitung.

Punctuation: Zeichensetzung.

Punkt
Der Punkt ist ein eindimensionales Element. Punkte werden entweder durch Eingabe von Absolut- oder Relativkoordinaten oder durch → *Digitalisieren* erzeugt. Man unterscheidet explizite und implizite Punkte. Im ersten Fall wird ein Geometrieelement erzeugt, im zweiten dient der Punkt (z. B. Digitalisierpunkt, Mittelpunkt, Endpunkt, Schwerpunkt) als Stützpunkt für die Eingabe höherer Elemente.

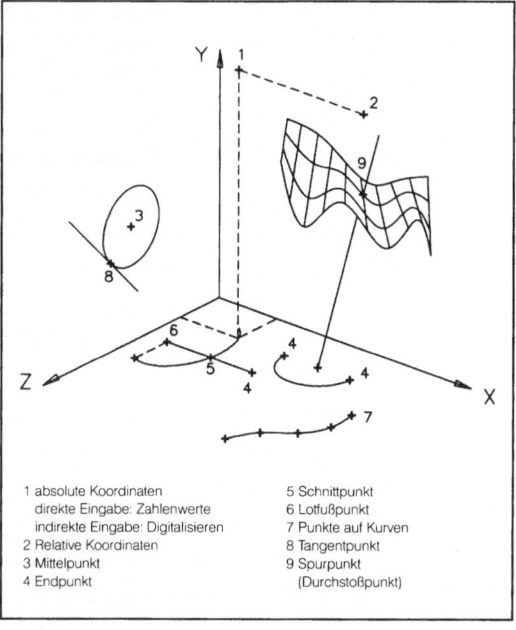

Erzeugen von Punkten.

Punktraster
Raster, in dem Bauteile auf der Platine plaziert werden können. Aus historischen Gründen sind Punktraster meist in 1/10- oder 1/20-Zoll-Schritten gestaffelt.

Punktsteuerung
Bewegungsablauf einer → *Werkzeugmaschine*, bei der nur die codierten Platzangaben, z. B. die nächste Schlittenposition, festliegen. Im Gegensatz zur → *Bahnsteuerung* werden nur einzelne Punkte innerhalb des Arbeitsraumes der Werkzeugmaschine angefahren; der Bahnverlauf selbst spielt eine untergeordnete Rolle. Mit einer Zustellbewegung wird das Werkzeug, z. B. ein Bohrer oder ein Stanzer, in die richtige Position gebracht, bevor der Schneidevorgang eingeleitet wird.

Es besteht kein Funktionszusammenhang zwischen den einzelnen Achsen, jedoch zeitliche Synchronität.

Punkt-zu-Punkt-Bemaßung
Durch die Identifikation zweier Punkte wird rechnerintern eine Bezugsstrecke gebildet, die beliebig verlaufen kann. Diese Bemaßungsart ist identisch mit der → *Parallel-Bemaßung*.

Q

QA
Abkürzung für **Q**uality **A**ssurance, → *Qualitätssicherung.*

QC
Abkürzung für **Q**uality **C**ontrol → *Qualitätskontrolle.*

QS
Abkürzung für → ***Q**ualitäts**s**icherung.*

Qualifier: Qualifizierer, Eigenschaftswort.
Bei → *Kommandosprachen* dasjenige Kommandoelement, mit dem die Eigenschaft der Tätigkeit oder des von der Tätigkeit betroffenen Gegenstandes näher beschrieben wird, z. B. beschreibt der Qualifizierer HOR in dem Kommando INSERT LINE HOR, daß eine waagrechte (Eigenschaft) Linie (Gegenstand) eingefügt werden soll (Tätigkeit).

Der Begriff ist identisch mit Modifizierer (Modifikator, Modifier).

Qualität
Übereinstimmung der Beschaffenheit mit den Anforderungen, die Eignung eines Produktes oder einer Tätigkeit für einen vorgegebenen oder unterstellten Verwendungszweck. Die Qualität eines Produktes ist u. a. gekennzeichnet durch die Erfüllung der Vor-

gaben, die im Pflichtenheft zum Produkt und in seinen Fertigungsunterlagen dokumentiert sind.

Qualitätskontrolle
Die Qualitätskontrolle umfaßt das Feststellen der Werte von Qualitätskenngrößen und -kriterien, die ein Produkt/eine Tätigkeit aufweisen muß, um (z. B. vertraglich) vorgegebenen Anforderungen zu genügen. Die Prüfung erfolgt nach Ende eines oder mehrerer Arbeitsschritte während der Produktentstehung. Prüfvorgänge laufen zunehmend rechnerunterstützt ab. Beim Einsatz von Koordinaten-Meßmaschinen zur Überprüfung der Bauteilgeometrie können die im → *Werkstückmodell* des CAD/CAM-Systems gespeicherten Produktdaten als Sollwerte für einen Vergleich mit den Istwerten des gefertigten Bauteils verwendet werden. Die Meßmaschine bekommt, genau wie eine CNC-Werkzeugmaschine, die anzufahrenden Meßpunkte und Verfahrweginformationen in einem → *NC-Programm*.

Qualitätssicherung
Die rechnerunterstützte Qualitätssicherung (→ *CAQ*) ist ein Bestandteil des rechnerintegrierten Produktenstehungsprozesses (→ *CIM*).Im Zuge der Einführung neuer Organisationsformen (→ *EIZ*, → *IZ*) und der damit verbundenen Aufhebung der Funktionaltrennung bekommt die Qualitätssicherung eine neue Aufgabe. Es wird nicht mehr das Ergebnis eines Arbeitsschrittes auf korrekte Vorgabenerfüllung geprüft und das Ergebnis gegebenenfalls zurückgewiesen (Qualitätssicherung im Sinne der → *Qualitätskontrolle*), sondern das Erzeugen von Qualität wird zu einer permanenten Aufgabe während des gesamten Produktentstehungsprozesses.

Qualitätssicherungsplanung
Die Festlegung der Maßnahmen, die zur

Absicherung der geforderten Qualität eines Produktes/einer Tätigkeit erforderlich sind.

Quality: Qualität, Genauigkeit.

Quantor → *PROLOG.*

Quellcode
Begriff für → *Quellprogramm*, der daneben auch auf die Gesamtheit aller Quellprogramme in einem Rechnersystem bezogen wird.

Quellprogramm
Ein in einer → *Programmiersprache* vom Benutzer formuliertes Programm. Damit es auf dem EDV-System lauffähig wird, muß es erst fehlerfrei in die Maschinensprache übersetzt werden (→ *Kompilierer*), damit ein → *Objektprogramm* entsteht.

Querverweis
1. Funktionselemente eines elektrischen → *Gerätes* werden oft auf mehreren Blättern eines → *Stromlaufplanes* verteilt dargestellt (z. B. Kontakte eines Relais', Schalters → *SPS*). Um die jeweils anderen Komponenten schnell zu finden, werden Querverweise eingetragen. Üblicherweise wird auf Blatt und → *Strompfad* verwiesen, wo das → *Grundgerät* bzw. eine zusammenfassende Darstellung des Gesamtgerätes plaziert ist. Andere Formen des Querverweisaufbaus sind ebenfalls gebräuchlich.

2. Wird ein elektrisches → *Potential* über mehrere Blätter eines → *Stromlaufplanes* geführt, werden an den Abbruchstellen → *Potentialverweissymbole* eingesetzt, in die ein Querverweis auf die Fortsetzungsstelle eingetragen wird. Üblich sind Verweise jeweils von einem auf das nächste Blatt oder vom ersten Blatt (Quelle) auf alle weiteren Blätter (Senken). Aufgabe des CAD-Systems ist u.a. die automatische Generierung solcher Querverweise.

Query: Abfrage.

Query language: Abfragesprache für Datenbanken.

Queue: Warteschlange.
Warteschlangen existieren für solche Geräte, die im → *Stapelbetrieb* arbeiten. Dazu gehören z. B. alle reinen Ausgabegeräte (Drucker, Zeichenmaschinen). Wird gerade ein Auftrag am Gerät bearbeitet, so kommen alle neuen Aufträge in die Warteschlange. Ihre Abarbeitung erfolgt entweder nach der Reihenfolge ihres Eintreffens oder nach vorgegebenen Prioritäten (z. B. Dringlichkeit der Ausgabe, Verfügbare Rechnerleistung).

quit, to: abbrechen.
Aus einem Softwareprogramm herausgehen.

R

Rändelschrauben
Ein Positioniergerät für den Bildschirmzeiger (Cursor), bei dem die Verdrehwinkel der Rändelschrauben in zwei Potentiometern zu Bildschirm-Koordinaten für die Cursor-Positionierung umgesetzt werden.

Wird bei neueren CAD-Arbeitsplätzen nicht mehr verwendet. Die Cursor-Positionierung erfolgt heute durch → *Magnetgriffel*, → *Mäuse* oder → *Fadenkreuzlupen*.

Radial dimension → *Radienbemaßung*.

Radial grid: Kreisraster. → *Raster*.

Radienbemaßung
Mit diesem Maß werden Kreisbögen und Eckenverrundungen bemaßt. Nachdem der Anwender die Rundung identifiziert hat, gibt er die Lage der Maßzahl und damit auch die Anordnung des Maßpfeils an.

Radiosity: Durchleuchtbarkeit.
Nach der geometrischen Modellierung wird für jeden einzelnen Körper ein Beleuchtungsmodell festgelegt, in dem die Materialbeschaffenheit der Körperoberfläche beschrieben wird. Diese hat entsprechenden Einfluß auf das → *Reflexions* -Verhalten von auftreffenden Lichtstrahlen.

RAM → *Arbeitsspeicher.*
Abkürzung für **R**andom **A**ccess **M**emory. Speicher, in den Informationen wahlfrei eingegeben und ausgegeben werden können, ein Speicher im → *Direktzugriff.*

Random access: Wahlfreier Zugriff.

Raster
Ein Hilfsmittel zur leichteren Eingabe von Daten bei der Geometriebearbeitung. Das Raster wird auf dem Bildschirm als Punktemuster dargestellt. Dabei sind waagrechte, schräge und kreisförmige Raster möglich, wobei der Abstand der Rasterpunkte beliebig eingestellt und verändert werden kann.

Dem Raster auf dem Bildschirm entspricht am Reißbrett ein Millimeterpapier, das als Konstruktionshilfe unter dem Transparent befestigt wird. Zusätzlich läßt sich die Rasterfangkorrektur einschalten. Dadurch werden bei der Eingabe von Digitalisierpunkten am Bildschirm nur Rasterpunkte als gültige Eingabe erkannt. Bei den meisten CAD-Systemen erscheint das Hilfsraster nur in der Ansicht, in der es auch vereinbart wurde. Manche CAD-Systeme lassen auch die Verwendung von räumlichen Rastern zu.

Unterschiedliche Rastertypen, mit und ohne Rasterfangkorrektur.

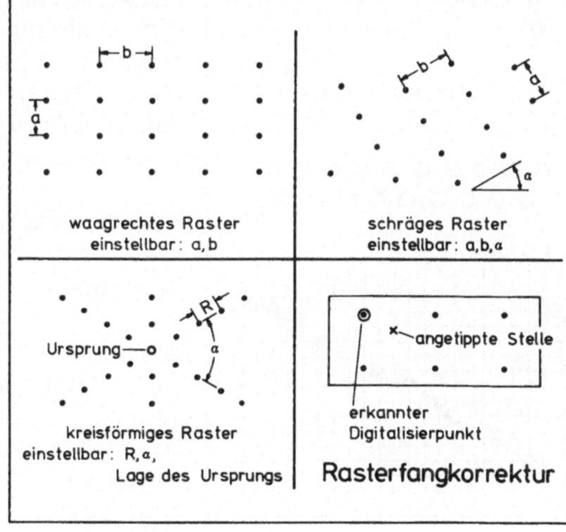

Falls das Raster trotz Vereinbarung nicht sichtbar ist, kann das folgende Gründe haben:

— Der Abstand der Rasterpunkte ist so klein, daß die Geometrieelemente auf dem Bildschirm von den Rasterpunkten überdeckt wären. Ist dies der Fall, wird die Darstellung der Rasterpunkte unterdrückt, obwohl das Raster und eine

eventuell eingeschaltete Rasterfangkorrektur nach wie vor aktiv sind.
— Der Abstand der Rasterpunkte ist zu groß.
— Das Hilfsraster befindet sich in einer Ansicht, die nicht auf dem Bildschirm dargstellt ist.

Für die meisten Anwendungen reicht ein waagrechtes quadratisches Hilfsraster aus. Werden beim Neubeschreiben eines Geometrieelements die Abmessungen explizit (d. h. als Zahlenwerte über die Tastatur oder über das Menüfeld) eingegeben, so hat die Rasterfangkorrektur darauf keinen Einfluß.

Anordnung der Nadeln einer elektrostatischen Zeichenmaschine.

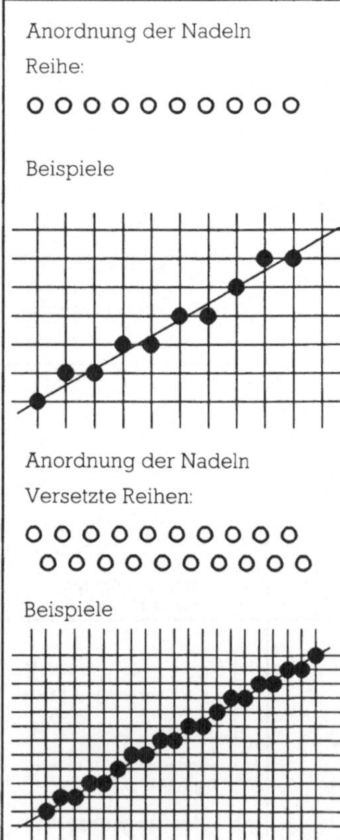

Raster scan
1. → *Rasterdarstellung.*
2. Eine Technik zum Überführen einer Bildvorlage in ein CAD/CAM-System. Dabei wird die Vorlage zeilenweise mit einem optischen System abgefahren und die Helligkeitsintensität registriert. Ein Programm setzt die unterschiedlichen Intensitäten in Linien, Kreise, Punkte und Zeichen um und generiert so eine zweidimensionale rechnerinterne Darstellung.

Rasterdarstellung
Die Darstellung eines Bildes unter Verwendung einzelner Bildpunkte (Rasterpunkte), bei → *Sichtgeräten* auch mit unterschiedlichem Helligkeitsgrad.
Gegensatz dazu ist die → *Vektordarstellung.*

Rasterfangkorrektur → *Raster.*

Rastergrafik → *Rasterverfahren.*

Rasterplotter
Eine → *Zeichenmaschine*, bei der die Erstellungsdauer einer Zeichnung unabhängig von der Informationsdichte auf der Zeichnung ist. Die Zeichenmaschine arbeitet nach dem elektrostatischen Prinzip. Die auszuge-

bende Zeichnung wird (wie beim Rasterbildschirm) von einem → *Vektor-Raster-Konverter* zeilenweise in Einzelpunkte zerlegt. Die Auflösung beträgt, je nach Gerät, z. Z. 8, 10 oder 16 Punkte/mm. Jeder Einzelpunkt in einer Zeile entspricht einer Elektrode in einem Schreibkopf. Das Zeichenmedium (beschichtetes Papier, Transparent- oder Zeichenfolie) wird zeilenweise über den Schreibkopf geführt. Immer wenn ein Punkt gezeichnet werden soll, wird eine elektrische Ladung auf das Zeichenmedium gebracht. So entsteht ein unsichtbares Ladungsbild. Das Sichtbarmachen geschieht mit dem xerografischen Verfahren: Tonerflüssigkeit wird auf das Medium gebracht.

Die Tonerpartikel haften überall dort, wo Ladung auf dem Zeichenmedium vorhanden ist. Zum Schluß werden die Tonerpartikel (z. B. durch Hitze) auf dem Medium fixiert. Die so entstandenen Zeichnungen sind, wie Tuschezeichnungen, lichtecht und wischfest.

Der Rasterplotter kann, falls er einen Zeichengenerator besitzt, auch als Drucker eingesetzt werden. In einem solchen Fall wird oft die Bezeichnung »Printer-Plotter« verwendet.

Prinzipielle Funktionsweise eines Rasterplotters.

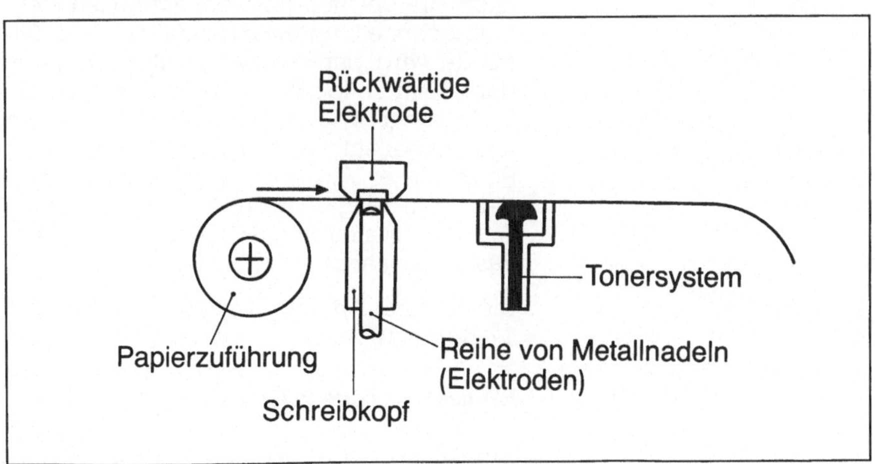

Rasterverfahren
Eine der beiden Arten zur Darstellung von Grafik auf Sichtgeräten. Bei diesem Verfahren wird das zu erzeugende Bild in einzelne Punkte (Rasterpunkte) zerlegt, i. d. R. in genausoviel Punkte, wie auf dem Bildschirm zur Darstellung zur Verfügung stehen (→ *Auflösung*). Die Zerlegung erfolgt entweder in der Zentraleinheit oder, bei Arbeitsplatzrechnern und leistungsfähigen Sichtgeräten (Geräte mit lokalen Mikroprozessor-Systemen für die Bildhandhabung), im Bildschirm selbst.

Die Rasterpunkte werden in die → *Bit-Maske* eingetragen. Dabei entspricht jedes Bit in dieser Maske einem Punkt auf dem Bildschirm. Soll der Punkt leuchten, erhält das bit den Wert 1 (das bit wird »gesetzt«), sonst den Wert 0. Nur bei Wert 1 erhält der Elektronenstrahl genug Energie, um den Punkt auf dem Bildschirm zum Leuchten anregen zu können. Zum Erzeugen des vollständigen Bildes wird der Elektronenstrahl Zeile für Zeile über das ganze Bild geführt.

Die Bit-Maske kann auf zwei Arten gefüllt bzw. geändert werden. Beim Punkt-Raster-Verfahren werden nur die bits angesprochen, die der neu hinzugekommenen Geometriedarstellung entsprechen, d. h. die Bit-Maske wird punktweise gefüllt bzw. geändert. Beim Zeilen-Raster-Verfahren muß die Bit-Maske bei jeder Änderung vollständig neu aufgebaut werden. Daher kann beim Punkt-Raster-Verfahren schneller auf Bildänderungen reagiert werden, der technische Aufwand ist allerdings höher als beim Zeilen-Raster-Verfahren.

Die andere Art zur Darstellung ist das → *Vektorverfahren*.

Rat nest → *Leiterplatten-Entflechtung*.

Rattennest → *Leiterplatten-Entflechtung*.

Ray - Tracing: Strahlverfolgung.
Der Lichtstrahl einer gesetzten Lichtquelle wird entsprechend eines definierten Reflexionsgrades (→ *Textur*) über eine Oberfläche auf die Bildebene projeziert. Das Verfahren ist die Grundlage für die Generierung realitätsnaher synthetischer Bilder und erlaubt sowohl die Verwendung globaler Beleuchtungsmodelle als auch die Darstellung kontextabhängiger Eigenschaften wie Spiegelungen und Transparenzen.

Reaction time → Antwortzeit.

Reaktionszeit → *Antwortzeit.*

Real time (processing): Echtzeitbetrieb, → *Realzeitbetrieb.*

Realzeitbetrieb
Eine Betriebsart eines EDV-Systems, bei der der Verarbeitungszeitpunkt von der Aufgabe selbst bestimmt wird. Diese Betriebsart ist dann üblich, wenn schnelle Reaktionen des EDV-Systems auf äußere Ereignisse (z. B. interaktiver Dialog am CAD-System, Prozeßsteuerung) erforderlich sind. Das Eintreffen eines äußeren Ereignisses wird als → *Interrupt* bezeichnet. Sofort danach werden vom → *Betriebssystem* Rechenleistung und Geräte zur Lösung der Aufgabe zugeteilt und so lange zur Verfügung gestellt, bis entweder die Aufgabe vollständig bearbeitet (das ist die Vorgehensweise bei einem Einbenutzer-System, z. B. Personal Computer) oder, bei einem EDV-System mit mehreren Benutzern, die für eine Aufgabe vorgesehene Zeitspanne (Zeitscheibe) abgelaufen ist (→ *Mehrbenutzerbetrieb*). Im letzteren Fall wird eine Zwischenlösung der Aufgabe gespeichert und bei der nächsten möglichen Gelegenheit weiter bearbeitet.

Reboot
Erneutes Laden des → *Betriebssystems.* Wäh-

rend dieses Vorgangs kann kein Teilnehmer das EDV-System benutzen.

Rechenwerk
Bestandteil der → *Zentraleinheit*, in dem die eigentlichen Rechenbefehle, die vom → *Leitwerk* bereitgestellt wurden, ausgeführt werden.

Rechner
Eine Anlage zur Verarbeitung von analogen oder digitalen Daten. → *Analogrechner*, → *Digitalrechner*, → *Prozeßrechner*.

Rechnerarchitektur →*Rechnerstrategie*
Bei der Beschaffung von Hardware und Software im Rahmen der Realisierung eines unternehmensspezifischen CIM-Konzepts empfiehlt es sich, strategisch vorzugehen, um Fehlinvestitionen und → *Insellösungen* zu vermeiden und um flexibel und wirtschaftlich in der Anwendung zu bleiben. Eine Beschaffungsstrategie enthält im wesentlichen die folgenden Komponenten:

— Für Anwendungen im technischen Bereich kommen dezentrale Konfigurationen zum Einsatz. Der Anwender erhält einen → *Arbeitsplatzrechner* mit einer seiner Aufgabenstellung entsprechenden Leistungsfähigkeit. Diese dezentralen Systeme werden (mindestens bereichsweise) über → *Netzwerke* miteinander verbunden, und sie greifen (mindestens bereichsweise) auf eine gemeinsame logische → *Datenbank* zu.
— Es wird nur noch Standard-Hardware, die vom Markt als solche akzeptiert ist, eingesetzt. »Marktakzeptanz« bedeutet, daß das in Frage kommende Produkt bereits eine hohe Marktdurchdringung aufweist und zahlreiche unterschiedliche Software-Anwendungen auf diesem Produkt lauffähig sind. Spezielle Hardware (in der Regel in Verbindung mit der Software eines be-

stimmten Herstellers) sollten nicht mehr eingesetzt werden. Die Verwendung von Standard-Hardware hat den Vorteil, daß diese im Unternehmen beliebig ausgebaut und ausgetauscht werden kann.

— Innerhalb der ausgewählten Standard-Hardware werden einheitliche Hardware-Konfigurationen verwendet. Für jede Anwendung werden Komponenten definiert, aus denen jede im Unternehmen einsetzbare Hardware-Konfiguration zusammengesetzt werden kann. Im Sinne eines Baukastenprinzips ist die Zahl der Komponenten möglichst klein zu halten, damit der Wartungs- und Betreuungsaufwand gering bleibt und die Hardware-Konfigurationen an allen Stellen innerhalb des Unternehmens eingesetzt werden können. In Verbindung mit dem Einsatz von Standard-Betriebssystemen kann auch ein leichterer Wechsel von einem Hardware-Hersteller zum anderen vorgenommen werden.

— In Zukunft sollen nur noch einheitliche → *Betriebssysteme*, für die das gleiche gilt wie für die Standard-Hardware, zum Einsatz kommen. Dabei ist zu unterscheiden zwischen einem einheitlichen Hardware-Betriebssystem, d. h. ein Betriebssystem, das identisch auf allen möglichen Rechnern eines einzelnen Herstellers läuft. Es besteht hierbei allerdings die Gefahr der Abhängigkeit von diesem Hersteller. Um eine vollständige Hardware-Unabhängigkeit zu erreichen, muß geprüft werden, ab wann ein standardisiertes, nicht auf eine spezielle Hardware bezogenes Betriebssystem verwendet werden kann. Aus heutiger Sicht kommt dafür nur das Betriebssystem → *UNIX* in Frage.

Rechnerverbund

Das Zusammenschalten mehrerer Rechnersysteme über ein → *Netzwerk* zu einem

Verbundsystem. Die Rechner sind so ausgelegt, daß sie sich gegenseitig ersetzen können.

Record: Niederschrift, Satz.
Ein Record ist ein Datensatz in einer → *Datenstruktur.*

Recovery
Wiederherstellung eines durch Systemausfall oder fehlerhafte Bearbeitung beschädigten Softwaresystems oder Steuerungssystems.

Rectangular: Rechtwinklig, orthogonal.

Rectangular array
Anordnung von Elementen in Form eines Rechtecks. Ausgehend von einem oder mehreren Basiselementen wird eine rechteckige Anordnung dieser Elemente durch Vorgabe von senkrechtem und waagrechtem Abstand sowie der Anzahl der Zeilen und Spalten der Anordnung erzeugt. Basiselemente behalten ihre Lage bei, die neuen Elemente werden durch Verschieben und Kopieren erstellt.

Redundanz
Das mehrfache Auftreten identischer oder voneinander ableitbarer Daten. Auf redundante Daten kann ohne Verlust an Informationsmenge und -qualität verzichtet werden. Ein Datenbestand ist redundanzfrei, wenn in ihm keine redundanten Daten mehr enthalten sind.

Reference (point), reference label → *Bezugspunkt, Bezugsmarke.*

Referenzpunkt → *Bezugspunkt.*

Reflection Mapping
Auf der spiegelnden Oberfläche eines Körpers wird die gesamte Bildumgebung abge-

bildet und somit auf die Bildschirmebene projiziert. → *Ray-Tracing.*

Refraction: Strahlenbrechung
Darstellung von Lichtbrechung am Übergang von verschieden dichten, transparenten Medien.

Refresh buffer → *Pufferspeicher.*

Refresh mode → *Wiederholverfahren.*

Refresh rate → *Bildwiederholrate.*

Refresh tube: Bildwiederholschirm.
Die heute gängigste Aufzeichnungsart von Sichtgeräten, bei der die Abbildung laufend auf den Bildschirm gezeichnet werden muß, da sie nach einem Aufzeichnen aufgrund der geringen Nachleuchtdauer des verwendeten Phosphors nur für Bruchteile von Sekunden sichtbar ist. → *Wiederholverfahren,* → *Bildwiederholrate.*

Regel → *Produktionsregel.*

Regelfläche
Die Regelfläche entsteht durch das Verschieben einer beliebig im Raum beweglichen Geraden entlang einer räumlichen Leitkurve.

Regen file → *Bilddatei.*

Register
In der Zentraleinheit ein kleiner Speicher, in dem eine Dateneinheit vorübergehend gespeichert und mit sehr kurzen Zugriffszeiten wieder ausgelesen werden kann. Register werden zur Zwischenspeicherung von Werten (z. B. Wert einer Variablen, Adresse dieser Variablen im Arbeitsspeicher, Befehlszähler) verwendet.

reject, to: zurückweisen, ablehnen.

Mit diesem Kommando läßt sich die jeweils letzte Eingabe rückgängig machen.

Relation: Beziehung.

Relationale Datenbank
Eine → *Datenbank*, in der die Daten nach dem → *relationalen Modell* abgelegt sind.

Relationales Modell
Einteilung eines Datenbestandes in mathematische Mengen. Datenmengen mit gleichen oder ähnlichen Eigenschaften werden zu Relationen zusammengefaßt. Die Relationen lassen sich am übersichtlichsten in Form einer Tabelle darstellen. In jeder Zeile der Tabelle steht ein Datum. In jeder Spalte steht eine zugelassenen Eigenschaft. Jede Zeile und jede Spalte kommt nur einmal vor, ihre Reihenfolge spielt keine Rolle. Die Zahl von Zeilen und Spalten ist nicht begrenzt. Am Kreuzungspunkt von Zeile und Spalte steht die auf das entsprechende Datum zutreffende Ausprägung der Eingenschaft. Man findet gleiche oder ähnliche Daten, indem → *Boole'sche Verknüpfungen* zwischen den gewünschten Spalten (= Eigenschaften) und allen Zeilen der Tabelle durchgeführt und mit den vorgegebenen Werten verglichen werden.

Relationale Modelle sind nach heutigen Erkenntnissen für die Speicherung der Daten im rechnerintegrierten Produktenstehungsprozeß (→ *CIM*) am besten geeignet. Ein solches Modell könnte wie folgt aufgebaut sein: In jeder Zeile der Tabelle befindet sich der Datensatz für ein einzelnes Bauteil. Die erste Spalte enthält die Identifizierungsnummer des Bauteils. Danach folgen Spalten mit klassifizierenden Angaben. Weitere Spalten enthalten Geometrie-, Arbeitsplan-, Material- und Fertigungsdaten sowie dispositive und kalkulatorische Daten. Die Spalten in der Tabelle werden sukzessive während des Entstehungsprozesses des Bauteils mit Daten aufgefullt. Werden ähnliche oder gleiche Bauteile gesucht, so gibt man die interessierenden Werte oder Wertebereiche vor, ordnet sie den jeweiligen Spalten zu, führt die Mengenoperationen durch und erhält so als Ergebnis die Identifizierungsnummer der gesuchten Bauteile.

Relatives Koordinatensystem → *Arbeits-Koordinatensystem.*

Release
Freigabe. Bezeichnung für die freigegebene Version einer Software.

Reliability: Zuverlässigkeit.

render, to: zurückgeben, vergelten; aber auch: verputzen. → *Rendering.*

Rendering
Das Gittermodell auffüllen und somit optisch zu einem Vollkörpermodell machen, wobei im allgemeinen beliebige Lichtquellen positioniert und Farben gewählt werden können.

repaint, to: neuzeichnen.
Erneutes Zeichnen des Bildschirminhalts, z. B. nach Ändern der Ebenen-Sichtbarkeit.

Repetierbarkeit → *Wiederholgenauigkeit.*

Reproduzierbarkeit → *Wiederholgenauigkeit.*

rescale, to: nachskalieren.

Reset
Zurückversetzen auf einen Anfangszustand eines Programm oder der Hardware.

Resetpunkt: → *Referenzpunkt.*
Ausgezeichneter Punkt an → *Symbolen*, mit dem diese in eine aktuelle Zeichnung eingesetzt werden.

Residentes Programm
Bezeichnung für ein Programm, das permanent im → *Arbeitsspeicher* zur Verfügung steht z. B. häufig benötigte → *Dienstprogramme* des → *Betriebssystems.*

Resolution → *Auflösung.*

Response time → *Antwortzeit.*

Restart
Der (automatische) Wiederanlauf eines EDV-Systems, z. B. nach einem Stromausfall.

restore, to: wiederherstellen, zurückspeichern.

Return: Wagenrücklauf.
Dieses Zeichen wird zur Kennzeichnung des Abschlusses einer Eingabe (z. B. Kommando-Übergabe) verwendet.

reverse, to: umkehren.
Umgekehrt wird z. B. die Art der Darstellung auf dem Bildschirm (statt helle Darstellung auf dunklem Hintergrund dunkle Darstellung auf hellem Hintergrund).

Revision
Aktualisierte Version einer Software.

RGB-Ausgang
Ein Ausgang an → *Gerätertreibern* oder an Bildschirmen zum Anschluß weiterer Bildschirme, über den die Ansteuerungen für die Farben Rot, Grün und Blau abgenommen werden können.

Richtlinie → *Normung.*

Rip-Up-and-Retry-Router
→ *Autorouter,* der selbständig unterschiedliche Lösungswege beschreitet. Führt der eingeschlagene Weg nicht zum Ziel, daß heißt,

kann eine Leiterbahn nicht bis zu ihrem Zielpunkt verlegt werden, so löst der Router das Layout bis zu einer (einstellbaren) Rip-Up-Tiefe wieder auf. Im folgenden Anlauf versucht der Router, das Ziel auf einem anderen Lösungsweg zu erreichen.

RISC-Technologie
Die Abkürzung RISC steht für reduced instruction set computing, Rechnen mit reduziertem Instruktionssatz. Dabei werden, abweichend von der üblichen Vorgehensweise (→ *CISC-Technologie*), nicht mehr alle, sondern nur die häufigsten der für den Betrieb des Rechners benötigten Instruktionen als in ROM gespeicherter Microcode bereitgestellt. Die übrigen Instruktionen werden als Software bereitgestellt. Man erreicht dadurch eine deutlich kürzere → *Zyklusszeit*, ohne die Bauteile der Zentraleinheit wesentlich zu verändern.

Roboter
Numerisch gesteuertes Handhabungsgerät, das in mehreren Freiheitsgraden oder Raumachsen frei programmiert werden kann. (Die Bezeichnung wurde von Stanislaw Lem in einer Erzählung aus dem polnischen Begriff für Arbeit, »Robot«, für einen künstlichen Menschen geprägt.) Das Gerät besteht aus der Steuerung, dem Gehäuse, an dem die Führungen befestigt sind, den Antrieben, dem Wegmeßsystem sowie den Greifeinrichtungen. Neben der eigentlichen Handhabung wird der Roboter auch für Zubringfunktionen eingesetzt.

Drei Grundeigenschaften kennzeichnen einen Roboter:

— Das Gerät wird über eine programmierbare Steuerung mit Speicher gesteuert, es wird dadurch wiederholt programmierbar.
— Das Gerät unterscheidet sich von anderen Arten der Automaten in seiner Fähigkeit,

einen Gegenstand durch den Raum zu bewegen und gleichzeitig seine Position neu auszurichten.
— Das Gerät ist viel flexibler als dedizierte Automaten, da es eine große Bandbreite von Aufgaben durchführen kann.

Für die Entwicklung und Konstruktion von Robotern sind folgende Grundkriterien allgemein anerkannt: Weitgehende Wartungsfreiheit und eine Lebensdauer von 10 bis 15 Jahren bestimmen die Auslegung der Elemente, dürfen aber den Konstruktionsprinzipien für eine leichte, präzise, schnell zu bewegende und einfach zu steuernde Maschine nicht widersprechen.

Ein Roboter kann translatorische (für geradlinige Bewegungen von Roboterteilen) und rotatorische Grundachsen (für Drehbewegungen von Roboterteilen um eine Achse) haben. Kombinierte Bewegungen sind möglich. Die Zahl der Achsen und der → *Freiheitsgrade* sind abhängig vom kinematischen Aufbau des Roboters.

Für translatorische Grundachsen sprechen folgende Vorteile:

— Bewegung mit kartesischen Raumkoordinaten ohne → *Koordinatentransformation*,
— rationelle Baukastenweise hierbei gut anwendbar,
— keine großen Anforderungen an das räumliche Vorstellungsvermögen des Programmierers.

Die Vorteile eines kinematischen Aufbaus mit rotatorischen Grundachsen sind:

— großer Arbeitsraum (siehe weiter unten),
— kleiner Kollisionsraum,
— kleine Stellfläche,
— Spielfreiheit der Gelenklager,
— schwingungssteifer Aufbau,
— hohe Arbeitsgeschwindigkeit,
— geringer Wartungsaufwand.

Der Raum, den ein Roboter bestreichen kann, heißt Arbeitsraum. Man unterscheidet folgende Bauarten:

— Portal- oder Standroboter mit quaderförmigem Arbeitsraum (drei translatorische Bewegungen),
— Standroboter mit zylinderförmigem Arbeitsraum (eine rotatorische, zwei translatorische Bewegungen),
— Standroboter mit halbkreisförmigem und teilsphärischem Arbeitsraum (zwei rotatorische, eine translatorische Bewegung),
— Standroboter mit sphärischen und torusförmigem Arbeitsraum (drei rotatorische Bewegungen).

Die Steuerung eines Roboters ermöglicht es, Verfahrweg- und Ausführungs-Informationen einzulesen, zu speichern und untereinander im Sinne einer Tätigkeits- und Lageregelung zu vergleichen.

Punktgesteuerte Roboter sind etwa gleichzusetzen mit einfachen, Punkt-zu-Punkt-gesteuerten → *Werkzeugmaschinen* (→ *Punktsteuerung*). Der Roboterarm wird punktweise gesteuert und führt an den einzelnen Positionen eine bestimmte Aufgabe aus. Punktgesteuerte Roboter sind für die Werkstückhandhabung meist ausreichend.

Bahngesteuerte Roboter sind vergleichbar mit bahngesteuerten Werkzeugmaschinen (→ *Bahnsteuerung*), d. h. der Roboterarm führt eine programmierte Bahnbewegung aus und übernimmt auf dieser Bahnkurve bestimmte Aufgaben, wie z. B. Schmelzschweißen oder Farbspritzen.

Ein Roboter kann wie folgt programmiert werden:

— Teach-In-Verfahren (Vorführprogrammierung). Dabei wird die Bewegung des Roboterwerkzeugs bei entkoppelten Antrieben von einem Bediener möglichst wirklichkeitsgetreu ausgeführt. Die Positionen und Aktionen, die der Roboter anfährt bzw. auszuführen hat, werden kontinuierlich gespeichert.

— Off-line-Programmierung. Das Verhalten des Roboters wird am CAD/CAM-System simuliert und optimiert. Dazu muß im CAD/CAM-System neben einer Simulationssoftware mindestens ein räumliches → *Flächenmodell*, besser ein → *Volumenmodell* mit der Möglichkeit zur Kollisionsbetrachtung vorhanden sein. Nach Abschluß der Simulation werden die Steuerinformationen erzeugt und in die Robotersteuerung geladen. Dies kann z. B. beim Schichtwechsel erfolgen. so daß danach der Roboter völlig andere Aufgaben ausführen kann.

Roboter werden dort eingesetzt, wo die Fertigungsqualität auf hohem Niveau stabilisiert werden muß, obwohl eine große Flexibilität bei Änderungen im Produktionsablauf aufgrund von Sonderwünschen und kleinen Losgrößen erforderlich ist. Dies wird im wesentlichen durch eine hohe Arbeits- und Wiederholgenauigkeit, durch die Verminderung von Nebenzeiten (Lager-, Transport- und Rüstzeiten) und durch die Möglichkeit zur Mehrfachnutzung von Fertigungseinrichtungen erreicht.

Rollenplotter: → *Trommelplotter*

Roller ball → *Rollkugel.*

Rollkugel
Ein Positioniergerät für den Bildschirmzeiger (Cursor), bei dem die Drehung einer Kugel in einer Lagerung in Bildschirm-Koordinaten zur Positionierung des Cursors umgesetzt wird.

ROM
Abkürzung für **R**ead **O**nly **M**emory. Ein Spei-

cher, bei dem die gespeicherte Information nur gelesen, nicht aber gelöscht oder verändert werden kann.

rotate, to: drehen, rotieren.
Das Drehen gehört neben Verschieben und Spiegeln zu den → *Symmetrie-Operationen.*

Rotationsfläche → *Profilverfahren.*

Rotationsmatrix → *Transformationsmatrix.*

Routine
In sich abgeschlossenes Programm.

Routing - Parameter
Einige Autorouter lassen mit Hilfe von Voreinstellungen die Optimierung des Layouts nach bestimmten Kriterien zu. Grundlage solcher Optimierungen sind fertigungstechnische oder wirtschaftliche Gesichtspunkte,

Erzeugen von Regelflächen.

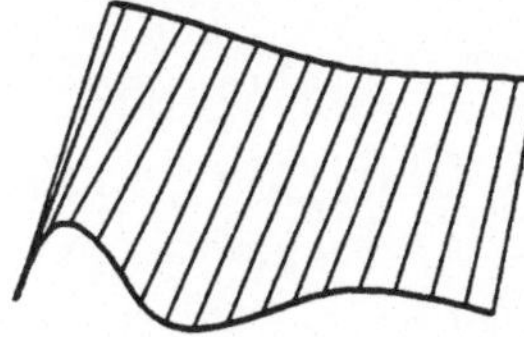

beispielsweise die Definition von → *Vorzugsrichtungen* von Leiterbahnen auf den Außenlagen sowie die Anzahl der → *Vias* oder Richtungsänderungen pro Leiterbahn.

Routing-Raster
Kleinste Schrittweite eines Autorouters. Gebräuchlich sind 1/10-, 1/20-, 1/40-, 1/80- und 1/100-Zoll-Raster.

Rubberband: Gummiband → *Airline*.

Rubber banding → *Gummibandtechnik*.

Ruled surface → *Regelfläche*.

run, to: ablaufen lassen (z. B. Programme).

S

Sachnummer
Identitätskennzeichen für Fertigungsteil, Montagegruppe, Erzeugnis, Rohstoff usw. in Systemen zur Produktionsplanung und -steuerung (→ *PPS*).

Satellitenrechner
Ein Rechner, der mit einem Zentralrechner über eine Leitung gekoppelt ist und der ohne den Anschluß nur begrenzte Aufgaben erfüllen kann (→ *Zubringeranlage*, z. B. Vorschaltrechner, der bei komplexen Aufgaben wie → *FEM* die Daten aufbereitet und zur Berechnung an den Zentralrechner weitergibt).

Satz → *Set* (Fall 1).

save, to: sichern, (dauerhaft) speichern.

scale, to: maßstäblich vergrößern oder verkleinern.

Scale: Maßstab.

Scaling
1. Vergrößern oder Verkleinern einer Abbildung auf dem Bildschirm um einen frei wählbaren oder konstanten Wert.
2. → skalieren.

scan, to: abtasten, durchsuchen.

Scanner
Ein Gerät zum Abtasten von ebenen (in Entwicklung und Konstruktion: Technische Zeichnungen, im → *Desktop Publishing* Bildvorlagen) und räumlichen Vorlagen (z. B. Tonmodell eines neuen Fahrzeugs, um dessen Karosserie-Konturen zu erfassen und in ein CAD-System einzulesen). Zur automatischen Überführung von Technischen Zeichnungen in ein CAD-System: → *Raster Scan*.

Schachteln
Plazierung unterschiedlicher ebener Teile auf großen Tafeln, Coils oder Stoffbahnen zur Minimierung des Verschnitts und damit zur Erzielung eines günstigen Materialverbrauchs. Rechnerunterstützt durchgeführte automatische Verschachtelung bzw. optimale Nebeneinander-Plazierung. Es gibt zahlreiche Programme zur Unterstützung der interaktiven Schachtelung und zur automatischen Schachtelung. Am grafischen Bildschirm besteht oft die Möglichkeit zur interaktiven Nachplazierung. Anwendung z. B. beim Brennschneiden, Laserschneiden, Stanzen, Nibbeln, beim Holz- und Stoffzuschnitt und bei Zuschnitten für die Leiterplattenfertigung.

Schalterbetrieb
Organisationsform des Betriebs einer CAD-Anwendung. Dabei geben die Endbenutzer (Konstrukteure, Arbeitsvorbereiter) ihre Aufgaben an CAD-Operateure, die die rechnerunterstützte Bearbeitung durchführen und das Ergebnis wieder dem Endbenutzer zugänglich machen. Die Bildschirm-Arbeitsplätze oder Arbeitsplatzrechner stehen an einer zentralen Stelle (Pool).
Gegensatz dazu ist der → *Teilnehmerbetrieb*.

Schaltkreis
Ein System aus elektrischen und elektronischen Bausteinen und den dazugehörenden elektrischen Verbindungen.

Schaltplanerfassung
Gesamtheit aller Abläufe zum Entwurf einer Schaltung. Dazu gehören der Aufbau beziehungsweise die Ergänzung von → *Symbol*-Bibliotheken, der Aufruf und die Plazierung einzelner Schaltplansymbole sowie der Aufbau der logischen Verbindungen. Die meisten Schaltplanerfassungsysteme bieten dabei eine Unterstützung in Form von automatischer Pin- und Bauteilnummerierung, automatischer Netz- und Busnummerierung oder der Erzeugung von Querverweisen bei blattübergreifenden Entwürfen.

Schaltplansymbol
Schaltplan- oder Schaltsymbole enthalten neben der eigentlichen Symbolgeometrie sogenannte Platzhalter für den Pin- und Gatter-Count, Informationen über Tauschmöglichkeiten von Pins oder kompletten Gattern (→ *Swap*), Technologie-Informationen sowie Informationen über die für ein bestimmtes Bauteil zulässigen Gehäuseformen. Symbole werden meist mit Hilfe spezieller → *Symboleditoren* erzeugt und in → *Symbolbibliotheken* abgelegt. Sollen Schaltungen simuliert werden, müssen zusätzliche Informationen, beispielsweise über Signallaufzeiten, Verlustleistungen, Fan-In, Fan-Out, vorhanden sein. Diese können - abhängig von der Konzeption des CAD-Systems - direkt mit einem bestimmten Symbol verbunden sein oder aber nachträglich in einem seperaten Compilerlauf hinzugefügt werden.

Scheinserie
Eine Scheinserie ist eine Zusammenfassung von Aufträgen zur Fertigung ähnlicher Teile.

Schematic Capture: → *Schaltplanerfassung.*

Schematics: Schemata.
Symbolische Zeichnungen, z. B. Schaltpläne in Elektrotechnik und Elektronik, Verfahrens-

fließbilder und Bewehrungspläne.

Schlüsselfertiges System
Ein System mit allen notwendigen Hardware- und Software-Komponenten für den sofortigen produktiven Einsatz. Dabei übernimmt der Hersteller/Anbieter die Gesamtverantwortung für Hard- und Software und vor allem für die einwandfreie Funktion der Gesamtanlage.

Schneidenradiuskompensation
Drehmaschinen sind mit Werkzeugen bestückt, deren Schneidenradien abhängig vom Einsatzgebiet und der Einsatzaufgabe unterschiedlich ausgelegt sind. Bei der Kompensation des Schneidenradius wird die äquidistante Bahn der Werkzeugschneide automatisch innerhalb der Drehmaschinensteuerung berücksichtigt, so daß bei der NC-Programmierung keine Werkzeugkorrekturangabe auf den Schneidenradius erfolgen muß.

Schnittstelle
Eine (meist in einer Norm) definierte Übergangsstelle zwischen zwei EDV-Geräten oder zwei Programmen. Dabei spielt es keine Rolle,

Hardware Komponenten eines schlüsselfertigen CAD/CAM Systems.

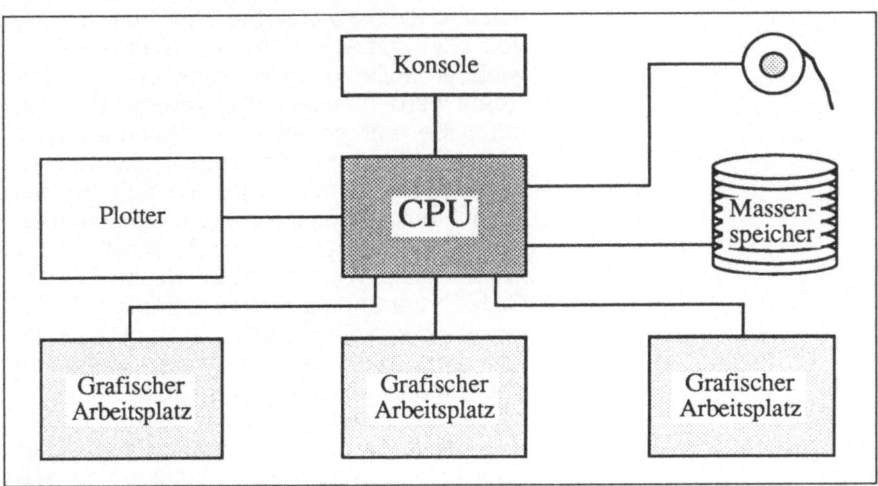

wie die zu übertragenden Daten erzeugt wurden und wie sie nach der Übertragung verwendet werden sollen. (Die einfachste Hardware-Schnittstelle ist die 220V Schuko-Steckdose.) Alphanumerische Bildschirme werden z. B. über die V24-Schnittstelle (25-poliger Stecker) angeschlossen.

Für die Übertragung von Daten auf verschiedene Systeme wird für die Darstellung das → *ASCII*- oder das → *EBCDIC*-Format eingesetzt. Programme werden genauso übertragen, sofern sie in einer Programmiersprache geschrieben sind, die auf beiden Systemen mit gleichem Leistungsumfang lauffähig ist. Für die Übertragung von Daten zwischen CAD/CAM-Systemen unterschiedlicher Hersteller stehen eine Reihe verschiedener Schnittstellen zur Verfügung. Die heute verwendeten sind für analytische Geometrie die von → *ANSI* genormte Schnittstelle → *IGES* (ANSI Y14.26M). Beliebig komplexe Flächen können mit der → *VDAFS* (DIN 66301) übertragen werden. Normteilprogramme lassen sich mit → *VDAPS* übertragen. Für die Übertragung von Bilddaten auf beliebige Sichtgeräte kann → *GKS* (ISO/DIS 7942) verwendet werden.

Schnittstellen kommt bei der Realisierung von CIM-Konzepten im Unternehmen eine wichtige Rolle zu. Unterschiedliche EDV-Systeme werden zunehmend vernetzt und sollen dabei auf gemeinsame Datenbestände zugreifen können. Allerdings ist heute kein EDV-System in der Lage, alle Schritte des Produktentstehungsprozesses gleichermaßen zu unterstützen, so daß selbst in der Produktdefinition unterschiedliche CAD/CAM-Systeme zum Einsatz kommen. Andererseits steigt die Komplexität der Daten, die zwischen den verschiedenen Systemen übertragen werden müssen. Die Leistungsfähigkeit vorhandener Schnittstellen reicht für diese Anforderungen nicht aus. Es ist daher erforderlich, solche Schnittstellen zu ent-

Organisationen
NBS: National Bureau of Standards
ANSI: American National Standards Institute
CAM-I: Computer Aided Manufacturing International
VDA: Verband der Automobilindustrie (Deutschland)
AEROS: Aerospatiale (Frankreich)
U.S. AIR: U.S. Air Force
NEDO: National Economics Development Office (Großbritannien)
DIN: Deutsches Institut für Normung
ISO: International Organisation for Standardisation

Standards
IGES: Initial Graphics Exchange Specification
XBF-2: Experimental Boundary File
VDA-FS: VDA-Flächenschnittstelle
SET: Standard d'Echange et de Transfer
ESP: Experimental Solids Proposal
PDDI: Product Data Definition Interface
PDES: Product Data Exchange Standard
STEP: Standard for Exchange of Product Model Data
TAP: Transport und Archivierung produktdefinierender Daten

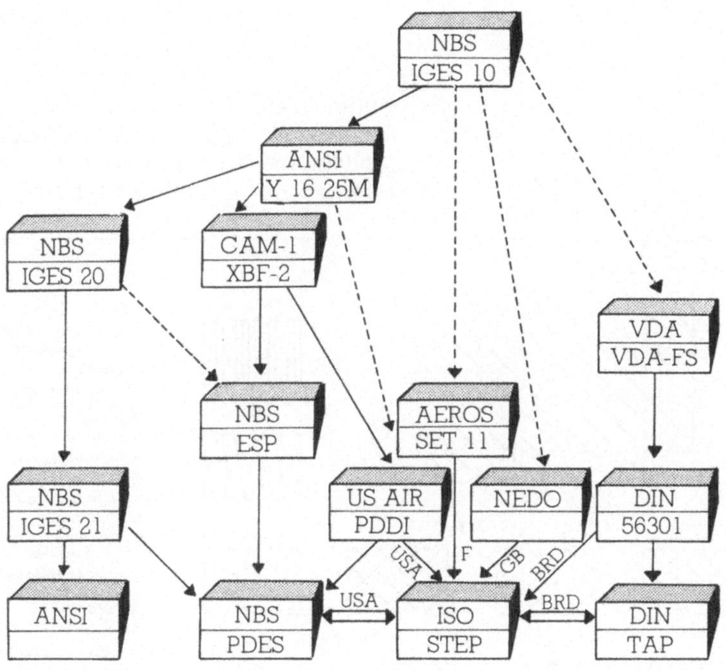

Normungsaktivitäten für geometrische Schnittstellen.

wickeln, mit denen eine Übertragung aller produktdefinierenden Daten möglich wird. Lösungen werden die von nationalen und internationalen Normungsgremien entwickelte Schnittstelle → *STEP* und die im Rahmen der europäischen Forschungsförderung ESPRIT entwickelte Schnittstelle → *CAD*I* bieten.

Schnittstelle (Elektronik)
Für den Anwendungsbereich der Elektronik hat sich → *EDIF* durchgesetzt, für die Elektrotechnik gibt es als Ansatz die → *VNS*.

Schraffur
Die Schraffur gehört zu der Gruppe der → *Zeichenelemente*. Eine Schraffur wird erzeugt, indem zunächst die Schraffurparameter (Linienneigung und Abstand) vereinbart werden. Besteht die Berandung aus Kantenelementen (Linie, Kreisbogen, Freihandlinie, Kegelschnitt), lassen einige CAD-Systeme zur Identifikation der Berandung die Verwendung temporärer Gruppen zu, bei anderen

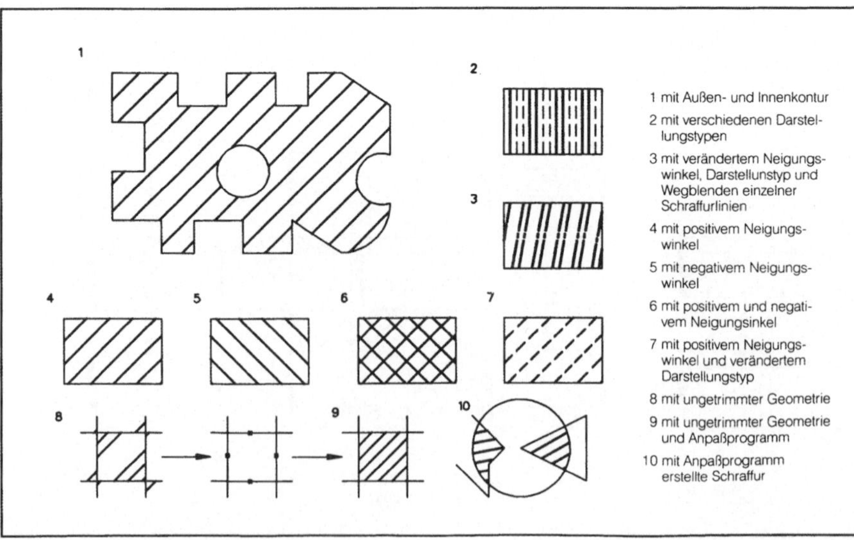

muß die Berandung in einer Richtung fortlaufend identifiziert werden. Bei wieder andern Systemen genügt ein Digitalisieren in den zu schraffierenden Bereich, das System sucht selbsttätig nach der Schraffurberandung.

Liegt ein Volumen- oder Körpermodell vor (→ *Werkstückmodell*), so kann bei Bedarf die Schnittfläche automatisch schraffiert werden.

Bei den meisten CAD-Systemen ist die Schraffur nur in der Ansicht sichtbar, in der sie auch erzeugt worden ist.

Der Schraffurmodul basiert auf der Verwendung des Gauß'schen Integrals, mit dem in der Ebene bei Vorgabe der Berandung die davon umschlossene Fläche, im Raum bei Vorgabe der Oberfläche das davon umschlossene Volumen berechnet werden kann.

Schreibgeschwindigkeit
Die Geschwindigkeit, mit der Informationen aus dem Bildspeicher auf die Oberfläche der Bildröhre eines Bildschirms geschrieben werden. → *Vollbild-Verfahren.*

Schriftfont
Art der Darstellung von Texten. Manche CAD-Systeme lassen unterschiedliche Schriftfonts zu.

Schriftgröße
Darstellungshöhe von Schriftzeichen in der Zeichnung. Manche CAD-Systeme lassen unabhängige Definition von Zeichenhöhe und -breite zu, manche nur die Vorgabe des Verhältnisses von Höhe zu Breite.

Schriftwinkel
Winkel, unter dem ein Text in die Zeichnung eingesetzt wird.

Schulung → *Ausbildung.*

Schütz: Starkstromrelais.
Schaltgerät der konventionellen Elektrotechnik. Ein Schütz besteht aus einer Spule und einer variablen Anzahl von Kontakten (Öffner, Schließer, Wechsler), die durch die Spule betätigt werden.

Schwesterwerkzeug
Ein Schwesterwerkzeug hat die gleiche Werkzeugkennung (Tool-Nummer) wie das identische Hauptwerkzeug, es ist im gleichen Werkzeugmagazin wie das Hauptwerkzeug enthalten. Bei Brucherkennung oder Stanzzeit-Überschreitung des Hauptwerkzeugs wird automatisch das Schwesterwerkzeug aktiviert. Schwesterwerkzeuge bilden eine wichtige Voraussetzung für den vollautomatischen, aufsichtsarmen Betrieb, um hier jederzeit stark beanspruchte oder zerstörte Werkzeuge automatisch einzuwechseln. Von der Steuerung aus wird hier das Werkzeug-Verzeichnis geändert, ohne hierauf im NC-Programm Rücksicht zu nehmen.

Scissoring
Entfernen von Teilen einer Abbildung, die außerhalb einer Berandung liegen. Siehe auch → *Clipping.*

Scratch, Scratch - Bereich
Arbeitsbereich. Ein Bereich auf einem außerhalb der Zentraleinheit angeordneten Datenträger im Direktzugriff (z. B. Magnetplattenspeicher), der für den → *virtuellen Speicher* zur Verfügung steht.

Screen: Bildschirm.
Gemeint ist derjenige Teil des Sichtgeräts, auf dem die Darstellung erfolgt, also Frontfläche der Bildröhre.

Screen layout
Anordnung von Ansichten (views) in Fenstern (windows) auf dem Bildschirm. Die

Anzahl der gleichzeitig darstellbaren Ansichten geht je nach CAD-System von 1 (2D-Zeichensysteme) bis 16 (CAD-Systeme hoher Leistungsfähigkeit im 3D-Bereich).

Scrolling
Auf- und Abwärtsverschieben von Texten oder Bildern, die größer sind als der Darstellungsbereich des Bildschirms. Eine kontinuierliche vertikale oder horizontale Bewegung einer Abbildung mit automatischem → *Clipping*, gerade so, als ob neue sichtbare Teile der Abbildung von einer Seite in die Berandung hineinfließen und auf der anderen Seite wieder herausfließen. Bei einem einmaligen Verschieben des Bildausschnitts mit Vorgabe eines Verschiebevektors spricht man auch von → *Paging* oder → *Panning*.

SDI
Abkürzung für **S**yntax **D**riven **I**nput, satzweise getriebene Eingabe. → *Eingabesprache*.

Segment
Graphische Segmente sind Einheiten, die vom CAD-System manipuliert werden können, z.B. Symbole, Texte, Linien. Segmente können in der Regel nicht weiter aufgelöst werden.

Seite
Element eines Einteilungsschemas für → *Arbeitsspeicher* und als Programmspeicher dienende Speicher im → *Direktzugriff*. Die Einteilung des Arbeitsspeichers in Seiten erleichtert die Organisation bei wechselnden Programmeinspeicherungen und bei der Belegung getrennt liegender Arbeitsspeicherbereiche durch ein Programm. Um diese Übertragungen zu ermöglichen, ohne daß vom Programmierer darauf Rücksicht genommen werden muß, werden bei einem virtuell arbeitenden → *Betriebssystem* Ar-

beitsspeicher und → *virtueller Speicher* in gleich große Seiten (page), Rahmen oder auch Kachel genannte Bereiche unterteilt.

Sektor
Auf Datenträgern bei Lochstreifen und Magnetbändern quer, bei Magnetplatten radial angeordnete Bereiche zum bitweisen Abspeichern von Daten. Senkrecht zu den Sektoren verlaufen die → *Spuren*.

Selbstdiagnose
Eine Funktion, mit der sich das Gerät, meist beim Einschalten, selbst testet. Die dazu benötigten Programme sind in → *PROMs* gespeichert, damit sie bei Bedarf (Erneuerung von Komponenten der Hardware, z. B. im Zuge eines → *Service*) aktualisiert werden können.

Selection: Auswahl.

Semantik
Die Lehre von der Wortbedeutung. Beim CAD/CAM-Einsatz die Zuordnung einer definierten Folge von Zeichen (z. B. Kommandoelemente der Eingabesprache) an eine Bedeutung (z. B. die Tätigkeit, die durch die Eingabe dieses Kommandoelements im System ausgelöst wird).

Sensor
Meßwertaufnehmer für physikalische Größen wie Abstand, Länge, Druck. Ein Sensor kann Signale aufnehmen und mit entsprechenden Steuerungen auswerten, umwandeln oder verstärken. Man unterscheidet berührende (taktile) und berühungslose (visuelle, induktive, kapazitive) Sensoren. Visuelle Sensoren erfassen durch Bildaufnahme und Bildauswertung Gegebenheiten im Arbeitsraum des → *Roboters*, identifizieren Werkstücke, übernehmen z. B. die Schweißbahnverfolgung. Taktile Sensoren erfassen die

Anwesenheit von Werkstücken im Greifer und liefern Informationen über Vorschubkräfte beim Entgraten oder über Drehmomente beim Montieren.

Sequence: Folge, Kette, Zusammenstellung.

Sequentiell
Festgelegte Reihenfolge der Verarbeitung von Daten bzw. ein Programmablauf, der für die Vorgänge in einem System eine bestimmte Reihenfolge vorschreibt und bei dem einige Vorgänge von der Ausführung des vorhergehenden Vorganges oder von der Erfüllung bestimmter Bedingungen abhängt.

Bei der Ansteuerung von → *Werkzeugmaschinen* ist in der → *SPS* eine bestimmte Reihenfolge vorgeschrieben, um eine Erfüllung der Aufgabe zu gewährleisten.

Sequentieller Zugriff → *Serieller Zugriff.*

Serielle Übertragung
Die einzelnen bits einer Information (z. B. → *Byte* oder → *Wort*) werden nacheinander (in Serie) über eine Leitung übertragen. Gegensatz: → *Parallel-Übertragung.*

Serieller Zugriff
Wird auf die Daten in der gleichen Reihenfolge zugegriffen, wie sie auf den Datenträger geschrieben wurden, so handelt es sich um einen seriellen Zugriff. Die Notwendigkeit zum seriellen Zugriff ist entweder gegeben durch die Art des Datenträgers (z. B. → *Magnetbandspeicher,* Lochkarte) oder durch die Aufgabenstellung, Daten in der gleichen Reihenfolge zu verarbeiten, wie sie gespeichert wurden.
Gegenteil: → *Direktzugriff.*

Serienfertigung
Fertigungsauftrag über mehrere Stücke ei-

nes bestimmten Erzeugnisses. Für den Begriff Serienfertigung ist es belanglos, ob dieses Erzeugnis nach einer gewissen Zeit wieder gefertigt und ob die Serie in Lose unterteilt wird. Merkmal: kleine bis große Fertigungsmengen. Häufig anzutreffende Begleitumstände:

a) Laufzeit der Erzeugnisse kurz,
b) meist vielstufige Erzeugnisse,
c) häufig viele Lagerpositionen und Standardbauteile.

Server

1. Ein Rechner, der im → *Hintergrundbetrieb* arbeitet.
2. Ein Kommunikationsprogrammm, das Dienstleistungen für andere Programme übernimmt z. B. den Plattenzugriff organisieren oder Verbindungen in einem → *Netzwerk* herstellen (→ *Dienstprogramm*).

Service

Wartung eines Gegenstandes. Bei EDV-Systemen unterscheidet man zwischen Bedarfswartung (Reparatur einer Hardware-Komponente, Austausch eines fehlerhaften Programmteils) und vorbeugender Wartung (vorsorglicher Austausch von Komponenten bei einem Ausfallrisiko im Feld, Bekanntgabe von möglichen Risiken bei der Nutzung bestimmter Programmteile, verbunden mit dem Hinweis auf Vermeidung solcher Probleme). Der Service enthält darüberhinaus eine laufende Aktualisierung von Hardware (verbesserte Komponenten) und Software (neue Revisionen bzw. Updates), so daß das EDV-System immer auf dem technisch neuesten Stand ist. Oft kann z. B. ein neues → *Betriebssystem* nur dann verwendet werden, wenn die Bauteile der → *Zentraleinheit* auf dem technisch neuesten Stand sind.

Die Wartungsfreundlichkeit und geringe Reparaturanfälligkeit von EDV-Systemen führt oft dazu, als Einsparungsmaßnahme auf den Service zu verzichten. Man sollte sich dabei aber vor Augen führen, daß damit auch ein Verzicht auf die laufende Erneuerung von Geräten und Programmen verbunden ist, die den Anwender von der allgemeinen Weiterentwicklung abkoppelt und die z. B. den Datentausch mit anderen Systemen erschwert bzw. ganz unmöglich macht.

Session: Arbeitssitzung.

Session File → *Protokolldatei.*

Session Layer → *OSI-Netzwerkmodell.*

Set

1. Allgemein eine Zusammenfassung von zusammengehörenden Datenfeldern, z. B. Blöcken, bei einer Datenübertragung.
2. Am CAD-System: Eine Zusammenfassung mehrerer Elemente, analog zu → *Gruppen.* Sets entstehen i. d. R. durch Zusammenfassen von nichtgrafischen Elementen.

SET

Abkürzung für **S**tandard d'**E**change et de **T**ransfer, Standard für Austausch und Datenübertragung. SET wurde von dem französischen Unternehmen Aerospatiale entwickelt, da zur Datenübertragung im Rahmen des europäischen Airbus-Projektes eine Schnittstelle mit einer höheren Leistungsfähigkeit als → *IGES* benötigt wurde. Weitere Anwender von SET finden sich in der französischen Automobilindustrie. Die Schnittstelle wurde 1985 in Frankreich als AFNOR z68-300 genormt.

Die Leistungsfähigkeit von SET entspricht zunächst der von IGES. Darüberhinaus sind FEM-Elemente, Verfahrwegelemente sowie Elemente von Werkstückmodellierern, die nach dem → *CSG-*, dem → *B-Rep-* oder dem Facettenverfahren arbeiten, enthalten.

shade, to: schattieren.

Shaded image, shaded graphics
Schattierte Darstellung. Eine Darstellungsart auf einem Bildschirm, der nach dem → *Rasterverfahren* arbeitet. Von der CAD-Software muß dazu mindestens ein → *Flächenmodell* unterstützt werden. Zunächst werden die verdeckten Kanten in der aktuellen Darstellung ausgeblendet. Die dann noch sichtbaren Flächen werden undurchsichtig gemacht und von einer imaginären Lichtquelle angestrahlt. Die Lage der Lichtquelle gibt der Benutzer ein. So entsteht der Eindruck einer Körperdarstellung mit Lichtkanten und Schattenwurf. Diese Fähigkeit ist bei → *Volumen-* und → *Körpermodellen* in der Grundausstattung enthalten.

Neben der Möglichkeit zur gegenständlichen Darstellung des am CAD-System erzeugten Bauteils wird diese Software in Verbindung mit Farbbildschirmen auch für stilistische Untersuchungen (Wahl einer geeigneten Farbgebung usw.) eingesetzt.

Shading: Schattierung
Erzeugung von Halbtonbildern mit kontinuierlichen Helligkeits- und Farbverläufen.

Shadowing: Beschatten, mit Schatten versehen. Darstellungsvefahren für den natürlichen Schattenwurf.

Shape: Gestalt, Aussehen, Form.

Shape Interpolation
Eine Metamorphose von Konturen. Stufenweiser Übergang von einer Form in eine andere innerhalb von beliebig vielen Einzelschritten.

Shell
Schale, Anwendungsschale. Bei → *Betriebssystemen* diejenige Ebene, auf der Anwendungsprogramme erstellt werden können. Bei → *Expertensystemen* dasjenige Softwarewerkzeug, das alle Komponenten des Expertensystems außer der → *Wissensbasis* enthält. Der → *Wissensingenieur* baut mit Hilfe dieser Schale das Expertensystem auf.

shift, to: verschieben
1. des Zeichensatzes von Klein- zur Großschreibung auf einer Tastatur oder
2. des Bildinhalts (dazu besser → *Paging*, → *Panning* oder → *Scrolling* verwenden).

Sicherheitsebene
Eine Eigenschaft des → *Postprozessors*, automatisch für ein Schneidewerkzeug einen Punkt oder einen Bereich auf einem Werkstück zu ermitteln, wo z. B. das Werkzeug gewechselt werden kann, ohne daß eine Kollosionsgefahr mit dem Werkstück besteht. Die Programmierung der einzelnen Bewegungen bis zu diesem Punkt kann entfallen.

Sichern
Überführung von Daten aus einer temporären Form in eine permanente Form, damit sie auch nach Beenden der Bearbeitung zur Verfügung stehen. Daten werden in eine Datei unter Vergabe einer eindeutig identifizierenden Bezeichnung eingetragen. Zur Vorgehensweise siehe → *Archivierung*.

Sichtgerät
Ein genormter Begriff für ein Gerät zur digitalen (Buchstaben, Ziffern, Sonderzeichen) oder analogen (Linien, Kurven) Darstellung von Daten auf einem Bildschirm.

Simulation
Als Simulation bezeichnet man das modell-

hafte Nachbilden eines Systems auf einem Rechner. Dabei sollen die mit dem simulierten System gewonnenen Ergebnisse mit denen des originalen Systems übereinstimmen. Zwei Arten der Simulation kommt besondere Bedeutung zu:

1. Simulation des Ablaufs eines Programmes.
2. Modellhafte Nachahmung des Verhaltens eines Systems, das mathematisch nicht exakt vorauszuberechnen ist und meist nach den Regeln der Wahrscheinlichkeitsrechnung abläuft.

Die Simulation stellt in Bezug auf → *CAE* ein Verfahren dar, um kinematische, wärmetechnische, dynamische, mechanische Vorgänge bzw. digitale oder analoge elektrische Schaltungen in ihrer Ablauffunktion zu simulieren.

Die Simulation bei der → *NC-Programmierung* ist eine einfache Möglichkeit zur Darstellung des Verfahrweges. Hierbei kann der Programmierer erst nach der Programmierung erkennen, ob er einen Programmierfehler gemacht hat. Handelt es sich dabei um eine Simulation im → *Realzeitbetrieb*, so läßt sich gleichzeitig die Bearbeitungszeit ermitteln, jedoch mit dem Nachteil, daß der ganze Vorgang oft zu lange dauert und deshalb nicht oft genutzt wird. Bei der Parallel-Simulation, die zeitgleich zur Bearbeitung abläuft, kann der Bediener jederzeit den Bearbeitungszustand des Werkstückes in der Maschine feststellen, wenn z. B. eine direkte Kontrolle durch das Kühlmittel nicht möglich ist.

Schließlich lassen sich Montagevorgänge am CAD/CAM-Arbeitsplatz simulieren, besonders dann, wenn ein dynamisches Drehen und Verschieben des Bildschirminhalts möglich ist. Im Architektur- und Fabrikplanungsbereich können geplante Gebäude und Transportwege am Bildschirm aufgebaut, betreten, eingerichtet und genutzt werden, um die Eignung der Lösungen zu überprüfen.

Simulator
Ein Programm zur modellhaften Nachahmung eines realen Systems. Der Simulator stellt die Anlage als Modell dar und ermöglicht Rückschlüsse auf das Verhalten des Originalsystems.

Simultanbetrieb
Die »gleichzeitige« Ausführung von Aufgaben durch das EDV-System, ohne daß eine Aufgabe beendet sein muß, bevor die nächste beginnt. Der Eindruck entsteht, da die Arbeitsgeschwindigkeit eines Rechners sehr hoch ist, und das Betriebssystems alle Aufgaben in kleine Teilaufgaben zerlegt und ineinander schachtelt. → *Mehrprogramm-Betrieb.*

Simultaneous Engineering
Simultane Ingenieursarbeit. Eine Vorgehensweise, bei der ein Kunde und sein(e) Zulieferant(en) bzw. mehrere Standorte eines Unternehmens zeitgleich ein Bauteil gemeinsam entwickeln können, das bei(m) Zulieferanten bzw. an einem der Standorte gefertigt werden soll. Durch geeignete Kommunikationssysteme, die im → *Realzeitbetrieb* über die Unternehmens- bzw. Standortgrenzen hinweg Daten mit hoher Geschwindigkeit zwischen den beteiligten Systemen tauschen können, wird eine quasi simultane Bearbeitung des Bauteils ermöglicht, so daß ein Entwickler nicht merkt, ob er gerade am eigenen oder am CAD/CAM-System außerhalb des Unternehmens bzw. Standorts arbeitet.

Hierzu sind auf der Hardware-Seite unternehmensübergreifende → *Netzwerke* bzw. → *WAN* sowie die Möglichkeit erforderlich, über öffenliche Leitungen mit hoher Geschwindigkeit (10 - 100 Megabaud) Daten übertragen zu können und zu dürfen. Auf der Software-Seite müssen entweder gleiche

CAD/CAM-Systeme bei allen Beteiligten verwendet werden, oder es werden leistungsfähige → *Schnittstellen* eingesetzt, die alle Bauteildaten übertragen können.

Die Verfahren des simultaneous Engineering befinden sich heute erst am Anfang. Neben der Entwicklung geeigneter Arbeitstechniken müssen die Voraussetzungen bei Hard- und Software geschaffen, die Fragen der Datensicherheit eines solchen Netzwerks geklärt und bürokratische Hemmnisse aus dem Weg geräumt werden.

Single user system
System für einen einzigen Benutzer. → *Arbeitsplatzrechner.*

Sitzungsebene → *OSI-Netzwerkmodell.*

Skalarprinzip
Ein Prinzip bei der Abarbeitung von Instruktionen in der → *Zentraleinheit,* nach dem mit einem Befehl immer nur ein Operand verarbeitet wird.

Skalieren
Gleichmäßiges Vergrößern oder Verkleinern einer Geometrie in alle drei Achsenrichtungen des Koordinatensystems.

skip, to: überspringen, auslassen.

Skizzentechnik
Ein Verfahren zur Eingabe von Geometrien in ein CAD-System, bei dem der Benutzer z. B. mit dem Magnetgriffel eine vorgegebene Kontur abfährt und so eine dichte Punktefolge im CAD-System erzeugt. Dazu werden Magnetgriffel und Eingabetablett vom normalen, auf Druck reagierenden Digitalisieren auf kontinuierliches Digitalisieren umgeschaltet. Die einzelnen Punkte werden mit Vektoren verbunden. Das System prüft die

Vektoren auf gemeinsame Eigenschaften innerhalb eines Toleranzfeldes, z. B. auf gleiche Richtung, und leitet daraus die Geometrieelemente (in diesem Fall eine Linie) ab. Nachdem alle Elemente festgelegt sind, werden sie winkeltreu ausgerichtet und getrimmt. Die so beschriebenen Elemente werden zum Schluß mit einem → *Parametrik-Modul* dimensioniert.

Slash: Schrägstrich, » / «.

Slave: Sklave.

Slave Computer
Ein Rechner, der bei den meisten Arbeiten abhängig ist von den Befehlen des angeschlossenen Zentralrechners (Master, Host). Gleichwertiger Begriff ist → *Satellitenrechner.*

SMD
Abkürzung für **S**urface **M**ounted **D**evice, ein Verfahren bei der Bestückung elektronischer Leiterplatten. Dabei werden die einzelnen Komponenten (Integrierte Schaltkreise, Widerstände, Kondensatoren usw.) nicht direkt auf die Leiterplatte, sondern zuerst auf Zwischenträger gesetzt. Das Aufsetzen der Komponente samt Zwischenträger auf die Leiterplatte ist durch den gleichbleibenden Anschluß zwischen Leiterplatte und Zwischenträger sehr viel einfacher und exakter möglich, da der meiste Verdrahtungsaufwand entfällt. Der Lötvorgang erfolgt nicht mehr zwischen Bauteil und Leiterplatte, sondern zwischen Leiterplatte und Zwischenträger. Dadurch wird eine zu hohe Aufheizung der Komponente, die bis zur Zerstörung der Komponente führen kann, vermieden

Für diese Art der Bestückung können Automaten mit einer Leistung von bis zu 20.000 Bauteilen pro Stunde eingesetzt werden. Die Qualität der Leiterplatte steigt, da Lötfehler

abnehmen und weniger Bauteile beim Lötvorgang zerstört werden. Leiterplatten können auch wesentlich kleiner werden, da die Komponenten in beliebigen Raumlagen auf den Zwischenträger aufgesetzt werden können.

SMD-Pad: → *Pad*

smooth, to: glätten.
Hierbei ist das Glätten von → *Freihandlinien* (Splines) bzw. einfach oder doppelt gekrümmten Flächen gemeint.

Snap node
1. Identifizierung von Punkten bei der Verwendung der Rasterfangkorrektur (→ *Raster*).
2. →*Connect node*.

Softkey
Funktionstasten auf der Tastatur, die per Programm mit veränderlichen Funktionen belegt werden können.

Software
Die Gesamtheit aller Programme und Daten in einem EDV-System, die zur Nutzung einer → *Hardware* benötigt wird. Die Software kann in → *Betriebssystem* und → *Anwendungssoftware* aufgeteilt werden.

Software (Elektrotechnik)
Die Gesamtsoftware eines CAD-Systems löst unterschiedliche Aufgaben. Aufgrund des zunehmend → *modularen* Aufbaus von CAD-Systemen, läßt sie sich in folgende Module gliedern: → *Anwendungssoftware*, → *Benutzungsoberfläche*, → *Systemsoftware*, → *Graphiksoftware*, → *Datenbasissoftware*.

Solid: fest, solide.
1. Körperelement (→ *Körpermodell*), Volumenelement (→ *Volumenmodell*).
2. Als Eigenschaftswort die durchgezogene

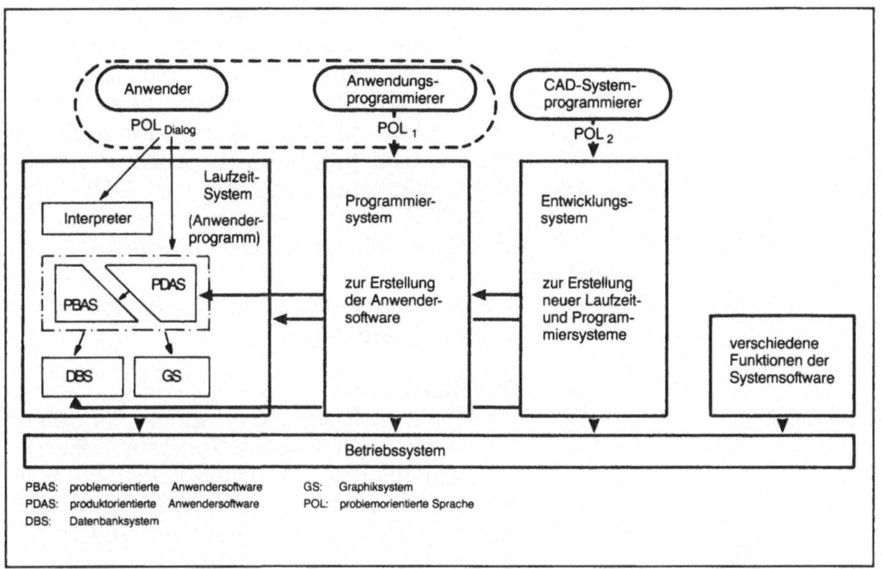

Software-Komponenten eines allgemeinen CAD/CAM-Systems.

Darstellung von Kurven auf dem grafischen Bildschirm (Vollinie).

Solid modeling
Das Erzeugen des rechnerinternen Modells eines Bauteils mit Hilfe von Körperelementen. → *Körpermodell*, → *Beschreibungsverfahren*.

Solid Texturing → *Texture*
Im Gegensatz zum Texturing, dem die zweidimensionale Definition der Textur zugrunde liegt, wird beim Solid Texturing eine dreidimensionale Beschreibung der Textur angewandt.

SOTA
Abkürzung für **S**hortest **O**peration **T**ime with **A**lternatives considered — kürzeste Betriebszeit unter Berücksichtigung von Alternativen. Diese Entscheidungsregel wählt sowohl die → *Werkzeugmaschine*, als auch das Transportgerät mit der kürzesten Betriebszeit

aus. Die SOTA-Regel entspricht der herkömmlichen Abarbeitungsregel mit der Forderung nach kürzester Verarbeitungs-, Installations- und Rüstzeit, wobei hier außerdem die Alternativen für die Werkzeugmaschinen und die dazugehörigen Transportgeräte berücksichtigt sind. Gegensatz zur SOTA-Regel ist → *ESTA*-Regel, die Kombination von SOTA- und ESTA- führt zur → *EFTA-Regel*.

Source, source code, source programm → *Quellprogramm*.

Speicher
Ein Gerät, auf das Informationen abgelegt werden können. Externe Speicher befinden sich außerhalb der → *Zentraleinheit* (→ *Massenspeicher*), interne Speicher sind Bestandteil der Zentraleinheit (→ *Arbeitsspeicher*, → *Register*).

Speicherbildschirm
Ein Bildschirm, der nach dem → *Speicherverfahren* arbeitet.

Speicherdichte
Die Speicherdichte (Zeichendichte, Schreibdichte) ist ein Maßstab für die Anzahl der Zeichen, die auf einem Datenträger je Längen-, Flächen- oder Raumeinheit untergebracht werden können (z. B. → *bpi*, → *tpi*).

Speicherkapazität
Maß für die Größe von Speichern (→ *Arbeitsspeicher*, *periphere Speicher*) oder des benötigten Speicherplatzbedarfs von Daten oder eines Anwendungsprogramms. Einheit ist das → *Byte*.

Speicherverfahren
Dieses Verfahren ist eines der beiden zum Bildaufbau bei Sichtgeräten (das andere Verfahren ist das → *Wiederholverfahren*). Neu darzustellende Elemente werden jeweils nur

einmal, und nicht laufend, wie beim Wiederholverfahren, auf den Bildschirm geschrieben. Da aber der üblicherweise für Sichtgeräte verwendete Phosphor eine sehr kurze Nachleuchtdauer hat, kann allein durch das Beschreiben mit dem Elektronenstrahl ein nur kurzfristig sichtbares Bild erzeugt werden. Wird nun laufend eine geringe Energie zugeführt, so reicht diese aus, um einmal leuchtenden Phosphor weiterhin am Leuchten zu halten.

Bildschirme, die nach dem Speicherverfahren arbeiten, besitzen daher zwei Systeme: Einen Elektronenstrahl zum Erzeugen der gewünschten Darstellung auf dem Bildschirm (Schreibkathode, writing gun) und einen zum Aufrechterhalten des Leuchtens (Streukathode, flood gun). Falls die Bildschirmdarstellung gelöscht werden muß, überschreibt die Schreibkathode den gesamten Bildschirm, die Streukathode wird kurzzeitig abgeschaltet. Danach kann ein neuer Bildaufbau erfolgen.

Der Vorteil von Sichtgeräten nach dem Speicherverfahren liegt darin, daß die Darstellung steht und nicht laufend neu erzeugt werden muß. Die → *Auflösung* ist lediglich durch die Fokussierung der Schreibkathode und die Zahl der maximal auf die Bildröhre aufbringbaren Punkte (Pixel) beschränkt. Gängig sind Auflösungen von 4.096 x 3.072 Bildpunkten. Sichtgeräte mit diesem Verfahren sind preiswert.

Nachteilig ist einerseits, daß der Bildaufbau bei komplexen Darstellungen sehr lange dauern kann, da die Schreibgeschwindigkeit wegen der Phosphoreigenschaften nicht beliebig groß werden kann. Andererseits sind dynamische Darstellungen (z. B. → *Simulation* von Fertigungsverfahren) nur mit einem hohen technischen Aufwand (neben dem Speicherteil existiert im Bildschirm noch ein eigener Wiederholteil zum Bildaufbau) möglich. Die Darstellung ist üblicherweise monochrom (helle Farbe auf ihrem dunklen Pendant), da für farbige Darstellungen ebenfalls ein hoher Aufwand notwendig ist.

Im CAD/CAM-Bereich werden deswegen heute nur noch Bildschirme eingesetzt, die nach dem Wiederholverfahren arbeiten.

Sperrfläche
Im Layout vordefinierter Bereich einer Leiterplatte, der keine Bauelemente, Leiterbahnen oder Durchkontaktieren enthalten darf.

Spiegeln → *Symmetrie-Operationen.*

Spline → *Freihandlinie.*

Spooling, Spool-Betrieb: Spulbetrieb.
Ein Verfahren der Dateneingabe und -ausgabe, bei dem die Daten vor bzw. nach der Bearbeitung in einem → *Puffer* zwischengespeichert (und dort *aufgespult*) werden. Der Bearbeitungsvorgang ist damit von Anzahl und Arbeitsgeschwindigkeit der Eingabe- und Ausgabegeräte entkoppelt. Im Spulbetrieb erfolgt z. B. die Ausgabe von Zeichnungen über Plotter.

SPS
Abkürzung für **s**peicher**p**rogrammierbare **S**teuerung an → *Werkzeugmaschinen*, Geräte, bei denen nach der Devise »Programmieren statt verdrahten« das Steuern durch ein gespeichertes Programm erfolgt. SPS werden in der industriellen Steuerungstechnik aufgrund der flexiblen Einsatz- und Kommunikationsmöglichkeiten überall eingesetzt. Die kleinsten SPS können bis zu acht Hilfsschütze wirtschaftlich ersetzen. Die SPS-Geräte des mittleren und oberen Leistungsbereichs übernehmen heute schon z. T. Aufgaben von → *Prozeßrechnern*, da diese Geräte

neben dem Steuern auch Regeln und Kommunizieren können. Sie entlasten dadurch in einem → *DNC-System* den DNC-Rechner und erhöhen damit die Leistungsfähigkeit des DNC-Systems entscheidend.

Zu den Standardfunktionen einer SPS gehören neben der eigentlichen Aufgabe der Steuerung Rechnen, Protokollieren und Kommunizieren.

Die Hardware einer SPS setzt sich zusammen aus folgenden Einzelteilen:

1. Netzgerät zur Stromversorgung aller Module,
2. →*Zentraleinheit* (→ *Prozessor*),
3. → *Bus*,
4. Programmspeicher,
5. Eingangsbaugruppen,
6. Ausgangsbaugruppen,
7. Koppelbausteine,
8. Zusatzfunktionsbausteine,
9. Baugruppenträger zur Aufnahme dieser Module, wobei mit dem Einstecken gleichzeitig die Stromversorgung und die Buskopplung erfolgt.

Die Hardware ist in Abhängigkeit von der Steuerungsaufgabe entweder modular oder als kompakte Steuerung ausgelegt. Eine Kompakt-SPS hat eine feste Anzahl von Ein- und Ausgängen, ein integriertes Netzteil, ein zentrales → *Leitwerk* und einen Programmspeicher. Hier sind alle Funktionskomponenten zur Lösung einer kleinen bis mittleren Steuerungsaufgabe enthalten. Modular aufgebaute SPS bestehen aus den Baugruppenträger mit den einzelnen Baugruppen.

Einsatz und Baugrößen von speicherprogrammierbaren Steuerungen (SPS) im Maschinenbau.

Maschinentyp	Verwendete Baugrößen
Werkzeugmaschinen, spanend	1 - 8
Werkzeugmaschinen (spanlos formend)	1 - 8
Hütten- und Walzwerkeinrichtungen	2 - 8
Industrieöfen, Öl- und Gasfeuerungen	2 - 6
Gießereimaschinen	2 - 7
Prüfmaschinen	1 - 4
Holzbearbeitungsmaschinen	1 - 5
Schweißtechnik	2 - 5
Allgemeine Lufttechnik	2
Kraftmaschinen, Kompressoren und Vakuumpumpen	2
Bau- und Baustoffmaschinen	2 - 4
Gummi- und Kunststoffmaschinen	1 - 4
Bergwerksmaschinen	2 - 5
Nahrungsmittelmaschinen	1 - 6
Apparatebau	3 - 8
Waagen	2 - 6
Fördertechnik	3 - 5
Druck- und Papiermaschinen	2 - 7
Textilmaschinen	1 - 3
Näh- und Bekleidungsmaschinen	2 - 3
Wäscherei- und chemische Reinigungsmaschinen	2 - 3
Maschinen für die Schuh- und Lederindustrie	2 - 3
Antriebstechnik	4
Ölhydraulik und Pneumatik	1 - 4

Je nach Art der verwendeten Speicherbausteine (→ *RAM*, → *ROM*, → *PROM*, → *EPROM*, → *EEPROM*) lassen sich SPS weiter unterteilen nach freiprogrammierbaren und austauschprogrammierbaren Steuerungen. Diese Steuerungen ersetzen in ihrer einfachsten Ausführung die frühere Relaissteuerung für Verriegelung, Verknüpfung und Schaltbefehle und die dazu gehörigen Schaltfunktionen.

Die Software der SPS wird unterschieden in Anwenderprogramm und → *Betriebssystem*. Das Betriebssystem besitzt eine eigene Zentraleinheit und ermöglicht ein autonomes Arbeiten mit dem Prozessor der Steuerung, z. B. das Verhalten bei Fehlern. Es übernimmt den Datenverkehr mit anderen Baugruppen, die Koordination aller Einzelkomponenten und die Organisation der freiprogrammierbaren Speicher.

Die Anwenderprogrammierung von SPS wird in DIN 19 239 und der VDI-Richtlinie 2880 beschrieben. Folgende Formen der SPS-Programme sind gebräuchlich:

— Anweisungsliste (AWL) nach DIN 19 239,
— Kontaktplan (KOP) nach DIN 19 239,
— Logikplan (LOP) nach DIN 19 239/40 719,
— Funktionsplan (FUP) nach DIN 40 719,
— Flußdiagramm (FUD) nach DIN 66 001.

Die Vorteile des SPS-Einsatzes sind:

a) Hohe Zuverlässigkeit durch Einsatz kontaktloser Bauelemente,
b) leicht austauschbar durch Einschubtechnik,
c) einfache Installation,
d) Steuerungsänderungen schnell ausführbar ohne Veränderung der Hardware,
e) geringer Raumbedarf,
f) Anschluß an einen Rechner,
g) automatische Dokumentation.

Einteilung der Baugrößen von speicherprogrammierbaren Steuerungen (SPS).

SPS-Größenklassen	Kennziffer für Baugröße
bis 32 Ein/Ausgänge	1
32 bis 64 Ein/Ausgänge	2
64 bis 128 Ein/Ausgänge	3
128 bis 256 Ein/Ausgänge	4
256 bis 512 Ein/Ausgänge	5
512 bis 1024 Ein/Ausgänge	6
1024 bis 2048 Ein/Ausgänge	7
über 2048 Ein/Ausgänge	8

Die Nachteile des SPS-Einsatzes sind:

a) Programmiergeräte teuer,
b) durch zyklische Bearbeitung langsamer als parallele Logik,
c) hohe Startkosten.

SPS-Steuerungen und reine NC-Steuerungen nähern sich immer mehr aneinander an. Wesentliche Unterscheidungsmerkmale sind aber die geometriebedingten Aufgabenstellungen z. B. beim Drehen oder Fräsen. Die SPS realisiert den verknüpfungstechnischen Aufgabenteil einer Werkzeugmaschine, wobei die zugehörige Verarbeitung mathematischer Algorithmen entweder auf CNC-Steuerungen oder auf Werkstattrechnern vorgeschaltet abläuft. Diese Anwendungsbereiche werden aus Gründen der Flexibilität komplett vom → *Leitrechner* in die SPS transferiert.

SPS (Elektrotechnik)
Speicherprogrammierbare Steuerung. Programmierbare Geräte zur Realisierung von Schaltungsfunktionen. Diese Technik löst in zunehmendem Maße konventionelle → *Schütztechnik* ab. Die Schaltung wird hierbei anstatt durch Hardware (→ Schütz) nunmehr durch Software realisiert. Die Programmierung der SPS erfolgt mit Programmiergeräten.

Sprachprozessor
Die Generierung der Steuerdaten bei der → *NC-Programmierung* erfolgt üblicherweise in zwei getrennten Rechnerläufen. Im ersten Durchlauf entsteht durch den Sprachprozessor ein standardisiertes, nach DIN 66215 genormtes Zwischenergebnis, auch als → *CLData* bezeichnet. Beim zweiten Durchgang erstellt der → *Postprozessor* die steuerungsspezifischen Daten.

Spur
Auf Datenträgern bei Lochstreifen und Magnetbändern längs, bei Magnetplatten kon-

zentrisch angeordnete Bereiche zum bitweisen Abspeichern von Daten. Senkrecht zu den Spuren verlaufen die → *Sektoren.* In diesem kann eine laufende Folge von → *bits* untergebracht werden. Je nach Art des Datenträgers werden zur Darstellung von Daten in einem Code eine oder mehrere Spuren verwendet. Steht nur eine Spur zur Verfügung, so werden die Bits, mit denen in dem jeweils verwendeten Code ein Zeichen verschlüsselt ist, hintereinander (seriell) angeordnet. Vielfach wird für Spur auch noch die Bezeichnung »Kanal« verwendet.

SQL
Abkürzung für **S**ystem **Q**uery **L**anguage, eine ursprünglich von der Firma IBM entwickelte → *Datenabfragesprache*, die für die Arbeit mit relationalen Datenbanken zum Standard geworden ist.

Stack: Stapel.
Hier eine Art der Speicherung, bei der das zuletzt eingespeicherte Element wieder als erstes entnommen werden muß, LIFO-Prinzip (**L**ast **I**n, **F**irst **O**ut).

Standleitung
Eine zwischen zwei entfernt liegenden Punkten fest durchgeschaltete Datenübertragungsleitung wird als Standleitung bezeichnet. Liegen diese beiden Punkte nicht innerhalb desselben Betriebsgeländes, so muß die Leitung von der zuständigen Fernmeldeverwaltung der Post gemietet werden. In diesem Fall spricht man deshalb auch von Mietleitungen oder (von der Post) überlassenen Leitungen.

Standzeit-Überwachung
Funktion der Steuerung einer → *Werkzeugmaschine* zur Überwachung der theoretischen Standzeiten (Lebensdauer) jedes einzelnen Werkzeuges im Magazin der NC-Maschine. Hierzu addiert die Steuerung die

einzelnen Einsatzzeiten der Werkzeuge und vergleicht sie mit der theoretischen Standzeit. Vor Ablauf erfolgt ein Hinweis an den Bediener.

Stapelbetrieb
Arbeitsform mit einem EDV-Gerät, bei der der Benutzer lediglich Startwerte (z. B. durch Abfragen) eingibt und das Programm ohne Eingriffsmöglichkeiten von außen abläuft. Das nächste Programm kann erst dann bearbeitet werden, wenn das vorherige abgeschlossen ist. Der Stapelbetrieb ist die übliche Betriebsform beim → *Hintergrund-Betrieb* (background processing).

Gegensatz: → *Interaktiver Betrieb.*

Stapelverarbeitung → *Stapelbetrieb.*

Star network: Sternförmiges → *Netzwerk.*

Statement → *Anweisung.*

STEP
Abkürzung für **S**tandard for the **E**xchange of **P**roduct Model Data, Standard zum Austausch produktdefinierender Daten zwischen unterschiedlichen CAD/CAM-Systemen. Produktdefinierende Daten enthalten neben den Geometriedaten eines Bauteils u. a. topologische und technologische Informationen, die zur vollständigen Produktbeschreibung benötigt werden.

STEP wird von der internationalen Normungsorganisation ISO (Arbeitsgruppe ISO TC 184 SC4 WGL) entwickelt, um die bisherigen Schnittstellen wie → *IGES*, → *SET* und → *VDAFS* zu einer einzigen zusammenzufassen und die damit verbundenen Beschränkungen bei der Datenübertragung aufzuheben. Längerfristig werden die bisherigen Schnittstellen durch STEP abgelöst. Dabei sollen auch Prozessoren angeboten werden, mit denen Daten, die in den bisherigen Schnittstellen-Formaten gespeichert wurden (z. B. für eine systemunabhängige → *Archivierung*), in das STEP-Format übertragen werden können. Damit kommt STEP eine wichtige Rolle bei der Realisierung des unternehmensspezifischen CIM-Konzeptes zu, da hiermit nicht nur Daten zwischen unterschiedlichen Systemen in einer CIM-Landschaft übertragen werden können, sondern weil STEP auch ein Format zur systemneutralen → *Archivierung* von Daten ermöglicht.

STEP besteht aus drei Ebenen, der Anwendungsebene (application layer), der logischen Ebene (logical layer) und der physikalischen Ebene (physical layer), die die Datei zur Übertragung der Daten enthält.

Mit STEP können neben den bekannten Elementen aus den bisherigen Schnittstellen noch folgende übertragen werden, bzw. es kommen folgende Möglichkeiten hinzu:

— Kurven können durch direkte Koordinaten, geometrische Konstruktionen (z. B. Schnittpunkte) oder durch Parameter begrenzt (getrimmt) werden.
— Freihandlinien können mit einer Reihe von Parametern so vereinbart werden, daß sie entweder als uniforme, nicht uniforme oder rationale B-Splines oder als einfache oder rationale Bezier-Kurven übertragen werden können. Die Ordnung der beschreibenden Polynome ist nicht beschränkt. Die gleichen Möglichkeiten existieren analog für B-Spline-Flächen.
— Kurvenabschnitte können miteinander an den jeweiligen Endpunkten zu einer Composite Curve verbunden werden. Die Übergangsbedingungen zwischen den einzelnen Kurvenabschnitten werden zusätzlich gespeichert.
— Auf einer Fläche kann eine Kurve (PC Curve) definiert werden, die entweder zur

Flächenbegrenzung oder zur Darstellung von Schnittkurven zwischen Flächen dient. Die Schnittkurve selbst wird auf die jeweiligen Flächen referenziert.

— Flächen nach dem → *Profilverfahren* können übertragen werden. Bei einer Rotationsfläche muß die Ausgangskontur nicht in einer Ebene liegen.
— Flächen können zu rechteckigen Stücken getrimmt und miteinander an den Begrenzungslinien verbunden werden.
— Flächen können mit beliebigen, sich nicht schneidenden Kurven innerhalb der Ausgangsfläche begrenzt werden. Dabei können die ursprünglichen Berandungskurven mit einbezogen werden.
— Es werden die analytisch beschreibbaren Körperelemente des → *CSG* -Modells übertragen.
— Zur Beschreibung von Körpern nach dem → *B-Rep* -Verfahren und zur Struktur von Geometrien stehen topologische Elemente zur Verfügung.

Zusätzlich zu den aufgeführten Elementen bietet STEP die Möglichkeit, vollständige Bauteile als Körpermodell, als Flächenmodell oder Drahtmodell, als Topologiemodell oder als geometrische Struktur ohne topologischen Zusammenhang der darin enthaltenen Elemente zu beschreiben.

Mit der Festlegung der Geometriebeschreibung steht die Freigabe der ersten Version von STEP, die auf IGES, SET und VDAFS basiert und deren Leistungsfähigkeit über die IGES-Version 4.0 hinausgeht, kurz vor dem Abschluß. Ende November 1988 wurde STEP ein Draft Proposal (Normungsvorschlag).

Es ist zu erwarten, daß bis Mitte der neunziger Jahre die volle Leistung von STEP zur Verfügung steht und damit ein Großteil der heutigen Schwierigkeiten beim Austausch produktdefinierender Daten zwischen unterschiedlichen CAD/CAM-Systemen und bei der systemneutralen Archivierung behoben sein wird.

Stereographics: Stereografie
Eine Technik zur Aufnahme beziehungsweise Wiedergabe von räumlichen Bildern. Der Operator kann mit Hilfe einer speziellen 3D-Brille (Phasenverschiebung) die auf einem stereoskopischen Monitor dargestellte Grafik räumlich sehen. Dazu wird die 2D Repräsentation der 3D Szene in zwei leicht in der Position voneinander abweichenden Bildern auf dem Bildschirm dargestellt. Mit der Brille werden beide Abbildungen zu einer optisch räumlichen Darstellung zusammengefügt.

Steuerungsebene
Der Einsatz von Rechnern in unterschiedlichen Systemen einer modernen Fabrik oder eines flexiblen Fertigungssystems wird von unten nach oben in unterschiedliche Steuerungsebenen eingeteilt:

a) Maschinen- und Verfahrensebene: Prozeß- und Maschinenparameter werden über Eingangssensoren ermittelt, die Energiezufuhr wird über Ausgangsbaugruppen gesteuert.
b) Stationsebene: Die Steuerungsvorgaben für individuelle Maschinen und Prozesse werden hier ausgeführt.
c) Zellenebene: Der Betrieb von mehreren Maschinen oder Prozessen innerhalb einer Fertigungszelle werden von hier aus koordiniert.
d) Zentralbereichsebene: Die Leitung und Überwachung verschiedener, herstellungsbezogener Zellen wird durchgeführt.
e) Werksleitungsebene: Werksinterne Steuerung und Verwaltung überwacht die Produktion eines Werkes.

Steuerknüppel
Ein Positioniergerät für den Bildschirmzeiger (Cursor), bei dem die Neigung eines kugelig gelagerten Stabes in Bildschirm-Koordinaten zur Positionierung des Cursors umgesetzt wird.

Stiftplotter
Eine Zeichenmaschine, bei der das Werkzeug (Tuschefüller, Kugelschreiber, Stichel o. ä.) über das Zeichenmedium (Papier, Transparent, Zeichenfolie u. dgl.) geführt wird. Werden beide Koordinatenrichtungen vom Schreiber bei ruhendem Zeichenmedium ausgeführt, handelt es sich um einen Tisch- oder Flachbettplotter. Fährt der Schreiber nur in einer Richtung und das Zeichenmedium in die andere, so handelt es sich um einen Trommel- oder Bandplotter, je nachdem, ob auf ein Einzelblatt oder von der Rolle geplottet wird. Die Zeichendauer ist abhängig von der Menge der zu zeichnenden Elemente.

Storage tube: Speicherbildschirm.
Ein Sichtgerät, bei dem der Bildaufbau nach dem → *Speicherverfahren* erfolgt.

store, to: speichern.

Strategieparameter
Mit Hilfe von Strategieparametern wird das Endergebnis (Leiterplattenlayout) eines Autorouters beeinflußt. Beispiele sind: Richtungsänderungskosten, Via-Kosten, Einhaltung der Vorzugsrichtung auf einer Lage oder Anzahl der Durchkontaktierungen pro Verbindung. Eine ungünstige Wahl der Parameterwerte kann entweder zu Lasten der Auflösung (keine 100prozentige Entflechtung) gehen oder sich negativ auf die Qualität des Layouts auswirken (zu viele Durchkontaktierungen oder Verletzung der Vorzugsrichtungen und damit verschlechterte Fertigungsmöglichkeiten).

Streckensteuerung
Einfachste → *Bahnsteuerung*. Die Steuerung erfolgt nicht gleichzeitig, sondern nacheinander in den einzelnen Koordinatenachsen.

stretch, to; stretching → *Gummibandtechnik*.

Strichcode → *Balkencode*.

String: Folge, Kette.
Üblicherweise Verwendung mit folgenden Bedeutungen:

1. Eine Reihe von Buchstaben und/oder Ziffen, die als Texte in einer Zeichnung verwendet werden.
2. Eine Kommandozeile.
3. Bei einigen CAD/CAM-Systemen die Bezeichnung von solchen Linien und Kreisbögen, die mit einer wählbaren Breite und einem Muster dargestellt werden können (Verwendung bei der Erstellung von z. B. Schaltplänen, Fließbildern, Landkarten). Auch auf diese Art erstellte Linienzüge werden stets als einzelnes Element gespeichert.

Stromlaufplan
In der Elektrotechnik verwendete Zeichnungsart zur Darstellung elektrischer Funktionalzusammenhänge. Stromlaufpläne werden in der Regel im DIN-A3Format erstellt. Sie werden in vertikale Zonen (→ *Strompfade*) eingeteilt, wobei die Anzahl und Numerierung der Strompfade unterschiedlich gehandhabt wird. Zur Erstellung von Stromlaufplänen gilt DIN 40719 Teil 2.

Strompfad
Teil eines → *Stromlaufplanes*. Stromlaufpläne werden üblicherweise in eine konstante Anzahl vertikaler Zonen gegliedert, in denen jeweils eine elektrische Funktion dargestellt wird. Funktionale Zusammenhänge zwischen

mehreren Strompfaden werden durch → *Querverweise* eingetragen, z.B. wenn Kontakte eines Relais' in mehreren Blättern bzw. Strompfaden verwendet werden.

Strukturstückliste → *Stückliste.*

Stub, stub size: Stummel, Stummelgröße. Bei einer Bemaßung die vom Benutzer festgelegte Minimallänge der Maßpfeile, falls diese außerhalb des Maßes angeordnet werden.

Stückliste
Die Stückliste ist ein für den jeweiligen Zweck vollständiges, formal aufgebautes Verzeichnis für einen Gegenstand, das alle zugehörigen Gegenstände unter Angabe von Bezeichnung (Benennung, Sachnummer), Menge und Einheit enthält. Die Stückliste wird aus dem zu produzierenden Bauteil, das entweder in einem → *Werkstückmodell* oder einem Zeichnungssatz beschrieben ist, abgeleitet. Die Stückliste ist die Grundlage der Bedarfsrechnung, sie ist eine Auflösung des Erzeugnisses »von oben« her: Ein Erzeugnis benötigt welche und wie viele Teile? Man spricht hierbei vom Stücklistenbaum oder von einer analytischen Auflösung.

Aus der Vielzahl der möglichen Stücklisten sollen folgende genannt werden:

— Baukastenstückliste. Diese enthält die Gruppen, Eigen- und Fremdteile nur der nächsttieferen Ebene eines Erzeugnisses oder einer Gruppe, die unmittelbar für den Zusammenbau benötigt werden. Es handelt sich hierbei um eine einstufige Stückliste, die automatisch anhand des Werkstückmodells eines Bauteils erzeugt werden kann, sofern der Anwender Bauteile (Einzelteile und Baugruppen) auf der nächsttieferen Ebene in Form von → *Submodellen* in das aktuelle Erzeugnis einge-

fügt und die Teilestammdaten als nichtgrafischen Text an die in Frage kommenden Bauteile geknüpft hat.

- Bedarfsermittlungs-Stückliste. Diese enthält alle Angaben über die Teile, Rohteile, Halbzeuge und sonstiges Material, die für das jeweilige Erzeugnis oder die Baugruppe benötigt werden.
- Konstruktionsstückliste. Diese wird auftragsabhängig in der Konstruktion mit den zugehörigen Zeichnungen erstellt. Die Konstruktionsstückliste gibt Auskunft über die in der Zeichnung dargestellten Gegenstände. Sie umfaßt mindestens deren Stückzahl und ihre vollständige Bezeichnung.
- Funktionsstückliste, z. B. Bestellstückliste, Dispositionsstückliste usw. Abgeleitet von der Konstruktionsstückliste und/oder der Fertigungsstückliste, aufgestellt durch das Anfügen von zusätzlichen Informationen in Spalten.
- Fertigungsstückliste. Diese Stückliste trägt in ihrem Aufbau und Inhalt Gesichtspunkten der Fertigung Rechnung. Sie dient als Unterlage für die organisatorische Vorbereitung, Abwicklung und Abrechnung der Fertigung eines Erzeugnisses. Sie wird nur aufgestellt, wenn der Fertigungsaufbau aus der Konstruktionsstückliste nicht ersichtlich ist.
- Strukturstückliste. Diese Stückliste enthält in stufengerechter Anordnung sämtliche Teile und Gruppen eines Erzeugnisses oder einer übergeordneten Gruppe. Unmittelbar auf jede Gruppe folgen die ihr untergeordneten Gruppen und Teile. Treten diese wiederum in verschiedenen übergeordneten Stufen auf, so werden sie in jeder dieser Stufen aufgeführt. Dabei wird immer die jeweilige Menge angegeben, die sich aus der Multiplikation der eigenen Verwendungsmenge und der

Verwendungsmenge übergeordneter Gruppen ergibt, und nicht die Gesamtmenge eines Bauteiles bzw. einer Baugruppe.

— Variantenstückliste. Diese ist eine Zusammenfassung mehrerer Stücklisten auf einem Vordruck, um verschiedene Gegenstände mit einem in der Regel hohen Anteil identischer Bestandteile gemeinsam aufführen zu können.

Stückliste (Elektrotechnik)
Auflistung der in einer Anlage (Maschine, elektrische Anlage o. ä.) enthaltenen Bauteile bzw. Betriebsmittel. Die Stückliste soll vom CAD-Sytem automatisch erstellt werden. Unterschiedliche Sortierungen und Zusammenfassungen sollen möglich sein, etwa nach Hersteller, Gerätetyp oder Betriebsmittelbezeichnung. Unterschiedliche Listenformate bzw. Formulare sind gebräuchlich. Das CAD-System sollte darauf ausgerichtet sein und daher Angabeformat und gegebenfalls Inhalte den firmenspeziefischen Anforderungen anpassen können. Ähnlich zur Stückliste sind → *Bestelliste*, → *Geräteliste*.

Stylus: → *Magnetgriffel*.

Subfigure: Unterfigur → *Figure*.

Submodell: Untermodell.
Das Einfügen eines im → *Archiv* gespeicherten → *Werkstückmodells* eines Bauteils in das gerade bearbeitete Bauteil. Dabei ist das eingefügte Bauteil nur als Ganzes, nicht in seinen Einzelelementen, ansprechbar. Es kann durch → *Symmetrie-Operationen* in seiner Lage verändert und in beliebigen Ansichten dargestellt werden. Das Verhalten bei Änderungen des eingefügten Bauteils und die rechnerinterne Realisierung sind identisch mit → *Figuren*.

Subroutine: Unterprogramm.

Ein in sich abgeschlossenes Programm, das für sich alleine nicht ablauffähig ist, sondern von einem Haupt- oder Steuerprogramm gestartet und meist auch mit Startwerten versorgt werden muß.

Surface: Fläche, Oberfläche.
Hierzu zählen Ebenen, Drehflächen, Regelflächen und Näherungsflächen.

Surface appearance,
surface display: Flächendarstellung.
Zum besseren Erkennen einer Fläche auf dem Bildschirm können Hilfskonturen entlang der definierenden Kontur und/oder der Verschieberichtung erzeugt werden (U- und V-Koordinaten), die dem Flächenverlauf folgen. Der Anwender gibt den Abstand der Hilfskonturen voneinander oder ihre Zahl pro Flächenstück vor.

Surface checking: Oberflächenprüfung.
Bei der → *NC-Programmierung* bieten viele CAD/CAM-Systeme die Möglichkeit, die Bewegung des Werkzeuges gegenüber der Oberfläche des rechnerinternen → *Werkstückmodells* interaktiv oder vollautomatisch zu simulieren und somit auf Kollision zu prüfen.

Surface fillet → *Verrundungsfläche.*

Surface of revolution: Rotations- oder Drehfläche. → *Profilverfahren.*

Swap
1. Allgemeine Bezeichnung für den Tausch von Pins, Gattern oder Funktionsblöcken (Pin Swap, Gate Swap, Block Swap). Beim Pin-Swap können funktional identische Anschlüsse (zum Beispiel die Eingänge eines NAND-Gatters) gegeneinander getauscht werden. Gate Swap erlaubt das Vertauschen von Gattern innerhalb eines oder identischer

Bauelemente. Sinngemäß bezieht sich der Block Swap auf den Austausch größerer Funktionseinheiten. Zweck der Tauschoperationen ist die Optimierung des Leiterbahnverlaufs im Leiterplatten-Layout.

2. Vorgang, bei dem momentan nicht benötigte Daten vom Hauptspeicher auf die Festplatte ausgelagert werden, um im Hauptspeicher Platz für andere Daten zu schaffen.

Sweep - Operation → *Profilverfahren.*

Switch: Schalter.
1. Der Schalter an einem Gerät.
2. Eine Kenngröße in einem Programm. Diese kann einen numerischen Wert, Kennbuchstaben oder logische Größen (»TRUE«, »FALSE«) enthalten. Größe und Art dieser Kennung dienen als Entscheidung, ob ein Programmteil durchlaufen wird oder nicht.

Symbol
Bei vielen CAD-Systemen die Bezeichnung für ein einzelnes Element, das

1. nur die → *Bilddaten* des → *Werkstückmodells* eines Bauteils enthält (siehe auch → *Figure*).
2. nur aus ebenen Elementen aufgebaut ist, die zu einer Art → *Gruppe* zusammengefaßt wurden.

In beiden Fällen muß ein Referenzpunkt (→ *Instance*) zur Lagebestimmung und zur Identifikation vereinbart werden.

Symbole können aus dem aktuell bearbeiteten Bauteil in Kataloge (library) auf der Ebene des Betriebssystems gespeichert werden, so daß sie allen CAD-Anwendern zur Verfügung stehen. Das Symbol wird eingefügt, indem die gewünschte Lage des Referenzpunktes digitalisiert wird. Dabei kann das Symbol gedreht und skaliert werden. Bestandteile eines Symbols sind einzeln nicht ansprechbar.

Symbol (Elektrotechnik)
In der Elektrotechnik stellen Symbole funktionelle Elemente der elektrischen Schaltung dar. Sie werden vom CAD-System in Form von → *Symbolbibliotheken* angeboten, die normalerweise zum CAD-System gehören. Die Symbole der E-Technik sind in der DIN 40900 beschrieben. Manchmal werden auch andere Normsymbole, z.B. nach → *IEC*, zur Verfügung gestellt. Symbole können auch während der Planbearbeitung aus → *Grundsymbol*, → *Symbollogik* und → *Zusatzsymbolen* zusammengesetzt werden. Symbole spielen in der Elektro-CAD eine zentrale Rolle. Sie tragen Textinformationen (→ *Symbollogik*) in Form von → *Textknoten*, in die z.B. → *Betriebsmittelbezeichnung*, Gerätetyp, Funktion im Schaltplan eingetragen werden. Beim Einsetzen von Symbolen in → *Verbindungen* muß das CAD-System diese in zwei Verbindungen auftrennen, bzw. beim Löschen von Symbolen Verbindungen wieder zusammenfügen.

Symbol base: Symbol - Basis.
Die Symbol-Basis ist die Referenz des in ein Bauteil eingefügten Symbols auf den definierenden Datenbestand des Symbols. Bei einigen CAD-Systemen kann bei Bedarf die Symbol-Basis beim Löschen des Symbols aus der Darstellung erhalten bleiben, so daß beim erneuten Einfügen das Symbol lediglich wieder sichtbar gemacht werden muß.

Symbolbibliothek
Sammlung der im CAD-System verwendbaren → *Symbole* in einer dem CAD-System eigenen → *Datenstruktur* (→ *Datenbasis*). Hier werden Graphik und → Symbollogik abgelegt. In der Datenstruktur von → *Zeichnungen* werden meistens nur → *Verweise* auf

diese Symbole abgelegt, nicht aber deren Graphik selbst. Symbolbiliotheken können Firmen-, Projekt- oder Anwender-bezogen organisiert sein.

Symboleditor
Symboleditoren sind meist als spezielle Module innerhalb von Elektronik-CAD-Systemen ausgebildet. Symboleditoren verfügen über Funktionen zur einfachen Erzeugung von Rechtecken, Kreisen, Halkreisen, Dreiecken oder anderen grafischen Primitiven, einfache Funktionen zum Editieren von Texten und spezielle Funktionen zur logischen Zuweisung von Geometrie- und Textinformationen.

Symbollogik
Neben dem graphischen Inhalt gehören zum → *Symbol* logische Informationen, die für die Verwendung in einem Elektro-CAD-System unerläßlich sind. Hierzu gehören im wesentlichen der → *Referenzpunkt* (→ *Resetpunkt*), die → *Anschlußpunkte* und die → *Textknoten*.

Symmetrie - Operationen
Verfahren zur Änderung der Lage von Geometrie-Elementen. Dazu gehören Verschieben, Spiegeln und Drehen, mit und ohne Duplizieren (Kopieren) der Ausgangselemente. Das Element selbst wird dadurch nicht verändert. Dabei lassen sich die Elemente wahlweise duplizieren.

Zunächst werden die Elemente der Ausgangskontur nach der Eingabe des Kommandos identifiziert. Danach wird beim Verschieben der Verschiebevektor nach Richtung und Länge, beim Spiegeln die Spiegelebene und beim Drehen der Drehpunkt oder die Drehachse vorgegeben. Schließlich ist noch festzulegen, ob die Ausgangskontur dupliziert werden soll oder nicht. Ist dies nicht der Fall, wird die Ausgangskontur an die neue

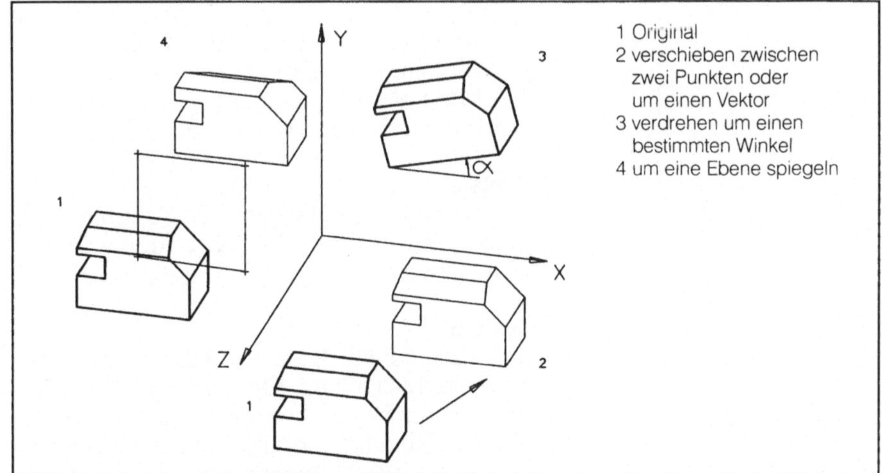

Symmetrieoperationen. Verschiebung, Spiegeln, Drehen.

Lage gebracht. Soll dupliziert werden, verbleibt die Ausgangskontur an ihrem Platz, und es wird ein Duplikat der Elemente an der neuen Lage erstellt.

synchrone Arbeitsweise
Übertragung von Zeichen im Zeittakt, Sender und Empfänger befinden sich im Gleichlauf. Eine Vorgehensweise, bei der der zeitliche Ablauf von Operationen von einem externen Steuereinheit (Taktgeber) vorgegeben wird. Z. B. werden bei der synchronen Datenübertragung Daten immer in festen Intervallen übertragen.

Synchronrechner
Ein Rechnersystem, bei dem alle internen Vorgänge in einem bestimmten, von einem Taktgeber festgelegten Zeitraster synchron ablaufen. Mit synchron ist hier nicht die Gleichzeitigkeit gleicher Vorgänge, sondern nur der gleiche Takt verschiedener gleichzeitig ablaufender Vorgänge gemeint. Durch die Befolgung dieses Prinzips wird erreicht, daß jeder Vorgang in seinem Beginn, seinem zeitlichen Ablauf und seinem Ende durch

seine Einfügung in das Taktraster genau festgelegt ist. Die Abstimmung verschiedener ineinandergreifender Vorgänge bei → *Mehrbenutzerbetrieb* und → *Multitasking* wird dadurch sehr vereinfacht.

Syntax: Satzbau.
Die Summe aller Regeln zur Formulierung eines → *Kommandos* bei Verwendung der → *Eingabesprache*.

System
Im eigentlichen Sinne die Kombination aus Mensch, Maschinen, Geräten und Anlagen, die zusammen bestimmte Aufgaben durchführen. Dabei steuert und regelt der Mensch den Einsatz der übrigen Komponenten vor und nutzt sie für seine eigene Aufgabe. DV-technisch oft die Bezeichnung für aufeinander abgestimmte Hardware und Software.

Systemsoftware
Hardware - naher Anteil an der → *Gesamtsoftware* eines CAD-Systems. Hierunter sind meistens das → *Betriebssystem* des Rechners sowie die unmittelbar darauf aufsetzenden Programme zu verstehen.

Systemeinheit
Das Gehäuse, das die → *Zentraleinheit*, Speicher und die Stromversorgung aufnimmt.

System prompt: Systemmeldung.

T

Tablett
Ein kleiner Digitalisierer, der sich i. d. R. am Bildschirm → *Arbeitsplatz* befindet. Wird benötigt, wenn der Bildschirmzeiger (Cursor) mit → *Magnetstiften* oder → *Fadenkreuzlupen* bewegt wird. Bewegungen dieser Positioniergeräte auf dem Tablett werden in analoge Bewegungen des Bildschirmzeigers umgesetzt.

Funktion: Im Tablett befinden sich zwei Leiterplatten mit bis zu 1024 numerierten parallelen Leiterbahnen in X- und Y- Richtung. Im Magnetstift oder in der Lupe befindet sich ein Elektromagnet, der auf Knopfdruck Spannung in das Tablett induziert, so daß ein Strom durch eine X- und eine Y-Leiterbahn im Tablett abfließt. Aus der Nummer der Leiterbahnen wird die Bildschirm-Koordinaten berechnet und der Zeiger an diese Stelle positioniert.

Eingabetablett mit Fadenkreuzlupe, Magnetgriffel und Maus.

Auf dem Tablett kann ein → *Menü* befestigt werden. Die Wahl des gewünschten Kommandos erfolgt durch Antippen des Menüsymbols. Oft entspricht nur ein Teil der Tablettfläche der Bildschirmoberfläche, die übrige Tablettfläche ist für die Kommandoeingabe reserviert.

Tabulierter Zylinder
Ein Sonderfall der → *Regelfläche*, da hierbei

die Gerade entlang von Kreisen oder Kreisbögen verschoben wird.

Task: Aufgabe.
Entweder eine Reihe von Programmen zur Lösung einer Aufgabe, ein im Rechner ablaufender Prozeß oder der für einen Benutzer im → *Arbeitsspeicher* zur Verfügung stehende Speicherplatz.

Taskbuilder
Ein → *Dienstprogramm* zum Zusammenfügen (Montieren) von übersetzten Programmen (→ *Kompilierer*) zu ablauffähigen Programmen. Identisch mit einem → *Binder*.

Tastatur
Eingabegerät zur Eingabe alphanumerischer Zeichen oder zur Eingabe bestimmter Funktionen (→ *Funktionstastatur*).

TCP/ IP
Abkürzung für **T**ransmission **C**ontrol **P**rotocol/**I**nternet **P**rotocol, ein Netzwerkprotokoll, das integraler Bestandteil von → *UNIX* ist und das für alle vom amerikanischen Verteidigungsministerium betriebenen Netze eingesetzt wird. TCP/IP erfüllt die Ebenen 3 (IP) und 4 (TCP) des → *OSI-Netzwerkmodells*. Es ermöglicht in lokalen Netzwerken mit heterogener Hardware Datei-Transfer, → *elektronische Post* und Zugriff auf Terminals.

Teach - In
Ein Programmierverfahren für → *Roboter*.

Technologie-Modell → *Werkstückmodell*.

Teilefamilie
Eine Zusammenfassung von Bauteilen nach geometrischen oder fertigungstechnologischen Ähnlichkeiten. Die Bildung von Teilefamilien erfolgt mit der → *Gruppentechnologie*.

Teilnehmerbetrieb
Organisationsform des Betriebs von CAD/CAM-Anwendungen. Jeder Endbenutzer (Konstrukteur, Arbeitsvorbereiter usw.) ist gleichzeitig Anwender des CAD/CAM-Systems. Die Bildschirm-Arbeitsplätze oder Arbeitsplatzrechner stehen im Arbeitsbereich der Endbenutzer. Gegensatz dazu ist der → *Schalterbetrieb*.

Teilschaltungen
Makro - Standardschaltung, die als → *Gruppe* aus einem Schaltplan herausgelöst wurde und im Datenbestand des CAD-Systems abgelegt wurde. Teilschaltungen sind mit Namen versehen und können beliebig wiederverwendet werden. Die einzelnen Elemente von Teilschaltungen Können in der Regel einzeln angesprochen werden, sofern die Teilschaltung nicht als Black-box verwendet wird. In diesem Fall wird der Inhalt zum Symbol » eingefroren « und kann nur als Ganzes manipuliert werden.

Teleprocessing: Datenfernverarbeitung.

Temporary: Vorübergehend, zwischenzeitlich, temporär.
Alle Daten, die nicht ausdrücklich unter einem identifizierenden Namen gespeichert wurden (→ *Sichern*), sind temporäre Daten, d. h. sie sind nach dem Beenden der Arbeitssitzung verloren. → *Archivierung*.

Terminal: Endstück.
EDV-Arbeitsplatz, → *Datenstation*.

Terminal - Emulator
Ein Programm, mit dem die Eigenschaften einer bestimmten Datenstation nachgebildet werden (→ *Emulation*).

Terminal - Intelligenz
Eine am Terminal verfügbare lokale Rech-

nerleistung, die bis zu einem autonomen Rechnersystem mit einem Anschluß an einen Zentralrechner gehen kann. Der Begriff »Intelligenz« wird hier im informatorischen Sinne als »vor Ort verfügbare Leistungsfähigkeit« verstanden, er hat nichts mit der menschlichen Intelligenz zu tun.

Text: Text, Zeichenkette.
Texte gehören zu den → *Zeichenelementen*. Ein Text wird erzeugt, indem Lage, Größe und Erscheinungsbild eingegeben und der Textinhalt über die Tastatur eingetippt wird. Dabei ist die Länge des Textes nicht beschränkt.

Text - Editor
Ein → *Editor*, mit dem innerhalb der CAD/CAM-Software Texte in einem → *Werkstückmodell* geändert werden können. Nach Identifikation des Textes erscheint der Textinhalt zur weiteren Bearbeitung am gleichen Sichtgerät, das auch die Eingaben des Benutzers darstellt.

Text font: Schrifttype, Schriftart.

Text node: Textknoten.

1. Ein Textelement ohne Inhalt, das auf dem Bildschirm mit einem Sonderzeichen dargestellt wird und das nachträglich mit Hilfe eines → *Text-Editors* mit Text versehen werden kann.
2. Ein Anschlußpunkt(→ *Connect node*), an den Texte gehängt werden können. Dieser Punkt läßt sich entweder direkt oder durch Angabe seiner Kennung identifizieren. Der Text kann direkt über die Tastatur eingegeben oder aus einer externen Datei eingelesen werden. Diese Art Textknoten findet besonders bei Fließbild- und Schaltungserstellung Verwendung.
3. Elektrotechnik: Normalerweise werden Textknoten als logische Elemente von Symbolen verwendet. Sie werden in der

→ *Symbollogik* definiert und bestehen aus den Einsatzkoordinaten relativ zum → *Resetpunkt* des Symbols, aus der Bedeutung des Textes (→ *Kennung*, → *Identtext*) und der Parametrierung des Textes (Anzahl der Textzeichen, → *Schriftfont*, → *Schriftgröße*, → *Ebene*, → *Schriftwinkel*, sw.). Die Bedeutung des Textes kann normalerweise vom CAD-System (wesentlich für Elektro-CAD) ausgewertet werden. Textknoten werden nach dem Einsetzen des Symbols in den Schaltplan → *beschriftet*. Die über Tastatur, Tablett oder andere Eingabegeräte vorgegebenen Texte erscheinen an den vordefinierten Stellen relativ zum Resetpunkt. Sie können bei manchen CAD-Systemen nachträglich in Lage oder Textparametrierung geändert werden. Komfortable CAD-Systeme erlauben eine Definition von Textknoten, deren Lage abhängig vom Einsetzwinkel des Symbols ist. Hierdurch wird erreicht, daß bei Einsetzen des Symbols, z.B. in 90 Grad-Lage die Texte weder gedreht noch störend quer durch die Symbolgraphik oder angrenzende Verbindungen erscheinen.

Textqualität
Parameter eines Textes, z.B. Ebene, Schrifthöhe, Winkel, Strichdicke.

Text string: Zeichenfolge, Zeichenkette.
Oft auch die Bezeichnung für einen grafischen Text, der in eine Ansicht als Zeichenelement eingefügt wird.

Textsystem, Textverarbeitungssystem
Ein Programmsystem, das in der Lage ist, eingegebene Texte für eine druckfertige Ausgabe aufzubereiten. Dazu stehen u. a. folgende Funktionen zur Verfügung: Erstellen von Absätzen und Listen, Zentrieren und Justieren, Nummerierung von Kapiteln, Überschriften und Seitenzahlen, Umordnen, Tren-

nen, Abspeichern, Suchen und Ausdrucken. Siehe auch → *Desktop Publishing*.

Texture: Textur, Gewebe, Beschaffenheit. Mit Textur wird die Oberflächenbeschaffenheit eines Gegenstandes bezeichnet. Erst durch den Einsatz von Texturen lassen sich realitätsnahe Darstellungen erzielen.

Texture - Mapping
Das Übertragen von Texturen auf ein computergeneriertes Gebilde.

Throughput: Durchsatz.

Time out → *Zeitbegrenzung*.

Time - sharing: Zeitverteilung.
Im time-sharing-Betrieb erfolgt ein Aufteilen der zur Verfügung stehenden Gesamtzeit eines EDV-Systems auf die einzelnen Benutzer. Jedem Benutzer steht abwechselnd eine kurze Zeitspanne zur Verfügung, während der er die → *Zentraleinheit* für seine Aufgaben nutzen kann. Bei ausreichend kurzen Zeitspannen entsteht so der Eindruck, als ob alle Benutzer »gleichzeitig« am EDV-System arbeiten können. Das Zeitintervall kann für alle Benutzer gleich lang sein oder, bei der Vergabe von Prioritäten (z. B. bei rechenintensiven Programmen), auch unterschiedliche Längen aufweisen. Schließlich ist auch eine dynamische Veränderung des Zeitintervalls bei laufender Bearbeitung möglich, so daß z. B. für sehr rechenintensive Aufgaben das Intervall zu Lasten von zwar eingeschalteten, aber nicht arbeitenden Benutzern laufend vergrößert wird.

Tintenstrahldrucker
Ein → *Drucker*, der die gleiche Funktionsweise wie ein → *Tintenstrahlplotter* hat.

Tintenstrahlplotter
Eine Zeichenmaschine, die rasterförmige

Prinzipielle Funktionsweise eines Tintenstrahlplotters.

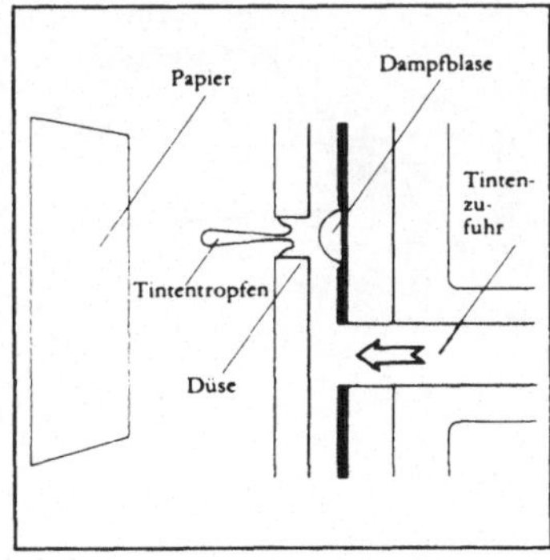

grafische Darstellungen durch ein punktweises Aufspritzen von Tinte oder Tusche erzeugt. Farbdarstellungen sind durch Verwendung unterschiedlicher Tinten möglich.

Tischplotter

Eine Stift-Zeichenmaschine, bei der der Stift in beiden Koordinaten-Richtungen über ein ruhendes, auf einem Tisch flachliegendes Zeichenmedium geführt wird. Eine andere Bezeichnung (besonders bei großen Flächen) ist Flachbettplotter.

Token - Verfahren

Auf einem → *Netzwerk* mit Ringstruktur (Koaxialkabel als geschlossene Datenleitung, an die jeder Teilnehmer im Netz fortlaufend angeschlossen ist) kreist ein Bit-Muster (als »Token« bezeichnet) in immer der gleichen Richtung. Wenn einer der Teilnehmer eine Nachricht über das Netz senden will, nimmt er das Token, modifiziert es mit Zieladresse und Nachricht zu einer Sendung und gibt den Datensatz in den Ring. Bei jedem auf dem Ring folgenden Teilnehmer wird geprüft, ob

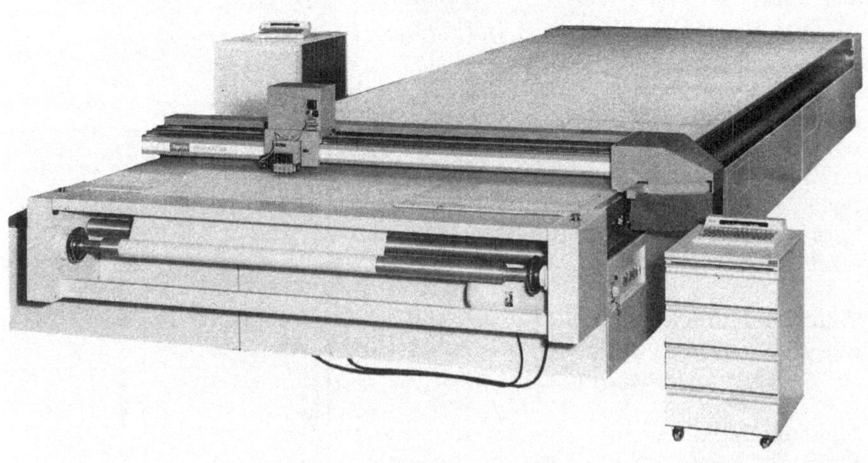

Präzisions-Tischplotter für die Automobilindustrie. Tischgröße: 1,8 m x 7 m.

die Zieladresse der Sendung mit der des Teilnehmers übereinstimmt. Wenn nicht, wird der Datensatz weitergegeben. Wenn eine Übereinstimmung vorliegt, wird der Datensatz eingelesen und das Token wieder auf den Ring gegeben.

Solange eine Sendung auf dem Ring zum Empfänger unterwegs ist, kann kein anderer Teilnehmer senden, da ihm der Token nicht zur Verfügung steht.

Falls ein Teilnehmer im Ring nicht verfügbar ist (Gerät abgeschaltet oder ausgefallen), erfolgt im Anschluß des Teilnehmers an die Ringleitung eine automatische Durchschaltung. Gehen Sendungen an nicht vorhandene Teilnehmer, erhält die sendende Station eine Fehlermeldung, danach steht das Token anderen wieder zur Verfügung.

Tool: Werkzeug, Hilfsmittel.

Tool path: Werkzeug-Verfahrweg bei der NC-Bearbeitung.

TOP
Abkürzung für **T**echnical **O**ffice **P**rotocol, ein Netzwerkprotokoll für die Bereiche Produktdefinition und Administration in einem Unternehmen. TOP wurde von der Firma Boeing als Ergänzung zu → *MAP* entwickelt. Der physikalische Träger ist ein Koaxialkabel (z. Zt. ein Carrier-Band, die vereinfachte Ausführung eines → *Basisbands*) als Bus (→ *Netzwerk*), auf dem das → *CSMA/CD-Protokoll* (siehe auch → *Ethernet*) verwendet wird. TOP basiert im wesentlichen auf dem → *OSI-Netzwerkmodell*, die Ebene 6 (Präsentationsebene) fehlt bislang. An TOP können alle Netzwerke angeschlossen werden, die Ethernet-fähig sind bzw. CSMA/CD einsetzen. Parallel zu MAP steht heute die Version TOP 3.0 zur Verfügung. MAP und TOP können über Brücken miteinander verbunden werden.

Top - Down - Design: → *hierarchisches Design.*

Topologie
Lehre von der Lage und Anordnung von Dingen im Raum. Das Topologiemodell im Rahmen des → *Werkstückmodells* gibt Aufschluß über die Anordnung der zur Produktbeschreibung verwendeten Geometrieelemente

TPI
Abkürzung für **T**rack **p**er **I**nch, Spuren pro Zoll, eine Größe für die Aufzeichnungsdichte auf → *Magnetplatten.*

Trace: Ablaufverfolgung, Spur, Protokoll.
1. Eine Möglichkeit, den Ablauf eines Programms mit allen Zwischenschritten am Bildschirm zu verfolgen, um logischen Fehlern auf die Spur zu kommen.
2. Im Zusammenhang mit »file« wird damit eine → *Protokolldatei* bezeichnet.

Track → *Spur.*

Tracking: Nachziehen.
Beim Tracking folgen ein oder mehrere Bildelemente oder eine ganze Abbildung auf dem Bildschirm der Bewegung des Bildschirmzeigers (Cursors). Dazu müssen die Elemente vorher identifiziert worden sein. Diese Fähigkeit wird oft zur Simulation von Fertigungs- und Montagevorgängen von Bauteilen verwendet.

Tracking ball: → Rollkugel.

Transceiver
Ein Gerät mit einem Mikroprozessor, das zwischen einem Bus-Netzwerk (→ *Bus,* → *Netzwerk*) und dem Teilnehmer geschaltet wird und das die Funktionen des → *CSMA/CD-Verfahrens* übernimmt.

transfer, to: überführen, übertragen.

Transformationsmatrix
Eine Matrix, in der diejenigen Winkel in Form von Richtungskosinussen enthalten sind, die:

1. zum Umrechnen von Koordinaten aus einem in ein anderes Koordinatensystem benötigt werden (z. B. Umrechnung von Koordinaten aus dem → *Arbeits-Koordinatensystem* in das → *absolute Koordinatensystem* oder Umrechnen von Koordinaten aus dem → *Zylinder-Koordinatensystem* in das → *kartesische Koordinatensystem*). Da hier die Zahl der Koordinaten pro Punkt nicht verändert wird, liegt eine 3 x 3-Matrix vor.
2. zum Abbilden des räumlichen → *Werkstückmodells* auf eine ebene Fläche (z. B. beim Erstellen einer Ansicht oder einer Projektion) notwendig sind. Da in diesem Fall aus drei Koordinaten pro Punkt zwei gemacht werden, liegt hier eine 2 x 3-Matrix vor.

translate, to: versetzen, übertragen.

Translator: Übersetzer.

Translieren: Verschieben.
Da dieser Begriff nicht der Sprache des Konstrukteurs entstammt, sondern aus dem Englischen eingedeutscht wurde (to translate), sollte stattdessen der eingebürgerte Begriff »Verschieben« verwendet werden. → *Symmetrie-Operation*.

Transmission: (Daten-) Übertragung.

Transportebene → *OSI-Netzwerkmodell*.

Transport Layer → *OSI-Netzwerkmodell*.

Treibersoftware
Hardwarenahe Programme zur Ansteuerung

von → *Peripheriegeräten*, meistens Bildschirme und Zeichenmaschinen. Die Treiberprogramme werden von der → *Anwendungssoftware* oder → *Graphiksoftware* aufgerufen.

Trimmen
Änderung der Größe eines Geometrie-Elements ohne Lageänderung, z. B. Verlängern oder Verkürzen von Linien und Kreisbögen, Ändern der Flächenberandung oder der Flächenform (z. B. Einbeulen).

Trommelplotter
Eine Stift-Zeichenmaschine, bei der die Bewegung des Stiftes zusammengesetzt wird aus dem Drehen einer Trommel und der Hin- und Herbewegung des Stiftes auf einer Schiene. Dabei wird entweder ein einzelnes Zeichenblatt auf der Rolle befestigt bzw. von ihr geführt oder von einer Vorratsrolle geplottet (Bandplotter).

Turnkey system → *Schlüsselfertiges System.*

TPS
Abkürzung für → ***T****ransaktionen* ***p****ro* ***S****ekunde.*

Übertragungsgeschwindigkeit
Anzahl der pro Zeiteinheit übertragenen Zeichen auf einer Leitung. Handelt es sich bei den Zeichen um bits, so ist die Maßeinheit → *Baud*. Die Übertragungsgeschwindigkeit liegt bei der Verwendung von Telefonkabeln bei etwa 100 kbaud, bei → *Koaxialkabeln* bis zu 10 Mbaud, bei → *Lichtwellenleitern* bis zu 100 Mbaud.

Übertragungsmodell
Ein Übertragungsmodell ist eine standardisierte digitale Darstellung, die zur eindeutigen Übertragung und Verarbeitung von Daten zwischen unterschiedlichen Rechnersystemen gleichen Einsatzgebiets benötigt wird. Übertragungsmodelle bei CAD/CAM-Anwendungen sind z. B. → *IGES*, → *VDA-FS* und → *STEP*.

Übertragungsrate: → *Übertragungsgeschwindigkeit*.

Übertragungssicherheit
Die Sicherheit gegen Übertragungsfehler ist ein Maß für die Güte einer Datenübertragungsleitung. Bei der Datenübertragung muß damit gerechnet werden, daß Störungen die zu übertragenden Nachrichten verfälschen. Da diese Störungen nach bestimmten Wahrscheinlichkeitsverteilungen auftreten,

läßt sich eine entsprechende Wahrscheinlichkeit für Übertragungsfehler angeben. Bei Fernsprechwählleitungen liegt dieser Wert z. B. bei etwa 104 richtig übertragenen Zeichen. Durch geeignete Sicherungsmaßnahmen wie Kreuzsicherung und zyklische Codes versucht man, die Übertragungsfehler zu erkennen und nach Möglichkeit zu korrigieren.

ULSI
Abkürzung für **U**ltra **L**arge **S**cale **I**ntegration, Bezeichnung für einen höchstintegrierten Schaltkreis. Man spricht von einem ULSI, wenn mehr als 100.000 Schaltungen oder Schaltkreise auf einem Träger (Chip) zusammengefaßt sind

unblank, to: einblenden, sichtbar machen.

Unblanked element
Ein wieder eingeblendetes (und damit wieder sichtbares) Element.

undo, to: ungeschehen machen → *reject*

Unit: Einheit.
1. Eine Maßeinheit.
2. Ein Gerät, z. B. CPU: Central processing Unit → *Zentraleinheit*.

UNIX
Offenes und universelles → *Betriebssystem* für technisch-wissenschaftliche und administrative Anwendungen, das von Ken Thompson ab 1969 in Assembler entwickelt und von Dennis Ritchie 1973 auf die höhere Programmiersprache → *C* umgeschrieben wurde. Heute wird UNIX von den amerikanischen Firmen AT&T und SUN sowie an zahlreichen Hochschulen (die bekannteste ist die Universität Berkeley) weiterentwickelt. Parallel dazu existiert eine Vereinigung von Hardware- und Softwareanbietern, die in der → *OSF*

zusammengeschlossen sind und die ebenfalls eine Weiterentwicklung eines offenen Betriebssystems durchführen. UNIX läuft heute auf fast jedem Prozessor, so daß das Einsatzfeld von UNIX vom Personal-Computer über Arbeitsplatzrechner bis zu Supercomputern reicht. UNIX arbeitet im → *Mehrbenutzerbetrieb*, es kann → *Multi-Tasking*, wobei auch solche Programme voll parallel bearbeitet werden können, die miteinander interaktiv Daten austauschen.

UNIX läuft, da es nicht in Maschinensprache, sondern in der systemunabhängigen Sprache C geschrieben ist, heute schon auf einer Vielzahl von Rechnerarchitekturen. Durch die von → *X/Open* und → *Posix* definierte Anwendungsumgebung läßt sich eine Anwendungssoftware unter UNIX leicht auf andere Rechnersysteme übertragen. Diese Portabilität ist der entscheidende Vorzug von UNIX und Schlüssel für seine Vorteile:

— UNIX ist Hersteller- und hardwareunabhängig. Der Anwender kann die jeweils beste am Markt verfügbare Rechnerlösung von dem günstigsten Anbieter auswählen. Er profitiert von einem intensiven Wettbewerb, der heute grenzüberschreitend ist (→ *Rechnerstrategie*).
— UNIX erweitert die Angebote der unabhängigen Software-Industrie, es fördert die Verwendung standardisierter Werkzeuge und Schnittstellen (z. B. → *TCP/IP*).
— Die Investitionen in Software bleiben, trotz immer kürzerer Lebenszyklen der Hardware, längerfristig geschützt.
— UNIX ist von der Konzeption besonders gut für vernetzte Systeme (→ *Netzwerke*) geeignet.

Unterprogramm
Ein in sich abgeschlossenes Programm, das von einem übergeordneten Programm aufgerufen und beliebig oft ausgeführt werden

kann. Es ist sinnvoll, häufig benötigte Funktionen mit Unterprogrammen zu realisieren. Durch eine Parameterzuweisung werden die Variablen im Programm erst bei Aufruf mit aktuellen Werten versehen. Jedes Unterprogramm kann selbst wieder Unterprogramme aufrufen.

update, to:
Auf den neuesten Stand bringen, erneuern, aktualisieren.

USASCII
Abkürzung für **U**nited **S**tates → ***ASCII***. Die Inhalte von USASCII und ASCII sind identisch.

Usage time: Nutzungszeit.
Sitzungszeit oder Anschaltzeit, die für die rechnerunterstützte Abrechnung von CAD/CAM-Kosten (Gesamtkosten oder aufgeteilt in einzelne Projektkosten) verwendet wird.

User: Benutzer, Anwender.

User guide: Benutzer-Handbuch.

User interface: Benutzer-Schnittstelle.
Gemeint ist damit die Schnittstelle zum Anwender, in der Regel die → *Kommandosprache* oder das Eingabemenü (→ *Menütechnik*).

Utility: Werkzeug → *Dienstprogramm*.

V

V24
Eine Empfehlung des → *CCITT* zur Definition von Schnittstellen bei der Datenübertragung in Fernsprechnetzen. Die V24-Schnittstelle wird üblicherweise zum Anschluß von alphanumerischen Bildschirmen an den Rechner verwendet.

Validation: Überprüfung auf Gültigkeit.

Value: Wert, Zahlenangabe.

VAN
Abkürzung für **v**alue **a**dded **n**etwork. Auf der Basis von auf dem Markt erhältlicher Netzwerksoftware werden von Anbietern neue aufgabenspezifische Funktionen in die Software eingefügt und das Ganze als einheitliche Netzwerksoftware für einen bestimmten Anwendungsfall an den Endkunden verkauft.

VAR
Abkürzung für **v**alue **a**dded **r**eseller. Diese Hersteller von Rechnersystemen kaufen handelsübliche Prozessoren und Peripheriegeräte, kombinieren diese mit eigener Hardware und Software und verkaufen die so wertmäßig erweiterten Systeme als → *schlüsselfertige Systeme* an den Endbenutzer.

Variable
Eine Größe, die in einem Programm entspre-

chend ihrem Typ Werte annehmen kann. Gebräuchliche Typen sind Variablen, die nur mit ganzen Zahlen belegt werden können (Integer-Variable), solche für beliebige Zahlen (Real-Variable, einfach und doppelt genau), Feldvariablen, Textvariablen (für Textstrings) und logische Variablen. Variablen sind Platzhalter in einem Programm und werden bei Abarbeitung des Programms mit den aktuellen Werten belegt.

Variable Platzcodierung
Die variable Platzcodierung ist eine spezielle Logik zum Bestücken des Magazins von flexiblen Fertigungssystemen. Die Steuerung der Werkzeugmaschine muß sich beim Bestücken nach jedem Werkzeugwechsel den Magazinplatz merken. Neben den Fehlermöglichkeiten beim ersten Bestücken des Magazins treten hierbei aber folgende Vorteile auf:

— Verwendung unkodierter Werkzeuge,
— Verwendung der zuverlässigen Platzkodierung,
— Programmierung der Werkzeug-Nummern im Programm,
— Suchlauf auf kürzestem Wege,
— kurze Wechselzeiten durch Doppelgreifer, der jeweils für zwei Werkzeuge Magazin- und Spindelplatz vertauscht.

Gegensatz: → *Platzcodierung*, → *Werkzeugcodierung*.

Variantenkonstruktion
Man spricht von einer Variantenkonstruktion, wenn sich Gestalt und Abmessungen eines Bauteils innerhalb von vornherein festgelegten Grenzen durch die Veränderung von Parametern ändern. Bei dieser Konstruktionsart bleibt die Anordnung der Elemente zueinander (Topologie) konstant. Normteile sind typische Variantenteile. Sofern die festgelegten Grenzen überschritten bzw. die An-

ordnung verändert wird, handelt es sich um eine → *Anpassungskonstruktion.* Die Variantenkonstruktion ist nach der → *Prinzipkonstruktion* am besten für den Einsatz der CAD-Technologie geeignet.

Variantenprinzip
Beschreibung von Gestalt und Abmessungen eines Objekts durch mindestens einen unabhängigen und beliebig vielen davon abhängigen Parametern. Die Festlegung der unabhängigen Parameter führt über die abhängigen Parameter zu der aktuellen Ausprägung (Variante) des Objekts.

Gegensatz: → *Generierungsprinzip.*

Variantenprogramm
Ein Programm, mit dem Bauteile nach dem → *Variantenprinzip* erzeugt werden und das bei CAD/CAM-Systemen entweder in der → *Anwendungsprogrammiersprache* des Systems oder in einer höheren problemorientierten → *Programmiersprache* geschrieben wird.

Variantenstückliste → *Stückliste.*

VDAFS
Abkürzung für **V**erband **d**er **A**utomobilindustrie, **F**lächen**s**chnittstelle. Eine → *Schnittstelle* zur Übertragung von Oberflächendaten von Freiformflächen und -kurven zwischen den CAD/CAM-Systemen der Unternehmen der Automobilindustrie sowie den CAD/CAM-Systemen in Werkzeug- und Zulieferfirmen. Flächen und Kurven liegen als natürliche Polynome in einer parametrischen Beschreibung vor. Die VDAFS ist genormt in DIN 66301. Der Elementeumfang der VDAFS liegt von der Komplexität her über dem der → *IGES*-Schnittstelle. Mit ihr können in der Version 1.0 folgende räumliche Geometrien übertragen werden:

— Punkte (POINT).
— Punktefolgen (PSET). Punktefolgen können zur Übertragung von Polygonenzügen oder von Kurven, die durch Punkte definiert sind, eingesetzt werden.
— Punkt-Vektor-Folge (MDI). Diese Kombination läßt sich zur Übertragung von NC-Punktefolgen mit den dazugehörigen Normalenvektoren einsetzen.
— Kurven (CURVE) aus Einzelsegmenten als Einzelkurve oder als Konturen einer Fläche.
— Flächen (SURF).

Die Koeffizienten der Geometrie werden sequentiell gespeichert. Auf → *Zeichenelemente* und Angaben zur Darstellung (z. B. Linienart) wird verzichtet. Neben den geometrischen Elementen besteht noch die Möglichkeit zur Vereinbarung folgender organisatorischer Elemente:

— Kopfeintrag in eine VDAFS-Datei (HEADER). Im Header müssen der Name der Senderfirma, Projekt- und Dateiname, Gültigkeits- und Erstellungsdatum, der Name des erzeugenden Systems sowie Name und Adresse des Ansprechpartners enthalten sein.
— Kommentare.
— Strukturelemente (SET). Geometrische Elemente können zu organisatorischen Sätzen (Sets) zusammengefaßt werden.
— Anfangskennung für einen Set. (BEGINSET).
— Endkennung (ENDSET). Der Name der Endkennung ist identisch mit dem Namen im Header.
— Einfügen von Kommentar-

Funktionsumfang von VDAFS Version 1.0 und 2.0.

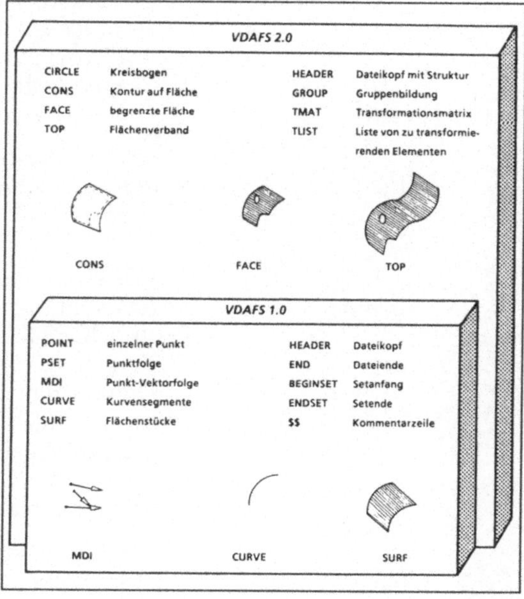

zeilen ($$).

Zur Arbeit mit der VDAFS sind eigene Pre- und Postprozessoren erforderlich, die üblicherweise von den Anbietern der CAD/CAM-Systeme als zusätzliche Softwaremodule bereitgestellt werden.

In der Version 2.0 kommen folgende geometrische Elemente hinzu:
- Kreisbogen (CIRCLE),
- Kontur auf einer Fläche (CONS), die durch Projektion einer ebenen Kontur auf die Freiformfläche entsteht,
- durch eine Kontur begrenzte Fläche (FACE),
- Geometrischer Verband aus mehreren Flächen (TOP).

Zusätzliche organisatorischen Elemente wurden bereitgestellt:
- Der Kopfeintrag (HEADER) kann jetzt strukturiert werden.
- Elemente lassen sich zu Gruppen (GROUP) zusammenfassen.
- Es lassen sich → *Transformationsmatrizen* (TMAT) vereinbaren.
- Eine Liste der zu transformierenden Elemente kann vereinbart werden (TLIST).

Es ist beabsichtigt, die VDAFS in der internationalen Schnittstelle → *STEP* aufgehen zu lassen.

VDAIS

Abkürzung für **V**erband **d**er **A**utomobilindustrie, **I**GES-**S**ubset. Auf der Basis von → *IGES*, Version 3.0 entwickelt und als VDA/VDMA-Einheitsblatt 66319 veröffentlicht. VDAIS soll den Datentausch vereinfachen und zuverlässiger gestalten, da die von den CAD/CAM-Herstellern angebotenen IGES-Prozessoren zu unterschiedliche Leistungen aufweisen.

Die Spezifikation der VDAIS enthält mehrere Leistungsstufen für zu übertragende Elemente, definierte Prozessorfunktionen, Richtlinien für Parametereintragungen, Vorschriften für die Konvertierung von CAD/CAM-System-spezifischen Elementen bzw. Funktionen in Elemente von VDAIS sowie Organisationsdaten, vergleichbar mit dem Kopfeintrag in der → *VDAFS*.

Die Leistungsstufen der VDAIS gliedern sich in:

— Geometrieelemente (drei Gruppen: 2D-Basisgeometrie, 2D- und 3D-Basisgeometrie, Basisgeometrie 2D und 3D mit → *Regelflächen*.
— Bemaßung (zwei Gruppen: Grundelemente für die Bemaßung, Grundelemente für die Bemaßung und Zeichnungslayout).
— Anwendung (zwei Gruppen: Einfache polynominale Freiformgeometrie, vollständige rationale Freiformgeometrie)

Dabei enthalten die nächsthöheren Stufen stets die Elemente der niedrigen Stufe, sind also blockweise aufwärtskompatibel. Zwischen den geometrischen und Bemaßungs-Leistungsstufen sind beliebige Kombinationen möglich. Zu IGES Version 3.0 herrscht vollständige Aufwärtskompatibilität.

Umfang der Leistungsstufen von VDAIS.

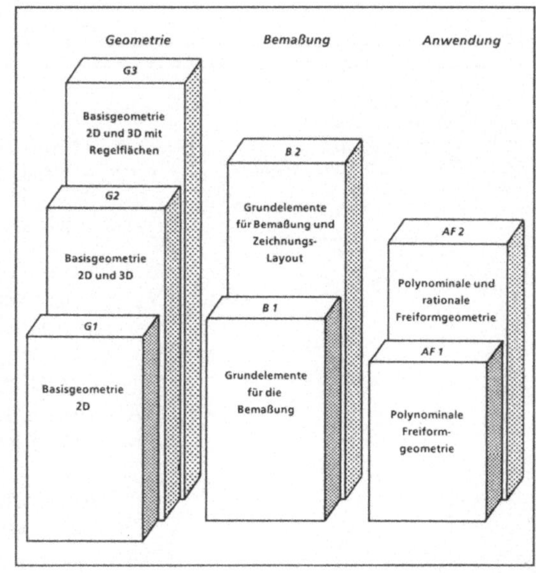

VDAPS

Abkürzung für **V**erband **d**er **A**utomobilindustrie, **P**rogrammier**s**chnittstelle. Eine vom VDA und DIN gemeinsam erarbeitete und in DIN V 66304 genormte → *Schnittstelle* für den systemneutralen und EDV-gerechten Austausch und die Bereitstellung von DIN-Norm- und Variantenteilen. Damit ergeben sich als Vorteile ein für jedes Teil einmaliger und daher vergleichs

Aufbau einer DIN-Merkmalsdatei

- Identifikation
- Version der Merkmalsdatei
- Version der zugehörigen Programme
- Zahl der Beschreibungssätze
- Beschreibungssätze
- Zahl der Datensätze
- Merkmalsbuchstaben
- Datensätze

Quelle: nach DIN NSM 4

Inhalt einer DIN-Merkmalsdatei (Beispiel)

DIN00123
04-86
00-00
6

A	Durchmesser		mm		F6.1
B	Länge		mm		F6.1
AAA	Kopfhöhe 1		mm		F5.1
AAB	Kopfhöhe 2		mm		F4.1
AAC	Kopfradius		mm		F4.1
AAD	Senkwinkel		Grad		F4.1

3

A	B	AAA	AAB	AAC	AAD
3.0	6.0	5.0	1.0	0.8	0.5
3.0	10.0	5.0	1.0	0.8	1.6
10.0	50.0	18.0	4.0	3.2	4.5
.	.	.	.	.	.
.	.	.	.	.	.

VDAPS-Funktionsumfang

- Geometrie-Definition
  - Liniengeometrie
    - Punkte
    - Strecken
    - Polygone
    - Kreise
    - Kreisbögen
    - Kegelschnitte
    - Freiformlinien
  - Texte
  - Schraffuren
  - Silhouetten
- Geometrie-Manipulation
  - Allgemeine Manipulationen
  - Gruppenbildung
- Darstellungsattribute
- Räumliche Orientierung
- Hilfsfunktionen

Prinzipieller Aufbau einer DIN-Merkmalsdatei in Gegenüberstellung zum VDAPS-Funktionsumfang.

weise geringer Programmieraufwand, die Austauschbarkeit beliebiger Norm- und Zukaufteile und eine redundanzfreie Speicherung dieser Daten im CAD/CAM-System des Unternehmens.

Geometrie und Abmessungen der mit VDAPS übertragbaren Teile liegen getrennt vor. Abmessungen von Normteilen werden in erweiterten Sachmerkmalsleisten nach DIN V 4001 gespeichert, da für eine CAD/CAM-gerechte Beschreibung dieser Teile die bisherigen Sachmerkmalsleisten nach DIN 4000 nicht verwendet werden konnten. Für Werknorm- und Zukaufteile wird ebenfalls die erweiterte Sachmerkmalsleiste zur Datenspeicherung empfohlen.

Die Speicherung der Sachmerkmalsleisten erfolgt z. Zt. in sequentiellen Textdateien. In Zukunft sollen die Sachmerkmale in → *relationalen Datenbanken* gespeichert werden.

Die Geometrie eines Bauteils wird nach DIN V 4001 zunächst in Grundbausteine, Komplett-Teile und Baugruppen strukturiert. In der VDAPS sind standardisierte Funktionen für die Erzeugung der Geometrie, für Geometrie-Manipulationen, Darstellungsarten sowie für Steuerung und Kontrolle des Programmablaufs definiert. Die Realisierung der Programme erfolgt in FORTRAN 77, da diese Programmiersprache in allen untersuchten Betriebssystemen mit vergleichbarem Leistungsumfang implementiert ist. Das VDAPS-Programm stellt damit ein systemneutrales Modell der Normteilgeometrie dar.

Momentan ist der Elementeumfang der VDAPS so, daß Norm- und Zukaufteile als → räumliche *Kantenmodelle* eingefügt werden können. Auf die Verarbeitung von 3D-Körpermodellen wird hingearbeitet.

Die Ankopplung dieser Variantenprogramme an ein CAD/CAM-System erfolgt durch einen systemspezifischen Postprozessor, der die VDAPS-Funktionen in interne Aufrufe zur Erstellung der erforderlichen Geometrieelemente im CAD/CAM-System konvertiert. Die Integration von Sachmerkmalsleisten, Variantenprogramm und Postprozessor erfolgt durch ein Verwaltungssystem, das z. Zt. noch vom Anwender selbst bereitzustellen ist. Hier gibt es auf dem Markt bereits Systeme, die sich bewährt haben.

Die Entwicklung der VDAPS ist noch nicht abgeschlossen. Erweiterungen werden so realisiert, daß sie zu bestehenden Versionen aufwärtskompatibel sind. Damit eröffnen sich mit der VDAPS auch Möglichkeiten zur systemneutralen → *Archivierung* von unternehmensspezifischen Variantenprogrammen.

Vektordarstellung
Zum Erstellen einer Zeichnung mit einer Zeichenmaschine wird vom CAD-System eine Datei (Plotdatei) erzeugt, in der die gesamte Geometrie in Form von ebenen Vektoren enthalten ist. Vektoren lassen sich ohne Schwierigkeiten in Verfahrbewegungen einer Stift-Zeichenmaschine umsetzen. Eine Sortierung der Vektoren (z. B. nach steigenden X-Koordinaten) erfolgt in der Regel nicht.

Gegensatz dazu ist die → *Rasterdarstellung.*

Vektorgenerator
Ein Programm oder ein Hardwarebauteil (→ *ROM* oder → *PROM*), das Kurven zur Darstellung in kurze Strecken zerlegt und auf dem Bildschirm sichtbar macht. Vektorgeneratoren werden zur schnellen Darstellung von Kreisen, Kegelschnitten und z. T. für Texte verwendet, sofern für letztere kein → *Zeichengenerator* vorhanden ist.

Vektor-Raster-Konverter
Hardware oder Programmsystem, das aus einer rechnerinternen → *Vektordarstellung* der darzustellenden Geometrie eine nach aufsteigenden Koordinaten sortierte → *Rasterdarstellung* für einen → *Rasterplotter* erstellt.

Vektor-Refresh
Darstellungsart für grafische Bildschirme. Die Elemente werden nach dem → *Vektorverfahren* auf dem Bildschirm gezeichnet, wobei der Zeichenvorgang laufend wiederholt wird (→ *Wiederholverfahren*).

Vektorverfahren
Eine der beiden Arten zur Darstellung von Elementen auf Sichtgeräten (Das andere Verfahren ist das → *Rasterverfahren*). Beim Vektorverfahren wird jedes (räumliche) Element in eine Darstellung mit (ebenen) Bildschirm-

koordinaten umgeformt und an den Bildschirm übermittelt. Der Elektronenstrahl erzeugt stets das vollständige Element, d. h. er bewegt sich beliebig, nicht zeilenweise wie beim Rasterverfahren, über den Bildschirm. Bei mehreren Elementen werden diese in der gleichen Reihenfolge auf dem Bildschirm dargestellt, wie sie im Werkstückmodell erzeugt bzw. geändert wurden.

Aufgrund der Darstellungsart ist die → *Auflösung* beim Vektorverfahren zunächst nur durch die Fokussierbarkeit des Elektronenstrahls und durch die Zahl der maximal auf eine Bildröhre aufzubringenden Bildpunkte (Pixel) begrenzt. Darum haben Bildschirme mit Bildaufbau nach dem → *Speicherverfahren* eine sehr hohe Auflösung (gängig sind 4.096 x 3.072 Bildpunkte).

Wird das Bild im → *Wiederholverfahren* aufgebaut, so ergibt sich der Grenzwert für die Auflösung aus der dem Benutzer zumutbaren → *Bildwiederholrate*, die auch beim vollgeschriebenen Bildschirm nicht unter 30 Hertz fallen sollte, da sonst der Eindruck des Flimmerns entsteht. Um diesem zu begegnen, können einige Sichtgeräte Bilder nicht nur nach dem Wiederholverfahren sondern auch nach dem Speicherverfahren aufbauen. Die Zahl der mit dem Wiederholverfahren darstellbaren Vektoren wird beschränkt. Müssen weitere Vektoren dargestellt werden, so werden die Bilder der zuerst erzeugten Vektoren aus dem Wiederholteil in den Speicherteil überführt. Wenn Vektoren gelöscht wurden, werden die Vektoren im Speicherteil wieder in den Wiederholteil zurückübertragen, so daß stets die maximal mögliche Anzahl der Vektoren nach dem Wiederholverfahren dargestellt wird.

Verbindung
Elektrische Verbindungen werden in der Zeichnung (→ *Stromlaufplan*, → *Werkschalt-*

plan) als Strich dargestellt. In der → Datenstruktur des CAD-Systems muß eine Verbindung allerdings anders verwaltet werden als z.B. eine Linie in freier Graphik, die ebenfalls als Strich in der Zeichnung erscheint.

Verbindungsebene → *OSI-Netzwerkmodell.*

Verbindungsliste
1. → *Auswertung* bei Elektro-CAD-Systemen. Die Verbindungsliste enthält potentialorientiert alle Verbindungen zwischen den in einer Anlage verwendeten → *Betriebsmitteln.*

2. Die Verbindungsliste enthält in alphanumerischer Form alle in einer Schaltung benutzten Komponenten sowie die Angabe über die logischen Verbindungen der Bauteilanschlüsse untereinander. Bei einfachen Schaltungen kann eine Verbindungsliste, die mit Hilfe eines Texteditors im ASCII-Format erstellt wurde, die grafische Schaltplaneingabe ersetzen (Elektronik).

Verbindungspunkt
1. Anfangs- oder Endpunkt einer → *Verbindung*

2. Stossen zwei elektrische → *Verbindungen* senkrecht aufeinander, wird ein sichtbarer Punkt an dieser Stelle dargestellt. Diese Leistung muß bei CAD-Unterstützung automatisch erbracht werden.

Verdrahtungsliste
→ *Auswertung* bei Elektro-CAD-Systemen. Die Verdrahtungsliste ist eine spezielle → *Verbindungsliste*, bei der die Reihenfolge berücksichtigt wird, in der die einzelnen → *Betriebsmittel* angeschlossen werden.

Verdrahtungssymbol
→ *Symbol* zur Darstellung der Verdrahtungsreihenfolge im → *Stromlaufplan.* Sofern das Elektro-CAD-System über diese Funktionali-

tät verfügt, werden solche Symbole bei der Erstellung der → *Verdrahtungsliste* und des → *Klemmenplans* ausgewertet. Verdrahtungssymbole trennen ein Potential nicht auf.

Verfahrenskette

1. Im Bereich der Produktdefinition die Durchgängigkeit zwischen den einzelnen Funktionen, beginnend in der Entwicklung und endend bei der Arbeitsvorbereitung und Fertigungsfreigabe.
2. Beim Einsatz der CAD/CAM-Technologie die Verbindung zwischen Berechnungsverfahren (→ *CAE*, Fall 2, → *FEM*), → *CAD*, → *CAP*, → *CAD/NC-Kopplungsmodul*, → *NC-Verfahrweg-Erstellung* und → *PPS*.

Verfahrensmodell

Das Verfahrensmodell beschreibt die Summe der Lösungsmöglichkeiten für Problemstellungen in einer → *Methodenbank*. Elemente des Modells sind Formeln und Suchalgorithmen, die mit den Operatoren Kombinieren und Löschen gehandhabt werden können. Pro Anwendungsgebiet existiert ein Verfahrensmodell, so daß in einem diversifizierten Unternehmen in einer firmenweiten Methodenbank mehrere Verfahrensmodelle existieren können.

Verfahrweg

Der von einem Werkzeug einer → *Werkzeugmaschine* zurückgelegte Weg, der zur Bearbeitung eines Rohteils zum Fertigteil erforderlich ist.

Verfahrwegprogramm

Dieses Programm enthält alle Befehle für die Steuerung einer → *Werkzeugmaschine* als Zahlenwerte in einzelnen, aufeinanderfolgenden Schritten auf einem Datenträger, z. B. einem → *Lochstreifen* oder einem Magnetband. Diese Informationen werden der »zahlenverstehenden Steuerung« eingegeben.

Speziell bei Werkzeugmaschinen versteht man darunter die Maßzahlen, welche die Relativbewegung zwischen Werkzeug und Werkstück steuern und die direkt in Millimetern (oder Zoll) angegeben sind. Diese Informationen werden auch unter dem Begriff Weginformationen zusammengefaßt. Die Steuerung versteht diese Befehle, verarbeitet sie und leitet daraus die entsprechenden Signale für die Stellglieder der Werkzeugmaschine ab.

Verify - Funktion
Mit einer Verify-Funktion kann sich der Anwender Informationen über jedes Element (Art, Koordinaten, Ebene, Farbe, Gruppenzugehörigkeit usw.), über eine beliebige Ansicht (Name, Größe des dargestellten Bereichs im → *Modellraum*, Sichtbarkeit der Ebenen, → *Ebenentechnik*, usw.), über das gerade bearbeitete Bauteil (Name, Größe des belegten Datenbestands usw.) oder über ein beliebiges Gerät beschaffen (to verify: Nachprüfen, Kontrollieren, Informieren).

Verschieben → *Symmetrie-Operationen.*

Vertex: Scheitelpunkt einer Kurve oder eines Winkels.

Vertical dimension: Senkrechtes Maß. Vertikalmaß. → *Längenbemaßung.*

Vertikale Integration
Einführung und Integration der Rechnerunterstützung für alle Schritte innerhalb einer Prozeßkette einer einzigen Baureihe oder Teilefamilie. Üblicherweise der erste Schritt einer CIM-Einführung. Ausdehnung auf weitere Baureihen → *Horizontale Integration.*

Verrundungsfläche
Die Verrundungsfläche ist eine Übergangsfläche zwischen zwei oder mehreren Flä-

chen, die sich tangential an die jeweilige Fläche anlegt. Zum Erstellen ist die Eingabe von Lage und Radius der Fläche erforderlich.

Verweis
Hilfsmittel von CAD-Systemen, um Abhängigkeiten und Querverbindungen zwischen verschiedenen Datenelementen herzustellen.

Verzerren
Vergrößern oder Verkleinern von Geometrie, wobei die Koordinaten-Richtungen ungleichmäßig verändert werden.

VHDL
vom amerikanischen Verteidigungsministerium initiierte Hardware-Beschreibungssprache zum Austausch, Archivierung und Dokumentation von Designdaten, zur Simulation, zur Modellierung, zur Synthese sowie zum funktionellen Design von hochintegrierten Schaltkreisen. VHDL ist in der Programmiersprache ADA geschrieben und unter der Richtlinie IEEE 1076 genormt.

Via
Durchkontaktierung, die Leiterbahnen auf unterschiedlichen Lagen eines Multilayers miteinander verbindet. Vias beeinflussen die Fertigungskosten einer Platine, ihre Verwendung sollte deshalb auf ein Mindestmaß beschränkt bleiben (→ *Via-Optimierung*). Neben den herkömmlichen Vias sind sogenannte »Buried Vias« (vergrabene Durchkontaktierungen), die nur die Innenlagen einer Multilayerplatine miteinander verbinden, und »Blind Vias«, die eine Außenlage mit Innenlagen, nicht jedoch der anderen Außenlage, verbiden, gebräuchlich.

Via-Optimierung
Wegen des negatives Einflusses von Durchkontaktierungen auf die Fertigungskosten, bieten die meisten PCB-Layout-Systeme die

Möglichkeit, in einem zusätzlichen Optimierungslauf die Anzahl der Vias zu reduzieren. Bei parametrisierbaren Autoroutern läßt sich die Anzahl der Durchkontaktierungen pro Leiterbahn als Voreinstellung begrenzen. Es ist allerdings zu beachten, daß sich derartige Parametereinstellungen gegenseitig beeinflussen und damit das Routingergebnis verschlechtern können (→ *Routing-Parameter*).

Via - Versatz
In der Regel werden → *Durchkontaktierungen* im voreingestellten Raster gesetzt. Um unnötige Abwinkelungen benachbarter Leiterbahnen zu vermeiden, kann mit dem → *Routigparameter* »Via-Versatz« eine Verschiebung der Durchkontaktierung um eine halbe Rasterbreite erlaubt werden.

View: → *Ansicht.*

Viewfile: → *Bilddatei.*

Viewport: Äquivalente Bezeichnung für → *Window.*

Virtual storage: → *Virtueller Speicher.*

Virtueller Speicher
Speicherplatz, der ohne Rücksicht auf die Größe des tatsächlich vorhandenen → *Arbeitsspeichers* für Programme und Daten zur Verfügung steht. Der virtuelle Speicher befindet sich in einem Bereich auf einem externen Datenträger im → *Direktzugriff,* der nicht für die Archivierung von Daten verwendet wird (Scratch-Bereich) und dessen Größe nach Bedarf variiert.

Die maximale Größe des virtuellen Speichers ergibt sich rechnerisch aus der Gesamtzahl der unterschiedlichen Ziffern (= Adressen im Speicher), die mit der → *Wortlänge* des Rechners darstellbar sind, damit Daten eindeutig adressiert und wiedergefunden werden können (z. B. beträgt bei 32 bit/Wort die Größe des virtuellen Speichers 232, d.h. 4 → *GB*, rund 4,28 Milliarden Zeichen). Diese Größe wird auch als Adreßraum bezeichnet. Die physikalische Begrenzung ergibt sich aus der Größe der zur Verfügung stehenden externen Datenträger.

Unter der Steuerung des → *Betriebssystems* werden nur diejenigen Teile von Programmen oder Daten in den Arbeitsspeicher geladen, die gerade für die Ausführung eines bestimmten Schrittes benötigt werden (Paging).

VLSI
Abkürzung für Very Large Scale Integration, Größtintegration, eine Bezeichnung für einen höchstintegrierten Schaltkreis, bei dem mehr als 50.000 Schaltungen oder Schaltkreise auf einem Träger (Chip) zusammengefaßt sind.

VNS
Abkürzung für » Verfahrens-neutrale-Schnittstelle «, ein für den Bereich der Elektrotechnik-CAD angebotenes → *Datenaustauschformat*. Die VNS wurde auf Anregung eines Arbeitskreises der Elektroversorgungsunternehmen Deutschlands von einigen Elektro-Firmen entwickelt und in deren CAD-Systemen eingesetzt. Sie ist allgemein zugänglich und wird weiterentwickelt. Sie wird im Rahmen des DIN als Normvorschlag behandelt. Ziel der VNS ist eine Übertragung elektrotechnisch relevanter Daten aus → *Stromlaufplänen* und anderen Planarten auf möglichst hohem Niveau. Parallel zur Entwicklung der VNS laufen Aktivitäten zur Vereinheitlichung der → *Symbolbibliotheken* für elektrotechnische Symbole gem. DIN 40900. Hierdurch wird eine drastische Reduzierung des Datenvolumens bei der Planübertragung über die VNS erreicht.

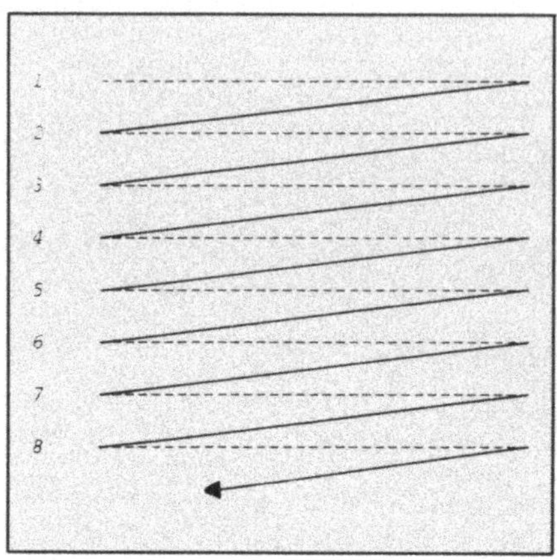

Beim Vollbildverfahren werden alle Bildschirmzeilen laufend neu beschrieben.

Vollbild-Verfahren
Bei Bildschirmen, die nach dem → *Wiederholverfahren* arbeiten (z. B. → *Rasterbildschirmen*) muß der Bildinhalt laufend Zeile für Zeile auf die Bildröhre geschrieben werden.

Damit für den Betrachter ein ruhiges Bild entsteht, muß der Bildaufbau mindestens 30 mal pro Sekunde erfolgen (mit 30 Hertz). Für ein absolut ruhiges Bild sind jedoch mindestens 50 Hertz erforderlich. Wird bei jedem Neubeschreiben jede Zeile komplett neu auf die Bildröhre geschrieben, so arbeitet der Bildschirm nach dem Vollbild-Verfahren (non-interlaced). Dazu ist ein ausreichend dimensionierter → *Pufferspeicher* (möglichst mit mehreren Ebenen zur gleichzeitigen Darstellung von Farben) und eine leistungsfähige Elektronik erforderlich. In solche Bildschirme werden daher häufig Mikroprozessoren zur Handhabung von Pufferspeicher und Bildschirm-Elektronik eingesetzt.

Volumenelemente
Zur Geometriebeschreibung verwendete Elemente in einem → *Volumenmodell.*

Volumenmodell
Ein rechnerinternes → geometrisches *Werkstückmodell*, bei dem ein räumliches Objekt entweder durch seine Erzeugungsvorschrift (generative Beschreibung) oder durch Verknüpfung von einzelnen Volumina miteinander (akkumulative Beschreibung) aufgebaut wird.

Die grundlegende Idee ist es, ein komplexes Volumen durch Verknüpfung einfacherer Volumina (analytische Volumina wie z. B. Quader, Zylinder, Kugel, Torus oder aus Näherungsflächen zusammengesetzte Volumina) zu erzeugen.

Das Volumenmodell setzt auf dem → *Flächenmodell* auf, indem die das Objekt einhüllenden Flächen zu einem Volumen zusammengefaßt werden, und bei dem die Lage des Materials im Volumen aus der Richtung der einzelnen Normalen auf den Flächen bestimmt ist.

Vorgabezeit
Vorgabezeiten nach REFA sind Soll-Zeiten für von Menschen und Betriebsmitteln ausgeführte Arbeitsabläufe. Vorgabezeiten für den Menschen enthalten Grundzeiten, Erholungszeiten und Verteilzeiten; Vorgabezeiten für das Betriebsmittel enthalten Grundzeiten und Verteilzeiten.

Vordergrund - Betrieb
Eine Rechnerbetriebsart, in dem Programme ablaufen, die im Dialog mit dem Anwender ausgeführt werden, z. B. der → *interaktive Betrieb*.

Vorranggraf
Der Vorranggraf enthält netzplanartig sämtliche zur Herstellung eines Produktes gehörenden Tätigkeiten, die als Teilvorgänge bezeichnet werden. Ein Teilvorgang kann sinnvoll nicht weiter in einzelne Bearbeitungs- oder Montageschritte unterteilt werden und muß daher von einer Person oder einem Betriebsmittel vollständig durchgeführt werden.

Vorzugsrichtung
Aus fertigungstechnische Gründen werden bei mehrlagigen Platinen für die Bestückungs- und Lötseite (meist um 90 Grad versetzte) Vorzugsrichtungen für die Leiterbahnen vorgegeben (→ *Routing-Parameter*).

Parametrisierbare Router erlauben eine nach Kostenfaktoren gewichtete Abweichung von der vorgebenen Vorzugsrichtung.

VPC
Abkürzung für → ***v**ariable **P**latz**c**odierung.*

VT
Abkürzung für **V**ideo **T**erminal, → *Sichtgerät.*

Waiting state: Wartezustand.
Ein Gerät oder ein Programm befindet sich im Wartezustand, wenn auf eine Aktion des Anwenders oder eines anderen Programms bzw. Geräts gewartet und ohne diese Aktion eine weitere Bearbeitung des aktuellen Problems nicht möglich ist. Der Wartezustand kann mit einer → *Zeitbegrenzung* gekoppelt sein.

WAN
Abkürzung für **W**ide **A**rea **N**etwork. Im Gegensatz zum haus- oder betriebsinternen Netzwerk (→ *LAN*, Local Area Network) wird mit WAN eine Verbindung mehrerer räumlich weit voneinander liegender Unternehmensteile oder die Verbindung unterschiedlicher Unternehmen über ein Netzwerk bezeichnet. Da hierbei öffentliches Gelände überquert wird, müssen die Vorschriften der jeweiligen Postverwaltungen beachtet werden. Die Verbindung kann über Metall- oder Glasfaserkabel sowie Funkverbindungen erfolgen.

Im Zuge der Einführung von → *CIM* gewinnt die Vernetzung von Kunden und Zulieferanten eine immer stärkere Bedeutung.

Warmstart
Sofortiger Wiederanlauf eines EDV-Systems nach einem (z. B. durch Stromausfall verursachten) Zusammenbruch.

Wartung → *Service.*

Wechselplatte
Eine aus einem → *Magnetplattenspeicher* herausnehmbare Magnetplatte. Solche Platten werden bevorzugt zur Speicherung der Software (Betriebssystem, CAD-Software, eigene Programme) eingesetzt. Besitzt man mehrere Wechselplatten gleichen Inhalts, so kann bei einem Plattenfehler sofort die Ersatzplatte eingesetzt und der Systembetrieb fortgeführt werden.

Wegeinfahrtstoleranz → *Genauigkeit.*

Weginformation
Eine Weginformation in einem NC-Programm besteht aus der Angabe der Position, die angefahren werden soll, der Art und Weise des Anfahrens (z. B. Eilgang, G00, oder Linearinterpolation, G1) und aus Maßzahlen, welche die Relativbewegung zwischen Werkzeug und Werkstück kennzeichnen. Jede beliebige Position innerhalb des Verfahrbereiches der Maschine ist damit genau definierbar, ohne zusätzliche Verwendung von Nocken, Endschalten, Anschlägen oder anderen Hilfsmitteln.

Werkbankfertigung
Unter einer Werkbankfertigung ist ein Systemtyp mit einer ein- oder mehrstelligen Einzelarbeit zu verstehen, bei dem keinerlei zwangsläufiger Übergang zu anderen Arbeitssystemen besteht.

Werkstattfertigung
Gleiche Bearbeitungsaufgaben sind an einem Ort (in einer Werkstatt) nach Funktionen, nicht nach Produktfamilien zusammengefaßt, z. B. Dreherei, Fräserei, Härterei, Lackiererei usw. Ein Werkstück muß dabei in der Regel mehrere Werkstätten durchlaufen. Die Werkstattfertigung ist gekennzeichnet durch:

— Verrichtungsprinzip
— Entkopplung der Arbeitsschritte (Funktionaltrennung und Spezialisierung)
— Flexibel für unterschiedliche Produkte einsetzbare Betriebsmittel
— Qualifizierte und spezialisierte Mitarbeiter
— Bestreben nach hoher Auslastung.

Werkstückmodell
Modell zur Abbildung der produktdefinierenden Daten eines Bauteils in einem CAD/CAM-System. Für jedes Bauteil wird ein Werkstückmodell angelegt. Je nach Leistungsfähigkeit lassen sich Geometrien unterschiedlicher Komplexität sowie nichtgeometrische Informationen (Topologie, Technologie, Erstellungsprozedur usw.) speichern.

Bei den geometrischen Werkstückmodellen unterscheidet man im wesentlichen Kantenmodelle (nur Umrißkanten werden in Form von Linien und Kurven gespeichert, entspricht der Vorgehensweise am Reißbrett), Flächenmodelle (das Bauteil wird durch ein-

Gliederung der geometrischen Werkstückmodelle.

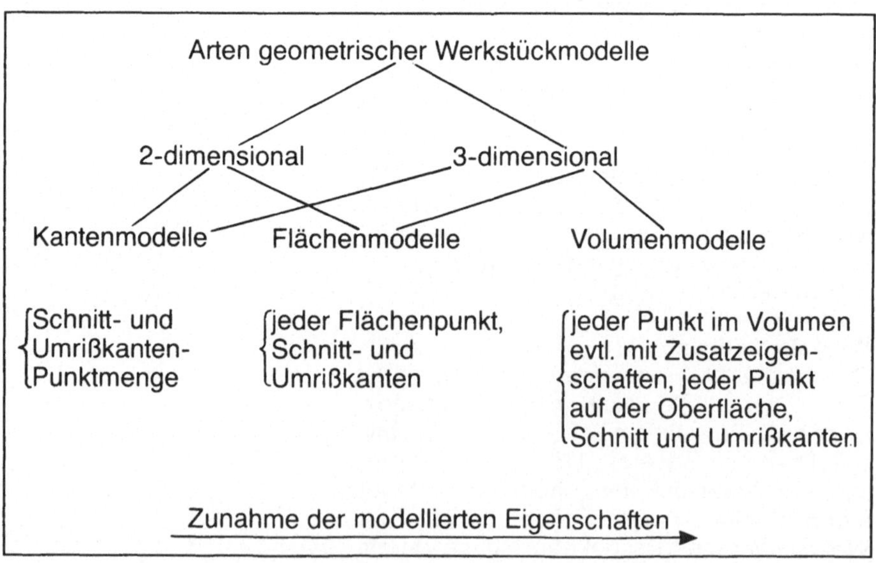

zelne, untereinander nicht zusammenhängende Flächen dargestellt), Volumenmodelle (die Flächen sind zu einem Volumen zusammengefaßt, es ist bekannt, auf welcher Seite des Volumens Material ist) und Körpermodelle (dem Volumen werden die Eigenschaften des Materials zugewiesen). Zur näheren Beschreibung können noch andere als Geometrieelemente im Werkstückmodell gespeichert werden, z. B. → *Zeichenelemente* oder nichtgrafische Elemente, wie z. B. Teilestammdaten, die als Texte und Daten direkt mit einem Geometrieelement verknüpft werden. Alle Elemente des Werkstückmodells können eingefügt, verknüpft und gelöscht werden.

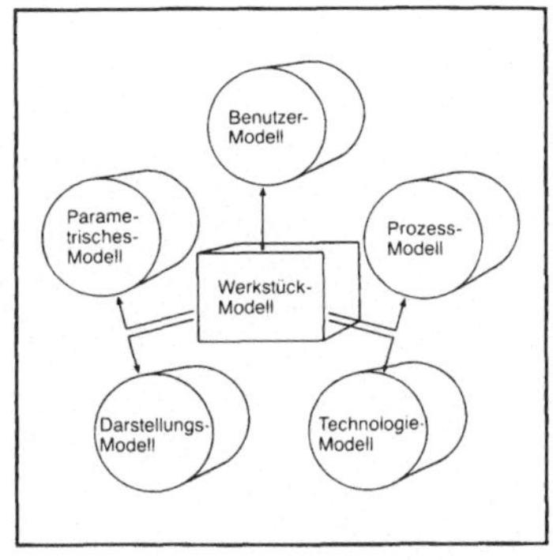

Das Werkstückmodell als Kern des Produktmodells.

Es existieren noch weitere Modelle, z. B. prozedurale Modelle (enthalten die Erstellungsvorschrift für ein Bauteil, ansatzweise z. B. eine → *Protokolldatei*), topologische Modelle (enthalten die Lage der einzelnen Geometrieelemente zueinander), → *Verfahrensmodelle*, → *Ablaufmodelle* und Technologie-Modelle. Das Technologie-Modell enthält Abmessungen, Angaben zur Oberfächenbeschaffenheit, → *Form- und Lagetoleranzen*, Hinweistexte für Fertigungsverfahren sowie den Bezug aller dieser Daten auf die Geometrie des Bauteils.

Sind alle diese Modelle vorhanden, so bildet die Gesamtheit das Produktmodell.

Werkzeug - Bahnkorrektur
Die Werkzeug-Bahnkorrektur dient dazu, zu jeder programmierten Werkstückkontur die erforderliche äquidistante Bahn des Werkzeugmittelpunkts zu ermitteln. Dies gilt für Dreh- und Fräswerkzeuge. Dabei ist wesentlich, wie das Werkzeug der Kontur folgt und um unstetige Konturübergänge (z.B. Ecken, Absätze) herumgeführt wird, ohne die programmierte Kontur zu verändern oder zu beschädigen.

Werkzeugcodierung
Hierbei erhält jedes Werkzeug z.B. am zylindrischen Schaft Kodierringe zu seiner eindeutigen Identifizierung.
Gegensatz → *Platzcodierung*, → *variable Platzcodierung*.

Werkzeug - Management - Software (WMS)
Moderne Werkzeugmaschinen besitzen Magazine, in denen die für jeden Bearbeitungsvorgang benötigten Werkzeuge gelagert sind. Aufgrund der begrenzten Anzahl von Plätzen im Magazin ergibt sich folgendes Verwaltungsproblem: Der Austausch verbrauchter oder nicht mehr benötigter Werkzeuge der Arbeitsspindel gegen neue Werkzeuge im Magazin muß so zeitgerecht erfolgen, daß es nicht zu einem Stillstand der Maschine kommt. Dies ist Aufgabe der Werkzeug-Management-Software. Sie erkennt längere Programmabschnitte ohne programmierten Werkzeugwechsel und gibt während dieser Zeit das Werkzeugmagazin zum manuellen oder automatischen Austausch der Werkzeuge frei. Sobald der nächste programmierte Werkzeugwechsel naht, wird die Prozedur rechtzeitig unterbrochen, um das Magazin am Rüstplatz für den Werkzeugwechsel der Arbeitsspindel bereitzuhalten.

Darüber hinaus werden die einzelnen Werkzeuge nach Standzeit, Verschleiß, Bruch und Abnutzung überwacht. Bei Bedarf werden Schwesterwerkzeuge aufgerufen. In → *Flexiblen Fertigungssystemen* übernimmt ein übergeordneter, zentraler Werkzeugrechner alle außerhalb der Werkzeugmaschinen-Steuerung ablaufenden Verwaltungsaufgaben, wie z. B. den Austausch nicht mehr benötigter Werkzeuge gegen andere, für das folgende Werkstück benötigte Werkzeuge.

Werkzeugmaschine
Eine Werkzeugmaschine dient zum Bearbei-

ten von Werkstücken mit gesteuerten Achsen. Sie ist mit einem Antriebsmotor für jede Achse sowie einem Meßsystem ausgerüstet, das elektrisch auswertbare Signale liefert. Eine Werkzeugmaschine muß von außen gesteuert werden (z. B. mit → *SPS*). Einfachere Steuerungen an Werkzeugmaschinen verwenden auch Schrittmotoren, bei denen die Rotordrehung in kleinen Winkelschritten erfolgt, meist 400 Schritte pro Umdrehung. Der gewünschte Verstellweg ergibt sich durch eine entsprechende Anzahl von Impulsen, die Verstellgeschwindigkeit entspricht der Impulsfrequenz des → *Impulsgebers*.

Werkzeugplan
Ein Werkzeugplan enthält eine Liste der Arbeitsschritte gemäß des Arbeitsablaufes und der dazu benötigten Werkzeuge. Er erleichtert die Werkzeugbereitstellung im betreffenden Fertigungsbereich und die Bearbeitung des Werkstücks gemäß des vorgeschriebenen Arbeitsablaufes.

Werkzeugstandzeit - Überwachung
Die effektive Einsatzzeit jedes Werkzeuges im Magazin wird von der → *Werkzeug-Management-Software* fortlaufend erfaßt und mit dem vorgegebenen Grenzwert verglichen. Nach Ablauf der Standzeit wird ein Ersatzwerkzeug angefordert. Für diesen Fall greift die Werkzeug-Management-Software auf ein Ersatzwerkzeug (→ *Schwesterwerkzeug*) im Magazin zurück.

Werkzeug - Voreinstellung
Numerisch gesteuerte → *Werkzeugmaschinen* sind Produktionsmaschinen. Jede andere Nutzung als zum »Bearbeiten« ist unproduktiv. Das gilt besonders auch für das Einrichten der Werkzeuge an der Maschine. Deshalb sind fast alle Werkzeugsysteme für NC-Werkzeugmaschinen so aufgebaut, daß die Werkzeugschneidepositionen außerhalb der Ma-

schine auf ein vorgegebenes Maß eingestellt oder das Istmaß festgestellt werden können. Hierzu dienen Einstellgeräte mit entsprechenden Adaptern, um die Werkzeuge wie auf der Maschine aufzunehmen.

Whetstone
Ein Test-Verfahren zur Ermittlung der Leistungsfähigkeit der → *Zentraleinheit*. Im Whetstone-Test sind sowohl Festpunkt- und Gleitpunkt-Arithmetik als auch das Aufrufen von Funktionen, die Indizierung von Feldern und bedingte Sprünge enthalten. Siehe auch → *mips*.

Width: Breite (eines Elements).
Bei Schemata und Schaltplanerstellung kann Kurvenelementen (Linie, Kreisbogen, Freihandlinie, Kegelschnitt) eine Breite zugewiesen werden, die linksbündig, rechtsbündig oder mittig zur definierenden Kurve verläuft. Die Breite wird im → *Werkstückmodell* als Eigenschaft des Elements, nicht als paralleler Kurvenzug gespeichert, so daß auch ein verbreitertes Kurvenelement trotz seiner Darstellung mit mehreren Bildelementen rechnerintern ein Einzelelement bleibt.

Wiederholgenauigkeit
Die → *Genauigkeit*, mit der ein → *Roboter*, eine → *Werkzeugmaschine* oder eine → *Zeichenmaschine* (Plotter) einen beliebigen Raumpunkt des Arbeitsbereiches unter Nennlast und bei größtmöglicher Geschwindigkeit (Automatikbetrieb) immer wieder anfahren kann.

Ein äquivalenter Begriff ist Repetierbarkeit, die die Streuung des Ergebnisses beim mehrmaligen Anfahren einer bestimmten Position bezeichnet. Die Repetierbarkeit ist eine statistische Größe, sie ist immer besser als die Genauigkeit des betrachteten Systems. In manchen Fällen (z. B. Mehrfachbearbeitung der gleichen Oberfläche) ist die Repetierbarkeit bestimmter Werte bzw. Abmessungen an einem Werkstück wichtiger als deren absolute Genauigkeit.

Die Reproduzierbarkeit bedeutet grundsätzlich das gleiche wie die Repetierbarkeit, sie wird jedoch über eine längere Zeitdauer gemessen.

Wiederholverfahren
Eine der beiden Arten des Bildaufbaus bei Sichtgeräten (das andere Verfahren ist das → *Speicherverfahren*).

Bei diesem Verfahren erzeugt der Elektronenstrahl laufend, meist entsprechend der Netzfrequenz (50 Hertz), bei leistungsfähigen Geräten aber auch schneller (bis zu 80 Hertz), ein neues Bild auf der Bildröhre. Erfolgt die Darstellung des Bildes mit dem → *Rasterverfahren*, so wird die → *Bit-Maske* zeilenweise auf die Bildröhre abgebildet. Beim → *Vektorverfahren* müssen alle auf dem Bildschirm darzustellenden Elemente neu gezeichnet werden. In diesem Fall kann daher die → *Auflösung* des Bildschirms nicht beliebig hoch gesetzt werden (insbesondere beim → *Vollbild-Verfahren*), da sonst die Bildwiederholrate nicht eingehalten werden kann. Sinkt diese unter 30 Hertz, beginnt das Bild für den Betrachter zu flimmern.

Die Obergrenze für die Auflösung eines Bildschirms, der nach dem Wiederholverfahren arbeitet, liegt derzeit bei 2.560 x 2.048 Bildpunkten, gängig sind 1.280 x 1.024 Bildpunkte.

Wildcard
Gängiges Verfahren in der EDV, speziell bei CAD-Systemen, zur Auswahl aus einer Bibliothek. Der Anwender sucht einen bestimmten Begriff, von dem er nur einen Teil kennt oder festlegen will. Den Rest des Begriffes ersetzt

er durch das Zeichen »*« oder »?« (Wildcard). Diese Technik wird auch für → *Auswertungen* angewandt, wenn sich diese z.B. nur auf Zeichnungen erstrecken sollen, deren Zeichnungsnummer mit einer bestimmten Zeichenkombination beginnt.

Winchesterplatte, Winchester - Technologie
Eine in eine Magnetplattenspeichereinheit fest eingebaute und versiegelte Magnetplatte oder Magnetplattenstapel mit einem eigenen Gehäuse (Festplatte). Das Gehäuse ist meist nicht mit Luft, sondern mit einem inerten Gas (in der Regel Stickstoff) gefüllt. Gehäuse, Platte sowie Schreib- und Leseköpfe bilden ein geschlossenes mechanisches Sy-

Winchesterplattengerät mit den charakteristisch tangential angeordneten Schreib- und Leseköpfen.

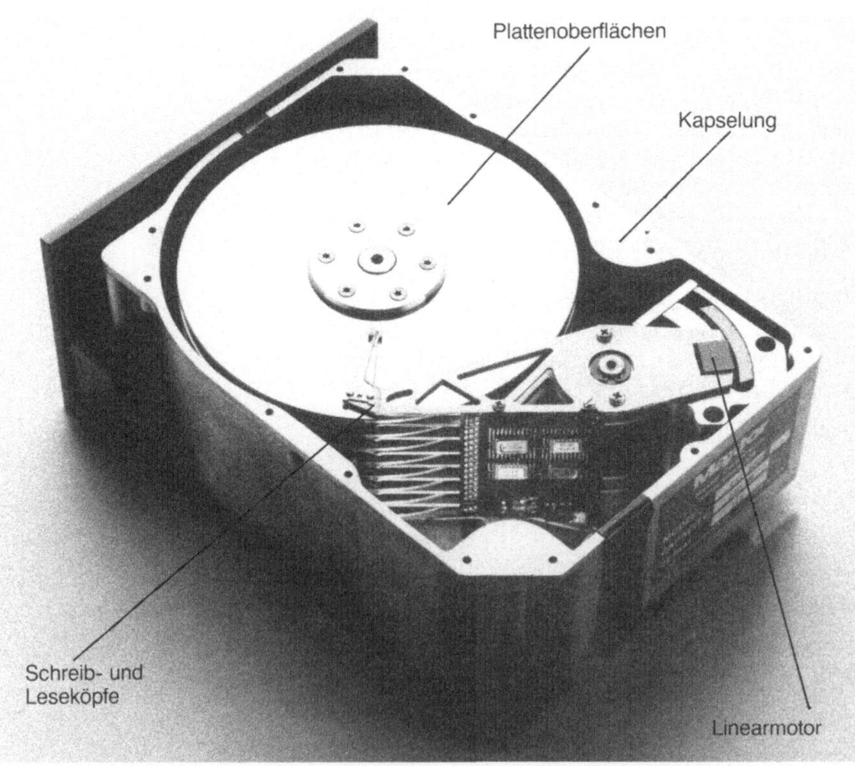

stem. Die Köpfe können deswegen viel exakter justiert und die Spuren auf der Platte wesentlich schmaler gehalten werden, so daß sich mit Winchesterplatten wesentlich höhere Speicherdichten erzielen lassen als mit → *Wechselplatten*. Siehe auch → *Magnetplattenspeicher*.

Window → *Fenster*.

Window-Technik → *Fenster-Technik*.
Vor allem bei Workstations verwendete → *Benutzungsoberfläche*. Hierbei wird die Möglichkeit der Workstations genutzt, mehrere Prozesse oder Teilprozesse in unterschiedlichen Bildschirmfenstern zu verwalten. Diese Technik bietet sich beispielsweise an, wenn während der Zeichnungserstellung zusätzliche Information, etwa aus der Stückliste oder über Gerätedaten, angezeigt werden soll, ohne den ursprünglichen Bearbeitungsvorgang zu verlassen. Dann wird die Zusatzinformation in einem zweiten, der Zeichnung überblendeten Fenster ausgegeben und verschwindet nach Quittierung durch den Anwender sofort wieder.

Winkelbemaßung
Eine Winkelbemaßung kann entweder zwischen zwei Linien (Geometrie- oder Hilfselemente) oder drei Punkten erzeugt werden. Dabei ist der Quadrant vorzugeben, in dem der Winkel gemessen werden soll.

Wire frame (model): Drahtmodell, → *Kantenmodell*.

Wirkschaltplan
In der Elektrotechnik verwendete Zeichnungsart zur Darstellung globaler Zusammenhänge einer elektrischen Anlage.

Wirtschaftlichkeit
Bei der Investition in CAD/CAM handelt es

sich um eine Rationalisierungsinvestition. Die Wirtschaftlichkeit dieser Investition ergibt sich aus einer Reduktion der Kosten und der Verzinsung bzw. Amortisation des eingesetzten Kapitals. Besonders von Interesse bei der Bestimmung der Wirtschaftlichkeit sind retrospektive Verfahren, mit denen die tatsächlich angefallenen Werte für Nutzen und Kosten erfaßt werden können. Die Erfassung der Kosten geht nach den bekannten Methoden von Accounting und Divisionskalkulation. Diese Kosten werden gemäß Schlüssel auf diejenigen aufgeteilt, die entsprechende Leistung in Anspruch nehmen.

Der Nutzen des Einsatzes von CAD/CAM-Systemen kann qualitativ wie folgt beschrieben werden:

— Ersatz manueller durch rechnerunterstützte Vorgehensweisen.
— Ersatz geringwertiger durch höherwertige rechnerunterstützte Vorgehensweisen (z. B. Übergang vom räumlichen Kantenmodell zum Volumenmodell).
— Ersatz isolierter durch integrierte Vorgehensweisen (Änderung der Aufbau- und Ablauforganisation).
— Ersatz starrer durch flexible Vorgehensweisen.

Der Nutzen äußert sich in einer Verkürzung der Durchlaufzeit von Aufträgen, dem Senken der Fehlerraten bei der Bearbeitung, in einer Steigerung der Produktivität der Mitarbeiter und der Produktqualität.

Bei der Nutzenerfassung treten folgende Schwierigkeiten auf:

— Produktivitätssteigerungen werden oft nicht am Ort ihres Entstehens, sondern erst in nachfolgenden Bereichen sichtbar.
— Der Produktentstehungsprozeß erfolgt heute noch in Abteilungen, die funktional voneinander getrennt sind. Diese funktio-

nale Trennung bedingt auch eine Trennung in unterschiedliche Kostenstellen. Es bereitet große Schwierigkeiten, die Kosten, die für eine Kostenstelle anfallen, mit dem Nutzen, der an einer anderen Kostenstelle entsteht, zu verrechnen.

— Es entstehen bei der Anwendung von CAD/CAM-Systemen eine Reihe von

Kennzahlen zur Erfassung der Produktivitätssteigerung.

Nr.	Kennzahl	Definition
1	Steigerung des Umsatzes U ohne Änderung der Produktpalette	$\frac{U_{man+CAD} / \text{Vergleichszeitraum}}{U_{man} / \text{Vergleichszeitraum}}$
2	Steigerung des Umsatzes U aufgrund neuer, nur mit Hilfe der CAD-Technologie konstruierbarer Produkte	$\frac{(U_{CAD,neu} + U_{vorhandene\ Produktpalette}) / \text{Vergleichszeitraum}}{U_{vorhandene\ Produktpalette} / \text{Vergleichszeitraum}}$
3	Verkürzung der Durchlaufzeit für Angebotserstellung	$\frac{\text{ø Durchlaufzeit}_{CAD}}{\text{ø Durchlaufzeit}_{man}}$
4	Verkürzung der Durchlaufzeit für Entwicklungsarbeiten	$\frac{\text{ø Durchlaufzeit}_{CAD}}{\text{ø Durchlaufzeit}_{man}}$
5	Reduzierung von Fremdvergaben für Entwicklungsaufträge	$\frac{(\Sigma \text{Kosten Fremdvergaben / Vergleichszeitraum})_{CAD+man}}{(\Sigma \text{Kosten Fremdvergaben / Vergleichszeitraum})_{man}}$
6		$\frac{(\Sigma \text{Kosten Fremdvergaben})_{CAD}}{(\Sigma \text{Kosten Fremdvergaben})_{man}}$
7	Verkürzung der Durchlaufzeit für Konstruktionsaufträge	$\frac{\text{ø Durchlaufzeit}_{CAD}}{\text{ø Durchlaufzeit}_{man}}$
8	Verstärkte Verwendung von Wiederholteilen	$\frac{(\text{ø Anzahl Wiederholteile})_{CAD}}{(\text{ø Anzahl Wiederholteile})_{man}}$
9		$\frac{(\text{ø Kosten für Neuanfertigung})_{CAD}}{(\text{ø Kosten für Neuanfertigung})_{man}}$
10	Reduzierung der Normenkontrolle	$\frac{(\text{ø Zeit für Normenkontrolle})_{CAD}}{(\text{ø Zeit für Normenkontrolle})_{man}}$

neuen Tätigkeiten, für die es im herkömmlichen Ablauf keine Entsprechung gibt. Dies sind insbesondere Aufgaben der Planung und Simulation von Abläufen. Bei solchen Tätigkeiten ist eine Vergleichbarkeit mit herkömmlichen Vorgehensweisen nicht möglich. Beim Einsatz der CAD/CAM-Technologie entsteht daher überwiegend indirekter Nutzen, wenig direkter Nutzen.

— Die bisherigen Abläufe bei der Produktentstehung sind nur in der Produktion bekannt und werden nur dort laufend erfaßt. Eine Erfassung der Abläufe in den produktdefinierenden Bereichen ist bislang nicht erfolgt. Auch dieses erschwert die Vergleichbarkeit für die Nutzenermittlung.
— Eine mangelnde Synchronisation beim Durchlauf eines Auftrags durch die Abteilungen des Produktentstehungsprozesses führt zu der Vernichtung von Produktivitätssteigerungen.

Zur Erfassung der durch CAD/CAM-Systeme entstandene Kostensenkung und Nutzensteigerung ist es sinnvoll, Kennzahlensysteme einzuführen. Dabei soll mit zwei Gruppen von Kennzahlen gearbeitet werden. Die erste Gruppe der Kennzahlen erfaßt die Produktivitätssteigerung durch den Einsatz von CAD/CAM-Systemen. Dieses System bleibt in der Anwendung, solange nur ein Teil der Produktfamilien mit Hilfe der CAD/CAM-Technologie bearbeitet werden kann. Mit dem zweiten Kennzahlensystem sollen Produktivität, Flexibilität und Qualität der CAD/CAM-Anwendung selbst quantifiziert werden. Dieses Kennzahlensystem bietet sich besonders dann an, wenn der überwiegende Teil der Produktfamilien rechnerunterstützt bearbeitet wird. Die Kennzahlensysteme sind in den Bildern 2.1 - 2.9 dargestellt.

Zur Arbeit mit den Kennzahlensystemen müssen folgende Vorbereitungen in allen

Bereichen getroffen werden:

— Durchführung von Studien in den Bereichen des Produktentstehungsprozesses, um eine Aussage über den Ist-Zustand der Bearbeitung als Bezugsgröße für den Nutzenvergleich zu erhalten.
— Es müssen Möglichkeiten zur Terminverfolgung von Aufträgen und zur Auftragslokation in allen Bereichen des Produktentstehungsprozesses und nicht nur, wie bisher, in der Produktion vorhanden sein (unternehmensweite Betriebsdatenerfassung).
— Es muß sichergestellt sein, daß Produktivitätssteigerungen an jeder Stelle des Auftragsdurchlaufs erhalten bleiben. Dazu sind im einzelnen qualifikatorische Maßnahmen für die Mitarbeiter (Ganzheitsdenken), organisatorische Maßnahmen für Aufbau- und Ablauforganisation (→ *EIZ*, → *IZ*), planerische Maßnahmen (PPS-Systeme für alle Schritte der Produktentstehung) und technische Maßnahmen (Rechnerunterstützung, Vernetzung der einzelnen Systeme, gemeinsame logische → *Datenbank*) erforderlich.
— Um die Vergleichbarkeit von Abläufen zu gewährleisten, muß die Einführung von CAD/CAM Produktfamilie für Produktfamilie, d. h. entsprechend der vertikalen Integration, erfolgen. Erst wenn eine Produktfamilie vollständig rechnerunterstützt bearbeitet wird, kann die Rechnerunterstützung auf weitere Produktfamilien ausgedehnt werden (horizontale Integration).

Wissensbasis
Die Wissensbasis ist die wichtigste Komponente eines → *Expertensystems*. Sie enthält Einzelfakten, komplexe → *Objekte* und deren Eigenschaften sowie die Festlegung der Beziehungen zwischen den Objekten und Regeln zur Verarbeitung vorhandenen Wissens

und zur Ableitung neuen Wissens aus dem vorhandenen durch »Faustregeln« (→ *Heuristiken*). Das Wissen liegt formalisiert und strukturiert vor (→ *Produktionsregeln*). Die Wissensbasis wird vom → *Wissensingenieur* aufgebaut.

Wissensdomäne
Ein begrenzter Bereich in der → *Wissensbasis.* Die hierarchische Struktur des Wissens in einer Wissendomäne (oft auch als Baumstruktur dargestellt) wird als Taxonomie bezeichnet.

Wissensingenieur
Ein neuer Zweig des Ingenieurwesens, der sich im Rahmen der → *künstlichen Intelligenz* mit dem Aufbau wissensbasierter Systeme und der Beschaffung von Wissen sowie seiner Einbringung in → *Expertensysteme* beschäftigt.

Wissensrepräsentation
Die Gesamtheit der Verfahren zur Formalisierung und Strukturierung des Wissens in einem → *Expertensystem* (siehe auch → *Produktionsregeln*).

Witness line: Maßhilfslinie, → *Bemaßung.*

WMS
Abkürzung für → ***W**erkzeug-**M**anagement-**S**oftware.*

WOM
Abkürzung für **W**rite **O**nly **M**emory. Ein Speicher, in den Informationen nur hineingeschrieben werden können. Nicht sinnvoller Baustein eines EDV-Systems.

Word: Maschinenwort, → *Wort.*

Word processing → *Textsystem.*

Working coordinate system → *Arbeits-Koordinatensystem.*

Work port → *Arbeitsfenster.*

Workstation → *Arbeitsplatzrechner.*

Work view: Arbeitsansicht, → *Arbeitsfenster.*

WORM
Abkürzung für **W**rite **O**nce, **R**ead **M**ultiple. Es handelt sich um einen Speicher, der einmal beschrieben, aber beliebig oft im → *Direktzugriff* gelesen werden kann. Für den Einsatz in der Datenverarbeitung bieten sich diese Speichermedien für die Archivierung von solchen Daten an, die nicht mehr verändert weden müssen, z. B. Texte, Bilanzen, CAD/CAM-Modelle abgeschlossener Aufträge.

Die aus der Phonobranche bekannte CD-Platte arbeitet nach der WORM-Technologie. Sie gewinnt als preisgünstiger Langzeitspeicher für sich nicht mehr ändernde Daten mehr und mehr an Bedeutung (→ *CD-ROM*).

Wort
Die kleinste von der → *Zentraleinheit* in einer Operation verarbeitbare Dateneinheit, bestehend aus einer Reihe von bits oder Bytes. → *Wortlänge.*

Wortbreite → *Wortlänge.*

Wortlänge
Die Anzahl der → *bit* pro → *Wort.* Sie ist von Hersteller zu Hersteller verschieden. Üblicherweise kann die Wortlänge auf Potenzen von der Zahl 2 zurückgeführt werden. Home-Computer haben z. Z. 8 bit pro Wort, Personal-Computer haben 16 bit, Arbeitsplatzrechner und Superminicomputer 32 bit und Großrechner 64 bit pro Wort.

WYSIWYG
Abkürzung für **W**hat **y**ou **s**ee **is** **w**hat **y**ou **g**et. Bei diesem Bearbeitungsmodus in der Textverarbeitung wird das gerade erstellte Dokument auf dem Bildschirm so dargestellt, wie es zum gleichen Zeitpunkt über einen Drucker erzeugt werden würde, d. h. alle Arten der Texthervorhebung (Fettdruck, kursive Schrift, andere Schriftarten) und der Textform (Absätze, eingefügte Bilder und Grafiken) werden bereits auf dem Bildschirm realisiert. Damit ist der Aufbau und das Ändern des Layouts eines Textes schon am Bildschirm möglich.

Voraussetzung dafür ist neben geeigneten Text- und Layoutprogrammen ein → *grafischer Bildschirm*, der alle Informationen in einem → *Pufferspeicher* (Fall 2) und nicht über → *Zeichengeneratoren* bereithält.

X.25-Protokoll

Ein Protokoll bei der Datenübertragung, das vom → *CCITT* für Schnittstellen zwischen Endgeräten (Sichtgeräte, Arbeitsplatzrechner, aber auch Rechnersysteme, sofern diese einen Netzwerkknoten bilden) und Datenübertragungseinrichtungen (z. B. → *OSI-Netzwerkmodell*) für Synchronverfahren in öffentlichen Netzen empfohlen wird.

X. 400

Ein Standard für Systeme zur Verarbeitung von Nachrichten (Message Handling System, MHS). X. 400 legt das Verfahren für den elektronischen Austausch von Informationen in solchen Systemen verbindlich fest. Es setzt eine Standard-Kommunikationsbasis entsprechend der unteren Schichten des → *OSI-Netzwerkmodells* voraus.

XBF

Abkürzung für **Ex**perimental **B**oundary **F**ile, ein von der internationalen Benutzervereinigung CAM*I entwickelte → *Schnittstelle* für eine → *IGES*-kompatible Übertragung von Körpermodellen. XBF unterstützt Modellierer, die nach dem → *B-Rep*- und nach dem → *CSG*-Verfahren arbeiten. Für das CSG-Verfahren bietet XBF die → *Boole'schen Verknüpfungen* Vereinigung, Durchschnitt und Komplement sowie die Körperelemente Kuboid, kreisförmiger und elliptischer Zylinder und Kegel, Kugel, Ellipsoid, Pyramide, Quader, Torus und Halbkörper an.

X/Open
Ein 1984 erfolgter Zusammenschluß einer Reihe von Hardware-Herstellern (AT&T, Bull, Digital Equipment, Ericsson, Hewlett Packard, ICL, NCR, Nixdorf, Philips, Olivetti, Siemens, Sun und Unisys) mit dem Ziel, einen Standard für Betriebssysteme auf der Basis des → *UNIX* Systems V zu definieren und eng mit Standardisierungsgremien wie der → *IEEE*, → *ANSI* und → *ISO* zusammenzuarbeiten.

Dieser Standard umfaßt nicht nur die eigentlichen Systemschnittstellen und Bibliotheksfunktionen, sondern auch die Befehlsschnittstellen und Programmiersprachen (→ *C*, → *COBOL*, → *FORTRAN*). Um die Quellcode- und Datenübertragung zwischen UNIX-Systemen verschiedener Anbieter zu gewährleisten, sind auch die Datenträgerformate (z. B. Disketten, 9-spurige Magnetbänder) einheitlich. Festgelegt sind auch die Datenverwaltung und der Sprachumfang für den Anschluß relationaler Datenbanksysteme.

XYZ-Analyse
Die nach der → *ABC-Analyse* gewichteten Materialien können entsprechend ihrer Vorhersagegenauigkeit geordnet werden. Werden unter diesem Gesichtspunkt drei Gruppen gebildet, so werden die darin enthaltenen Materialien als X-, Y- und Z-Teile bezeichnet:

X-Teile: Verbrauch ist konstant bei nur gelegentlichen Schwankungen, hohe Vorhersagegenauigkeit,

Y-Teile: Verbrauch ist trendmäßig steigend

oder fallend oder unterliegt saisonalen Schwankungen, mittlere Vorhersagegenauigkeit,

Z-Teile: Verbrauch verläuft völlig unregelmäßig, niedrige Vorhersagegenauigkeit.

Z

Z-Clipping
Anwendung der → *Clipping-Funktion* auf die Z-Koordinate. Mit dieser Funktion ist es möglich, die Darstellung der Bauteiltiefe nach vorne und nach hinten zu begrenzen. Im Gegensatz zu der Clipping-Funktion, die automatisch erfolgt und vom Benutzer nicht abgeschaltet werden kann, kann das Z-Clipping wahlweise zu- und abgeschaltet werden.

Z-Depth → *Z - Tiefe.*

Z-Tiefe
Festlegung beim → *Digitalisieren*, welche konstante Z-Koordinate der Eingabe zugeordnet wird (beim Digitalisieren werden nur X- und Y-Koordinaten der Eingabeebene an das Werkstückmodell übergeben und in das → *absolute Koordinatensystem* umgeformt). Wird keine explizite Vereinbarung der Z-Tiefe getroffen (üblicherweise beim Neuerstellen eines Bildschirmfensters oder bei Vereinbarung der Lage des → *Arbeits-Koordinatensystems*), so wird jedem Digitalisierpunkt die absolute Z-Koordinate des Ursprungspunktes des aktuell verwendeten Koordinatensystems (absolutes Koordinatensystem oder Arbeits-Koordinatensystem) zugewiesen.

Zähler
Vom Anfangszustand (meist Null-Zustand)

wird in vorgegebenen Einheiten (positive oder negative Zahlen) zum Endzustand gezählt. Die Zähleinheiten können als Impulse in regelmäßigen oder unregelmäßigen Zeitintervallen auftreten. Zähler werden entweder programmiert oder durch spezielle Elektronikbausteine realisiert. Die Zählervorwahl (Startwert, Wahl der Einheiten) erfolgt bei der Programmierung oder über externe Vorgabe.

Zähler werden bei Werkzeugmaschinen und → *SPS* für folgende Aufgaben eingesetzt:

1. Abzählen und Steuern von Befehlsschritten,
2. Zeitmessung durch Abzählen von geeichten Impulsgebern,
3. digitale Spannungsmessung durch stufenförmigen Aufbau einer Vergleichsspannung und Abzählen der Stufen,
4. Addition und Subtraktion.

Zählnummer: → *Artnummer.*

Zeichen
Oberbegriff für alle Elemente zur alphanumerischen Darstellung und Beschreibung eines Sachverhalts. Zeichen werden verwendet zur Datenspeicherung (z. B. Wertedateien, → *Quellprogramme*) und Datendarstellung auf Ein- und Ausgabegeräten. Zu den sichtbaren Zeichen für die Darstellung auf Sichtgeräten oder Druckern gehören Buchstaben, Ziffern, Sonderzeichen, zu den unsichtbaren Zeichen die Steuerzeichen wie Leerzeichen (blank), Tabulatorzeichen, Klingelzeichen (bell), Wagenrücklauf (carriage return) usw.

Zeichencode
Die rechnerinterne binäre Darstellung eines Zeichens, die nach dem → *ASCII*-, dem → *EBCDIC*-oder anderen Verfahren erfolgen kann.

Zeichenelemente
Zeichenelemente sind solche Elemente, die

zur näheren Erläuterung und leichteren Erkennung eines Bauteils zusätzlich zu den → *Geometrieelementen* erzeugt werden. Zu dieser Elementegruppe gehören → *Bemaßungen*, → *Schraffuren*, → *Texte* und → *Symbole*. Zeichenelemente erscheinen nur in der Ansicht, in der sie erzeugt wurden.

— Maße werden am CAD-System aus der gespeicherten Geometrie ermittelt. Dadurch erfolgt parallel zu der impliziten Speicherung der Abmessungen des Bauteils im Werkstückmodell eine Darstellung seiner Abmessungen in Form der Maßzahlen.
— Schraffuren dienen zur Kennzeichnug einer Schnittfläche.
— Texte werden als Hinweise auf nichtgeometrische Eigenschaften (Technologie, Verfahrenstechnik usw.) verwendet.
— Symbole dienen sowohl als Sinnbild (z. B. Normsymbole) oder vereinfachte Darstellung (z. B. Schemata) für immer wiederkehrende Vorschriften oder Abläufe als auch als Vorlagen für Formulare (z. B. Schriftköpfe von Zeichnungen, Hinweistexte).

Zeichengenerator
Ein Hardware-Bauteil zum Erzeugen (Generieren) von Zeichen bei Ausgabegeräten (→ *Sichtgeräte*, → *Drucker*). Die Vorschriften für die Zeichenerzeugung sind in → *ROMs* oder → *PROMs* gespeichert. Der Zeichenvorrat kann durch das Hinzufügen weiterer Bauteile beliebig erweitert werden.

Eine Untergruppe der Zeichenelemente: Normsymbole in einer Technischen Zeichnung.

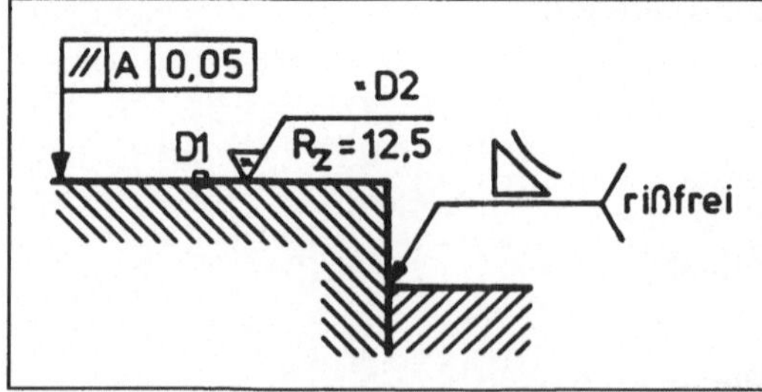

Zeichengeneratoren werden in Bildschirmen eingesetzt, um die → *Zentraleinheit* von Bildhandhabung (→ *Paging* → *Scrolling*) und *Bildaufbau* (→ *Repaint*) zu entlasten und damit die → *Antwortzeiten* zu verkürzen. Bei Matrixdruckern (insbesonders beim

beim → *Laserdrucker*) dienen diese Bauteile zum Aufbau der erforderlichen Zeichen aus einzelnen Punkten.

Zeichenkopf
Vorrichtung an einer → *Zeichenmaschine* zum Erstellen einer grafischen Ausgabe.

- Bei einem → *Stiftplotter* wird hierin das Zeichenwerkzeug (z. B. Tuschefüller, Gravierstichel, Druckkugelschreiber) befestigt.
- Bei einer elektrostatischen Zeichenmaschine (→ *Rasterplotter*) ist es der Schreibkopf (Nadeln) zum Aufbringen der Ladung auf das Zeichenmedium.
- Bei einem → *optoelektronischen Plotter* besteht der Zeichenkopf aus optischen oder elektronischen Ablenkungssystemen, je nach verwendetem Schreibstrahl (Licht, Laser oder Elektronenstrahl).

Zeichenmaschine
Ein Gerät, mit dem die rechnerinterne digitale Darstellung von Daten in eine analoge Darstellung umgeformt wird (z. B. in eine Zeichnung). Zeichenmaschinen werden nach dem physikalischen Arbeitsprinzip unterteilt. Man unterscheidet elektromechanische (→ *Stiftplotter*), elektrostatische (→ *Rasterplotter*) und optoelektronische Zeichenmaschinen (→ *Photoplotter* und Mikrofilmplotter). Gegensatz: → *Digitalisierer*.

Zeichenraster → *Raster*.

Zeichensatz
Ein vollständiger Satz von Buchstaben, Ziffern und Sonderzeichen der gleichen Schriftart.

Zeichnungserstellung
Am CAD/CAM-System arbeitet der Konstrukteur zunächst nicht auf einem Blatt Papier, sondern im ebenen oder räumlichen

→ *Modellraum.* Das gerade bearbeitete Bauteil wird in verschiedenen Ansichten auf dem Bildschirm dargestellt, wobei der Maßstab der Darstellung abhängig vom gewählten Ausschnitt ist. Es ist also ein separater Schritt »Zeichnungserstellung« notwendig, um normgerechte Fertigungsunterlagen über eine Zeichenmaschine ausgeben zu können.

Zuerst wählt der Anwender die → *Ansichten* aus, die auf einer Zeichnung ausgegeben werden sollen. Diese Ansichten müssen mit → *Zeichenelementen* (Bemaßung, Texte, Schraffur, Symbole) aufbereitet worden sein. Dann definiert sich der Anwender ein Zeichenblatt in dem von ihm gewünschten DIN-Format. Bei einigen CAD/CAM-Systemen kann auch ein beliebiges Format festgelegt werden. Die Größe des Formats ist nur durch die Größe der Zeichenmaschine beschränkt. Auf dem leeren Blatt werden die einzelnen Ansichten so angeordnet, als ob man Fotos auf einem

Gliederung der Zeichenmaschinen.

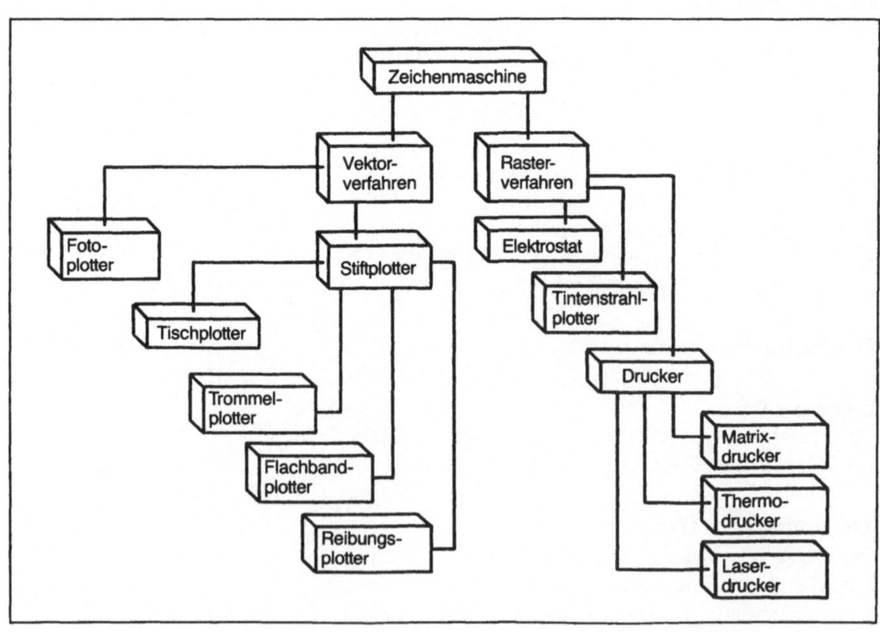

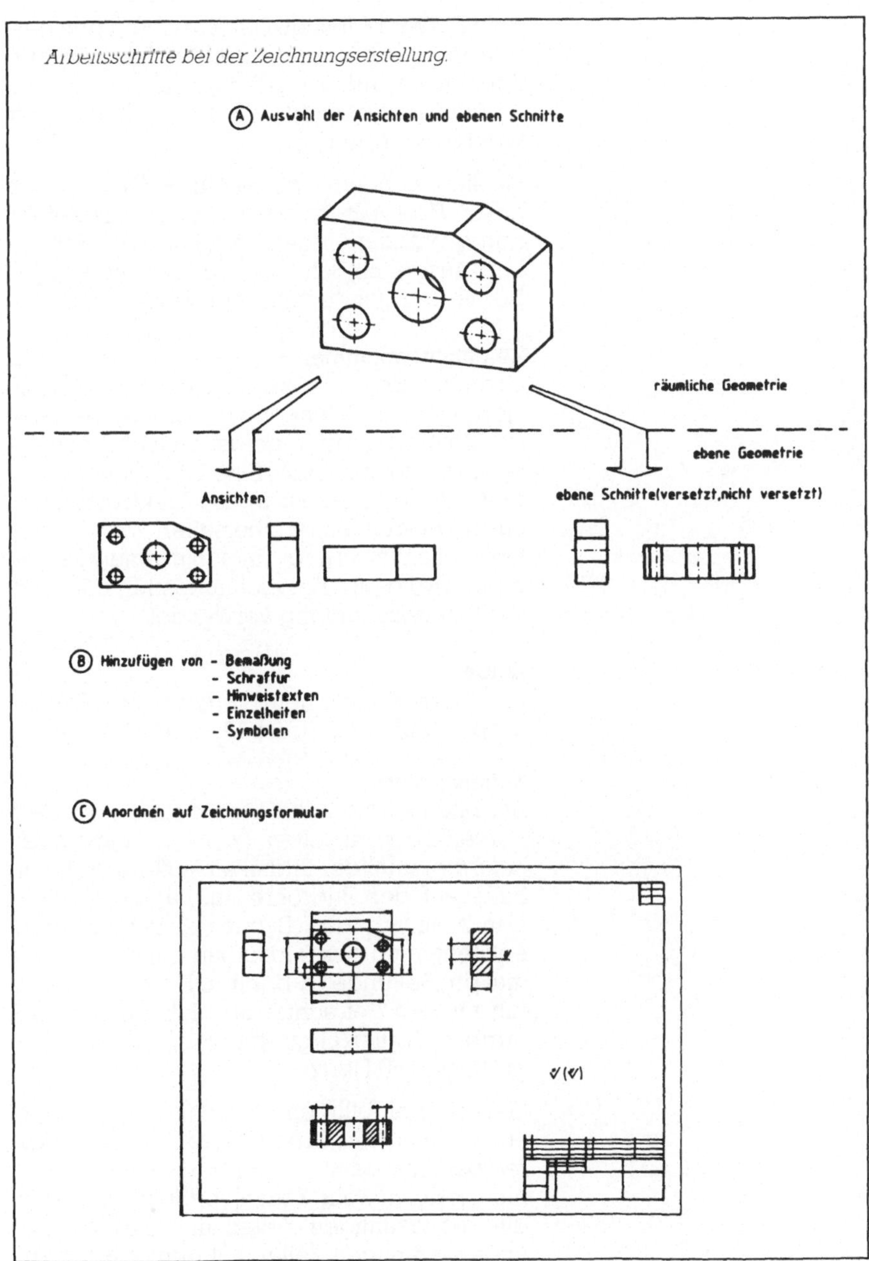

Arbeitsschritte bei der Zeichnungserstellung.

Blatt Papier befestigt. Die Ansichten erscheinen in einem vom Anwender festgelegten Ausschnitt und Darstellungsmaßstab, so daß ab hier die Maßstäblichkeit einer Zeichnung wieder gegeben ist.

Ist die Zeichenmaschine ein → *Raster-* oder ein → *Photoplotter*, so wird noch das Zeichnungsformular eingeblendet und der Schriftkopf ausgefüllt. Schließlich erfolgt die Ausgabe der fertigen technischen Zeichnung.

Zeichnungsnummer
Ordnungskriterium zur Ablage und Klassifizierung von Zeichnungen. Die Systematik der Zeichnungsnummer ist meist branchen- oder firmenspezifisch. Eine Zeichnungsnummer kann- vor allem in der Elektrotechnik- aus mehreren Blättern bestehen. Zur eindeutigen Identifizierung einer einzelnen Zeichnung wird dann die Zeichnungsnummer und die Blattbezeichnung verwendet.

Zeiger
Ein Verweis von einem Element der → *Datenstruktur* auf ein anderes Element.

Zeilensprung
Bei Bildschirmen, die nach dem → *Wiederholverfahren* arbeiten (z. B. → *Rasterbildschirme*) muß der Bildinhalt laufend Zeile für Zeile auf der Bildröhre aufgebaut werden. Damit ein für den Betrachter ruhiges Bild entsteht, muß der Bildaufbau mindestens 30 mal pro Sekunde (d. h. mit 30 Hertz) erfolgen. Ein für den Betrachter absolut ruhiges Bild ergibt sich allerdings erst bei einer Frequenz größer als 50 Hertz.

Gerade bei billigen Bildschirmen werden aus technischen Gründen (zu kleiner → *Pufferspeicher* oder zu langsame Elektronik) nicht jedesmal alle Zeilen, sondern z. B. zuerst die geradzahligen Zeilen und danach die ungeradzahligen Zeilen auf dem Bildschirm dargestellt. Dadurch »springt« das Bild immer zwischen zwei Zeilen hin und her. Die effektive Bildwiederholrate sinkt so auf die Hälfte ab. Da diese dann meist unter 30 Hertz fällt, hat der Benutzer den Eindruck, daß das Bild flimmert. Gleichzeitig wird auch die → *Auflösung* schlechter, da immer nur die Hälfte der Bildpunkte zur Darstellung verwendet werden kann. Eine auch nach ergonomischen Kriterien einwandfreie Darstellung kann mit Bildschirmen erzielt werden, die nach dem → *Vollbild-Verfahren* arbeiten.

Zeitbegrenzung
Zeitliche Begrenzung der Aufrufbarkeit oder der Verfügbarkeit eines Geräts oder einer Funktion. Erfolgt während der Zeitspanne keine Aktion, so steht das Gerät oder die Funktion erst nach einem neuerlichen Aufruf wieder zur Verfügung. Die Zeitabgrenzung wird z. B. beim → *Einloggen* verwendet.

Zeitraffersimulation
Ein fertiges NC-Programm kann zu Testzwecken am CAD/CAM-Arbeitsplatz simuliert und damit kontrolliert werden. Da eine Simulation in Echtzeit sehr zeitaufwendig sein kann, wird bei einfachen Problemen oft eine Zeitraffersimulation durchgeführt.

Zeitwirtschaft
Die Zeitwirtschaft umfaßt die Maßnahmen zur zeitlichen Planung und Steuerung des Fertigungsdurchlaufs von der Materialbeschaffung bis zur Produktauslieferung. Hierzu gehört die Ermittlung von → *Durchlaufzeiten* und die Festlegung von Terminen. Fast immer muß in der Zeitwirtschaft auch die verfügbare Kapazität berücksichtigt werden; deshalb wird in ihrem Bereich häufig die → *Kapazitätsterminierung* angewendet.

Zentrale Datenverarbeitung
Eine Datenverarbeitung, bei der viele Daten-

stationen an einen einzigen, zentral angeordneten Großrechner (Mainframe) angeschlossen sind. Vorteile einer solchen Konfiguration sind, daß die Datenbank logisch und physikalisch eine Einheit bildet, da sie direkt auf den Plattenspeichern des Großrechners läuft, daß kein (u. U. komplexes) → *Netzwerk* aufgebaut und gewartet werden muß (die Verbindungen zwischen den Datenstationen und dem Großrechner sind einfache Punkt-zu-Punkt-Verbindungen) und daß der Aufwand für das System-Management gering ist.

Nachteilig ist, daß bei Ausfall des Großrechners alle Anwendungen stehen und daß der Benutzer bei hoher Auslastung aufgrund der begrenzten Kapazität mit langen → *Antwortzeiten* rechnen muß. Solche Konfigurationen werden überwiegend für administrative Aufgaben eingesetzt.

Zentraleinheit
Die Zentraleinheit ist das Kernstück jedes Rechnersystems. Sie besteht im wesentlichen aus Steuer- oder → *Leitwerk*, → *Rechenwerk*, → *Registern* und dem → *Arbeitsspeicher*. Zusammen mit den Geräten zur Speicherung sowie der Ein- und Ausgabe von Daten bildet die Zentraleinheit das Rechnersystem.

Zentralprojektion
Bei dieser Projektionsart entsteht die Darstellung eines geometrischen Objekts durch die Projektion von einem wählbaren Ursprungspunkt aus auf die Bildfläche, so daß eine verzerrte Darstellung des Objekts entsteht.

Zirkularinterpolation → *Interpolator*.

zoom, to: Ändern des Darstellungsmaßstabs.

Zooming
Das Vergrößern oder Verkleinern aller Elemente einer Abbildung auf dem Bildschirm,

wodurch der optische Eindruck einer Her- bzw. Wegbewegung des Bildes entsteht. Eine geometrische Änderung der Elemente findet dabei nicht statt. Entweder wird ein Faktor vorgegeben, um den das Bild vergrößert bzw. verkleinert werden soll, oder der Vorgang läuft kontinuierlich bis zu einem vorgewählten Endwert ab.

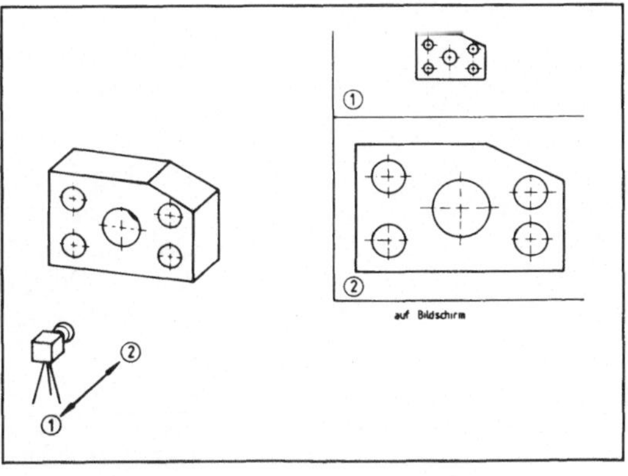

Vergrößern und Verkleinern einer Abbildung (Zooming).

Zubringeranlage
Zur Entlastung großer und kostspieliger Systeme werden Teilprobleme, die ein großes System nur unwirtschaftlich auslasten würden, oft auf einfacheren Systemen durchgeführt. Diese arbeiten dann als Zubringersystem zum Hauptsystem. Dies gilt sowohl für die Datenverarbeitung (Vorschaltrechner, die der Datenaufbereitung dienen, gekoppelt mit einem Hauptrechner, der die eigentliche Datenverarbeitung durchführt) als auch für die Fertigung. Dort werden für die Schruppbearbeitung weniger genau arbeitende Werkzeugmaschinen eingesetzt. Die Endbearbeitung erfolgt danach an einer hochwertigen Maschine.

Eine ähnliche Struktur besitzt die → *Master-Slave-Struktur.* Hier führt die nächsthöhere Rechner-Hierarchie der Fertigungssteuerung Koordinations- und Organisationsaufgaben durch, der eigentliche Bearbeitungsvorgang wird vor Ort gesteuert.

Zugriffszeit
Die Zeit, die benötigt wird, um auf ein Datum oder einen Datenbestand auf einem Datenspeicher zuzugreifen und für einen Lesevorgang bereitzustellen. Je nach Speicherart ist die Zugriffszeit unterschiedlich lang. Bei einem → *Arbeitsspeicher,* der direkt adressier-

bar ist (→ *Adresse*), ist die Zugriffszeit zu jedem gespeicherten Datum gleich lang. Die Zugriffszeit liegt im Bereich von Nanosekunden.

Anders ist es bei Speichern in der → *Peripherie* des Rechnersystems. Hier ist die Dauer der Zugriffszeit abhängig von der Lage des Datums auf dem Datenträger. Bei Speichern mit → *Direktzugriff* spricht man von einer mittleren Zugriffszeit, die sich zusammensetzt aus der elektronischen Ansteuerung, der mittleren Positionierungsdauer des Lesekopfes und der notwendigen mittleren Umdrehungszeit, bis das Datum auf der Platte unter dem Lesekopf steht. Da die Plattenoberflächen klein und damit die Wege kurz sind, liegt die Zugriffszeit im Bereich von Millisekunden. Bei Speichern mit → *seriellem Zugriff* ist die Zugriffszeit direkt abhängig von der Lage des gewünschten Datums auf den Datenträger. Wegen der vergleichsweise seltenen Benutzung dieser Speicher (punktuelles Einlesen oder Speichern von großen Datenmengen) spielt die Zugriffszeit hierbei nur eine untergeordnete Rolle.

Zusatzsymbol
Graphische Symbolteile, die mit einem → *Grundsymbol* zu einer Funktionseinheit im Elektroschaltplan kombiniert werden können. Beispiel: Betätigungselement zu einem Schalter. In der Regel können solche Zusatzsymbole mit mehreren Grundsymbolen kombiniert werden.

Zuwachsbemaßung → *Kettenbemaßung.*

Zweieinhalbdimensionale Steuerung
Zweidimensionale → *numerische Steuerung* an → *Werkzeugmaschinen*, die eine Bearbeitung in mehreren Ebenen konstant bleibender Z-Koordinate ermöglicht. Hiermit lassen sich räumliche Krümmungen an einem Werkstück nicht bearbeiten. Einsatzgebiet z. B.

Fräsbearbeitung beim Plan- oder Konturenfräsen.

Zweipunktregler → *Abschaltkreis.*

Zyklische Fertigungssteuerung
In einem bestimmten Zyklus ablaufende Steuerung. Die Aufträge werden täglich oder wöchentlich eingeplant und mit Arbeitsanweisungen (→ *Arbeitsplan*) in die Fertigung gegeben. Störungen bleiben bis zur Eingabe der Rückmeldungen und der anschließenden erneuten Auftragseinplanung unberücksichtigt. Diese Steuerung wird in Stapelverarbeitung durchgeführt.

Zyklus
Jede Wiederholung eines Vorganges innerhalb eines Ablaufs kann auch Zyklus genannt werden. Häufig wiederkehrende Arbeitsvorgänge sind in → *SPS* in festen Abläufen als Unterprogramm mit einem Parametersatz (Zyklus) hinterlegt. Sie dienen zur Vereinfachung der Programmierung und reduzieren erheblich die NC-Programmlänge, da wiederkehrende gleiche Abläufe nur einen Aufruf und eine Parameteraktualisierung benötigen.

Zykluszeit
Die kleinstmögliche Zeitspanne zwischen dem Beginn des ersten und dem Beginn des nächsten gleichartigen Vorgangs in der → *Zentraleinheit*, z. B. beim Bearbeiten von Befehlsabläufen und Speicherungsvorgängen. Die Zykluszeit wird durch einen internen Taktgeber (ein Quarz, dessen Eigenschwingung in die gewünschte Frequenz umgeformt wird) vorgegeben. Bei Personalcomputern und Arbeitsplatzrechnern, deren Prozessoren eine → *Wortlänge* von 32 bit aufweisen, liegt die Taktfrequenz im Megahertz-Bereich.

Wird die Zykluszeit als Maßstab für die Leistungsfähigkeit eines Rechners verwendet, so ist damit die Zeitspanne zum Aus- oder Einlesen mehrerer gleichartiger Information aus dem → *Arbeitsspeicher* gemeint.

Es gibt Dinge die nicht mehr zu erfinden sind